P.-J. CADIOT

# PRÉCIS de Chirurgie Vétérinaire

*Avec 258 figures dans le texte*

TROISIÈME ÉDITION

PARIS
*ASSELIN ET HOUZEAU*
ÉDITEURS

# PRÉCIS

DE

# CHIRURGIE VÉTÉRINAIRE

*Judicieuse dans ses entreprises,
simple en ses moyens, rapide dans
ses actes, économique en ses résultats.*

CORBEIL. — IMPRIMERIE CRÉTÉ

P.-J. CADIOT

# PRÉCIS

DE

# CHIRURGIE VÉTÉRINAIRE

AVEC 258 FIGURES DANS LE TEXTE

*Troisième Édition*

PARIS

ASSELIN ET HOUZEAU

LIBRAIRES DE LA SOCIÉTÉ CENTRALE DE MÉDECINE VÉTÉRINAIRE

PLACE DE L'ÉCOLE-DE-MÉDECINE

1910

# TABLE DES MATIÈRES

# DEUXIÈME PARTIE

## OPÉRATIONS PRATIQUÉES SUR LES SOLIPÈDES

### SECTION I. — Opérations élémentaires.



### SECTION II. — Opérations spéciales.

#### I. — Opérations pratiquées sur la tête.

## II. — Opérations pratiquées sur l'encolure.



## III. — Opérations pratiquées sur le thorax.



## IV. — Opérations pratiquées sur l'abdomen.

### V. — Opérations pratiquées sur la queue.



### VI. — Opérations pratiquées sur les membres.



### VII. — Opérations pratiquées sur le pied.

## TROISIÈME PARTIE

## OPÉRATIONS PRATIQUÉES SUR LES ANIMAUX DE L'ESPÈCE BOVINE

# QUATRIÈME PARTIE

## OPÉRATIONS PRATIQUÉES SUR LES PETITS RUMINANTS ET LE PORC



# CINQUIÈME PARTIE

## OPÉRATIONS PRATIQUÉES SUR LE CHIEN

## SIXIÈME PARTIE

### OPÉRATIONS PRATIQUÉES SUR LES OISEAUX

# PRÉCIS

DE

# CHIRURGIE VÉTÉRINAIRE

## Remarques préliminaires.

Le but de la chirurgie est la guérison, par l'œuvre manuelle en ses modes divers, des affections qui en sont justiciables. Dans l'exercice de l'art, bien souvent le vétérinaire, obéissant à l'antique précepte, s'efforce tout d'abord de seconder la nature, de stimuler ou de renforcer son action curatrice ; il ne se substitue à elle que si cette action est reconnue insuffisante.

Pour les affections dont la thérapeutique comporte des remèdes internes ou des traitements chirurgicaux simples, applicables sans entraîner l'interruption du travail, et une opération nécessitant un repos de quelque durée, il ne devra recourir à cette dernière qu'après avoir vainement employé les premiers ou lorsqu'il les juge impuissants en raison soit de la gravité, soit de l'ancienneté du mal. Toujours l'acte opératoire sera l'*ultima ratio*, la ressource extrême à laquelle il ne se résoudra qu'après avoir épuisé les moyens moins sévères. Mais s'il doit se garder des interventions inopportunes, il lui faut également éviter certaines abstentions non moins fâcheuses ou une trop longue temporisation.

Eu égard au moment où elles doivent être entreprises, il y a des opérations urgentes ou pressantes, et d'autres qui peuvent être différées ou qu'il est d'usage de faire à des époques déterminées. Les opérations dites « de convenance » sont généralement pratiquées en temps favorable, ni pendant les fortes chaleurs, ni durant la saison froide (V. *Castration*), et parmi les autres, il en est — telles les interventions correctrices — que l'on peut reporter à une date plus ou moins éloignée. — L'existence d'une maladie infectieuse générale (gourme, maladie typhoïde), d'une phlegmasie viscérale aiguë ou chronique (bronchite, pneumonie, néphrite), d'une maladie grave de la nutrition (diabète chez le chien), commande de surseoir à l'opération ou d'y renoncer.

Excepté pour les interventions d'extrême urgence ou lorsqu'il faut opérer séance tenante, si le patient doit être assujetti en position décubitale, il convient de le préparer en le soumettant pendant quelques jours à un régime alimentaire réduit (diète blanche, diète hydrique) avec ou sans addition de sulfate de soude. Cette préparation est de particulière importance pour les chevaux de sang et les sujets pléthoriques ou très vigoureux de toutes les races. Et lorsqu'il s'agit d'opérations comportant des manœuvres intra-abdominales, il est très avantageux de prolonger la diète pendant une semaine : là est le secret de la facilité d'exécution des temps essentiels de la castration du cheval cryptorchide et de la jument.

Le jour même de l'opération, l'animal sera tenu à jeun. Aux chevaux très énergiques ou très irritables, on fera prendre, une demi-heure avant de les coucher, 30 à 50 grammes de sulfonal dans un peu de son ou d'avoine mouillés, afin de provoquer un certain degré d'assoupissement. On opérera de préférence dans la matinée : ainsi on pourra plus facilement surveiller le patient et remédier sans retard aux accidents précoces, s'il s'en produit. Pour les opérations pratiquées en dehors des établissements vétérinaires, où l'on dispose d'appareils spéciaux destinés à l'assujettissement en position décubitale, les grands animaux sont couchés tantôt en plein air, dans une cour, un jardin, un pré, où l'on a préparé un lit de paille, tantôt, si le temps est mauvais, sous un hangar, dans une grange ou tout autre local assez spacieux et bien éclairé.

Après l'opération et aussitôt relevé, le cheval sera bouchonné s'il est en sueur, puis couvert, protégé contre le froid si la saison est rigoureuse, placé dans un local approprié — stalle ou box — largement aéré et sans courant d'air.

Pour l'empêcher de se coucher, de porter la dent sur un casseau, un pansement, une région cautérisée, il y a lieu souvent soit de l'attacher court au râtelier, soit de lui adapter un collier à chapelet ou un bâton à surfaix. Dans quelques cas, à l'effet de s'opposer aux frottements de la tête sur la mangeoire ou le râtelier, on l'attachera avec deux longes aux poteaux postérieurs d'une stalle dans laquelle on l'aura tourné queue à la mangeoire, ou introduit à reculons. Parfois enfin on l'immobilisera sur l'appareil de soutien ou sur un « suspensoir » improvisé. On peut généralement lui donner, dans les heures qui suivent, des aliments liquides ou solides, et dès le lendemain le mettre au régime ordinaire des sujets laissés à l'écurie.

.·.

Nous devons renoncer à faire un large usage de l'*anesthésie générale*, mais l'*anesthésie locale*, surtout la *cocaïnisation des nerfs*, ne saurait être trop recommandée lorsqu'il s'agit d'interventions s'accompagnant de vives douleurs, en particulier pour les opérations de pied chez le cheval. Nonobstant, l'habileté manuelle, qui assure la rapidité d'exécution de l'acte opératoire, reste une des qualités maîtresses du vétérinaire, comme l'un des facteurs principaux du succès en nombre de cas, et dans notre pratique, l'adverbe *cito* — premier terme du vieil aphorisme chirurgical — n'a rien perdu de son importance.

Quant à l'*antisepsie* et à l'*asepsie*, on s'attachera à en observer les grandes règles; on leur empruntera tous ceux de leurs moyens qui sont facilement applicables et dont nos patients peuvent bénéficier.

Quels que soient son talent et ses connaissances techniques, le vétérinaire n'est à l'abri ni des déceptions, ni des insuccès. Il arrive que ses espérances les plus fondées, ses prévisions les mieux établies, ne se réalisent point. Trop de facteurs contingents sont capables d'exercer une influence fâcheuse sur les suites de ses interventions pour qu'il puisse, en toutes circonstances, les déterminer et en conjurer les effets. Aussi ne saurait-on exiger du praticien qu'il soit toujours et absolument impeccable, — les infaillibles ne sont pas de ce monde, — mais seulement qu'il s'efforce de faire le mieux possible, sans oublier jamais le premier de ses devoirs : *Ne pas nuire.*

Si on la compare à la chirurgie de l'homme, la chirurgie des animaux apparaît et restera nécessairement dans un état très inférieur à celui de la première. Leurs conditions et leurs moyens sont marqués de différences profondes que rien ne saurait modifier.

La chirurgie humaine, qui, vers la fin du XVII^e^ siècle, n'était encore qu'un métier dont les artisans avaient dû solliciter la confraternité des barbiers et perruquiers pour partager leurs privilèges, s'est élevée au rang des professions les plus nobles, les plus bienfaisantes, les plus justement considérées. Elle remplit sa mission lorsqu'elle parvient à sauver la vie, et elle recueille légitimement la récompense de ses services même quand elle n'a pu faire du malade ou du blessé qu'un infirme. Son domaine s'étend sans cesse, et pour ses interventions de technique difficile ou délicate, elle a des opérateurs de carrière et des spécialistes.

La chirurgie vétérinaire ne sortira point du cadre des professions aux dévouements obscurs. Ses interventions, à de rares exceptions près, sont et seront toujours subordonnées à l'intérêt, au profit de ceux qui les font pratiquer. Avant de les entreprendre pour des animaux appartenant aux grandes espèces, il lui faut établir le bilan de ces derniers, voir si, au point de vue pécuniaire, l'opération doit être exécutée, c'est-à-dire si, déduction faite des dépenses que la cure entraînera, la valeur probable de l'animal au moment où il pourra être remis au travail l'emporte sur son estimation actuelle; dans l'hypothèse inverse, le traitement est contre-indiqué. L'indocilité de ses patients, la continuelle agitation à laquelle ils se livrent sous l'empire de la douleur, la puissance musculaire des Équidés et des Bovidés, sont encore autant d'éléments défavorables à la réussite de ses tentatives. Et ses résultats ne comptent comme des succès que si elle a pu conserver à ses opérés la liberté de leurs mouvements ou leur aptitude au genre d'exploitation auquel ils sont préposés, — condition essentielle sans laquelle ses services ne sont qu'œuvres vaines ou stériles, sinon reprochables. Enfin, loin de permettre l'exercice des spécialités, ses ressources diminuent, son champ d'action se réduit de plus en plus avec les progrès de l'automobilisme, l'extension de l'hippophagie et la cherté croissante des animaux de consommation.

Aussi, comme par le passé, la chirurgie vétérinaire doit-elle demeurer *judicieuse dans ses entreprises, simple en ses moyens, rapide dans ses actes, économique en ses résultats.*

---

# PREMIÈRE PARTIE

# CHIRURGIE GÉNÉRALE

## I. — Moyens de contention des animaux.

### A. — Assujettissement des solipèdes.

La plupart des interventions chirurgicales s'accompagnent de douleur et provoquent des mouvements de défense, des réactions dangereuses pour le chirurgien, pour les aides, pour l'opéré lui-même. A part les cas où le cheval est profondément déprimé, il faut se mettre à l'abri de ses atteintes, et généralement recourir aux moyens de contrainte. — La contention en position couchée expose à la fracture du rachis et à d'autres accidents très graves ; aussi doit-on de préférence assujettir l'animal debout, sur un sol meuble, gazonné ou recouvert d'une couche de paille : sur le pavé, sur une aire glissante, il peut s'abattre, se blesser, se couronner si l'on a négligé d'appliquer des genouillères. — On ne pratiquera à l'écurie que les interventions peu douloureuses ou nécessitées par les maladies internes, tout en prenant les mesures voulues pour ne pas se faire serrer contre le mur ou les parois de la stalle. — Il importe de voir clair si l'on veut travailler avec assurance ; la nuit, des lumières éclaireront le champ opératoire.

* * *

Pour aborder un cheval en liberté ou attaché au dehors, approchez-le en vous dirigeant vers les parties antérieures du corps, après l'avoir averti de la voix quand il y a lieu. Si vous avez à explorer une région du tronc et des membres, caressez-le en glissant la main sur le front ou le chanfrein, sur l'encolure, le garrot ou l'épaule ; évitez de la porter d'emblée sur l'abdomen ou l'une des parties de l'arrière-main, notamment s'il s'agit d'un animal de sang ou très irritable. — Après avoir prévenu le cheval, vous pouvez aussi l'aborder au niveau de la partie moyenne du corps, en observant d'ailleurs les mêmes règles quant au toucher. — On ne doit s'approcher d'un cheval par derrière que s'il est impossible de faire autrement ; alors surtout il importe de l'avertir et de se tenir toujours en dehors du champ de mouvement des membres postérieurs.

Lorsque vous voulez aborder le cheval dans une stalle ou dans un box, prévenez-le de la voix, et, s'il est nécessaire, par des commandements réitérés faites-le se déplacer à droite; pénétrez dans la stalle à gauche de l'animal, en vous gardant de porter la main sur l'une quelconque des régions situées en arrière du cercle des dernières côtes.

Dans les cas où vous devez explorer des parties endolories, redoublez de précautions; en général, il est prudent d'user du tord-nez. Avant d'appliquer celui-ci, il convient de détacher le cheval et de le faire tenir en main.

### A. — Contention du cheval debout.

Si le cheval doit être tenu en main, garnissez la tête d'un bridon ou d'un licol dont la longe est ensuite passée dans la bouche. — Si vous voulez l'attacher à un anneau ou à un poteau, à l'aide d'un licol ordinaire ou d'un licol de force, ne passez la longe ni dans la bouche, ni sur le nez : l'animal, « tirant au renard », pourrait se couper la langue, se fracturer les sus-maxillaires ou les nasaux. Le bridon expose aux mêmes accidents. — Beaucoup de chevaux dangereux deviennent maniables dès qu'on les a momentanément privés de la vue au moyen d'une *capote* de toile ou de cuir, ou d'un simple tablier jeté sur la tête et dont les angles sont noués sur la région gutturale.

L'animal ainsi préparé, tenu en main et placé sur un sol

meuble ou sur la paille, il est possible d'exécuter certaines opérations peu douloureuses. S'il se défend, appliquez un tord-nez à la lèvre supérieure : le patient ressent une souffrance qui l'occupe entièrement; il ne réagit pas sous l'action de l'instrument. Appliqué à l'oreille ou à la lèvre inférieure, ce dérivatif a moins d'action. L'aide qui en est chargé doit se tenir en avant du patient et un peu sur le côté, afin d'éviter les atteintes des membres antérieurs. — Lorsque le cheval cherche à attaquer de la dent, immobilisez les mâchoires au moyen d'une corde serrée sur la partie inférieure de la tête, au niveau du chanfrein et du col du maxillaire, ou appliquez une muselière fixée au licol.

Pour diminuer la base de sustentation et gêner l'animal qui veut frapper, faites lever un membre de devant ou de derrière par un aide vigoureux. Si le cheval se défend ou si l'opération doit durer un certain temps, il convient d'utiliser la *courroie*, la *plate-longe* ou le *trousse-pied*. — La première, employée surtout dans les ateliers de maréchalerie, se compose d'un baudrier et d'une longe de cuir que le teneur de pied enroule autour du paturon et dont il tient solidement l'extrémité avec l'une de ses mains. — Au moyen de la *plate-longe*, le pied antérieur peut être maintenu en procédant de deux manières : 1° fixée au paturon, elle est portée sur le garrot, puis passée sur la face opposée du thorax, ramenée sous le canon du membre fléchi et tirée horizontalement ; 2° fixée au paturon et le canon fléchi sur l'avant-bras, on l'enroule sur ces rayons et l'on en fait tenir l'extrémité par un aide. — A la plate-longe, on préfère généralement le *trousse-pied*, courroie longue de 60 centimètres environ, muni d'une boucle à l'une de ses extrémités et dont l'autre est percée de trous pratiqués à l'emporte-pièce. Il permet d'immobiliser étroitement le canon fléchi sur l'avant-bras. Le modèle recommandé par Trasbot (*fig.* 1) est d'une facile application. La courroie, passée dans la première boucle, forme une anse que l'on serre sur le paturon; elle contourne ensuite l'avant-bras de dedans en dehors et passe dans la seconde boucle, où elle est arrêtée. — On peut remplacer ces courroies par une simple corde souple et solide que l'on applique sur les rayons fléchis, après avoir interposé entre eux, un peu en arrière du genou, un bottillon de paille (*fig.* 2). Quelles que soient d'ailleurs la nature et la

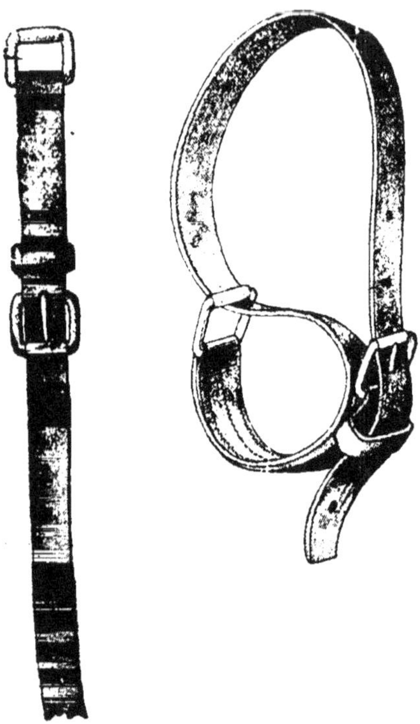

Fig. 1. — Trousse-pied.

disposition du lien, dans tous les cas l'animal ne peut se servir de son membre entravé ; il se fatigue vite en réagissant, bientôt il se laisse facilement approcher.

Pour porter en avant un des membres postérieurs, employez une plate-longe comme le montre la *figure* 3. En exerçant une traction sur elle, le membre est détaché du sol et immobilisé ; le cheval ne peut frapper avec le pied congénère. — Pour immobiliser les deux membres postérieurs, servez-vous de deux entravons, dont le porte-lacs. Appliquez-les sur les paturons, l'anneau en avant ; réunissez-les par le lacs ;

Fig. 2. — Simple corde faisant l'office de trousse-pied.

Fig. 3. — Membre postérieur porté en avant avec la plate-longe.

passez celui-ci entre les membres antérieurs, en avant de l'épaule droite, sur le garrot, croisez-le au niveau de la côte opposée et faites-en tenir l'extrémité par un aide (*fig.* 4). Vous pouvez aussi vous servir de deux plates-longes ou de deux entravons ordinaires munis chacun d'une corde arrêtée sur

Fig. 4. — Contention des membres postérieurs.

l'anneau. Les plates-longes ou les entravons placés, serrés sur les paturons, de chaque côté la corde est passée en dedans de la partie supérieure de l'avant-bras, qu'elle contourne en avant et en dehors, puis elle est croisée un peu au-dessous du coude et portée vers le garrot, où on la noue avec celle du côté opposé (*fig.* 5).

Avec l'entrave Le Goff, vous pouvez encore facilement immobiliser les membres de devant ou ceux de derrière. L'appareil, qui a la forme d'un **Y**, est fixé aux deux paturons antérieurs et à l'un des postérieurs, ou inversement. — Pour limiter les mouvements des membres d'un bipède latéral, entravez ceux-ci au moyen d'une corde terminée par deux nœuds coulants, ou avec deux branches de l'entrave Le Goff.

L'*hippo-lasso* ou *lasso-dompteur de Raabe et Lunel*, sorte de camisole de force pour le cheval, se compose d'une bricole

Fig. 5. — Contention des membres postérieurs.

et d'une avaloire pouvant être rapprochées par deux lanières latérales, de façon à diminuer graduellement la base de sustentation de l'animal (*fig.* 6). Par les tractions exercées sur ces lanières, les bipèdes antérieur et postérieur convergent : le cheval ne peut ni ruer, ni frapper du devant. Les membres finissent par être rapprochés au point que le sujet, redoutant une chute imminente, évite tout déplacement. Cet appareil permet de pratiquer nombre de petites opérations sur l'animal debout. — On peut le remplacer par une plate-longe ordinaire et deux cordes ou deux lanières assez fortes, longues de $1^{m},80$ à 2 mètres. La première est disposée en anse, à la hauteur

Fig. 6. — Hippo-lasso.

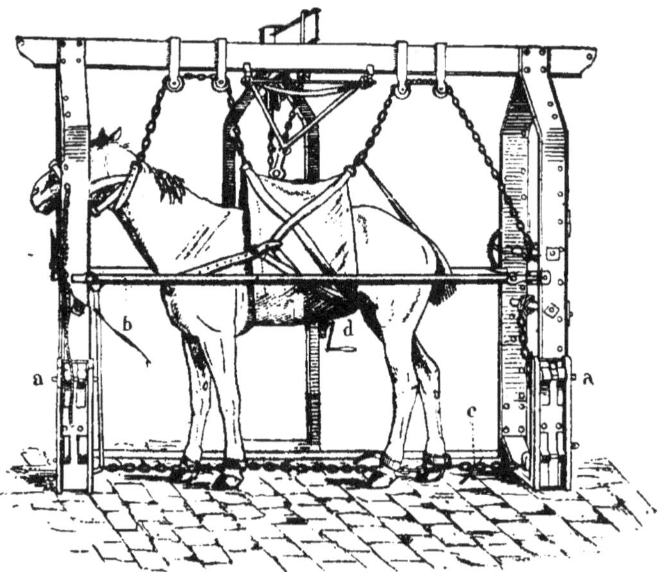


Fig. 7. — Travail-bascule de Vinsot (modèle primitif).

de la partie supérieure des avant-bras et des jambes, et son extrémité tirée au degré voulu. On place alors les deux cordes, à cheval, l'une sur le garrot, l'autre sur les reins, et on les fixe à la plate-longe.

Dans le *travail ordinaire*, on peut étroitement immobiliser le cheval et pratiquer avec sécurité nombre d'opéra-

Fig. 8. — Travail-bascule de Neuf.

tions. — Le *travail* de Vinsot (*fig.* 7) permet d'effectuer plus facilement certaines opérations sur l'animal debout. Deux barres horizontales ferment l'appareil sur ses côtés. Après avoir écarté l'une d'elles, on fait reculer le cheval dans l'aire du travail. La barre replacée, l'animal est enfermé dans le cadre. La tête est fixée aux poteaux antérieurs au moyen des longes du licol de force; sous le thorax, on tend un tablier dont deux prolongements, passés entre les cuisses, soutiennent le train de derrière, et deux autres, passés entre les membres antérieurs, soutiennent l'avant-main. Les membres, fixés par des entravons à une solide chaîne métallique reposant sur le sol dans l'axe de l'appareil et tendue par un treuil, peuvent être attachés, les antérieurs aux barres latérales, comme dans le travail ordinaire, les postérieurs à la barre transversale, où ils sont amenés à l'aide d'un treuil. Pour la castration debout, on porte le membre postérieur gauche en arrière ; l'opérateur s'accroupit sous le flanc correspondant. Beaucoup d'interventions sur le tronc, les membres et le pied sont d'une exécution aisée avec cet appareil. — Le *travail* de Neuf offre les mêmes avantages. C'est une sorte de parallélipipède en poutrelles de fer, qui repose par deux tourillons sur des supports *ad hoc* solidement scellés dans le sol (*fig.* 8). Muni d'un licol et d'un masque matelassé, le cheval est amené près de la face gauche du travail. Le déplacement d'une barre mobile, qui occupe horizontalement le milieu de cette face et pivote sur son extrémité postérieure, permet de faire entrer le cheval à reculons dans le cadre. La barre est replacée, le cheval sanglé, légèrement soulevé de terre, puis entravé.

Lorsque le cheval est placé dans l'un de ces appareils, *on ne doit jamais négliger de soutenir le tronc par les sangles ou le tablier de soutien.*

Dans les élevages, quand on a affaire à des poulains sauvages ou qui ne peuvent être abordés sans danger, les méthodes ordinaires deviennent insuffisantes. Il faut recourir à certains artifices ou à des moyens spéciaux permettant de dompter les sujets.

Pour la contention debout, on fait usage d'une longue corde disposée en anse que l'on jette de manière à enserrer l'encolure de l'animal. On en fixe l'extrémité à une colonne ou à un arbre, et l'on oblige ensuite le poulain à tourner en cercle jusqu'à ce qu'il s'arrête à demi étouffé, l'encolure au contact de l'arbre ou de la colonne. Souvent il s'affaisse en position telle qu'on peut facilement l'entraver; ou bien il reste debout, déprimé, anxieux, et on peut l'approcher, même effectuer maintes petites interventions.

Mais pour pratiquer des opérations d'une certaine durée, il est avantageux d'engager le sujet dans une sorte de couloir disposé en **Y**, les branches divergentes constituées par deux hautes barrières formées de lattes horizontales, et la base par « le corridor » large de 50 à 60 centimètres, permettant tout juste le passage d'un cheval, partie dont les parois, continuation des deux barrières susdites, sont formées de forts pieux verticaux et de lattes qui divisent chaque face du corridor en petits carrés de 20 à 25 centimètres de côté. Le poulain une fois dans « l'entonnoir », puis poussé dans le corridor qui est fermé en avant, on l'empêche de reculer au moyen de barres de bois passées dans les parois à mesure qu'il avance. A la faveur des ouvertures des parois, on peut placer la capote, fixer les membres ou encore lever un pied à l'aide d'une plate-longe fixée par un nœud coulant sur le paturon et tirée en dehors, par-dessus la barrière. Cette incarcération exerce sur le patient une impression qui le déprime. En pénétrant dans le corridor et en abordant le sujet par derrière, on peut pratiquer diverses opérations, explorer des plaies, appliquer un pansement.

Dans la pratique ordinaire, quand on ne dispose pas d'un travail, ou si la contention effectuée comme il a été dit plus haut est trop difficile ou dangereuse, on assujettit l'animal en position décubitale.

### B. — Contention du cheval en position couchée.

Pour coucher le cheval, amenez-le sur le bord d'un épais lit de paille. Après avoir placé la capote ou couvert les yeux d'un tablier, passez simplement la longe dans la bouche ou appliquez un tord-nez à la lèvre supérieure et chargez un aide de tenir la tête. Faites lever le pied antérieur du côté opposé celui sur lequel l'animal doit être abattu. Appliquez les entravons sur les quatre paturons, le porte-lacs sur celui du pied levé, les boucles en dehors, les anneaux des antérieurs dirigés en arrière, ceux des postérieurs tournés en avant. Passez le lacs dans les anneaux des entravons, en commençant par celui du membre postérieur correspondant au pied levé, puis successivement dans ceux du membre postérieur et du membre antérieur opposés, enfin dans celui où il est fixé, et faites-le tenir modérément tendu par des aides. Glissez sur le tronc, en arrière du garrot, une plate-longe dont les chefs sont tenus par deux aides, du côté où le cheval doit être abattu. Un autre aide saisit les crins de la queue et se dispose à agir dans le même sens que ceux qui tiennent la plate-longe. Diminuez le plus possible la base de sustentation du cheval : rassemblez-le en le faisant reculer ou en portant successivement en avant les deux membres postérieurs, l'anse que forme le lacs étant graduellement rétrécie (*fig.* 9). — Au signal convenu, une action commune

Fig. 9. — Abatage du cheval. Procédé ordinaire.

a lieu : les extrémités sont rapprochées ; l'animal, sentant sa chute imminente, fléchit les rayons des membres ; les tractions simultanément exercées sur le tronc, la queue, la tête, entraînent la masse du corps. Le cheval doit tomber doucement sur le lit, ou plutôt s'y étendre de l'arrière à l'avant ou en sens inverse. Arrêtez le lacs par un nœud double ou par un porte-mousqueton. — Assurez-vous que le tord-nez et la sous-gorge ne gênent pas la respiration. Recommandez à l'aide qui tient la tête de ne pas occlure les naseaux ni comprimer la gorge. Durant l'opération, veillez aussi à ce que les assistants n'exercent pas de pressions fortes ou permanentes sur le thorax.

Lorsque les quatre extrémités sont laissées dans les entravons, maintenues rapprochées pendant toute la durée d'une opération, les réactions sont plus dangereuses et la fracture de la colonne vertébrale plus à redouter que si l'un des membres est ensuite déplacé, fixé sur un autre, ou désentravé après l'avoir assujetti au membre congénère avec une courroie ou une plate-longe. — Dans le but d'éviter cet accident

Fig. 10. — Abatage avec le trousse-pied.

quand on couche un cheval très irritable ou très vigoureux il convient d'appliquer le trousse-pied au membre antérieur du côté opposé à celui sur lequel l'animal doit être abattu. L'appareil fixé, laissez faire au cheval, tout en le guidant, quelques tours sur le lit de paille : bientôt il est fatigué et ne réagit plus. Placez alors les entravons sur les membres libres, le porte-lacs au paturon postérieur correspondant au pied levé. Passez le lacs dans l'entravon du membre antérieur à l'appui, puis dans celui du membre postérieur correspondant, enfin dans l'entravon porte-lacs (*fig.* 10). — On peut encore, une fois le cheval couché sur le lit, fixer soit à des poteaux, soit à des anneaux scellés dans le sol ou dans un mur, la tête et un ou plusieurs membres, après les avoir désentravés successivement.

Pour placer le cheval en position dorsale, faites passer entre les membres antérieurs et ceux de derrière une barre

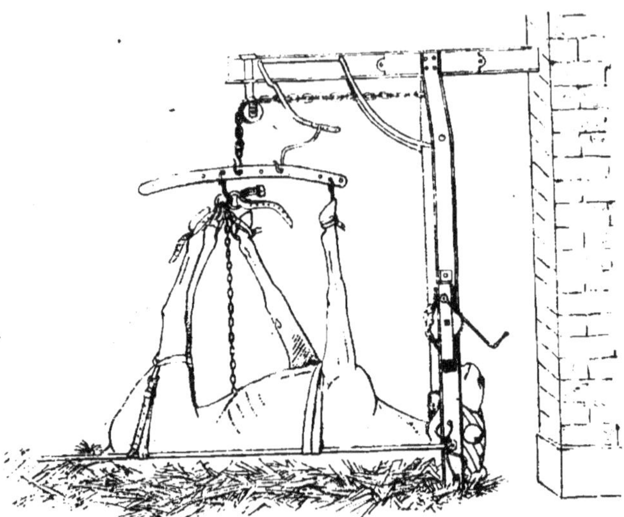

Fig. 11. — Potence de Vidron.

dont les extrémités sont soulevées par des aides et qui est tenue perpendiculaire à l'axe du corps. Parfois on peut passer le lacs sur une solide traverse du local où l'on opère et le faire tirer par des aides. — Vidron a imaginé un appareil en fer pour la contention en position dorsale. Celui-ci se compose de deux montants verticaux réunis à $2^{m},60$ du sol pour supporter une potence horizontale scellée au mur à l'une de ses extrémités. Cette potence soutient une chaîne-câble mue par un moulinet et terminée par un crochet auquel se fixe une barre de suspension. — On commence par abattre le cheval sur un lit de paille disposé auprès de l'appareil. On attache ensuite les membres le long de la barre, — le membre à opérer dans l'entravon, les trois autres réunis dans un crochet mousse. — Deux aides tournent le moulinet : le cheval est bientôt en position dorsale, les membres en extension. — On peut le faire pivoter de manière à placer la tête entre les montants (*fig.* 11). Deux brancards sont alors rabattus de chaque côté du corps. Il ne reste plus qu'à immobiliser le sternum et les cuisses avec des sangles. — Le dispositif de la barre de suspension a pour effet de décomposer les efforts du

Fig. 12. — Le membre antérieur droit est porté sur le postérieur correspondant.

patient, la contraction des trois membres provoquant l'extension du quatrième, et réciproquement.

Si l'on doit porter un membre antérieur sur le postérieur superficiel, une plate-longe, fixée au canon du premier, est dirigée vers la partie inférieure de la jambe, passée de dessus en dessous, ensuite portée en avant et passée sous la partie supérieure de l'avant-bras. Un aide placé au lacs, deux autres tirent l'extrémité de la plate-longe dans la direction du garrot dès que le pied est sorti de l'entravon (*fig.* 12), puis le membre, porté à la hauteur voulue, est fixé par deux tours croisés en **X** et un tour circulaire.

Lorsqu'un membre postérieur doit être porté sur l'antérieur superficiel, la plate-longe, fixée sur le canon du premier, est passée sur le tiers inférieur de l'avant-bras, de dessus en dessous, ensuite amenée sous la jambe du membre à déplacer et tirée par deux aides dans la direction de la croupe (*fig.* 13). Une autre plate-longe fixée et tendue au-dessus du genou favorise la manœuvre.

Quand une opération doit être pratiquée sur la région inguinale, faites porter en avant, sur l'épaule correspondante,

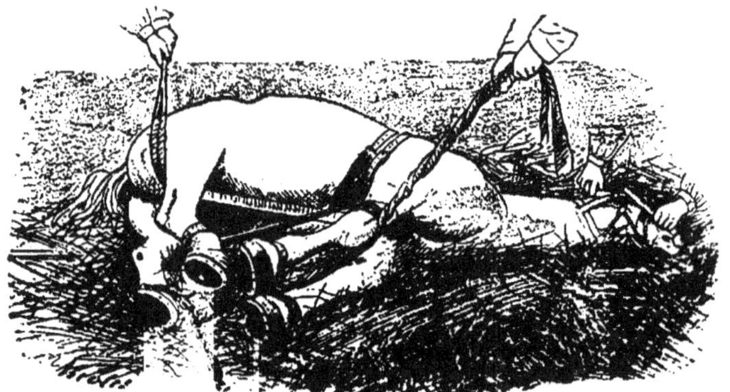

Fig. 13. — Le membre postérieur droit est porté sur l'antérieur correspondant.

le membre postérieur superficiel. Une plate-longe fixée au canon est passée sur le garrot, puis sous l'encolure, ramenée en arrière, passée au-dessus de sa première partie qu'elle croise obliquement, ensuite sous la jambe et tirée dans la direction de la croupe (V. *fig.* 131). — Pour opérer commodément dans la région de l'aine (hernie, cryptorchidie), faites porter dans l'abduction le membre postérieur superficiel. A cet effet, deux plates-longes fixées sur le canon et passées dans des anneaux scellés ou autour de solides piliers sont tirées, l'une dans la direction du garrot, l'autre perpendiculairement à la colonne vertébrale (V. *fig.* 131).

On peut encore : 1° entraver en 8 les membres antérieurs au-dessus du genou, ou les membres postérieurs au-dessus du jarret ; 2° porter un membre en avant ou en arrière au moyen d'une plate-longe ou du bâton à entraves.

Quels que soient la manœuvre effectuée ou le déplacement imprimé à un membre, *jamais on ne doit se tenir dans le champ de mouvement de celui-ci tant qu'il n'est pas solidement fixé.* Et pendant les opérations pratiquées sur les membres ou dans la région inguinale, on ne transgressera ce précepte qu'après avoir pris les mesures donnant une absolue sécurité. En maintes circonstances, il n'est pas superflu d'associer la plate-longe et l'entravon.

Pour désentraver un membre, ayez soin aussi de vous placer en dehors de son champ de mouvement, — en face de la région plantaire des pieds. Lorsque l'opération est terminée, pour désentraver les quatre extrémités, placez-vous de la même manière, au bout des membres ; enlevez d'abord les entravons inférieurs, puis les autres, sans mouvement brusque pouvant inciter le sujet à réagir. Cela fait, ôtez la capote ou le tablier et le tord-nez. S'il est nécessaire, aidez le cheval à se relever.

Les *entravons anglais* permettent de relever facilement le

Fig. 14. — Entravon de Bracy-Clark.

cheval en supprimant une partie de l'opération — le débouclement sur l'animal couché. Ceux de Bracy-Clark sont semblables aux entravons ordinaires, mais la chaîne est fixée à l'entravon porte-lacs au moyen d'une vis dont l'enlèvement libère immédiatement les membres (*fig.* 14). L'animal se relève avec les entravons fixés aux paturons. Pour les retirer, on fait lever un membre antérieur. — Les entravons anglais actuels se composent de deux courroies d'inégale longueur réunies par une boucle avec ardillon ; la plus courte porte à son extrémité libre un anneau, et la plus longue une boucle pouvant livrer passage à cet anneau (*fig.* 15). On les place sur les paturons, en introduisant les anneaux dans les boucles ;

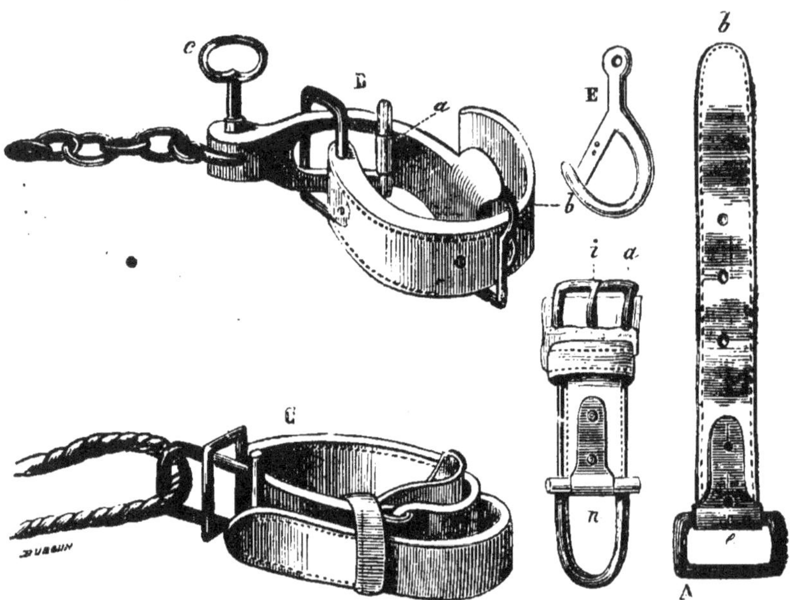


Fig. 15. — Entravons anglais.

A, entravon démonté ; *be*, grande courroie ; *in*, petite courroie ; *a*, boucle avec ardillon ; — C, disposition de l'entravon bouclé et placé ; — B, entravon porte-lacs ; *c*, clef ; — E, porte-mousqueton. (Peuch et Toussaint.)

il suffit de passer rapidement le lacs dans ces anneaux pour les maintenir en place. L'animal abattu, les membres sont tenus rassemblés en fixant le porte-mousqueton sur la chaîne, dans la maille la plus rapprochée des entravons. — Pour le relever, on ôte la vis comme dans le système de Bracy-Clark, puis on tire sur le lacs : les entravons se détachent d'eux-mêmes. Ils peuvent être projetés au loin par la détente des membres postérieurs ; aussi doit-on éviter de se tenir en arrière du cheval.

Pour coucher les sujets de petite taille — les poneys et les poulains, — employez les entravons improvisés. Prenez quatre bouts de corde que vous fixez successivement par un nœud droit sur chacun des paturons, en laissant entre les cordes et la peau assez d'espace pour que le lacs puisse glisser. — Ou servez-vous de quatre anneaux métalliques solides et assez larges, de quatre bouts de corde et d'un lacs. Lés anneaux sont fixés aux paturons, en arrière pour les membres antérieurs,

Fig. 16. — Entravon improvisé de Deneubourg. (Peuch et Toussaint.)

en avant pour les membres postérieurs, par les cordes que l'on passe deux ou trois fois dans ces anneaux et que l'on arrête par un nœud droit (*fig.* 16). — L'abatage se fait comme avec les entravons ordinaires.

La table de Daviau permet l'assujettissement facile en position décubitale et expose beaucoup moins aux fractures et aux déchirures musculaires que l'abatage ordinaire. Elle consiste en un solide plateau en chêne, garni de cuir souple rembourré, qu'un mécanisme spécial fait basculer autour d'un axe horizontal. — Pour éviter les glissades et la chute du patient pendant qu'on l'assujettit à l'appareil, il convient au préalable de disposer devant celui-ci une couche de paille. — Muni de la capote, habituellement aussi du tord-nez et les membres garnis de genouillères s'il y a lieu, l'animal est amené près du plateau verticalement disposé, où il est attaché au moyen de sangles, puis entravé. Les longes du licol et les cordes sont arrêtées à des chevilles disposées sur la face postérieure du plateau. Quand le cheval est ainsi immobilisé, un aide

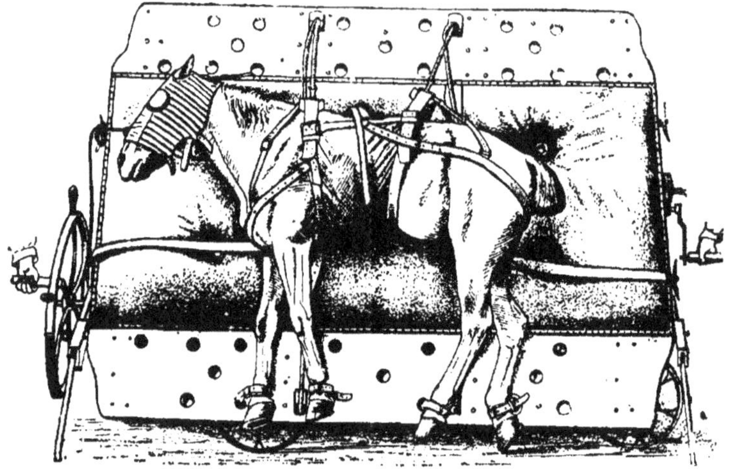

Fig. 17. — Table de Daviau.

actionne une manivelle : la table bascule et arrive en position horizontale, à hauteur convenable pour l'action chirurgicale. En général, les animaux réagissent peu. — Lorsqu'on relève le cheval, une fois le plateau ramené en position quasi verticale, on défait les entravons, on ôte la capote et le tord-nez. Il n'y a plus qu'à achever le redressement de la table et à déboucler les sangles. — Avec l'appareil primitif, pour retourner le patient, il faut le relever, le placer en sens inverse près de la planche et recommencer les manœuvres. L'appareil perfectionné, monté sur roues et que l'on peut fixer solidement sur le sol au moment de s'en servir (*fig.* 17), permet de retourner le cheval sans le relever, sans modifier l'horizontalité de la planche.

Avec le travail de Vinsot, le cheval est également placé sans secousse dans l'attitude décubitale ; il est fixé comme pour l'opération debout, la tête attachée à l'un des montants, le tablier et la chaîne tendus. A la barre horizontale sur laquelle va reposer le tronc, on adapte un double coussin formant une sorte de table. Par le fonctionnement du grand treuil (*fig.* 7, *d*), l'appareil bascule, pivote sur un axe (*aa*) situé à une certaine distance du sol. Il est aisé de détacher ensuite les membres et de les fixer aux barres ou aux traverses. Le praticien peut

Fig. 18. — Travail de Vinsot basculé.

opérer assis, le membre est solidement fixé, et, ainsi qu'avec le Daviau, l'asepsie est facile.

Tel qu'il est construit actuellement (*fig.* 18), l'appareil bascule dans lès deux sens, à droite ou à gauche, et le praticien peut assujettir ses opérés dans les diverses attitudes sans recourir à plusieurs aides. Quatre taquets d'arrêt le maintiennent en position verticale. Une fois le cheval entravé, on peut le soulever de terre au moyen d'un treuil qui tend une chaîne à laquelle est relié le tablier de soutien. Les taquets enlevés, une traction exercée sur un levier adapté à l'extrémité de l'axe suffit pour faire basculer l'appareil, que deux supports arrêtent quand sa position est devenue horizontale.

Le travail de Neuf permet aussi de placer facilement et rapidement le cheval dans l'attitude décubitale, puis de le retourner sans le désentraver. Du côté où l'on veut renverser l'animal, on dispose une table mobile capitonnée, que l'on fixe

Fig. 19. — Travail de Neuf basculé.

aux montants à l'aide de deux clavettes. Une manivelle placée à l'avant de l'appareil actionne une vis d'Archimède qui s'engrène dans un demi-cercle de roue dentée : l'appareil tourne doucement, sans à-coups, autour de son grand axe horizontal, et s'arrête en la position voulue.

Que l'on se serve de l'un ou de l'autre de ces appareils, si l'opérateur ou un aide doit se placer soit entre les membres, soit dans leur champ de mouvement, il est indiqué de les fixer très solidement par des plates-longes ou de fortes courroies, même lorsque leur assujettissement par les entravons ne laisse rien à désirer.

On peut coucher les chevaux de petite taille et les ânes sans utiliser les entravons. Prenez une plate-longe, fixez-la d'abord par une de ses extrémités à un paturon antérieur, puis au paturon du membre congénère. Avec une deuxième plate-longe, réunissez les paturons postérieurs. Passez la première longe entre les membres de derrière, et l'autre entre les membres antérieurs (*fig.* 20). En faisant tirer sur ces cordes,

Fig. 20. — Abatage avec deux plates-longes.

sur la tête et la queue, l'animal tombe Rapprochez les longes, tordez-les ensemble et faites-les tenir par un aide.

Quand on ne saurait sans danger appliquer les entravons ou fixer des plates-longes sur les paturons, on a le choix entre les deux procédés suivants :

Le sujet est attaché avec la longe du licol ou du caveçon à un arbre ou à une colonne. Prenez une longue corde dont l'une des extrémités est disposée en anneau; passez dans celui-ci l'autre extrémité; serrez et arrêtez l'anse sur la base de l'encolure. Passez la corde successivement sur l'épaule droite et tout le côté droit du tronc parallèlement à la colonne vertébrale et à la hauteur des côtes, contournez les fesses, longez la face gauche du tronc à la même hauteur qu'à droite, contournez le poitrail; passez-la une seconde fois à droite, en arrière et à gauche. Arrivé à la hauteur de l'épaule gauche, tandis que la main droite tient tendue la corde de façon qu'elle ne glisse pas, avec la main gauche passez-en le chef libre, de haut en bas, dans l'anse serrée sur la base de l'encolure, puis sous le premier tour, de façon à empêcher celui-ci de glisser vers les genoux (*fig.* 21). Par des tractions en avant effectuées sur la corde, l'animal tombe sur le train postérieur. Si l'on ne disposait d'aucun aide, on fixerait le chef libre de la corde à la colonne ou à l'arbre, on détacherait la longe du licol ou du caveçon,

Fig. 21. — Abatage avec une corde.

et, de la main agitée devant les yeux, on effrayerait l'animal. Celui-ci, en reculant, serrerait la corde qui l'entoure et tomberait. Au cas où le sujet ne reculerait pas, on le prendrait par le licol et on le tirerait à droite ou à gauche comme pour le faire tourner. De cette façon encore, l'animal finirait par tomber.

Autre moyen. Prenez une longue plate-longe, appliquez-en la partie moyenne sur la crinière, en avant du garrot; croisez les chefs sur la partie inférieure de l'encolure, puis portez-les sur les épaules, les côtes, les cuisses, contournez les fesses en croisant les chefs, ensuite passez-les de même du côté opposé pour les croiser de nouveau devant la poitrine (*fig.* 22). Des tractions exercées en sens contraire par des aides provoquent la chute de l'animal. On peut alors appliquer les entravons et assujettir les membres comme à l'ordinaire, ou bien lier d'abord les antérieurs avec une corde serrée sur les paturons, puis les postérieurs de

Fig. 22. — Abatage avec une plate-longe.

la même manière, croiser les deux cordes comme le montre la *figure* 20, rapprocher les membres et les réunir.

*
* *

En outre des accidents immédiatement reconnus auxquels expose la contention du cheval, la *hernie inguinale aiguë* se produit quelquefois chez les animaux assujettis en position décubitale ou dans le travail, un membre postérieur étant déplacé en arrière et fixé à la barre transversale. Quand des signes de coliques apparaissent dans les heures qui suivent l'opération, il faut songer à cette complication et faire tout de suite l'examen des régions inguinales.

## B. — Assujettissement des bovidés.

### I. — Contention du boeuf debout.

Presque toutes les opérations se font sur l'animal debout. On se méfiera des cornes et des membres postérieurs.

1° *Fixation de la tête*. — a. *Par un aide*. — Un homme vigoureux se place à gauche de l'animal et maintient de la main gauche la corne correspondante; la droite, glissée le long de la face, saisit le mufle; le pouce introduit dans la narine gauche, l'index et le médius dans l'autre, le serrent plus ou moins fortement. Ainsi la tête peut être tenue élevée.

b. *Par une corde*. — Lorsque la bête est difficile, il faut fixer étroitement la tête à un anneau, à un arbre ou à un poteau. Trois ou quatre tours de corde passés sous les cornes et dans l'anneau ou autour du poteau suffisent d'ordinaire. On peut aussi enrouler la corde sur la partie inférieure de la tête. Parfois on assujettit l'animal en l'attelant au joug ou avec un sujet de même espèce.

2° *Contention des membres antérieurs*. — Comme pour le cheval, on tient levé un membre antérieur avec la main seule, ou en se servant soit d'une corde, soit d'une courroie passée autour de l'avant-bras et du paturon.

On peut amener l'animal contre un chariot, faire tenir la tête par un aide ou la fixer au véhicule. Une corde attachée au paturon est passée sur le dos et tirée par un aide de l'autre côté de la voiture, ou comme le montre la *figure* 23.

Pour faire lever un pied antérieur jusqu'à la hauteur de la corne correspondante, fixez le bœuf par la tête à un anneau ou à un arbre. Prenez une corde solide, longue de 4 à 5 mètres, et serrez-en une extrémité sur la base de la corne opposée au membre à soulever, puis enroulez-la deux fois autour de la base de l'autre corne, dirigez-la vers le pied en longeant le bord inférieur de l'encolure, puis la face interne du membre et contournez de dedans en dehors le creux du paturon; reportez-la vers la tête, engagez-la dans l'espèce d'anse tendue entre les deux cornes, et faites tirer sur elle

Fig. 23. — Contention d'un membre antérieur et d'un membre postérieur. (Hess.)

par un aide (*fig.* 24). — Ce moyen permettrait de maîtriser les bovidés les plus dangereux.

Fig. 24. — Contention d'un membre antérieur.

Pour limiter les mouvements des membres, on fait quelquefois usage de l'entrave Le Goff.

3° *Contention des membres postérieurs.* — En raison d'une conformation anatomique spéciale, les bovidés ne peuvent guère effectuer la ruade, mais il faut craindre les coups portés en avant et de côté, — les « coups de pied en vache ». — Pour s'en préserver, on peut employer différents moyens : —

Fig. 25. — Fixation d'un membre postérieur à une barre. (Guittard.)

1° Réunir les deux membres au-dessus des jarrets avec une corde disposée en anse et dont l'extrémité libre est tirée par un

Fig. 26. — Fixation d'un membre postérieur à l'aide d'une barre tenue par deux aides. (Hess.)

aide; — 2° Passer la queue successivement en dedans, en avant et en dehors du membre, puis la tirer en arrière : on empêche ainsi la projection du pied en avant; — 3° Faire tenir par deux aides, une perche, en avant des jarrets; — 4° Entraver les deux membres postérieurs, comme pour le cheval; — 5° Fixer l'un d'eux à une barre fixe ou tenue par des aides (*fig.* 25 et 26).

Pour soulever et immobiliser un membre postérieur, on peut se servir d'un bout de garrot ou d'une serviette enroulée que l'on noue en anse au-dessus du jarret, en laissant assez d'espace pour passer sous ce lien un bâton auquel on imprime un mouvement de torsion qui rétrécit l'anse et comprime les tissus de la jambe (serre-jambe). Le membre est facilement levé et tenu immobile, ce qui permet d'en faire l'exploration et de pratiquer diverses opérations.

On peut encore maintenir l'animal contre une voiture au

Fig. 27. — Contention d'un membre postérieur.

moyen d'une solide perche fixée, en avant, au-dessus du moyeu de la roue de devant et passée en dedans du membre postérieur qui doit être levé (*fig.* 27).

Les bovidés dangereux, surtout les taureaux, peuvent être maîtrisés à l'aide de la *pince-mouchette* ou de l'*anneau nasal*.

Pour placer l'*anneau*, traversez avec un gros trocart la partie inférieure de la cloison nasale et retirez la tige. Introduisez dans la canule un bout de l'anneau, puis poussez ce dernier en même temps que vous retirez la gaine du trocart.

Engagé dans la cloison, l'anneau est sorti de la canule, puis ses extrémités sont affrontées et rivées ou vissées.

Le *bâton conducteur* se compose d'une tige de bois longue de 1m,30 à 1m,50, à laquelle est clouée une armature métallique s'adaptant à l'anneau nasal. On peut se servir d'une armature spiralée qui permet d'appliquer et de retirer le bâton en se tenant à distance de l'animal.

## II. — Contention du boeuf en position couchée.

Procédez comme pour le cheval, en employant de petits entravons que vous fixez au paturon ou au canon. Ayez soin de disposer une épaisse couche de paille sur la surface où

Fig. 28. — Abatage du bœuf. (Rueff.)

doit porter la tête, afin d'éviter la fracture de la corne. — A défaut d'entravons, servez-vous de deux cordes. Avec l'une, liez les membres antérieurs en les rapprochant le plus possible; avec l'autre, fixez de même les postérieurs. Passez ensuite la première corde entre ces derniers, et la deuxième entre les membres antérieurs. Faites exercer une traction sur les deux lacs, tandis qu'un aide tire la tête du côté où le patient doit être abattu, et qu'un autre le pousse par la hanche. L'animal couché, croisez les cordes et nouez-les.

Rueff a conseillé de se servir simplement d'une corde longue de 10 à 12 mètres. On serre sur la base des cornes un nœud coulant préparé à l'une des extrémités de la corde, puis celle-ci est dirigée sur le bord dorsal de l'encolure jusqu'au tiers postérieur de cette région, que l'on enlace en ce point. Un deuxième enlacement est fait derrière les épaules, et un troisième au niveau du flanc. Le bout de la corde est porté en arrière, le long du sacrum, *à droite de la queue* si l'on veut coucher la bête *à gauche* (*fig.* 28), et *vice versa.* Deux aides tirent sur la corde. Bientôt l'animal se couche. — Lorsque l'animal, fixé par la tête à un arbre ou à un poteau, ne tombe pas sur le flanc, mais se couche en position sternale, il suffit de tirer sur la queue pour le coucher d'un côté ou de l'autre. — Les tours de corde doivent être assez rapprochés, car, par la traction exercée, ils glissent plus ou moins en arrière, peuvent blesser le pénis, le scrotum ou les mamelles,

Fig. 29. — Abatage du bœuf. (Procédé italien.)

ce qu'il faut éviter surtout lorsqu'il s'agit d'un reproducteur ou d'une bête en pleine lactation.

Le procédé italien, représenté par la *figure* 29, n'offre pas les mêmes inconvénients. On prend une corde longue de 10 à 12 mètres, on la plie en deux et l'on en applique la partie médiane sur le devant du garrot; on croise les chefs en avant du fanon et on les passe entre les membres antérieurs, puis sur les côtés et le dos, où on les croise à nouveau; on les porte ensuite vers le grasset et on les engage entre les membres postérieurs. Par des tractions en arrière, l'animal est vite couché. On recommandera aux aides de ne pas trop rapprocher les cordes afin d'éviter de blesser les mamelles ou le scrotum.

### C. — Assujettissement des petits animaux et des oiseaux.

Il est aisé d'assujettir le MOUTON en toutes positions. Pour la castration, un aide tient l'animal sur le dos ou le séant, le ventre tourné vers l'opérateur, le tronc serré entre les jambes, et avec chacune de ses mains il immobilise les deux extrémités d'un bipède latéral. Ce dernier mode convient aussi pour les opérations pratiquées sur la tête. — Si la contention doit être de longue durée, on lie d'abord ensemble les membres de chaque bipède latéral, puis on les réunit par un ou plusieurs tours de corde. Lorsque l'opéré est un bélier ou un bouc, on se méfiera des coups de tête.

On saisit habituellement le PORC par un membre postérieur, au-dessus du jarret. Pour le renverser, en même temps que l'on bascule le train de derrière, un ou deux aides exercent sur les oreilles des tractions dans le même sens.

Autre procédé : deux hommes saisissent le porc par les oreilles; tandis que l'animal crie, on glisse dans la bouche entr'ouverte une anse de corde disposée en nœud coulant que l'on serre sur la mâchoire supérieure, le plus près possible des commissures, en arrière des crochets. On attache ensuite l'animal à un arbre ou à un anneau, assez haut pour que la tête se trouve en extension forcée. Le patient « tire au renard » : il n'est pas à craindre qu'il se détache.

Si l'on doit examiner la cavité buccale, on profite des cris poussés par l'animal — de l'écartement des mâchoires — pour introduire dans la bouche un bâton dont on se sert comme levier. — Des interventions pratiquées dans le fond de la cavité buccale ou dans le pharynx nécessitent l'emploi d'une mordache. — On utilise aussi un tord-nez spécial à l'aide duquel on enserre les mâchoires. — On peut encore immobiliser celles-ci avec un bout de corde enroulé et noué en arrière du groin.

Pour le CHIEN, dans toutes les interventions qui s'accompagnent de quelque douleur, on doit faire usage de la muselière ou de la bande enroulée sur les mâchoires et dont les

Fig. 30. — Chien muselé avec de la bande.

chefs, croisés sous le maxillaire inférieur, sont noués en arrière des oreilles (*fig.* 30). On pratiquera les principales opérations sur la gouttière ou la table. — Les chiens dangereux (suspects de rage ou enragés) sont saisis à l'aide d'une longue pince-collier dont les mors concaves enserrent le cou.

Lorsque l'on veut pratiquer la castration ou diverses autres opérations chez le CHAT, un aide prend d'une main la peau du cou, de l'autre celle de la région lombaire, et tient le sujet « doucement comprimé » sur une table. On peut encore, selon les cas, l'emmailloter partiellement, l'introduire jusqu'au rein dans un sac étroit ou dans une botte. Les opérations de longue durée se font également sur la table ou la gouttière.

Pour assujettir le LAPIN, on saisit d'une main les oreilles, et de l'autre les pattes de derrière. Si l'animal doit être châtré, on le maintient sur le dos, les membres postérieurs écartés.

On assujettit les OISEAUX en enserrant d'une main la base des ailes, tandis que de l'autre on tient les pattes. On fait aussi maintenir couchés sur une table les sujets des grandes espèces aviaires. Pour éviter les coups de bec, surtout quand il s'agit des psittacés, on peut soit couvrir la tête d'une petite cloche de verre, d'un capuchon, soit l'immobiliser en saisissant la peau du cou en arrière du crâne, ou les mandibules avec le pouce et l'index, la main recouverte d'une serviette.

## II. — Anesthésie.

### I. — Anesthésie générale.

#### A. — ANESTHÉSIE DES SOLIPÈDES.

##### 1. — *Par le chloroforme.*

Le cheval doit être à jeun. Couchez-le et débarrassez-le de tout lien pouvant gêner la respiration. Servez-vous d'une compresse que vous étalez à quelques centimètres des naseaux et sur laquelle un aide verse le chloroforme par très petites quantités (20-30 gouttes à la fois). Rapprochez ou éloignez la compresse des naseaux selon que vous voulez faire pénétrer l'anesthésique en plus ou moins grande abondance.

L'inhalation des premières vapeurs de chloroforme provoque de l'agitation : l'animal se débat, se livre à des efforts parfois très violents ; mais cette période d'excitation ne dure le plus souvent que quelques minutes. Bientôt le calme arrive, l'anesthésie commence, peu à peu elle devient plus profonde. La période d'excitation passée, si des troubles respiratoires ou circulatoires se produisent, si la respiration devient précipitée ou est entrecoupée d'arrêts, si les pulsations sont petites, irrégulières ou intermittentes, il faut suspendre les inhalations.

Les modifications de la sensibilité, de la motricité, du pouls et de la respiration, les variations du champ pupillaire, la persistance ou la cessation du réflexe palpébral permettent de reconnaître le degré de la narcose. Complète, elle est caractérisée surtout par l'atrésie de la pupille et la disparition du réflexe palpébral : l'attouchement de la conjonctive et de la cornée ne provoque plus la contraction de l'orbiculaire. La sensibilité est abolie; tous les muscles sont inertes. — Tant que la respiration et la circulation s'accomplissent régulièrement, l'anesthésie peut être continuée sans danger en administrant, par intermittences, de nouvelles doses de chloroforme.

Le réveil est lent, graduel. On empêchera le patient de se relever trop tôt, et lorsqu'il a repris l'attitude quadrupédale, il convient de le soutenir jusqu'au moment où tout danger de chute est écarté.

A la condition de donner le chloroforme à petites doses progressives et de surveiller attentivement l'anesthésie, les accidents sont rares.

On peut supprimer ou abréger la période d'excitation et conjurer la syncope en faisant une injection sous-cutanée d'une solution d'*atropomorphine* une demi-heure avant de commencer les inhalations de chloroforme. Pour un cheval de taille moyenne, on ne dépassera pas 15 centigrammes de morphine et 5 milligrammes de sulfate d'atropine, ces substances dissoutes dans 10 centimètres cubes d'eau.

Lorsque l'on doit anesthésier des sujets atteints d'emphysème ou d'une affection chronique du cœur, il est préférable d'employer l'*éther*.

## 2. — *Par l'éther.*

Administrez l'éther comme le chloroforme, en vous servant d'une compresse plutôt que d'une éponge, d'étoupe ou d'ouate. L'aide le débite par petites quantités, plus largement toutefois que le chloroforme. La période d'excitation est beaucoup plus longue qu'avec celui-ci; l'anesthésie est bien plus tardive et aussi moins profonde. Pour l'obtenir, souvent il faut

500 grammes d'éther, quelquefois davantage. On peut la prolonger aussi longtemps qu'il est nécessaire, en continuant ou en répétant les inhalations. — Le réveil est en général plus rapide qu'avec le chloroforme. — On prendra les mêmes précautions qu'après la chloroformisation.

### 3. — *Par le chloral.* — *Par le chloral et la morphine.*

Pour l'injection intraveineuse de chloral (en solution à 1 p. 3-5), on se sert habituellement de l'appareil de Dieulafoy. L'aiguille est d'ordinaire remplacée par un trocart. On prendra les précautions aseptiques indiquées pour les opérations pratiquées sur les veines.

La région préparée, un aide comprime la veine à la partie inférieure de la gouttière jugulaire. Tendez la peau en exerçant sur elle une traction vers la tête; avec la main libre, enfoncez obliquement en arrière l'aiguille ou le trocart dans le vaisseau distendu. Tandis que l'aide tient la canule inclinée, poussez lentement le liquide dans la veine. La dose anesthésique est de 8 à 10 grammes de chloral par 100 kilogrammes d'animal. Retirez la canule en évitant de soulever la peau. — Aussitôt le cheval dort, l'immobilité est absolue, la résolution musculaire complète; la respiration et la circulation, un moment troublées, reviennent vite à leur rythme normal. Selon la quantité de chloral injectée, la durée de la narcose varie de une à trois heures.

Très avantageuse pour l'anesthésie des sujets destinés aux exercices de chirurgie, l'injection intraveineuse de chloral n'est pas à conseiller dans la pratique. Elle expose à de graves accidents : à la phlébite et à des lésions nécrotiques des tissus périveineux.

On peut aussi employer le chloral en *injection intrapéritonéale*, à la dose de 30 à 75 grammes suivant la taille des sujets. On prépare une solution au 1/10, que l'on injecte tiède dans le creux du flanc gauche, au moyen de l'aiguille ou du trocart et d'une seringue ou d'un entonnoir muni d'un tube de caoutchouc.

Ce mode d'administration du chloral a été recommandé surtout comme moyen de traitement des coliques graves.

Pour obtenir un certain degré d'anesthésie pouvant faciliter l'assujettissement en position décubitale ou l'exécution de diverses opérations sur l'animal debout, on peut encore utiliser le *chlorhydrate de morphine* (20 à 60 centigrammes) en injection sous-cutanée. Il est préférable d'associer la morphine et le chloral. On fait d'abord l'injection de morphine et, au bout de dix minutes, on administre un lavement contenant de 30 à 60 grammes de *chloral*. L'assoupissement survient en moins d'une demi-heure, et sa durée est assez longue, parfois de plusieurs heures. Des doses plus fortes de chloral (100-150 grammes dans 2 à 3 litres d'eau) donnent l'anesthésie complète.

### B. — Anesthésie des ruminants et des petits animaux.

On a quelquefois anesthésié les *bovins* par les inhalations d'éther, de chloroforme, ou par le chloral. Aujourd'hui ces agents sont justement délaissés. Ils ne conviennent pas pour les animaux dont la viande, en cas d'insuccès opératoire, doit être livrée à la consommation.

L'assoupissement par l'alcool est le seul procédé recommandable. L'animal assujetti, faites-lui prendre en breuvage une forte dose d'eau-de-vie ou de rhum (un demi-litre à un litre). Au bout de quelques minutes, l'engourdissement commence et s'accentue peu à peu. L'ivresse amène la résolution musculaire.

C'est également le procédé qui mériterait la préférence pour les petits ruminants et le porc.

Pour le chien, on peut se servir du chloroforme ou de l'éther, mais le premier est mal supporté. Le procédé de choix est la chloroformisation précédée d'une injection d'atropo-morphine :

| | |
|---|---|
| Chlorhydrate de morphine....... | 10 centigrammes. |
| Sulfate d'atropine.............. | 5 milligrammes. |
| Eau distillée..................... | 10 grammes. |

Injecter un demi-centimètre cube de cette solution aux chiens de petite taille, 1 à 2 centimètres cubes aux sujets de taille moyenne, 3 à 4 aux chiens des grandes races. Au bout de dix à vingt minutes, administrer le chloroforme : avec quelques grammes, on obtient un sommeil profond et de longue durée, sans danger de syncope.

On peut aussi anesthésier le chien par le chloral en injection intrapéritonéale. Celle-ci est faite dans l'un ou l'autre des flancs. La dose de chloral varie de 2 à 12 grammes selon le poids des sujets. Comme pour le cheval, on utilise une solution au 1/10.

Le CHAT est très sensible aux divers anesthésiques. La mort est à craindre lorsqu'on les lui administre à dose un peu forte ou trop rapidement, ou lorsqu'on prolonge les inhalations.

C'est le procédé recommandé pour le chien qui mérite la préférence; toutefois, le chat étant extrêmement sensible à l'action de la morphine, qui produit chez lui une vive excitation, la dose de cet agent ne doit pas être supérieure à 0$^{gr}$,0005 par kilogramme.

Pour les OISEAUX, la narcose est facile. Le chloroforme est l'anesthésique de choix. On place le sujet sous une cloche de verre légèrement soulevée en un point, pour permettre l'accès de l'air; des tampons d'ouate imbibés de chloroforme sont ensuite projetés sous la cloche. Bientôt l'oiseau chancelle et s'endort sans avoir manifesté de phénomènes d'excitation. Si l'opération dure un certain temps, on peut répéter les inhalations.

## II. — Anesthésie locale.

Les procédés d'*anesthésie locale* ont pour but de rendre insensible une partie limitée du corps ou une surface peu étendue de la peau.

La *compression* est le plus ancien de tous les moyens employés pour diminuer ou supprimer la douleur. Chez le cheval, dans les opérations sur les membres, la compression circulaire n'est pas avantageuse seulement pour réaliser l'hémostase ; elle atténue notablement la sensibilité des tissus sur lesquels doit porter l'instrument.

La *réfrigération* est également un vieux procédé basé sur ce fait d'observation que le froid très vif engourdit les extrémités, les rend inaptes à recueillir les impressions de tact et de douleur. On a d'abord utilisé les applications de glace ou de mélanges réfrigérants (glace, 2 parties; sel marin, 1 partie ; — ou glace, 5 parties ; sel marin, 5 parties; chlorhydrate d'ammoniaque, 1 partie), — glace ou mélange que l'on introduit le plus souvent dans un sac, lequel est appliqué et maintenu un certain temps sur le tégument de la région à opérer : — bientôt la peau durcit et devient insensible. — On peut obtenir le même résultat par la réfrigération résultant de l'évaporation de liquides volatils (éther, bisulfure de carbone, chlorures d'éthyle ou de méthyle).

Les dangers de l'anesthésie générale ont suscité la recherche d'autres moyens permettant d'insensibiliser la seule région sur laquelle on doit opérer. Aujourd'hui on utilise le plus souvent la *cocaïne* en solution à 1 p. 100-200 :

| | |
|---|---|
| Chlorhydrate de cocaïne......... | 20 centigrammes. |
| Sublimé........................ | 2 milligrammes. |
| Eau distillée....... ............. | 20 grammes. |

Quelques gouttes de cette solution instillées entre les paupières insensibilisent en trois minutes les couches superficielles de la cornée. En répétant les instillations à deux minutes d'intervalle, l'anesthésie de la cornée, de la conjonctive et des paupières est souvent complète en moins de dix minutes et dure un quart d'heure. Après l'emploi de la cocaïne, la ponction de la cornée et l'extraction des corps étrangers fixés dans cette membrane sont faciles. Cinq ou six injections sous-conjonctivales faites autour du globe oculaire permettent l'ablation de l'œil sans grande douleur. — En injection souscutanée, la cocaïne insensibilise les tissus superficiels en cinq à six minutes, et l'anesthésie dure au moins une demiheure, souvent davantage. Par les injections en traînées, on peut étendre à volonté l'aire anesthésique. On adapte à la seringue une longue et fine aiguille ; celle-ci est introduite dans le tissu conjonctif sous-cutané, sur la ligne de l'incision que l'on veut pratiquer ; on la retire graduellement en refoulant le piston, de manière à laisser derrière elle une traînée du liquide.

Aux régions où la peau est mince, l'infiltration anesthésique s'opère facilement, dans cette membrane, de la profondeur vers la superficie. Aux points où elle est épaisse, pour l'insensibiliser plus vite et complètement sur la ligne d'incision, il est préférable, ainsi que Reclus l'a conseillé pour l'homme, de faire une *injection intradermique.*

Le champ opératoire préparé et la seringue de Pravaz chargée de la solution anesthésique, d'un coup on introduit l'aiguille horizontalement dans l'épaisseur du derme et on l'y

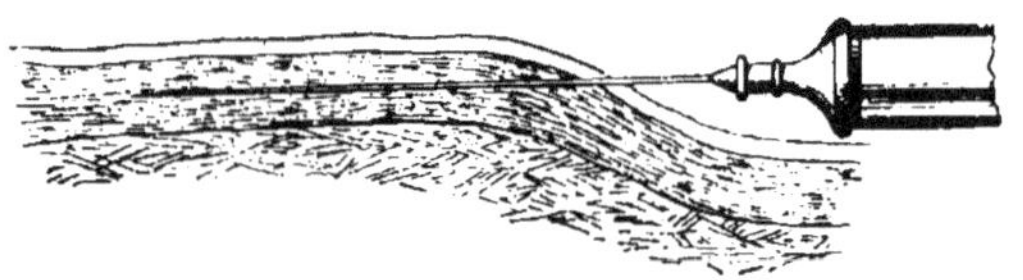

Fig. 31. — Injection intradermique.

fait progresser lentement, en exerçant une légère pression sur le piston de la seringue.

On reconnaît que l'aiguille chemine dans le derme à la légère boursouflure développée le long de son trajet et à la pression nécessaire pour actionner le piston. La première ne se produit plus et le liquide s'infiltre sans résistance dès que l'aiguille a pénétré dans le tissu conjonctif sous-cutané. Il faut alors ou la ramener dans l'épaisseur du derme en la retirant légèrement, ou l'y réintroduire en portant la pointe de l'aiguille un peu en dehors.

L'injection de la solution anesthésique se fait sans douleur ; le patient ne doit ressentir que la piqûre initiale — à la condition que l'injection soit faite lentement, en exerçant sur le piston une pression modérée et sans à-coups. Au fur et à mesure que l'aiguille progresse, le liquide qui sort de celle-ci anesthésie les tissus au-devant d'elle, de sorte que ceux-ci sont déjà insensibles quand elle les parcourt.

Souvent la ligne d'incision est trop longue pour être anesthésiée d'un coup : on doit faire deux ou plusieurs injections successives en réintroduisant l'aiguille en amont de la partie déjà anesthésiée. Le tracé de ces injections est marqué par une légère saillie linéaire, le long de laquelle on incise le tégument. La bande de peau anesthésiée est large d'environ 1 centimètre.

Quand le bistouri doit diviser plusieurs couches de tissus, on fait pour chacune d'elles une injection spéciale (injections anesthésiques étagées). L'anesthésie des plans sous-cutanés exige beaucoup moins de cocaïne que celle de la peau, et l'analgésie est plus rapide.

La cocaïne est un excellent anesthésique local. Ses solutions seront autant que possible employées chaudes (38-40°), état sous lequel elles sont le plus actives. Lorsqu'elles deviennent acides, elles perdent plus ou moins complètement leurs propriétés ; on peut les leur restituer en partie en neutralisant le liquide. Indépendamment de sa toxicité relative, la cocaïne a l'inconvénient de ne pas supporter l'ébullition : sous l'influence de celle-ci, ses solutions se décomposent et perdent leur vertu analgésiante.

On a cherché à lui substituer d'autres produits moins toxiques ou plus facilement stérilisables : — la *stovaïne*, d'une toxicité moitié moindre et dont les solutions ne sont pas altérées par la chaleur, — la *novocaïne*, moins toxique encore, et beaucoup d'autres (eucaïnes, holocaïne, tropocaïne, nirvanine, alypine...). La plupart de ces substances possèdent d'ailleurs des propriétés antiseptiques, et il n'est pas nécessaire d'en stériliser les solutions.

Les *injections intrarachidiennes* de cocaïne ont été proposées pour faciliter certaines interventions chirurgicales sur le train postérieur et l'abdomen (castration, névrotomie cautérisation). On peut réaliser l'analgésie complète des régions post-diaphragmatiques du corps par l'injection, dans la cavité arachnoïdienne lombaire, de quelques centimètres cubes d'une solution de cocaïne ou de stovaïne (rachicocaïnisation ou rachistovaïnisation).

La ponction est pratiquée aseptiquement, avec un fin trocart ou une aiguille creuse, au niveau de l'espace lombo-sacré. Le lieu d'élection est à l'intersection du plan médian et de la ligne réunissant le sommet des angles iliaques internes. Chez le cheval et le bœuf, on implante à ce niveau et verticalement un trocart long de 10 centimètres, on le pousse lentement, progressivement, dans le canal rachidien et dans le sac arachnoïdien, — ce que l'on reconnaît à la sortie, par la canule, de liquide céphalo-rachidien, — puis l'on injecte 3 à 6 centimètres cubes d'une solution stérile de cocaïne à 1 p. 100. — Chez le chien, où l'espace lombo-sacré est facile à percevoir, souvent la ponction reste blanche : la dure-mère fuit devant le trocart. Une forte flexion de la colonne vertébrale favorise la pénétration de l'aiguille dans le sac arachnoïdien.

La rachianesthésie n'est certes pas à recommander dans la pratique vétérinaire. Mais les résultats obtenus dans le traitement de la méningite cérébro-spinale de l'homme par la ponction lombaire et l'injection de sérum antiméningococcique autorisent l'espoir que semblable intervention pourra être appliquée quelque jour dans la thérapeutique de la méningite cérébro-spinale des animaux, peut-être aussi pour combattre certaines paralysies provoquées par les déterminations méningées des maladies infectieuses.

*L'anesthésie des nerfs sensitifs*, qui entraine celle des régions auxquelles ces nerfs se distribuent, est employée pour préciser le diagnostic des boiteries et lorsque l'on veut pratiquer, sans douleur pour le patient, diverses opérations chirurgicales. Elle est produite par l'injection, dans le tissu conjonctif qui entoure les nerfs périphériques, de solutions aqueuses de cocaïne ou de stovaïne à 1 p. 100 (V. p. 186 et 339).

L'anesthésie commence cinq à six minutes après l'injection ; habituellement complète au bout de quinze à vingt minutes, elle persiste une demi-heure à trois quarts d'heure.

On emploie d'ordinaire la préparation suivante :

Chlorhydrate de cocaïne.......... 20 centigrammes.
Eau distillée..................... 20 grammes.

En y ajoutant cinq à dix gouttes d'une solution de chlorhydrate d'adrénaline à 1 p. 1000, on augmente la durée de l'anesthésie; celle-ci peut être prolongée pendant deux à trois heures, quelquefois davantage.

## III. — Antisepsie et asepsie.

L'*antisepsie* consiste en l'emploi d'agents chimiques réputés capables de détruire les microbes qui pourraient infecter les plaies opératoires ou qui y sont déposés soit pendant l'intervention, soit après. L'*asepsie* a pour but de prévenir l'infection de ces plaies en détruisant par la chaleur ou en éloignant mécaniquement les germes qui pourraient les contaminer durant l'intervention.

Loin de s'exclure, les deux méthodes se complètent mutuellement. On doit s'en tenir à la dernière quand on divise des tissus indemnes de souillure et pour lesquels les antiseptiques sont irritants. Mais si, lorsqu'on est sûr de l'asepsie, il est plutôt nuisible de répandre des liquides bactéricides sur les tissus sains ou les surfaces cruentées, il faut recourir à l'antisepsie lorsque la région où l'on va travailler est le siège d'une plaie suppurante, d'un trajet fistuleux, d'un ulcère; on l'emploie après les interventions dans lesquelles la réunion par première intention a été manquée; on en utilise les agents pour désinfecter le champ opératoire, les mains, quelquefois les instruments, et pour préparer les matériaux de pansement. Aucune chirurgie courante n'est faite sans antiseptiques.

Remarquons, toutefois, que les vertus de ces derniers ont été fort exagérées. On sait maintenant que la plupart d'entre eux n'ont qu'une assez faible puissance bactéricide, et la tendance actuelle est de délaisser l'antisepsie pour l'asepsie. Pour n'avoir pas à laver les tissus avec des solutions désinfectantes, on s'attache davantage à la propreté des mains, de la région opératoire, des instruments et des matériaux de pansement.

### I. — Principaux agents antiseptiques.

*Acide phénique.* — Avec lui on prépare des solutions à 1, 2 ou 5 p. 100. La solution forte peut être employée pour déterger les surfaces souillées, les abcès, les plaies suppurantes. Les solutions faibles conviennent pour la désinfection des mains, de la peau, et l'irrigation des plaies récentes.

*Bichlorure de mercure.* — C'est l'un des plus puissants antiseptiques chimiques. La solution aqueuse ordinairement usitée est la liqueur de Van Swieten :

| | |
|---|---|
| Sublimé.......................... | 1 gramme. |
| Alcool............................ | 100 grammes. |
| Eau bouillie..................... | 900 — |

On peut l'utiliser pour la désinfection de la peau, pour l'irrigation des plaies opératoires ou accidentelles. Le sublimé irrite moins les tissus que l'acide phénique ; il ne convient pas pour la désinfection des instruments, dont il altère le poli et le tranchant. On lui substitue le biiodure de mercure pour les opérations obstétricales, et l'oxycyanure de mercure (2-5 p. 1000) pour la préparation de l'appareil instrumental.

La solution faible est obtenue en ajoutant 1 000 grammes d'eau à la précédente. On se sert de solutions plus étendues (1 p. 3 000-5 000) pour l'asepsie de la plupart des muqueuses.

*Biiodure de mercure.* — On le recommande en solution très faible (1 p. 10 000-20 000) pour la désinfection des muqueuses oculaire et utérine. Cette solution n'irrite pas les tissus et n'altère pas les instruments.

*Chlorure de zinc.* — On l'emploie en solution légère (1 p. 100) ou forte (1 p. 10). Cette dernière, qui est caustique, convient pour désinfecter les fistules, les plaies suppurantes ou septiques. — La *pâte de Socin* (oxyde de zinc, 50 grammes ; chlorure de zinc, 5-6 grammes ; eau, 50 grammes), étendue sur les traumas aseptiques suturés, forme un vernis protecteur qui peut servir de pansement.

*Eau oxygénée.* — L'eau oxygénée officinale dégage de 10 à 12 fois son volume d'oxygène. On l'utilise en lotions ou en irrigations, pure ou peu diluée de préférence si l'on veut une action énergique. Elle convient pour la désinfection des plaies suppurantes, des foyers gangreneux ou septiques, et, étendue de 2 à 5 fois son poids d'eau bouillie, pour la détersion des voies génitales.

*Permanganate de potasse.* — Il doit ses propriétés antiseptiques à l'oxygène qu'il dégage. On l'emploie en solution à 1 p. 1 000-2 000 pour la désinfection de la peau, des cavités nasales, du vagin, de l'utérus, du rectum et des plaies cavitaires. On utilise les solutions fortes (5-10 p. 100) pour les plaies infectées.

*Formol.* — Le *formol* ou *formaldéhyde* est livré en solution alcoolique à 40 p. 100, avec laquelle on fait des solutions aqueuses plus ou moins étendues (1 p. 4000 — 1 p. 200). C'est un antiseptique excellent, aussi actif que le sublimé. Il convient pour la désinfection des plaies suppurantes et des instruments.

*Crésyl. Créoline.* — Parmi les *crésols*, produits retirés du goudron de houille, le *crésyl* et la *créoline* sont les plus usités en chirurgie vétérinaire. La solution forte (3-5 p. 100) peut servir à la désinfection du champ opératoire, des mains, des traumas infectés. La solution faible (1 p. 100-200) est utilisée pour les plaies récentes et pour certaines muqueuses; on en fait un large usage dans les opérations obstétricales et la désinfection de l'utérus.

*Lysol.* — Il possède les mêmes propriétés que le crésyl. On l'emploie en solution aqueuse à 1-3 p. 100.

*Teinture d'iode.* — Pure, elle est bien le meilleur des antiseptiques et peut remplacer les solutions microbicides fortes pour la désinfection du champ opératoire et des plaies putrides. Diluée, elle est usitée pour l'antisepsie de diverses muqueuses. L'eau iodée à 3 p. 1000 est excellente pour le lavage des cavités suppurantes et la désinfection des voies génitales chez les femelles.

*Phénosalyl.* — Ce produit contient de l'acide phénique, de l'acide salicylique, de l'acide lactique, du thymol, du menthol, de l'eucalyptol et de la glycérine. Environ trois fois plus actif et trois fois moins toxique que l'acide phénique, on l'emploie en solution à 1-2 p. 100 pour la désinfection de la peau, de quelques muqueuses (vagin, utérus), des plaies et des instruments.

*Alcool.* — Il jouit de propriétés antiseptiques plus ou moins actives suivant son degré de concentration. On utilise de préférence l'alcool à 80°. On l'a recommandé d'abord dans la désinfection des mains et de la région opératoire, pour dégraisser la peau et permettre une action plus énergique des antiseptiques. On lui a reconnu ensuite des effets bactéricides réalisés par une sorte de déshydratation des microbes. L'alcool à 55° aurait une action antiseptique égale à celle de l'acide phénique à 3 p. 100 et un peu inférieure à celle du sublimé à 1 p. 1000.

*Acide borique.* — En solution saturée (3-4 p. 100), il est employé surtout dans l'antisepsie des muqueuses (œil, cavités nasales et buccale, rectum, vagin et vessie). En poudre, l'acide borique pur est très avantageux dans le traitement de diverses affections traumatiques graves (plaies contuses, synovites, arthrites, javart tendineux, maux de garrot, d'encolure et de nuque). Bien supporté, il exerce sur les tissus une double action antiseptique et stimulante.

*Sel marin.* — *L'eau bouillie salée* (6-7 grammes de chlorure de sodium par litre d'eau) convient pour les irrigations péritonéales après les opérations intra-abdominales. A défaut d'autres agents, on peut employer les solutions plus concentrées (7-8 p. 100, soit une poignée de sel par litre d'eau) pour la désinfection des mains et du champ opératoire.

*Iodoforme.* — A la fois antiseptique et analgésique, il active la cicatrisation des plaies, entrave la décomposition des liquides qu'elles sécrètent et atténue la douleur. Il se décompose lentement ; par l'iode mis en liberté, il agit à la fois sur les microbes et sur leurs poisons. Appliqué en petite quantité sur les tissus cruentés, ou étalé en couche mince dans les traumas avec perte de substance, il y entretient un état aseptique pendant plusieurs jours. On l'emploie le plus souvent en poudre, mais fréquemment aussi sous d'autres formes. Voici les préparations les plus usitées.

*Éther iodoformé.*

| | |
|---|---|
| Iodoforme........................ | 7 à 10 grammes. |
| Éther............................ | 100 — |

*Émulsion glycérinée.*

| | |
|---|---|
| Iodoforme........................ | 10 grammes. |
| Glycérine........................ | 100 — |

*Pommade iodoformée.*

| | |
|---|---|
| Iodoforme........................ | 1 à 2 grammes. |
| Vaseline......................... | 10 — |

On fixe l'iodoforme sur la gaze et l'ouate. Les *gazes iodoformées* sont celles qui servent habituellement pour les pansements antiseptiques.

*Salol.* — Le *salol* (salicylate de phénol) possède les mêmes propriétés antiseptiques que l'iodoforme. Il a sur ce dernier le double avantage de n'être point toxique et de ne pas répandre d'odeur désagréable. Il convient pour panser les animaux d'appartement.

*Chrysoforme.* — Composé bromo-iodé, c'est un antiseptique recommandable dans le traitement des traumas compliqués de nécrose cartilagineuse, tendineuse ou aponévrotique.

## II. — Instruments. — Matériel de pansement.

On emploiera de préférence des *instruments* entièrement métalliques, sans rainures inutiles et aussi simples que possible. Pour les sutures, on se sert communément de l'aiguille de Reverdin ou de l'une des aiguilles à manche qui en dérivent. On tend cependant à revenir aux anciennes aiguilles droites ou courbes, que l'on manœuvre avec une pince à forcipressure ou un porte-aiguille spécial.

Les principaux *matériaux de pansement* sont l'ouate, le jute ou l'étoupe, la gaze, les drains, la soie, le crin de Florence, le fil de Bretagne, les compresses et la bande ou la tarlatane.

Les objets de pansement sont généralement stérilisés par la chaleur sèche ou par l'immersion pendant cinq à dix minutes soit dans l'eau bouillante, soit dans les solutions phéniquée, crésylée ou sublimée, portées à l'ébullition.

*Nécessité de la stérilisation de l'eau.* — L'eau de source, dans le sol et au sortir de celui-ci, est stérile, exempte de germes ; mais, dès qu'elle s'est collectée ou qu'elle a parcouru un certain trajet à la surface du sol, elle contient des bactéries en plus ou moins grande quantité. La glace et les grêlons n'en sont pas dépourvus. L'eau de la Seine contient, en amont de Paris, environ 1500 bactéries par centimètre cube, et en aval plus de 3000. — L'ébullition est le plus simple moyen de stériliser l'eau. Une eau qui a bouilli pendant cinq minutes peut être considérée comme à peu près stérile. Très rares et pratiquement négligeables sont les germes qui résistent à une ébullition prolongée.

## III. — Technique.

### A. — Plaies opératoires.

#### 1° *Avant l'opération.*

*Désinfection des mains.* — La propreté des mains est d'importance capitale : souvent c'est la main qui est l'agent de l'infection des plaies opératoires. Le vétérinaire qui ne veut pas s'exposer à des mécomptes doit éviter autant que possible de s'infecter les mains, et les avoir parfaitement propres lorsqu'il va pratiquer une opération aseptique. La sertissure des ongles, les espaces sous-unguéaux, les gerçures, les rides, les orifices des glandes cutanées sont autant de repaires à microbes. Il est des cas où, quoi qu'on fasse, les mains ne peuvent être désinfectées sur-le-champ. Lorsqu'elles ont été souillées par du pus ou des liquides septiques, il est difficile de les rendre stériles avant quarante-huit heures. C'est là une donnée dont il importe de tenir grand compte quand on doit pratiquer une opération intra-abdominale (cryptorchidie, ovariotomie) ; elle commande de différer l'intervention de quelques jours, ou de redoubler de précautions si l'on veut opérer incontinent.

Le plus souvent on peut s'en tenir au curage des ongles, au savonnage à l'eau bouillie, au décapage de la peau par un lavage à l'alcool, puis à un autre lavage dans la solution de sublimé à 1 p. 1000.

Les mains doivent rester exemptes de souillure pendant toute la durée de l'intervention. On évitera de les porter sur la peau des régions non préparées, sur la table, sur la paille, sur des objets non désinfectés. Dès qu'une faute a été commise et qu'elles sont souillées, il faut immédiatement les purifier. Même lorsqu'elles n'ont touché aucun corps suspect, il convient, au cours de l'opération, de les plonger de temps à autre dans de l'eau bouillie simple ou salée.

*Désinfection des instruments.* — On se méfiera surtout des parties qui peuvent receler des matières infectieuses, — des mors cannelés et des encoignures des pinces, du cul-de-sac terminal de la sonde, du chas des aiguilles.

Pour la préparation des instruments, on se sert peu des solutions phéniquée ou crésylée fortes : l'acide phénique altère le tranchant des bistouris, le crésyl rend les instruments glissants, et l'opacité de l'émulsion empêche de les distinguer dans le récipient où ils sont déposés. L'immersion dans l'eau bouillante est un moyen bien préférable. On prévient toute altération des instruments métalliques en additionnant l'eau de 2 p. 100 de soude ou de carbonate de cette base. On peut élever le degré d'ébullition de l'eau en y ajoutant du sel marin, du borate de soude, du carbonate de soude, du carbonate de potasse, du chlorure de calcium. — Pour les instruments à manche de bois, on aseptise la partie métallique en la tenant quelques instants immergée dans l'eau bouillante. — Les bains d'huile, de glycérine, de vaseline liquide, portés à la température de 120°-130°, permettent d'obtenir une complète désinfection. Lorsque des instruments sont souillés par des matières septiques ou tétaniques, on les stérilise en les immergeant dix minutes à un quart d'heure dans l'un de ces bains. Hormis ce cas, le « bouillissage » dans l'eau ordinaire ou dans la solution de carbonate de soude est suffisant. — Le *flambage* est encore un mode de désinfection rapide de l'outillage opératoire. On passe les instruments dans la flamme d'une lampe à alcool ou d'un fourneau à gaz, ou bien on les dépose sur le fond d'un plat métallique, on les arrose d'un peu d'alcool et l'on allume : en quelques instants ils sont stériles. On les submerge avec la solution de soude ou de l'eau bouillie.

*Désinfection du champ opératoire.* — La région opératoire et ses environs doivent être soigneusement préparés. Si la peau est saine, on coupe les poils avec des ciseaux ou la tondeuse, puis le tégument est savonné, rasé et lavé à l'eau bouillie. Après l'avoir essuyé avec une compresse stérilisée, on peut faire une friction à l'alcool ou à l'éther pour le débarrasser des matières grasses déposées à sa surface. Mais le plus souvent on se borne à un second lavage avec une solution antiseptique (acide phénique ou crésyl à 3-5 p. 100 ou sublimé à 1 p. 1000). — Lorsque la peau est infectée, que la région est le siège d'un trauma suppurant, d'un ulcère, d'une fistule, il faut au préalable soit curetter la plaie, soit l'écouvillonner avec la solution forte de chlorure de zinc ou la teinture d'iode. — Pour certaines interventions, on devra recouvrir la région de compresses isolantes ou d'une toile fenêtrée.

Avant de commencer l'opération, on disposera les instruments dans un plateau stérilisé, et dans un autre les fils destinés aux ligatures, aux sutures, ainsi que les objets de pansement ; une cuvette remplie d'eau bouillie simple ou salée recevra les tampons d'ouate pour l'hémostase. Il convient toujours de préparer une réserve de liquide stérile, — d'eau bouillie, d'eau salée ou d'une solution antiseptique.

### 2° *Pendant l'opération.*

Le chirurgien vétérinaire est généralement mal aidé. Autant que possible, il devra prendre lui-même et replacer dans le plateau où ils sont rangés les instruments dont il se servira au cours de l'opération. — Celle-ci commencée, on étanchera ou l'on fera étancher le sang avec des tampons d'ouate pris au fur et à mesure des besoins dans le vase rempli d'eau bouillie simple ou salée qui les contient, et exprimés avant d'être portés dans la plaie. Les irrigations avec l'alcool ou une solution antiseptique favorisent l'hémostase, mais elles irritent les tissus. Lorsque des artérioles ou des veinules d'un certain calibre sont coupées, on en oblitère les orifices avec des pinces ou par des ligatures avec des fils de soie.

Si l'on veut obtenir la cicatrisation adhésive, on prendra les précautions requises pour éviter toute souillure de la plaie. L'hémostase parfaite et l'affrontement exact des lèvres sont deux autres conditions essentielles. Les surfaces cruentées devront être étroitement rapprochées en toute leur étendue ; il faut un contact uniforme et total. Dans les cas où la plaie intéresse plusieurs couches de tissus, pour maintenir ceux-ci affrontés il convient d'associer aux sutures superficielles quelques points profonds (sutures à bourdonnet, en capiton ou de soutien). On lave la couture à l'eau bouillie, on l'essuie avec des tampons d'ouate et on la recouvre d'une couche de collodion iodoformé.

Aux plaies où l'affrontement intime des surfaces n'est pas possible, lorsqu'on n'est pas sûr de l'asepsie et dans tous les traumas avec perte de substance, il faut assurer l'écoulement des sécrétions par le drainage effectué au moyen d'un tube de caoutchouc (drainage tubulaire), de crin de cheval, de crin de Florence (drainage capillaire) ou avec de la gaze (mèche drainante). Jamais un drain bien placé n'a fait de mal, tandis que l'absence de drainage peut amener de graves complications. Le tube de caoutchouc fixé aux lèvres, en l'un des angles de la plaie, par un fil de soie ou un crin de Florence, permet de déterger ultérieurement celle-ci sans toucher aux sutures.

L'opération terminée, la plaie est habituellement recouverte d'un *pansement* qui doit être à la fois *absorbant* et *occlusif* : — aussi perméable que possible dans ses couches profondes pour assurer l'absorption des liquides que la plaie peut encore contenir, des sécrétions de celle-ci au fur et à mesure de leur production, ainsi que des bactéries qui peuvent y pulluler ; — occlusif pour les germes extérieurs. Si l'on veut que le pansement ne puisse pas devenir par lui-même une cause d'infection, il est indispensable que toute substance destinée à être mise en contact avec une plaie soit absolument stérile. Et afin de protéger cette dernière contre les heurts, cause de souffrance pour le blessé, le pansement devra avoir assez d'épaisseur, de manière à constituer une sorte de matelas, de tampon amortissant les chocs, et à rendre la pression de la bande fixatrice plus facilement tolérable. (V. *Pansements*.)

On peut d'ailleurs simplifier l'antisepsie ou en négliger les minuties, même pour les opérations intra-abdominales. Lorsque nous avons à faire la castration du cheval cryptorchide ou celle de la jument, nous nous bornons, pour les mains, au curage des ongles et au savonnage dans l'eau bouillie chaude, suivis d'un lavage dans la solution de sublimé ou dans l'alcool à 80°, et, pour les instruments, à l'immersion dans l'eau bouillante.

Il est, au reste, des urgences opératoires, des circonstances où l'intervention doit être immédiate, exécutée avec les moyens que l'on a sous la main. En ce cas, voici comment il convient de procéder. On peut opérer sous un hangar ou en plein air. Pour éviter que des poussières soulevées par les réactions du sujet ne s'abattent sur la plaie, on fera une légère aspersion du lit de paille. On préparera une solution stérilisée de sel marin ou tout bonnement de l'eau bouillie. La région, tondue ou rasée, sera nettoyée par un savonnage, par l'essuyage avec un linge un peu rude, puis lavée à l'eau bouillie salée ou non. Après s'être curé les ongles, on se nettoiera les mains par un savonnage dans ce liquide. Une cuvette flambée et remplie d'eau bouillie servira pour les ablutions au cours de l'opération.

On désinfectera les instruments par le flambage ou en les immergeant pendant quelques minutes dans l'eau bouillante simple ou additionnée de 1 p. 100 de carbonate de soude.

Pour la stérilisation des serviettes, des tampons hémostatiques, des fils, des drains, de l'étoupe, on emploiera l'eau bouillante.

Dans la pratique courante, exception faite pour un petit nombre d'interventions, en général on ne réalise pas une asepsie assez rigoureuse pour obtenir la réunion adhésive des plaies opératoires. Souvent on prépare la région par la simple section des poils suivie d'un lavage ou d'un savonnage de la peau. L'opération terminée, parfois la plaie est laissée béante ; on se borne à la déterger à l'eau bouillie et à la recouvrir d'un pansement, à l'enduire de vaseline ou à la saupoudrer d'un topique absorbant. — Néanmoins les résultats sont bons, à la double condition de travailler *proprement* et d'immuniser les opérés contre le tétanos, surtout dans les localités où cette toxi-infection est fréquente.

### B. — Plaies accidentelles ou infectées.

Si une plaie accidentelle récente était exempte de germes, le seul rôle du pansement serait d'empêcher l'apport de ceux-ci à la surface du trauma. Mais toutes les plaies accidentelles sont plus ou moins infectées. Au début de la période antiseptique, on s'ingéniait à les débarrasser des microbes qui y sont déposés, on s'efforçait de les purifier en les irriguant abondamment avec des solutions fortes d'acide phénique ou d'autres antiseptiques. On reconnut bientôt que, pour qu'une substance chimique anéantisse les germes, il faut un temps relativement long ; et l'on sait que certains de ces derniers ont une forme sporulée, très résistante, sur laquelle les antiseptiques chimiques sont à peu près sans action. Les microorganismes déposés dans une plaie ne sont d'ailleurs pas tous, il s'en faut bien, à la surface de celle-ci ; beaucoup sont inclus dans des caillots sanguins ou enfouis dans les tissus: l'antiseptique passe sur la plaie sans les atteindre. — Non seulement les liquides antiseptiques n'arrivent pas à tuer la plupart des microbes déposés dans les traumas, mais les solutions fortes sont nocives pour les tissus cruentés, dont la teinte, après une irrigation avec la solution d'acide phénique, passe du rouge au grisâtre, modification due à la nécrose des éléments constituant la couche superficielle de la plaie.

Grâce aux cellules bactériophages, les plaies sont assez facilement débarrassées des germes déjà engagés dans les tissus, si ces germes ne s'y trouvent pas en trop grande abondance ou ne sont pas très virulents. Aussi, à l'usage des antiseptiques chimiques en solutions fortes, convient-il de substituer les solutions légères, inoffensives, ou le simple nettoyage par les moyens mécaniques, principalement par l'irrigation avec l'eau simple ou l'eau salée stérilisées et chaudes. — On panse ensuite comme pour les traumas opératoires.

La vieille habitude de laver les plaies récentes avec de l'eau quelconque doit être abandonnée, car l'eau non stérilisée, on l'a vu, est riche en germes. Lorsque les circonstances le permettent et à moins qu'elle ne soit souillée de terre, de boue, de matières excrémentitielles, une blessure récente ne doit être lavée que si l'on dispose d'eau bouillie ; sinon, le mieux est de la laisser saigner un moment : elle se nettoie par l'hémorragie, par le sang aseptique qui vient de la profondeur.

Il faut proscrire également les cataplasmes préparés avec de l'eau tiède simple ou additionnée d'un agent réputé bactéricide, et dont on continue à user si largement pour les plaies des extrémités chez le cheval, même pour les traumas où les pires complications sont à redouter. Les pansements humides confectionnés avec des linges ou d'autres matériaux stérilisés dans l'eau bouillante, sont infiniment plus avantageux que ces épithèmes malpropres, dont les méfaits sont de tous les jours.

Doit être aussi formellement interdite cette autre pratique funeste, encore si répandue, qui consiste à explorer les plaies récentes à l'aide de la sonde ou du doigt, pour se rendre compte de leur profondeur. C'est souvent ainsi que l'on inocule des tissus demeurés jusque-là aseptiques, que l'on porte l'infection dans des synoviales, que l'on provoque de très graves accidents. Qu'importe d'ailleurs la profondeur d'une plaie récente, au point de vue de l'intervention immédiate? Dans tous les cas, durant les premiers jours, celle-ci doit se borner à favoriser la réaction locale, à seconder la nature dans son œuvre réparatrice.

Pour l'antisepsie des plaies suppurantes ou déjà compliquées de gangrène circonscrite, de nécrose, de carie, on peut employer les pansements humides, les injections, les irrigations, les bains et les pulvérisations.

Les *pansements humides* sont faits avec des compresses stériles de gaze, de linge, d'un tissu quelconque ou d'ouate, trempées dans une solution antiseptique à 40°-45°, appliquées sur la région blessée, maintenues humides par de fréquentes affusions du même liquide et renouvelées quotidiennement ou tous les deux jours. Les tissus enflammés réagissent activement sous cette enveloppe moite, la douleur diminue, les îlots mortifiés se circonscrivent et se détachent.

Les *injections* et les *irrigations antiseptiques* sont avantageuses dans les cas de fistules entretenues par la nécrose des tissus durs, de foyers cavitaires plus ou moins profonds. Le jet de liquide chasse les caillots sanguins et le pus; à son action mécanique s'ajoute une certaine vertu bactéricide des solutions employées. Pour les larges irrigations, notamment s'il s'agit d'une cavité absorbante, on préférera l'eau bouillie salée ou un liquide antiseptique léger aux solutions fortes.

La *balnéation antiseptique* est particulièrement applicable aux plaies contuses des régions inférieures des membres. Sous son influence, les douleurs s'apaisent, l'inflammation se limite, le foyer se déterge vite et le trauma se recouvre d'une membrane granuleuse vermeille. On rapprochera plus ou moins les immersions suivant le degré de la phlegmasie et l'imminence ou la gravité des complications. En général, on donne matin et soir un bain de vingt minutes à une demi-heure, dans un liquide à 30°-45°. Durant l'intervalle des bains, la plaie est recouverte d'un pansement humide.

Les *pulvérisations antiseptiques*, préconisées pour les plaies de la tête, du cou, du tronc et de la racine des membres, exigent un appareil spécial (marmite de Championnière). On emploie surtout la solution d'acide phénique à 1 p. 100; le sublimé attaque les ajutages métalliques et doit être rejeté. La fréquence et la durée des pulvérisations seront réglées d'après la gravité des lésions. Leurs effets sont analogues à ceux du bain. — Pour nos blessés, on peut les remplacer par les injections et les irrigations antiseptiques chaudes.

Le *flambage* des plaies infectées, essayé chez l'homme et chez les animaux, ne s'est guère répandu, bien qu'il ait donné des résultats satisfaisants. La technique du procédé est simple : au moyen d'un appareil spécial — une sorte de chalumeau, — on projette sur la plaie une flamme obtenue par la combustion de vapeurs hydrocarbonées ; on l'y promène rapidement, la laissant agir sur le même point de une à deux secondes seulement. Porté ainsi directement sur les tissus, le feu les purifie, détruit les germes et provoque une énergique réaction locale.

## IV. — Hémostase.

I. *Hémostase préventive.* — On y a recours surtout pour les opérations qui se pratiquent sur les membres. Le *garrottage* en est le moyen usuel.

On réalise habituellement la constriction circulaire au

moyen d'une anse de cordelette placée sur le paturon ou le canon pour les opérations faites sur le pied, anse dont on réduit l'étendue par la torsion avec un fer, une tige métallique quelconque ou un bâtonnet. La compression exercée sur les vaisseaux interrompt la circulation : l'hémorragie qui se produit au début de l'opération s'arrête bientôt. Elle a une

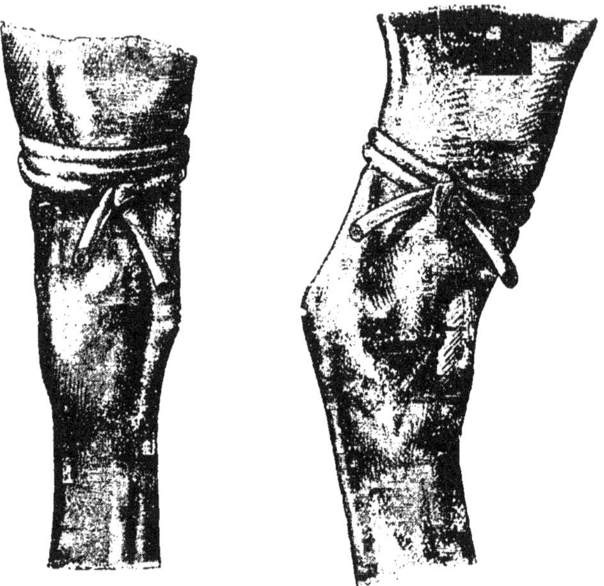

Fig. 32 et 33. — Hémostase préventive. — Liens de caoutchouc appliqués au-dessus du genou et du jarret.

autre action utile : la conductibilité des filets nerveux se fait moins librement, la sensibilité des régions situées au-dessous de la ligature est diminuée, et moindre la douleur pendant l'intervention. — La striction avec un tube ou une bande de caoutchouc est préférable au garrottage. On se sert d'un fort lien de caoutchouc long de 50 à 60 centimètres ; on l'enroule autour du membre, au-dessus du boulet, du genou ou du jarret, en lui faisant subir une élongation qui le tende à un degré suffisant, et l'on en réunit les extrémités avec un fil solide ou par un simple nœud (*fig.* 32 et 33).

Le *procédé d'Esmarch* consiste en l'emploi d'une bande élastique que l'on enroule sur le membre, en commençant par son extrémité libre, de manière à exercer sur les tissus une pression qui refoule graduellement le sang vers le tronc (V. p. 66).

II. *Hémostase pendant et après l'opération.* — L'hémorragie est faible ou nulle quand on emploie les procédés de l'exérèse non sanglante : *ablation par le cautère, écrasement linéaire, arrachement, dissection mousse, ligature élastique.*

Le *cautère cultellaire* est un bon agent de diérèse hémostatique pour effectuer certaines opérations. Avec le cautère chauffé à blanc, la section des vaisseaux est trop rapide, leur oblitération parfois incomplète; rouge sombre, il coupe les artérioles en provoquant un retrait des tuniques ; c'est la température la plus favorable pour obtenir une bonne hémostase.

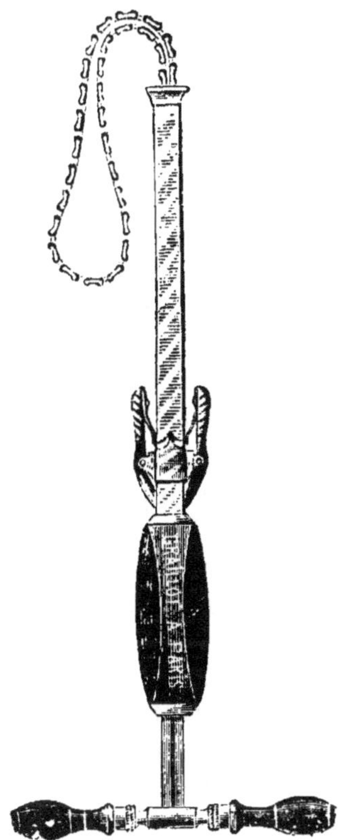

Fig. 34. — Écraseur de Chassaignac.

*L'écraseur de Chassaignac* (*fig.* 34) broie les tissus mous, les divise par écrasement et un peu à la façon de la scie : le tissu conjonctif, les muscles, les vaisseaux, les couches fibreuses, cèdent à l'étreinte progressive de la chaîne et se coupent sans hémorragie si l'instrument est manœuvré avec la lenteur voulue, — en rétrécissant l'anse d'un maillon chaque 15-20 secondes, selon leur vascularité.

Les *angiotripteurs* de Doyen, de Tuffier, de Faure, produisent dans les pédicules des lésions d'attrition qui assurent l'hémostase. Ainsi que l'émasculateur, on peut les employer pour la castration du cheval.

L'*arrachement* et la *déchirure* sont usités dans les ablations de tumeurs bien délimitées, peu adhérentes aux tissus adjacents. La peau incisée, on isole le néoplasme soit par des pressions ou des tractions effectuées avec les doigts, qui décollent, séparent les parties en déchirant le tissu conjonctif, soit par un double mouvement de traction et de torsion, ou en combinant ces manœuvres.

La *dissection mousse* ou *énucléation* se fait avec l'extrémité de la sonde cannelée. On imprime un mouvement de va-et-vient à l'instrument, dont la pointe déchire le tissu conjonctif et libère les organes sans causer d'hémorragie. C'est un procédé excellent quand on opère dans les régions à périlleux voisinages. Il est surtout employé pour isoler les vaisseaux et les nerfs.

Le *raclage* est un mode d'ablation dans lequel on se sert de la rénette ou de la curette tranchante. Il permet d'exciser, sans hémorragie abondante, les granulations, les fongosités qui tapissent les fistules, les cavités suppurantes, et d'évider les os cariés.

Les différents procédés de *ligature* peuvent être mis en œuvre pour provoquer la mortification et l'élimination de tumeurs, d'organes ou de portions d'organes (vagin, utérus). Le plus avantageux est la ligature élastique. (V. *Ligatures.*)

Mais ces moyens d'exérèse ne sont utilisables que dans des cas en somme assez restreints. C'est le bistouri que l'on emploie habituellement, et souvent il divise des tissus dans lesquels l'hémostase préventive n'a pu être réalisée. Aussi le sang coule, en nappe ou en jet, selon que l'instrument tranche des vaisseaux de petit calibre ou des artérioles.

Les hémorragies capillaires s'arrêtent d'ordinaire spontanément : les très petits vaisseaux sont affaissés par la rétraction des tissus, leurs bouches microscopiques sont bientôt oblitérées. Si elles persistent, on les tarit par des affusions d'eau bouillie chaude ou d'une solution antiseptique légère.

La *gélatine* possède des propriétés coagulantes qui l'ont fait employer pour l'hémostase locale. On se sert d'une solution de gélatine dans l'eau salée à 7 p. 1000, à laquelle on ajoute un peu de chlorure de calcium (gélatine, 50 grammes; chlorure de calcium, 10 grammes; eau salée, 1000 grammes). Il convient de l'additionner encore d'un peu de sublimé ou d'un autre antiseptique, en raison de la putrescibilité de la gélatine.

Stérilisée par l'ébullition deux fois répétée à quarante-huit heures d'intervalle, cette solution est appliquée tiède. On en badigeonne la plaie avec un tampon d'ouate.

On a généralement renoncé aux injections sous-cutanées et intraveineuses de gélatine, faites en vue d'augmenter la coagulabilité générale du sang.

Lorsque des artérioles, des veinules ou des canaux de plus fort calibre sont divisés, on peut employer la *compression*, la *cautérisation*, la *ligature*, la *torsion*, la *forcipressure*, la *suture* et le *tamponnement*.

La *compression* rend des services dans les cas où l'on ne veut pas s'attarder à la recherche du vaisseau coupé. Au voisinage de la plaie ou sur l'une de ses lèvres, on comprime soit avec le doigt, soit avec un tampon d'ouate, la partie où est situé le vaisseau ouvert. L'opération terminée, on fait l'hémostase définitive.

La *cautérisation* des surfaces vives et des vaisseaux coupés n'est hémostatique qu'en provoquant une escarre plus ou moins épaisse, une forte inflammation et la suppuration.

La *ligature des vaisseaux* se fait avec des fils de chanvre, de soie ou de catgut. Dans les excisions, lorsque l'on doit couper une artère visible, isolée, on jette sur elle deux liens entre lesquels on la sectionne. Si le vaisseau — artère ou veine — est accidentellement divisé, avec des pinces on en saisit les bouts ou seulement celui qui saigne, et on les lie solidement en arrêtant les fils par un nœud droit. Les pinces hémostatiques à mors larges, coniques ou cylindro-coniques, sont commodes pour effectuer ces ligatures vasculaires : à mesure qu'on le serre, le fil glisse jusqu'au delà des mors et s'applique sur le vaisseau. En général, on coupe les chefs au ras du nœud ; si l'asepsie est douteuse, on conserve l'un deux, on l'amène au dehors de la plaie, et on le retire avec l'anse quand celle-ci est devenue libre par la section du vaisseau.

La *torsion* convient pour les artérioles de petit calibre et les veinules. Avec une pince, on saisit les bouts du vaisseau coupé et on les tord. Aux artérioles de fort calibre, la détorsion de la tunique adventice peut donner lieu à une hémorragie secondaire.

La *forcipressure* consiste en l'application, sur les bouts

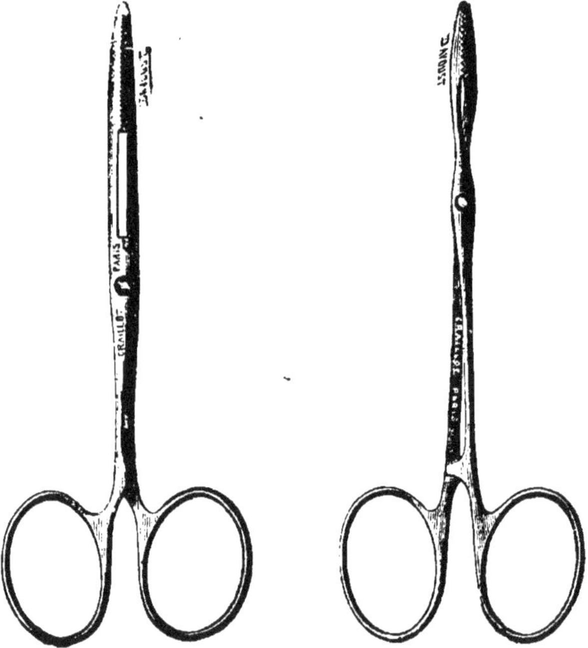

Fig. 35 et 36. — Pinces à forcipressure.

des vaisseaux sectionnés, de pinces à arrêt (*fig.* 35 et 36), qu'on laisse à demeure jusqu'à ce que ceux-ci soient oblitérés par un caillot, ou seulement pendant la durée de l'intervnetion, l'hémostase définitive étant ensuite réalisée par la ligature. Dès que le sang jaillit par les bouts d'une artériole divisée, immédiatement on les oblitère avec ces pinces, qu'un aide tient en dehors du champ d'action du bistouri. — Quand les pinces sont laissées dans la plaie pour assurer l'hémostase définitive, on les enlève au bout de vingt-quatre à quarante-huit heures, selon le calibre des vaisseaux qu'elles oblitèrent.

Il va sans dire que les pinces, les fils et les autres instruments ou objets employés doivent être aseptiques si l'on veut conjurer tout accident infectieux.

L'écrasement d'artérioles difficiles à isoler peut nécessiter

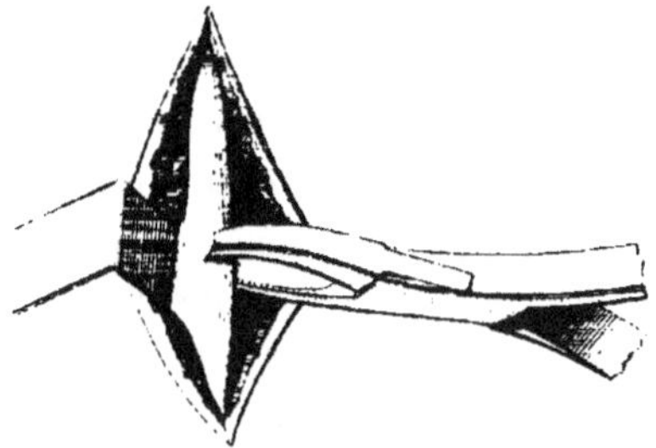

Fig. 37. — Écrasement d'une artère intercostale.

l'emploi de pinces spéciales. Pour les artères intercostales, par exemple, dont la ligature est délicate et le pincement toujours malaisé, le moyen le plus simple de réaliser vite l'hémostase c'est d'écraser le vaisseau et le bord postérieur de la côte avec une pince solide (*fig.* 37).

La *suture artérielle* et la *suture veineuse* peuvent être pratiquées avec de fines aiguilles courbes, mais ce sont des opérations trop délicates pour entrer dans notre pratique. On leur préfère avec raison les procédés qui assurent l'hémostase en déterminant l'oblitération du vaisseau.

Pour les plaies cavitaires dont les parois saignent abondamment, le *tamponnement à la gaze iodoformée* est un excellent moyen d'hémostase post-opératoire.

## V. — Ischémie et hyperémie artificielles.

### I. — Ischémie artificielle. — Méthode d'Esmarch.

C'est un procédé d'hémostase préventive, très simple, qui permet de rendre à peu près complètement exsangue la partie sur laquelle on doit opérer (membre ou utérus prolabé). Il consiste à entourer cette partie d'une bande élastique (caoutchouc vulcanisé ou tissu caoutchouté), que l'on applique comme s'il s'agissait d'un bandage roulé, en commençant par l'extrémité de la partie et en exerçant une forte striction, pour remonter jusqu'à sa racine ou jusqu'au-dessus du point où l'on se propose d'agir, les tours de la bande étant contigus ou se recouvrant en partie. L'effet de la compression ainsi produite est de refouler le sang vers le tronc, de telle sorte que les tissus étreints n'en contiennent plus. Une fois le bandage arrivé à la hauteur voulue, on applique immédiatement au-dessus un gros tube de caoutchouc terminé à l'une de ses extrémités par un crochet, à l'autre par un bout de chaîne métallique, tube avec lequel on fait deux ou trois tours, en le tendant assez pour interrompre entièrement la circulation, et que l'on fixe ensuite en engageant dans le crochet un des anneaux de la chaîne. Ce tube cylindrique peut être remplacé par une solide bande élastique large de deux à trois doigts ou par un fort lien de caoutchouc.

La ligature élastique posée, on retire le bandage : les parties qu'il recouvrait sont exsangues et demeurent ischémiées grâce à la ligature. On peut opérer sans hémorragie.

L'emploi de l'ischémie artificielle exige certaines précautions. La striction du bandage doit être assez forte et régulière, et celle du tube ou de la ligature assez énergique pour s'opposer à tout passage du sang artériel ; autrement, le membre se tuméfierait par l'arrêt du sang veineux, et pendant l'opération il pourrait se produire une forte hémorragie veineuse.

S'il existe une plaie superficielle dans la partie que l'on veut ischémier, avant d'appliquer la bande roulée on recouvre la plaie d'une compresse ou d'un tissu imperméable. Au cas d'abcès ou de fusées purulentes dans cette même partie, afin d'éviter le refoulement du pus par la bande, on doit renoncer à son application ou ne la commencer qu'au-dessus du point où existe la collection purulente.

Cette ischémie artificielle offre maints avantages. D'abord elle enlève à l'opérateur toute préoccupation quant à l'hémorragie, et certaines opérations délicates sont d'exécution plus facile. Lorsque, chez des femelles récemment accouchées et affaiblies, on doit enlever l'utérus volumineux, gorgé de sang, elle permet de conserver celui-ci en le restituant par avance à l'économie.

La constriction énergique plus ou moins prolongée a l'inconvénient d'entraîner la paralysie des vaso-moteurs et d'être suivie d'une assez abondante hémorragie en nappe dès que le tube compresseur est ôté. Aussi les plaies opératoires faites en usant de ce procédé d'ischémie doivent-elles être recouvertes d'un premier pansement suffisamment compressif.

## II. — Hyperémie artificielle. — Méthode de Bier.

C'est un procédé thérapeutique inspiré des principaux phénomènes réactionnels — congestion, exode des leucocytes, bactériophagie — qui surviennent naturellement dans les processus infectieux.

Jusqu'alors, on s'était généralement borné soit à renforcer la *congestion active* qui se produit dans les tissus vulnérés ou infectés, soit à la susciter par des moyens multiples, surtout par la chaleur humide (compresses, bains, irrigation) et par les topiques irritants ou vésicants.

La stase veineuse, l'*hyperémie passive* ou d'engouement, est facilement obtenue aux extrémités par l'application, au-dessus ou en amont du foyer inflammatoire, d'un lien de caoutchouc, d'une bande élastique assez serrée pour faire obstacle à la circulation veineuse superficielle, tout en laissant subsister la circulation artérielle. La stase aboutit à l'exsudation : le plasma transsude des capillaires, entraînant avec lui de nombreux leucocytes; il s'établit ainsi un courant qui prévient temporairement la pénétration des germes ainsi que l'absorption des toxines et des substances pyrétogènes élaborées dans le foyer infectieux.

Pour provoquer la stase hyperémique dans les régions inférieures d'un membre, on emploiera de préférence une bande de caoutchouc solide, large d'environ 6 centimètres, assez longue pour faire cinq ou six fois le tour de la partie à comprimer. Il est indiqué de la placer le plus loin possible de la lésion, — au-dessus du genou ou du jarret pour les lésions du boulet, de la couronne ou du pied. Cette bande sera appliquée en faisant non des circulaires qui se recouvrent complètement, mais des doloires disposés de telle sorte que la hauteur de la surface étreinte soit environ trois fois celle de la bande, laquelle est arrêtée par une épingle de sûreté. A défaut de bande élastique, on peut se servir d'un fort lien de caoutchouc avec lequel on fait cinq ou six tours contigus. La striction forte et prolongée, répétée journellement sur la même région, pourrait entraîner la nécrose de la peau ; aussi convient-il de varier quelque peu le champ où elle est pratiquée.

Il importe d'insister sur ce point que le but de cette compression élastique n'est pas d'interrompre complètement la circulation veineuse superficielle, à plus forte raison de réduire la circulation artérielle, mais simplement de ralentir la première, de l'entraver à un degré suffisant pour déterminer une certaine stase, une pléthore sanguine dans les tissus de la partie ligaturée. Non seulement cette partie doit rester chaude, mais avec l'hyperémie sa température doit s'élever, dépasser sensiblement celle des régions homologues du membre congénère, et, dans la zone vulnérée ou affectée, les tissus doivent devenir très congestionnés et chauds. Lorsque la constriction a été prolongée un temps suffisant, toute la partie hyperémiée est le siège d'un *œdème chaud*.

C'est par l'habitude ou la pratique du procédé que l'on peut arriver à l'employer judicieusement et à faire toujours la striction au degré voulu. Il en serait ainsi lorsque l'on pourrait engager assez facilement le doigt entre la bande élastique et la peau ; mais le degré de la compression doit nécessairement varier avec la taille des sujets, les dimensions de la partie où le lien est appliqué, l'épaisseur de la peau. Chez le cheval, en raison de la pigmentation de celle-ci, les teintes foncées qui accusent les degrés de l'hyperémie ne peuvent être constatées, sauf au niveau des balzanes. C'est l'œdème chaud, diffus, qui prime tous les autres signes. Lorsque la striction est excessive, le blessé éprouve des élancements, manifeste des signes de douleur, la partie ligaturée se gonfle très vite et sa température s'abaisse. Trop faible, elle n'est suivie ni de tuméfaction de l'extrémité, ni d'élévation de sa température.

La durée de l'application de la bande, qui doit être en rapport avec l'intensité du processus infectieux, a été généralement de quatre à dix heures sur vingt-quatre dans les essais faits chez les grands animaux, et on l'a répétée pendant un laps variable, en maints cas durant plusieurs semaines. Chez l'homme, elle peut être continuée jusqu'à vingt-deux heures par jour dans les cas très aigus. On la diminue graduellement à mesure que le mal évolue vers la guérison. Même lorsque celle-ci est rapide, il est indiqué de ne pas cesser brusquement l'application de la bande.

Méthodiquement employée, l'hyperémie veineuse serait un bon moyen de traitement des lésions aiguës infectieuses des membres. Elle pourrait arrêter l'extension des processus infectieux et faire rétrocéder des phlegmasies aiguës en voie de suppuration. Elle amènerait aussi presque constamment une sédation de la douleur. — Chez le cheval, elle a donné quelques résultats encourageants dans des cas de plaies contuses graves de la région digitée, de lésions traumatiques des articulations et des gaines tendineuses, de téno-synovites purulentes, de phlegmons péricoronaires. Malheureusement, les chevaux de sang et la plupart des sujets un peu irritables la supportent mal, accusent de la douleur par une incessante agitation, des mouvements désordonnés et des sueurs : elle ne peut être laissée qu'un temps insuffisant, ou il faut renoncer à en poursuivre l'application.

On peut d'ailleurs se demander si les succès attribués jusqu'à présent à la stase hyperémique chez les animaux n'auraient pas été obtenus aussi vite par les autres moyens habituellement mis en œuvre. Ils sont, en tout cas, insuffisants pour apprécier la valeur du procédé et augurer de son avenir, encore que maints auteurs, sans même en avoir fait l'essai, conseillent aux vétérinaires d'en user largement. Mais les praticiens, sceptiques à l'endroit de ces sortes d'innovations, continuent à lui préférer l'hyperémie active obtenue par les vieux moyens, surtout par la chaleur humide et les topiques irritants.

## VI. — Hydrothérapie. — Crymothérapie. Thermothérapie.

L'emploi de l'eau à l'extérieur comme agent thérapeutique, élevé au rang de méthode scientifique et rationnelle vers le milieu du dernier siècle, a été préconisé sous des formes diverses pour remédier à de nombreuses maladies aiguës ou chroniques, locales ou générales. Son action dépend surtout de l'influence exercée sur le tégument externe, sur les tissus sous-cutanés ainsi que sur les divers appareils de l'organisme, par les excitants thermique et mécanique. — L'excitant thermique — le *froid* et le *chaud* — consiste en l'impression que détermine sur les tissus l'eau agissant à une température inférieure ou supérieure à celle dite zone indifférente (25°-30°). — L'excitant mécanique est constitué par le choc que produit sur la peau d'une région l'eau appliquée sous forme de jet.

L'efficacité de l'administration méthodique de l'eau dans le traitement des affections très disparates qui en sont justiciables s'explique par la complexité de ses effets physiologiques locaux et généraux. Indépendamment de son action immédiate antiphlogistique, sédative ou excitante, selon sa température, son mode d'application, l'étendue de la surface du corps impressionnée, l'eau peut provoquer une stimulation du système nerveux et susciter des réflexes se traduisant par des modifications plus ou moins marquées de la circulation, de la respiration, de la calorification et de la nutrition.

L'hydrothérapie moderne comprend de nombreux procédés permettant d'utiliser les propriétés de l'eau, mais surtout l'*élément thermique* de celle-ci, d'où deux modes principaux d'application de la méthode : — l'emploi de l'*eau froide*, moyen le plus usité et le plus pratique de la *crymothérapie*, et l'emploi de l'*eau chaude*, moyen le plus simple, sinon le plus efficace, de la *thermothérapie*.

### A. — Emploi de l'eau froide.

*Indications.* — Affections congestives ou inflammatoires aiguës récentes. Lésions aiguës aseptiques des tissus sous-cutanés (tendons, muscles, os, articulations) avec forte tuméfaction et vive douleur. Plaies suppurantes ou compliquées de nécrose d'un tissu dur.

*Effets et modes d'application.* — Rappelons tout d'abord que la température de la peau aux diverses régions du corps varie, suivant la saison, de 20° à 30°, avec des différences de 2 à 5 degrés, et que, dans ce premier mode d'utilisation de l'eau, la température de celle-ci est ordinairement comprise entre 8° et 15°.

Appliquée sur une région quelconque du corps, l'eau froide exerce localement une action excitante et sédative ; elle provoque une vaso-constriction dans la peau et les tissus sous-cutanés, en même temps qu'une soustraction de calorique et un ralentissement des processus de nutrition. Tant par ces effets que par sa température propre, elle émousse la sensibilité des parties sur lesquelles elle agit : on sait que la douleur des lésions traumatiques est calmée presque instantanément par l'immersion de la partie lésée dans l'eau froide ou par l'application à sa surface d'une compresse froide. — Ces phénomènes persistent aussi longtemps que l'application du froid est prolongée. Mais lorsque celle-ci n'a été que momentanée, à la sédation succède une action opposée, une *réaction* caractérisée par des phénomènes inverses des premiers, par une vaso-dilatation avec stimulation de la nutrition locale, — réaction d'autant plus accentuée que l'eau était plus froide et a frappé les tissus avec plus de force.

L'hydrothérapie froide cherche tantôt à utiliser l'action antiphlogistique ou sédative de celle-ci, tantôt à tirer parti de la réaction. Les principaux de ses moyens sont les *affusions*, les *lotions*, les *douches*, les *compresses* et l'*irrigation continue*.

Les *affusions* se pratiquent en versant une assez forte quantité d'eau d'une hauteur minime sur une région déterminée du corps, à l'aide d'un vase à orifice large ou d'un gros tuyau amenant de l'eau sans pression. Elles agissent exclusivement par l'élément thermique du liquide, sans produire aucune excitation mécanique.

Les *lotions* consistent en des applications d'eau faites sur une région au moyen d'un linge mouillé ou d'une éponge, et généralement suivies d'essuyage, puis de massage. Elles agissent surtout par soustraction de calorique, mais peuvent aussi exercer une action tonique sur le système nerveux.

Par les *douches*, l'eau est projetée sur le corps au moyen d'un tuyau et sous une pression de force variable. Elles sont *générales* ou *locales*, *en pluie* ou *en jet mobile*. — La *douche générale en pluie*, de brève durée (trente secondes à deux minutes), indiquée dans le traitement de diverses affections (coup de chaleur, infections, névropathies), exerce une action excitante sur le système nerveux. On passe le couteau de chaleur sur la peau immédiatement après l'aspersion, et l'on renforce la réaction par l'application de couvertures ou par l'exposition au soleil. — La *douche locale en pluie*, prolongée de dix à vingt minutes, agit principalement par la réfrigération locale qu'elle produit et aussi par la légère réaction qui survient ensuite. — La *douche en colonne mobile*, dont la durée varie de cinq à vingt minutes, très utilisée dans le traitement des affections des articulations et des tendons chez le cheval, provoque des effets réactionnels d'autant plus accusés que la température du liquide est plus basse et le jet plus fort.

La réaction, qui survient assez lentement, n'est complète qu'au bout de trois quarts d'heure à deux heures. Dans les cas de lésions chroniques (efforts de tendon, entorses, synovites, engorgements), les effets de cette réaction sont d'ailleurs moins salutaires, moins efficaces qu'on n'est porté à le penser. Pendant l'hiver, notamment, souvent ils sont tardifs et faibles. Aussi, surtout durant la saison rigoureuse, l'eau chaude en lotions ou en bains est-elle préférable aux douches pour le traitement de ces lésions.

On peut augmenter la réaction consécutive aux applications froides par l'enveloppement de la partie traitée (bande, flanelle ou ouate), ce qui est facile pour les sections inférieures des membres. Grâce à cette sorte de pansement, la chaleur est maintenue dans les tissus ; la réaction est plus forte et sa durée plus longue.

Les *compresses* ou *enveloppements humides* consistent en l'application sur une partie du corps, le plus souvent sur une région des membres, de lames d'ouate, de toile ou d'une étoffe quelconque, imbibées d'eau froide et maintenues par quelques tours de bande. Provoquant une action immédiate excitante avec constriction vasculaire et soustraction de chaleur, elles sont très avantageuses dans les affections inflammatoires aiguës externes avec fort gonflement. Mais, pour maintenir ces effets, il est indispensable d'humecter fréquemment la compresse ou de la changer dès qu'elle s'est imprégnée de chaleur au contact de la partie recouverte, autrement elle devient *échauffante*, produit une vaso-dilatation avec stimulation de la nutrition locale, — phénomènes qui sont obtenus d'emblée par les applications tièdes ou chaudes. — Les compresses « échauffantes » qui doivent être laissées longtemps à demeure seront fixées par un tissu mauvais conducteur du calorique — flanelle ou laine, — et entre ce tissu et la compresse on interposera une lame imperméable afin de prévenir la trop rapide déperdition de l'eau dont la compresse est imprégnée.

L'*enveloppement humide du thorax*, par l'application sur celui-ci de compresses froides ou échauffantes, peut rendre des services dans le traitement des cardiopathies et des affections pleuro-pulmonaires aiguës, surtout chez les petits animaux. — Pour ceux-ci, dans les inflammations aiguës et les hémorragies des organes abdominaux et pelviens (péritoine, utérus, estomac et intestin), on emploie également avec succès l'*enveloppement humide de l'abdomen*, auquel on peut associer les irrigations rectales froides.

Fort prônée durant la seconde moitié du dernier siècle pour combattre diverses complications locales des traumas, l'*irrigation continue* a été essayée dans la thérapeutique d'un grand nombre d'affections, principalement dans les cas de lésions traumatiques ou infectieuses des extrémités, de mal de garrot, d'encolure ou de nuque, de phlébite, de fourbure.

Les appareils spéciaux pour ce mode d'emploi de l'eau se

composent d'un récipient et d'un tube de débit ou tuyau d'irrigation. Le premier est un réservoir de 50 à 100 litres à parois métalliques, fixé à une hauteur de 2-3 mètres, alimenté par un tube de plomb aboutissant à un robinet flotteur qui règle l'arrivée de l'eau. La partie inférieure du réservoir porte un robinet ordinaire sur lequel est adapté un tube de caoutchouc d'un calibre intérieur de 5 millimètres environ, assez long pour porter l'eau sur toute la région malade sans être tendu et sans causer de gène au patient. — A défaut d'une installation spéciale, on peut facilement improviser un appareil à irrigation avec un réservoir en bois (tonneau ou cuveau) placé au voisinage du malade et à une hauteur suffisante. L'eau est distribuée par un tube de caoutchouc adapté à un robinet, comme dans le dispositif précédent, ou faisant simplement siphon par-dessus le bord du récipient. Selon le degré du débit, le réservoir doit être rempli à des intervalles plus ou moins rapprochés afin d'assurer la permanence de l'écoulement.

En se servant d'un ou de deux tubes métalliques bifurqués, on peut multiplier les voies de distribution de l'eau, irriguer deux membres ou les quatre dans le cas de fourbure générale. Le plus ordinairement, la partie terminale du tube irrigateur, creusée d'un certain nombre de petits orifices, est disposée en cercle et fixée immédiatement au-dessus de la région blessée : on obtient ainsi un écoulement en nappe sur toute la surface de celle-ci. Pour les plaies infundibuliformes qui recèlent un foyer de nécrose, la partie terminale du tube, non perforée dans ses parois, sera fixée de telle sorte que la colonne d'eau porte sur le fond de la plaie.

En général, le patient traité par l'irrigation continue est maintenu debout sur un appareil de soutien, soit dans le but de l'immobiliser aussi étroitement que possible, soit, en cas de station tripédale, pour lui permettre de se reposer sans déranger le tube de caoutchouc, et éviter la fourbure du membre surchargé.

La température de l'eau des réservoirs, qui, en été, est ordinairement comprise entre 15° et 18°, peut tomber en hiver à près de zéro, et exercer une influence défavorable sur les lésions traitées par l'irrigation. Celle-ci paraît donner les meilleurs résultats pour les plaies de toutes sortes qui en sont justiciables lorsque le liquide débité est à environ 15°. De l'eau à des températures plus basses peut convenir dans le traitement de lésions aiguës sous-cutanées (entorses, effort de tendon,...), mais si elle est trop froide, il faut ou réduire l'écoulement ou ne faire que de l'irrigation intermittente.

On a publié une foule de faits à l'appui de l'efficacité de ce procédé dans le traitement des traumas articulaires, des plaies compliquées de nécrose tendineuse, aponévrotique ou cartilagineuse, et de diverses autres affections chirurgicales. Mais, malgré l'enthousiasme qu'elle a suscité un moment, l'irrigation continue n'a pas la puissance curative qu'on a voulu lui attribuer. Si l'eau nettoie les plaies, elle y dépose des bactéries, et le froid, qui n'exerce qu'une action médiocre sur l'activité de celles-ci, entrave l'afflux des leucocytes et la bactériophagie dans les foyers infectieux.

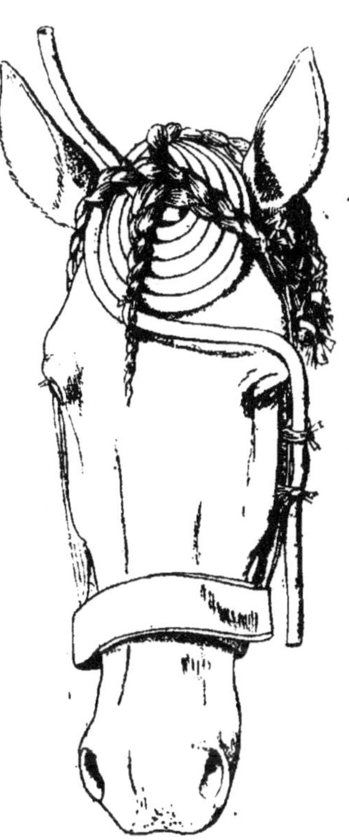
Fig. 38. — Crymothérapie céphalique. — Tube de caoutchouc enroulé en disque.

Au lieu d'utiliser le froid en faisant agir l'eau directement sur la peau ou sur une plaie, on peut en réaliser l'*application médiate* au moyen de sacs en caoutchouc ou de tubes de caoutchouc, de laiton, d'aluminium, enroulés en disques et dans lesquels circule un courant d'eau très froide. Ce mode d'application du froid, désigné plus spécialement sous le nom de *crymothérapie*, a les mêmes indications que l'hydrothérapie froide proprement dite ou l'irrigation continue, et il a sur elles plus d'un avantage : non seulement la peau n'est pas mouillée, mais l'action du froid ne se fait sentir que dans l'aire recouverte par l'appareil tubulaire. On l'a recommandé surtout pour combattre les affections congestives ou inflammatoires internes récentes (congestion de l'encéphale et de ses enveloppes, méningo-encéphalite, congestion pulmonaire et pneumonies,...). Il est beaucoup moins efficace que la thermothérapie contre les inflammations externes subaiguës ou chroniques.

La crymothérapie fait un usage fréquent de la glace appliquée dans des sacs de caoutchouc. On provoque ainsi, aussi longtemps que la réfrigération persiste, une vaso-constriction énergique, qui s'étend à plusieurs centimètres de profondeur.

### B. — Emploi de l'eau chaude.

*Indications.* — Affections inflammatoires subaiguës ou chroniques. Lésions aseptiques des tissus sous-cutanés (tendons, os, articulations) dès que les symptômes aigus sont atténués. Traumas infectés et foyers infectieux de toutes sortes, récents ou déjà plus ou moins anciens et compliqués.

*Effets et mode d'utilisation.* — Les applications d'eau chaude provoquent localement, dans la peau et les tissus sous-cutanés, une action congestive et analgésiante. A l'excitation exercée sur les petits vaisseaux succède aussitôt la vasodilatation, puis l'hyperémie active et les phénomènes qui l'accompagnent : exsudation, infiltration interstitielle, afflux leucocytaire et, dans les foyers infectieux, bactériophagie. — Elles détendent les tissus phlogosés, facilitent leur intumescence et atténuent ainsi la douleur. Elles favorisent la résorption des exsudats, la désintégration, la dégénérescence, la fonte des éléments néoformés dans les tissus envahis par les processus inflammatoires subaigu ou chronique. S'ils sont moins intenses, moins violents que ceux de l'hyperémie artificielle, ces effets de l'hyperémie active s'obtiennent ici par un moyen très simple et inoffensif.

On emploie l'eau chaude de bien des manières, mais principalement en *bains*, en *affusions*, en *lotions*, ou au moyen de *compresses*.

Les *bains d'eau chaude* (30°-45°), d'un usage très répandu pour le traitement des affections traumatiques du pied et des régions inférieures des membres, des ulcères, des plaies atones, produisent en général de bons effets, surtout quand, dans l'intervalle des bains, la partie lésée est recouverte, selon les cas, d'un pansement ouaté sec ou d'un enveloppement maintenu humide et chaud par de fréquentes affusions. La température de 40° est en général suffisante ; beaucoup de blessés la supportent sans réagir. Pour les sujets irritables qui ne l'acceptent pas volontiers, il convient de commencer l'immersion à 30°, puis, par l'addition d'eau plus chaude, d'augmenter graduellement la température du bain ; on peut la porter à 45°-50°, sans danger de brûlure. — On donne quotidiennement un, deux ou trois bains dont la durée varie d'une demi-heure à une heure, selon la nature des lésions. Que l'on emploie l'eau simple ou additionnée d'une substance antiseptique, les résultats sont presque toujours excellents. C'est un mode de traitement des lésions traumatiques graves infiniment supérieur aux vieux moyens, aux cataplasmes de toutes sortes, toujours malpropres et souvent nuisibles, voire à l'irrigation continue.

Dans le traitement des nerf-férures dont les symptômes aigus sont bien atténués ou qui se chronicisent, les bains et les enveloppements chauds produisent aussi généralement de bons résultats. Il est toutefois avantageux de les alterner avec des douches froides énergiques, dont le jet masse et tonifie le tendon lésé.

Pour les diverses parties du tronc, comme pour les régions des membres supérieures au genou et au jarret, on substitue aux bains les *affusions*, les *lotions* ou l'usage des *compresses*.

Les *compresses chaudes* (40°-45°) recouvertes d'un tissu mauvais conducteur de la chaleur (flanelle ou laine) activent la résolution des infiltrats et des tuméfactions aseptiques. Sur les lésions de nature infectieuse, elles exercent également une action très salutaire en provoquant une diapédèse abondante et un afflux de substances bactéricides. Mais il est nécessaire de les humecter ou de les renouveler à de brefs intervalles. — A des températures supérieures à 45°, les compresses chaudes amoindrissent la résistance des tissus.

Chez les petits animaux, l'*enveloppement humide et chaud du ventre* est avantageux dans les états inflammatoires chroniques des organes abdominaux et pelviens, notamment dans les cas de métrite chez la chienne. On peut utilement lui associer les lavements chauds (45°-50°). Ceux-ci conviennent également pour combattre l'hypertrophie de la prostate chez le chien : — en les répétant trois ou quatre fois par jour, le gonflement diminue bientôt, la douleur et la dysurie peuvent disparaître.

Il est des affections pour lesquelles ces premiers moyens d'application de la chaleur sont insuffisants. Les compresses elles-mêmes sont incapables d'entretenir localement une température égale à celle du sang et des organes internes. Un thermomètre placé entre la peau et une compresse humide et chaude récemment appliquée sur le tronc ou une région des membres, accuse, chez le cheval, des températures inférieures de 2 à 3 degrés à celle du rectum. Pour réaliser et maintenir aux régions externes une température égale ou supérieure à celle du sang, il faut employer des épithèmes très chauds et les renouveler fréquemment, moyen qui expose à la brûlure de la peau, sans permettre un dosage uniforme du calorique.

L'emploi de l'hydrothermorégulateur a marqué un progrès dans la pratique de la thermothérapie. Il consiste en un réservoir dans lequel l'eau chaude est maintenue à une température uniforme, et d'où une pompe aspirante et foulante, actionnée par un moteur à gaz, à pétrole ou électrique, la fait circuler sans interruption dans des tubes qui sont ainsi portés à une température constante, facilement utilisable pour les besoins thérapeutiques. L'application de la chaleur se fait au moyen de « thermophores ou thermodes » en aluminium, — système de tuyaux de petit calibre, très flexibles, disposés de façon variable (disque, étoile,...), que l'on fixe sur la région malade.

On peut employer ainsi l'eau chaude à 42°-45°, d'une façon continue, sans qu'il survienne de nécrose ni d'inflammation vive de la peau. On la fait agir le plus longtemps possible, pendant la journée seulement, ou mieux nuit et jour, pendant vingt-quatre à quarante-huit heures, si les conditions de surveillance le permettent. Ce dernier mode donne des effets plus rapides et plus marqués. On ne doit pas en prolonger l'application au delà de deux jours; on l'interrompt pendant un à trois jours, pour y revenir ensuite et à plusieurs reprises, s'il est nécessaire, jusqu'à obtention du résultat poursuivi.

Ce procédé de thermothérapie serait particulièrement avantageux dans les cas de blessures graves des extrémités, de lésions inflammatoires aiguës ou chroniques des tendons, des os et des articulations. Mais il ne saurait entrer dans la pratique courante où, quoi qu'on en ait dit et malgré les données thermométriques susrappelées, on obtient plus simplement de très satisfaisants résultats par les bains et les enveloppements chauds.

## VII. — Massage.

Le massage comporte une série de manœuvres dont les principales sont : l'*effleurage*, la *friction*, le *pétrissage* et le *tapotement*.

L'*effleurage* consiste en une sorte de frôlement ou de friction très légère, exercée sur une région avec l'extrémité des doigts ou le plat de la main et dans une direction centripète. Il échauffe les couches superficielles, les insensibilise et permet de faire des pressions qu'on n'aurait pu pratiquer d'emblée sans provoquer de vives réactions; aussi ces pressions sont-elles augmentées graduellement jusqu'à l'effleurage soutenu, qui comprime les muscles et déplace les exsudats profonds. — Il agit en refoulant dans les veines et les vaisseaux lymphatiques le liquide épanché dans l'hypoderme. On doit le pratiquer largement, en remontant au delà des limites du mal, afin d'étaler les exsudats en des points où les voies de l'absorption interstitielle sont libres.

La *friction* ou *pression méthodique*, dont l'action porte ur des parties plus profondes, est effectuée de différentes manières selon les régions : quand on doit suivre le trajet d'un organe étroit, on exerce avec la pulpe du pouce des pressions dans le même sens que pour l'effleurage ou en imprimant au doigt des mouvements circulaires ; on se sert du talon de la main pour opérer sur une surface un peu large, et des poings fermés si l'on traite une masse musculaire. — C'est par elle que l'on agit sur les ligaments, les tendons, les muscles, pour les assouplir, et sur les synoviales pour désagréger les exsudats anciens ou réduire les épaississements.

Pratiqué sur les muscles en état de relâchement, le *pétrissage* consiste à saisir une partie musculaire entre le pouce et les autres doigts de l'une des mains, à faire saillir cette partie, à la comprimer en la déplaçant plus ou moins, manœuvre que l'on commence à l'extrémité distale du muscle en remontant vers l'insertion proximale. — Il excite les contractions, agit sur les exsudats intramusculaires et mérite une place dans le traitement de certaines amyotrophies. — Le *pincement*, qui s'adresse aux tendons, n'en est qu'une variante.

Le *tapotement* est une sorte de percussion superficielle ou profonde exercée soit avec les doigts frappant perpendiculairement la partie malade, soit avec le bord cubital de la main ou le poing à demi fermé. — Il détermine de l'hyperémie dans les couches superficielles et des contractions musculaires.

La méthode de traitement par le massage comprend, avec ces manœuvres, la *mobilisation passive* des jointures et l'*exercice*.

Chez les animaux, on utilise surtout l'*effleurage* et la *friction* dans le traitement des *affections des jointures*, des *synoviales tendineuses*, des *tendons*, des *muscles* et de nombre de lésions accompagnées d'hyperémie, d'extravasation sanguine ou d'exsudation, d'induration ou d'adhérences.

Autant que possible les manipulations doivent être exécutées dans le sens des courants veineux et lymphatique, sur la peau nue ou simplement enduite de vaseline. Faites dans la direction des poils, aux régions où celle-ci est inverse du cours de la lymphe et du sang veineux, elles ont moins d'efficacité. Il est préférable, en ces régions, de pratiquer méthodiquement le massage médiat, en recouvrant la peau d'un tissu souple ou d'une feuille de parchemin vaseliné.

On massera les régions très endolories en commençant par l'*effleurage*, et celui-ci sera fait d'abord sur la périphérie de la zone affectée si la douleur est particulièrement vive vers le centre. On passera à la *friction* ou aux *pressions* lorsque la région sera échauffée et la sensibilité des tissus malades émoussée.

La durée des séances est généralement de cinq à dix minutes.

## VIII. — Électrothérapie. — Radiothérapie. Radiumthérapie.

### I. — Électrodiagnostic. — Électrothérapie.

L'électricité est employée en médecine pour éclairer le diagnostic de certaines lésions nerveuses ou musculaires (*électrodiagnostic*) et comme agent curateur dans le traitement des diverses affections (*électrothérapie*).

#### A. — Electrodiagnostic.

Ce mode d'emploi de l'électricité renseigne sur le *degré de la contractilité* musculaire et sur l'*état d'intégrité ou d'altération des nerfs moteurs*. — Pour apprécier le degré de la contractilité des muscles, on les explore par les courants continus et les courants induits ; on recherche si leur excitabilité est augmentée ou diminuée ; on la compare avec celle des mêmes muscles d'un sujet sain, ou, en cas de lésions unilatérales, avec celle des muscles homologues du malade. Pour cette exploration, l'électrode positive est généralement placée sur le rachis, à la partie antérieure de la région dorsale pour l'examen des membres antérieurs, dans la région lombaire pour l'examen des membres postérieurs. On applique l'autre sur les nerfs moteurs ou les différents muscles examinés. L'excitation est dite directe quand elle porte sur le muscle lui-même, et indirecte quand elle porte sur le nerf moteur.

Il y a *hyperexcitabilité faradique* ou *galvanique* quand les muscles de la région malade se contractent sous l'action d'une intensité de courant inférieure à celle qui est nécessaire pour faire contracter les organes similaires sains. Il y a *hypoexcitabilité faradique* ou *galvanique* lorsque, pour provoquer dans les muscles affectés une contraction égale à celle des muscles similaires sains, il faut faire agir sur les premiers un courant plus fort.

L'hyperexcitabilité faradique et l'hyperexcitabilité galvanique sont d'ordinaire constatées simultanément dans certains cas de lésions médullaires ainsi que dans les affections qui s'accompagnent de contractures.

L'*hypoexcitabilité faradique* dénote soit une altération du nerf moteur ou des muscles correspondants, soit l'atteinte simultanée de ceux-ci et du premier. — L'*hypoexcitabilité galvanique* a d'ordinaire la même signification; toutefois, elle indique plutôt une altération des nerfs moteurs consécutive à un traumatisme ou à une affection des cornes antérieures.

Dans certains états pathologiques neuro-musculaires, on constate un *affaiblissement de la contractilité faradique*, et les secousses que provoque le courant galvanique sont lentes, paresseuses (réaction de dégénérescence incomplète). Dans d'autres, tandis que la *contractilité faradique est abolie*, la contractilité galvanique est tantôt exagérée, tantôt diminuée, ne donnant que des secousses lentes (réaction de dégénérescence complète).

La réaction de dégénérescence complète, caractéristique d'une affection du nerf moteur avec altération profonde de sa structure, comporte toujours un pronostic grave. Dans les paralysies purement myopathiques, on ne constate qu'une diminution des excitabilités faradique et galvanique des muscles.

## B. — Électrothérapie.

La thérapeutique met en œuvre les courants continus (*galvanisation*), les courants induits (*faradisation*) et les courants de haute fréquence.

Les *courants continus* sont obtenus au moyen de piles (piles à liquides, accumulateurs et piles sèches). Ils peuvent aussi être dérivés des voies qui distribuent l'énergie électrique dans les cités (secteur de ville), si le courant est continu, à la condition toutefois d'utiliser un réducteur de potentiel. Les petites dynamos actionnées à la main ont l'inconvénient de ne pouvoir donner un courant toujours de même potentiel et de même intensité.

Les *courants induits* sont produits, pour les applications médicales, par des appareils à chariot comprenant une bobine de Ruhmkorff dont l'induit peut être écarté ou rapproché de l'inducteur, ce qui permet de varier la force du courant. L'induit sera de préférence à gros fil et les intermittences à rythme lent.

La production des *courants de haute fréquence* exige une installation comprenant une bobine d'induction avec condensateur et un résonnateur d'Oudin. Ces courants de haute fréquence (2 à 4 millions d'oscillations par seconde) sont aussi de haute tension (3 à 4000 volts). Leur passage à travers le corps ne provoque aucune sensation. Ils donnent de longues étincelles utilisées dans la *fulguration*.

A tout générateur d'électricité il faut adjoindre des *électrodes*, un *appareil interrupteur* de courant, et, si l'on veut opérer avec précision, un *milliampèremètre*. — Afin de protéger l'épiderme, on emploiera des électrodes recouvertes d'une couche de matière hydrophile imbibée d'eau salée, et l'on mouillera avec ce liquide la peau de la région où elles doivent être appliquées. Chez le chien, lorsque l'on se propose d'agir sur les membres, on peut immerger ceux-ci dans un bain au lieu de se servir d'électrodes.

Les principales indications de l'électrothérapie sont les *paralysies* et les *amyotrophies*.

*a.* — Le *traitement électrique des paralysies d'origine cérébrale ou médullaire* n'est guère entrepris que chez les petits animaux. C'est l'*électricité galvanique* qui mérite la préférence. Le courant sera de faible intensité et ne devra pas causer de douleur. On peut appliquer les électrodes de manière que le courant traverse le cerveau ou la moelle soit longitudinalement, du front ou de la nuque vers les lombes, soit transversalement, d'une tempe à l'autre, soit encore verticalement, de la région dorso-lombaire vers le sternum ou l'abdomen. Mais il ne semble pas que l'électricité puisse avoir une action curatrice sur les lésions des centres; elle permet seulement de combattre certains accidents relevant de ces lésions, principalement les contractures et les troubles trophiques. — Pour agir sur les membres, on appliquera un pôle sur le rachis, au niveau des renflements cervical ou lombaire de la moelle, et l'autre à l'extrémité du membre. On fera des séances de cinq à dix minutes, quotidiennes ou plus espacées.

Le *traitement des paralysies d'origine périphérique consécutives à une névrite* doit porter sur le nerf atteint et les muscles akinésiés, quelle que soit la cause de la névrite (infection ou traumatisme). Il agit sur le nerf pour hâter sa réparation, et sur les muscles pour prévenir leur atrophie, de façon que le premier, une fois régénéré, puisse transmettre l'influx nerveux à des organes en état d'y répondre. Si les muscles réagissent au *courant faradique*, on emploiera celui-ci. L'électrode positive sera placée sur la partie renflée de chacun des muscles, et l'électrode négative sur le trajet du nerf, au niveau de son émergence ou en un point où il est superficiel. Les interruptions seront assez fréquentes (30 à 40 par seconde). La durée de la séance sera de trois à quatre minutes.

Si les muscles ne réagissent pas au courant faradique, on utilisera le courant galvanique. Sur la région paralysest éc, iltoujours avantageux de faire conjointement des frictions sèches ou précédées de l'application d'un topique légèrement irritant.

*b*. — Pour les diverses amyotrophies (lésions traumatiques des muscles et myosites, affections des os, des articulations,...), on emploiera la faradisation légère, en plaçant chacune des électrodes sur une extrémité du muscle ou du groupe musculaire atteint et en faisant des séances d'une durée de quelques minutes seulement au début, durée que l'on portera graduellement à dix, quinze, vingt minutes. Il est inutile de provoquer de violentes contractions musculaires.

On peut encore utiliser l'électricité pour faire pénétrer dans les tissus des agents médicamenteux dissous dans l'eau. Par l'action des courants, les molécules de ces agents sont décomposées en deux ou plusieurs parties formées d'atomes appelés *ions*, dont les uns, chargés positivement, descendent le courant, et les autres, chargés négativement, remontent celui-ci.

Les principales substances électrolysées jusqu'à présent dans un but thérapeutique sont le chlorure de sodium, le salicylate de soude, l'iodure de potassium, la quinine, le zinc et le lithium. Les solutions doivent être préparées avec de l'eau récemment distillée ou aussi pure que possible.

On se sert du courant galvanique. L'électrode, — positive ou négative suivant que l'ion actif du médicament est négatif ou positif, — recouverte d'une épaisse couche d'ouate imbibée de la solution, est placée sur la région où l'on veut intervenir et fixée là par une bande élastique afin d'assurer un contact étroit avec le tégument. L'autre électrode est appliquée en un point tel que le courant traverse ladite région. On augmente peu à peu l'intensité du courant jusqu'au degré tolérable. Les séances, d'une durée de dix minutes à une demi-heure, sont répétées tous les deux jours tant que le tégument conserve ses caractères normaux.

L'électrolyse des médicaments a été employée avec succès dans le traitement de diverses affections (ulcères, névralgies et névrites, arthrites rhumatismales, goutte,...), mais l'ionisation n'intervient pas seule ; l'action du courant n'est pas négligeable : souvent celui-ci a une part dans les résultats.

La FULGURATION est un mode d'emploi des étincelles électriques préconisé récemment dans le traitement des cancers. Elle est effectuée à l'aide des courants de haute fréquence amenés à une électrode qui, placée à une certaine distance de la tumeur, projette sur elle une série de longues étincelles. On peut traiter ainsi avec succès les épithéliomas superficiels.

Parfois elle est le complément de l'exérèse chirurgicale. La tumeur enlevée plus ou moins complètement, sur la surface cruentée et dans toutes les anfractuosités de la plaie, on fait jaillir pendant dix, vingt, trente minutes, de fortes étincelles longues de 8 à 10 centimètres. Presque immédiatement l'hémorragie s'arrête, la surface de la plaie devient gris noirâtre; ensuite la douleur disparaît ou s'atténue beaucoup, une lymphorrhée abondante se produit et les tissus bourgeonnent activement. La cicatrisation s'opérerait d'ordinaire régulièrement : du tissu squirreux se formerait, englobant la tumeur et en empêchant l'extension.

Ainsi que la thermothérapie, la fulguration n'a aucune action spécifique sur la cellule cancéreuse ; elle agit exclusivement sur le tissu conjonctif dont la prolifération peut parfois étouffer, détruire les éléments néoplasiques.

## II. — Radiodiagnostic. — Radiothérapie.

La pathologie chirurgicale utilise les rayons de Röntgen ou rayons X comme moyen de diagnostic (*radiodiagnostic*) et comme moyen thérapeutique (*radiothérapie*).

Les appareils nécessaires pour produire les rayons X sont : —

une source d'électricité à fort voltage; — une ampoule ou un tube de Crookes spécial.

Les tubes employés actuellement sont du genre *focus*, caractérisés par la forme de la cathode. Celle-ci est un miroir sphérique qui réfléchit les rayons cathodiques sur une anticathode placée au foyer du miroir : c'est en ce point, où frappent les rayons cathodiques, que naissent les rayons X, lesquels irradient dans toutes les directions, principalement suivant un cône d'utilisation.

Plus le vide est poussé loin dans le tube, plus celui-ci est dit *dur* et inversement. — Une ampoule dure émet des rayons peu nombreux et très pénétrants. Une ampoule demi-molle en émet une grande quantité de moyenne pénétration. Une ampoule molle donne des rayons en très grande quantité, mais peu pénétrants.

Les sources d'électricité peuvent être de trois ordres : — *a*) courant continu transformé par une bobine d'induction à haut potentiel, du genre de celle donnant les courants de haute fréquence, bobine de 40 à 45 centimètres d'étincelles; — *b*) courant alternatif de secteur dont on augmente la tension par une bobine d'induction ou transformateur, et dont on ne laisse passer dans le tube que les alternances de sens convenable au moyen d'un dispositif quelconque; — *c*) machine statique de Wimshurst, qui est la meilleure source pour la netteté des images et la conservation du tube.

## A. — Radiodiagnostic.

Cette méthode de diagnostic repose sur les degrés de transparence variable des divers corps vis-à-vis des rayons X et sur deux propriétés de ceux-ci : l'une, d'ordre physique, consistant en ce que les rayons de Röntgen qui tombent sur une substance fluorescente l'animent temporairement et, lui faisant émettre sa lumière propre, peuvent donner des images mobiles et fugaces *(radioscopie)*; l'autre, d'ordre chimique, consistant en ce que ces rayons impressionnent de la même manière que les rayons lumineux les plaques sensibles utilisées en photographie, ce qui permet d'obtenir des épreuves fixes et durables (*radiographie*). On emploie de préférence des ampoules molles, parce que les rayons qu'elles émettent donnent les contrastes les plus accusés.

***Radioscopie.*** — Un écran radioscopique est une lame de carton transparente aux rayons X, opaque à la lumière, et garnie sur l'une de ses faces d'une substance fluorescente. Parmi les différents produits fluorescents, le meilleur est le platinocyanure de baryum cristallisé, qui donne une belle lumière jaune.

Pour que l'écran exposé à une source de rayons X soit bien illuminé, il est nécessaire d'opérer dans l'obscurité complète. Si l'on interpose entre le tube et l'écran un corps dont les parties constituantes sont de transparence inégale aux rayons X, — une région d'un membre, par exemple, — on a sur l'écran l'ombre du corps sous forme de plages plus ou moins nettes, d'autant plus sombres qu'elles proviennent de tissus plus denses et plus épais. Les images radioscopiques représentent une superposition d'ombres diverses : dans l'exemple précédent, l'ombre plus foncée du squelette, projetée comme s'il existait seul, se superpose à la silhouette des parties molles.

*Radiographie.* — Si l'on interpose un objet entre une plaque photographique enveloppée de papier noir aiguille et un tube radiogène, la première est impressionnée. Sur ce cliché négatif, les parties opaques aux rayons apparaissent en blanc, et les parties transparentes, en noir plus ou moins foncé. En dehors de la silhouette de l'objet, la couche sensible est impressionnée et donne une teinte noire uniforme. Les plaques employées sont des plaques photographiques ordinaires rapides.

Mais un certain temps de pose est nécessaire à l'impression de la plaque ; il faut en outre développer l'image latente qu'elle contient, la fixer et, à l'aide du cliché négatif ainsi obtenu, tirer une épreuve positive qui reproduit l'image directement observée sur l'écran fluorescent. Pour diminuer la durée de pose, on peut interposer entre l'objet et la plaque un écran renforçateur. Un support articulé permet de donner au tube toutes les positions voulues.

Pour interpréter un cliché, il faut se rappeler que l'intensité d'une plage dépend du degré d'épaisseur et de transparence des milieux traversés, et que les dimensions apparentes varient avec l'obliquité des rayons provenant de l'ampoule.

La radioscopie permet d'examiner les malades rapidement et de suivre le jeu des divers organes, — les contractions du diaphragme, les systoles cardiaques, les mouvements des côtes ; mais les images sont toujours déformées, les détails un peu fins font défaut, et l'on ne saurait faire une mensuration quelconque, toutes choses possibles avec la radiographie.

Les deux méthodes ont d'ailleurs leurs indications respectives. Chez les animaux, on peut les utiliser principalement pour préciser le diagnostic de diverses lésions de l'appareil locomoteur et pour la recherche des corps étrangers.

Parmi les premières, mentionnons particulièrement : 1° les *fractures* juxta-articulaires où la palpation fournit des renseignements incertains, en raison du gonflement des parties molles ou de l'exiguïté des fragments, et, chez le cheval, la fracture de la troisième phalange ou du sésamoïde ; — 2° les *luxations*, surtout lorsqu'il s'agit d'une articulation profonde, celle de la hanche, par exemple ; — 3° certaines *affections des os* (ostéomyélite, décollement épiphysaire, nécrose, ostéite condensante). Dans le cas de tumeur sise près d'un os, on peut reconnaître si celui-ci est envahi.

Les *corps étrangers* introduits dans l'appareil digestif ou au sein des tissus sont nettement décelés. Tantôt il s'agit de corps métalliques plus opaques que les tissus mous et le squelette (projectiles, pièces de monnaie, aiguilles, épingles, clous, boutons...) ; tantôt de fragments d'os arrêtés dans la partie thoracique de l'œsophage ou dans l'intestin du chien.

L'examen radiologique du thorax peut encore révéler l'existence d'un épanchement pleurétique, d'une tumeur ou de lésions inflammatoires du poumon (abcès, induration, tubercules).

### B. — Radiothérapie.

Pour la radiothérapie cutanée, on emploie des rayons de pénétration moyenne (ampoule demi-molle), et pour la radiothérapie profonde, des rayons de grande pénétration (ampoule dure). — L'ampoule sera placée à environ 15-20 centimètres de la partie malade, en général aussi près que possible de celle-ci, sans que la décharge puisse franchir la distance laissée entre elles, les conditions de courant et d'interruption étant les mêmes à toutes les séances, qui ont lieu habituellement tous les deux jours. — La durée d'application varie de quelques minutes à une demi-heure. On commence par des séances d'une demi-minute à une minute et l'on augmente graduellement la durée des suivantes. — Même s'il ne survient ni érythème, ni démangeaisons, au bout d'un laps de temps variable selon les cas, il est bon de suspendre le traitement pendant une semaine.

Ces rayons doivent être appliqués avec mesure et conformément aux règles établies. Employés inconsidérément, ils peuvent déterminer des accidents locaux chez l'opérateur comme chez le patient (érythèmes, dermites, escarres ; chute des cheveux, des poils, des ongles), et, ainsi que toutes les irritations chroniques, celle qu'ils provoquent pourrait favoriser le développement du cancer cutané. — En plaçant sur la peau une mince plaque métallique, on arrête en partie les rayons peu pénétrants, qui déterminent des radiodermites, et l'on augmente le pouvoir de pénétration du faisceau filtré.

La radiothérapie utilise avec plus ou moins de succès l'action analgésiante des rayons de Röntgen dans le traitement des névralgies, des névrites, des prurits causés par diverses dermatoses, et leur action irritative dans celui de nombre d'affections de la peau et des tissus superficiels : — dermatomycoses, ulcères, cancers des zones cutanéo-muqueuses.

Les teignes et quelques autres affections parasitaires de la peau cèdent très vite à l'action des rayons X. Des lésions cutanées rebelles aux agents usuels, les cancroïdes et certains ulcères peuvent être guéris définitivement.

Ces rayons ont une action spécifique sur les cellules néoplasiques, qu'ils détruisent en laissant indemnes les éléments sains. Mais leur action ne s'étend qu'à une faible profondeur, car, à moins de 2 millimètres de la surface, on découvre des cellules cancéreuses vivaces avec figures caryocinétiques témoignant de leur prolifération. Tout en agissant sur la cellule cancéreuse elle-même avec action élective, leur pouvoir curateur est limité aux cancers superficiels, et s'ils permettent d'en poursuivre certains autres plus facilement qu'avec les vieux moyens, ils sont impuissants à les guérir.

## III. — Radiumthérapie.

Classé de par ses propriétés chimiques dans la série des métaux alcalino-terreux et très voisin du baryum, le *radium* appartient au groupe des substances dites *radio-actives*. C'est un métal dont les sels ont été extraits de différents minerais où ils se trouvent mélangés en quantité infime aux sels correspondants de baryum. Comme agents thérapeutiques, on a employé particulièrement le chlorure et le bromure de radium purs, ainsi que les mêmes composés de baryum plus ou moins riches en radium, — sels qui sont le siège d'un dégagement continu de lumière et de chaleur, en même temps qu'ils émettent un *rayonnement* comparable à celui des ampoules de Röntgen.

Au point de vue de leurs actions biologique et thérapeutique, une distinction doit être faite entre le *rayonnement* et l'*émanation gazeuse* des sels de radium. Celle-ci, que l'on peut isoler et capter, est très nocive : mélangée en certaine proportion à l'air inspiré par les petits mammifères, elle les fait périr rapidement. Aussi, pour l'usage thérapeutique, employait-on d'abord exclusivement les sels de radium enfermés dans de petits récipients de verre, d'ébonite ou de métal, hermétiquement clos, dont la paroi arrête l'émanation tout en demeurant plus ou moins perméable au rayonnement.

Différents au point de vue de leurs qualités propres, le rayonnement du radium et celui de Röntgen sont à peu près semblables quant aux effets produits. Le premier est constitué par un mélange de trois espèces de rayons désignés par les lettres $\alpha$, $\beta$ et $\gamma$.

Les rayons $\alpha$, électrisés positivement, sont peu pénétrants, absorbés en presque totalité et pratiquement supprimés par la paroi du récipient qui contient le sel radifère, si mince soit-elle. — Les rayons $\beta$, électrisés négativement, sont plus pénétrants que les premiers et absorbés en partie seulement par la paroi. — Les rayons $\gamma$, non électrisés, beaucoup plus pénétrants encore que les rayons $\beta$, ne sont nullement arrêtés ou absorbés par la paroi; ce sont des rayons vibratoires, la plupart assimilables aux rayons de Röntgen, possédant toutefois une force de pénétration plus grande que ces derniers.

Mais les rayons $\alpha$ constituant la plus forte partie du rayonnement, la fraction de celui-ci absorbée par la paroi est considérable. Pour une paroi d'aluminium dont l'épaisseur est d'un dixième de millimètre, la fraction absorbée au passage atteint 90 p. 100 du rayonnement primitif. Il importe par conséquent de distinguer entre le degré d'activité réelle ou potentielle d'une quantité donnée de sel de radium libre de toute enveloppe, et le degré d'activité efficace d'une même quantité de ce sel contenue dans un récipient.

La puissance des sels de radium ou des sels de baryum radifères est calculée en prenant pour unité celle de l'uranium métallique. On estime que l'activité des sels de radium est deux millions de fois supérieure à celle de l'uranium. Quand on dit d'un sel de baryum radifère que son activité est de 500000, on entend par là que 1 gramme de ce sel est 500000 fois plus actif que 1 gramme d'uranium métallique.

Pour l'emploi rationnel d'un échantillon de sel radifère, il ne suffit d'ailleurs pas d'en connaître le degré d'activité efficace ; il faut encore, relativement à son action en profondeur dans les tissus, tenir compte de la manière dont ce sel est disposé dans un récipient ou fixé sur un support.

On utilise des *appareils à sels libres* ou *à sels collés*. — Avec les premiers — tubes de verre ou de métal contenant un sel de radium pur ou mélangé à une poudre inerte, — si le foyer d'émission est très exigu, punctiforme, comme il arrive lorsque quelques milligrammes de sel occupent le fond du tube, le rayonnement est formé de rayons divergents dans tous les sens, et son intensité décroît avec le carré de la distance. Le foyer d'émission étant appliqué sur la peau, l'intensité du rayonnement à 1 centimètre de profondeur est 100 fois plus faible qu'à 1 millimètre. On ne peut, sans détruire la peau, faire absorber aux tissus situés à 1 centimètre au-dessous de l'épiderme la dose suffisante pour avoir une action thérapeutique ; celle-ci ne saurait être que superficielle si l'on veut respecter l'intégrité du tégument. — Quand le sel radifère est bien tassé en couche plane d'une certaine épaisseur et d'une certaine étendue, le rayonnement peut être considéré comme formé de rayons parallèles et son action en profondeur est plus forte. Mais, même lorsque les sels de radium sont ainsi disposés, leur action, toujours intense à la surface, est minime à une faible profondeur. (Béclère.)

Les appareils à sels collés sont formés d'un support de métal ou de toile sur l'une des faces duquel est fixée, au moyen d'une pâte adhésive, une certaine quantité de sel de radium pulvérisé (sel pur ou mélangé de sel de baryum), — support monté sur manche ou garni d'une tige permettant de le manier facilement. Ils sont, en certains cas, préférables aux précédents ; mais, de même que ceux-ci, ils peuvent provoquer une inflammation cutanée aboutissant parfois à une destruction superficielle du derme, en ne donnant qu'une régression incomplète des noyaux cancéreux intradermiques.

Dans le but de modifier le rayonnement, on a interposé entre ces appareils et les tissus des substances diverses (lames d'ouate, de plomb, d'aluminium) qui filtrent les rayons et ne laissent agir qu'une partie des $\beta$ et des $\gamma$. — On se sert aujourd'hui d'autres appareils plus complexes qui produisent un rayonnement pénétrant intense, renforcé, tout en permettant d'éviter la dermite. Et l'on n'hésite plus à introduire en plein tissu morbide des solutions radifères ou des étuis contenant des sels de radium dont le rayonnement est filtré par un métal dense. (Dominici.)

Actuellement, la radiumthérapie est pratiquée suivant deux méthodes dites *du rayonnement composite* ou *global* et *du rayonnement ultrapénétrant*. — La première met en jeu la totalité des rayons des appareils, abstraction faite de la fraction du rayonnement qui est absorbée par l'enveloppe protectrice de l'appareil; elle convient surtout pour le traitement des lésions superficielles. — La seconde, par la filtration de ces rayons sur des métaux divers (plomb, argent, or, platine), en supprime environ 98 p. 100; elle ne fait intervenir qu'une partie des rayons $\gamma$ et une fraction minime des rayons $\beta$, tous les autres (les $\alpha$, la presque totalité des $\beta$ et ceux des $\gamma$ qui correspondent aux rayons de Röntgen) étant arrêtés par les filtres métalliques. L'application en serait inoffensive pour la plupart des tissus normaux, même quand elle est prolongée de vingt-quatre heures à plusieurs jours, et elle exercerait une action curative sur les néoplasmes ou d'autres lésions sous-tégumentaires.

De même que les rayons X, ceux du radium possèdent une action analgésiante et une action irritative dont les applications thérapeutiques ont porté principalement sur les affections auxquelles on avait opposé déjà la radiothérapie.

On les a utilisés avec profit dans le traitement des *névralgies* ou *névrites* et des *prurits* déterminés par certaines dermatoses. Il convient ici d'employer d'abord les rayonnements de faible intensité ; s'ils ne donnent rien, on peut tenter le rayonnement ultrapénétrant. Dans nombre de cas, la douleur disparaît après cinq ou six applications de trois à quatre minutes chacune.

On a également constaté leur efficacité dans la cure d'affections diverses de la peau et des muqueuses, dont quelques-unes à évolution presque fatalement progressive (cancroïde, lupus). Ils ont l'avantage de pouvoir être appliqués en des régions sur lesquelles on ne peut sans danger diriger les rayons X (en certains points de la face notamment), et dans l'intérieur des cavités naturelles (bouche, pharynx, larynx,...) où il est difficile, sinon impossible, d'introduire l'ampoule de Röntgen. Là, ils peuvent donner la guérison de lésions peu étendues en surface et en profondeur.

Quant à l'action intime des sels de radium sur les cancers, elle est la même que celle des rayons X : — il s'agit d'une action élective sur la cellule cancéreuse. Mais généralement celle-ci n'est détruite que dans la couche superficielle du néoplasme, ce qui explique l'impuissance de la radiumthérapie contre les tumeurs malignes volumineuses, et a suggéré l'idée des procédés consistant à injecter des solutions radio-actives dans les masses cancéreuses ou à y introduire des étuis contenant des sels radifères.

## IX. — Cautérisation.

L'application sur une partie du corps d'agents physiques ou chimiques capables de provoquer dans les tissus des phénomènes inflammatoires violents ou d'y détruire l'organisation et la vie est pratiquée suivant deux modes bien distincts : dans l'un, on fait pénétrer le calorique au sein des tissus ou l'on escarrifie ceux-ci en se servant soit d'instruments métalliques chauffés au rouge, de cautères ignés (*cautérisation actuelle*), soit d'appareils spéciaux permettant d'utiliser l'électricité (*cautérisation électrique*); dans l'autre, on fait agir sur les tissus des substances chimiques qui les pénètrent plus ou moins profondément et les transforment en escarres (*cautérisation potentielle*).

L'*application méthodique du feu* ou *pyrotechnie chirurgicale*, qui a pour but de déterminer dans la peau et les tissus sous-cutanés des phénomènes inflammatoires aigus ne devant pas entraîner la mortification de ces parties, est décrite dans les chapitres de ce livre qui traitent des opérations pratiquées sur le cheval, le bœuf et le chien. Il ne sera question ici que des procédés de cautérisation dont le but commun est la carbonisation ou l'escarrification des tissus : — de la *cautérisation inhérente* et de la *cautérisation potentielle*.

### A. — Cautérisation inhérente.

*Indications*. — Plaies à végétations exubérantes, ulcères, fistules. Tumeurs.

La *cautérisation inhérente* consiste en l'application prolongée sur les tissus ou dans leur épaisseur de cautères chauffés à blanc, qui les carbonisent en partie et y produisent des désordres entraînant leur mortification.

Pour la *cautérisation inhérente en surface*, on se sert d'instruments dont la partie cautérisante est de forme variable — olivaire, nummulaire, annulaire ou cultellaire, — selon les dimensions, la disposition, la consistance ou la structure des tissus à détruire. Chauffés au rouge blanc, on les porte sur ces derniers en appuyant, en pressant avec assez de force ; on les y maintient pendant dix à vingt secondes suivant la densité de ces tissus, et l'on en réitère l'application jusqu'à ce que ceux-ci soient partiellement ou totalement transformés en escarres. C'est ainsi que l'on procède dans les cas d'ulcères, de fistules rebelles, de plaies de mauvaise nature, de végétations exubérantes, de tumeurs cutanées sessiles, bénignes ou malignes. — On tiendra compte de cette donnée que les effets du cautère s'étendent en profondeur notablement au delà du point où il s'est arrêté. Ainsi, par exemple, lorsqu'il a brûlé une couche d'une épaisseur de 5 à 6 millimètres, celle de l'escarre est d'environ 1 centimètre. — Il importe de garantir les parties voisines en les recouvrant d'un linge fenêtré ou de compresses mouillées, d'un emplâtre ou d'un morceau de carton au centre duquel on a pratiqué une ouverture suffisante. Lorsque l'on doit porter le cautère profondément dans un trajet fistuleux, parfois il convient de l'élargir au préalable par un débridement.

Si les cautères sont chauffés au rouge clair ou à blanc, la douleur provoquée par leur action n'est pas aussi forte qu'on serait enclin à le croire; assez vive pour la peau, elle l'est beaucoup moins quand l'instrument pénètre dans les couches conjonctive, adipeuse, musculaire ou en tissu morbide.

Au lieu de se servir de simples cautères, on peut faire usage d'instruments spéciaux (thermocautères, cautères électriques), de la flamme obtenue par la combustion du gaz d'éclairage ou au moyen de la lampe à souder, ou encore d'étincelles électriques. (V. *Électrothérapie.*)

La *cautérisation inhérente profonde*, moins usitée que la précédente, consiste à pratiquer dans la partie à détruire, avec des cautères incandescents à longue pointe, des perforations d'une profondeur en rapport avec l'épaisseur de cette partie et contiguës, tangentes les unes aux autres. C'est ainsi que l'on traitait autrefois les plaies d'été, les plaies virulentes, les tumeurs charbonneuses. — On l'a généralement remplacée par d'autres moyens plus simples et d'application plus rapide. Si l'on cautérise encore les tuméfactions virulentes, septiques, on y pratique seulement des perforations espacées, à la faveur desquelles on fait pénétrer des liquides antiseptiques dans la profondeur de la région infectée.

## B. — Cautérisation potentielle.

### Application des caustiques chimiques.

*Indications.* — Plaies atones, rebelles à la cicatrisation ; ulcères ; nécrose, carie. Tumeurs et principalement cancroïdes.

La *cautérisation potentielle* comporte de nombreux procédés dont le but commun est la destruction ou l'escarrification des tissus. Ses agents se rangent naturellement en trois groupes : les *caustiques acides*, les *caustiques alcalins* et les *caustiques salins*.

Le mode d'action de ces agents ou la cause intime du phénomène de la cautérisation potentielle est complexe et variable. La plupart, surtout les acides et les bases, sont ou très déliquescents ou extrêmement avides d'eau, et c'est surtout par cette propriété qu'ils sont caustiques. Sur le vivant comme sur le cadavre, ils s'emparent de l'eau de constitution des tissus et en détruisent les éléments anatomiques. Il en est qui coagulent l'albumine sans altérer profondément ces derniers, lesquels subissent une sorte de momification. — Selon qu'ils possèdent des propriétés liquéfiantes ou coagulantes, les caustiques exposent à des hémorragies, ou, au contraire, ils sont hémostatiques.

Toutes les fois que l'on met en œuvre des caustiques liquides énergiques, il importe d'y procéder avec soin, de ne pas les appliquer en excès et de protéger contre leur action les parties qui doivent être ménagées. A cet effet, on doit humecter celles-ci ou les enduire d'une couche de vaseline.

L'*acide sulfurique* cautérise énergiquement, mais il est difficile à manier ; aussi ne l'utilise-t-on qu'étendu d'eau, mélangé d'alcool ou associé à des corps pulvérulents sous forme de pâtes caustiques. — L'*acide azotique* est fréquemment employé pur pour les cautérisations fortes ou profondes (hernie ombilicale, tumeurs), bien plus rarement sous forme de pâtes préparées en l'associant à l'amiante ou à d'autres corps inertes. — L'*acide chlorhydrique* est quelquefois utilisé pur, plus souvent dilué ou mélangé à diverses substances et formant des solutions ou préparations légèrement caustiques. — Pour l'application de ces acides, on se sert habituellement d'une baguette de bois nue ou garnie d'un peu d'étoupe à l'une de ses extrémités. Celle-ci est trempée dans le liquide, puis portée à plusieurs reprises sur la partie à cautériser.

L'*acide arsénieux* s'emploie sous forme de poudre, de pâte ou en solution alcoolique. — Parmi les poudres, la plus en vogue autrefois était celle dite du Frère Cosme, dans laquelle la proportion d'acide arsénieux est de 1 p. 8 (arsenic blanc, 1 gramme; cinabre, 5 grammes; éponge calcinée, 2 grammes). — La *pâte de Cosme* est préparée en délayant cette poudre dans un peu d'eau jusqu'à ce que la préparation ait la consistance d'une bouillie. On l'applique avec un pinceau sur les tissus morbides ou sur la peau dépouillée de sa couche épidermique. L'escarre et la pâte, en se desséchant, forment une croûte qui tombe d'ordinaire au bout de huit à quinze jours.

Le *caustique de Czerny* est une suspension d'acide arsénieux dans un mélange à parties égales d'eau et d'alcool. Moins douloureux que les pâtes arsenicales, il a donné de bons résultats dans le traitement des cancroïdes de la peau. Sous son action, il semble se produire un coagulum albumineux qui s'oppose à la pénétration et à l'absorption de l'acide arsénieux par le tissu sous-cutané. — On commence par une préparation à 1 p. 150 (acide arsénieux, 1 gramme; alcool et eau, āā 75 grammes), ensuite on emploie successivement des suspensions de plus en plus concentrées : 1 p. 100, 1 p. 75, 1 p. 50. — Après avoir agité le liquide, on l'applique avec un pinceau.

Peu usitée aujourd'hui, la *potasse caustique* a l'inconvénient de fuser rapidement et souvent de dépasser la zone que l'on voulait cautériser. — La *poudre de Vienne* est un mélange à parties égales de potasse caustique et de chaux vive. On fait des deux substances un mélange intime que l'on introduit rapidement dans un bocal à large ouverture bouchant à l'émeri. — On prépare la *pâte de Vienne* en versant dans une soucoupe une certaine quantité de cette poudre et en ajoutant de l'alcool à 90°, de manière à obtenir une pâte molle. Celle-ci est étalée sur la partie que l'on veut cautériser. L'action de ce caustique est prompte, énergique, et dépasse ordinairement de quelques millimètres la limite de la surface recouverte. — Le mélange de potasse (10 parties) et de chaux (2 parties) fondues, conservé dans des tubes de plomb (caustique de Filhos), est généralement délaissé.

Le *chlorure de zinc*, dont l'usage est assez répandu dans la pratique chirurgicale, peut être employé pur ou en solutions aqueuses, sous forme de badigeonnages. — En raison de ses propriétés coagulantes, il convient particulièrement pour les tissus abondamment pourvus de vaisseaux ou pour les tumeurs très vasculaires. — Au lieu d'appliquer le chlorure de zinc à la surface de la tumeur, on peut l'injecter en solution concentrée dans la masse des tissus à détruire. Pour ces injections, on se servira d'une seringue munie d'une canule de platine. — Les solutions étendues (1 p. 10-20) injectées dans les tissus y provoquent des phénomènes inflammatoires, puis plastiques ou sclérosants, mis à profit dans le traitement de diverses affections (hernies, pseudarthroses). C'est la méthode sclérogène de Lannelongue. — On emploie aussi ce chlorure sous forme de pâte. Celle *de Canquoin* (chlorure de zinc, 1 partie; farine de seigle ou de gomme arabique en poudre, 2 à 5 parties), de même que la pâte arsenicale, n'agit pas sur la peau revêtue de son épiderme. On peut se servir d'une pâte au chlorure de zinc pour la préparation des casseaux. — On utilise encore des crayons faits en fondant de la gutta-percha à laquelle on ajoute la moitié de son poids de chlorure de zinc.

Le *bichlorure de mercure* est un excellent caustique que l'on emploie en poudre dans le traitement des synovites, des arthrites, des nécroses, portée en petite quantité dans les plaies ou les fistules ; — en solution alcoolique, injectée dans les fistules ou en badigeonnage sur les tissus morbides, — en crayons, introduits dans les plaies et les fistules. — [illegible] poudre sert communément à la préparation des casseaux.

Le *sulfate de cuivre* est toujours très usité dans la pratique vétérinaire, soit en poudre, soit en solution dans l'eau ou la glycérine. La poudre est appliquée comme escarrotique sur les plaies fongueuses, à granulations exubérantes, sur certains ulcères, sur les tumeurs ulcérées. Elle convient aussi pour la préparation des casseaux. — Les solutions de sulfate de cuivre à 2-6 p. 100 sont excellentes dans le traitement des plaies du pied et des régions inférieures des membres chez le cheval.

Le *protochlorure d'antimoine*, jadis prôné dans le traitement du crapaud et des plaies virulentes, est maintenant d'un usage assez restreint.

Le *nitrate d'argent fondu* — la pierre infernale — est employé sous forme de crayons pour provoquer des cautérisations légères par simple attouchement, ou violentes par dépôt du caustique dans les tissus. On en fait des applications réitérées sur les surfaces granuleuses pour en réprimer le bourgeonnement.

L'*alun calciné* est un escarrotique léger, qui rend des services dans le traitement de diverses lésions, surtout des plaies à granulations exubérantes. Projetée sur celles-ci après détersion, la poudre d'alun calciné provoque la destruction de leur couche superficielle. La croûte détachée, on peut recommencer sans danger l'application caustique, et la répéter autant de fois qu'il est nécessaire.

Le *chlorate de potasse* paraît jouir d'une action élective sur les tissus épithéliomateux. Il s'emploie en poudre, en pommade ou en solution saturée. On peut l'utiliser comme adjuvant des autres caustiques chimiques, en l'appliquant directement sur les ulcérations cancéreuses dans le but de compléter la destruction des éléments néoplasiques.

## X. — Incisions.

*Instruments.* — Ciseaux ou rasoir, bistouri, feuille de sauge ou ténotome, sonde cannelée, pince.

*Assujettissement.* — Si l'intervention se réduit à une simple incision, assujettissez l'animal debout. Mais souvent les incisions ne sont que le premier temps d'opérations plus ou moins compliquées; alors elles sont effectuées sur le patient fixé en position décubitale.

TECHNIQUE. — La préparation de la région comporte la section des poils ou le rasement de la peau et sa désinfection.

On fait généralement les incisions *de dehors en dedans* (de la peau vers les parties profondes) ou *de dedans en dehors* (des parties profondes vers la peau). Dans quelques cas, l'incision est sous-cutanée, pratiquée sous le tégument.

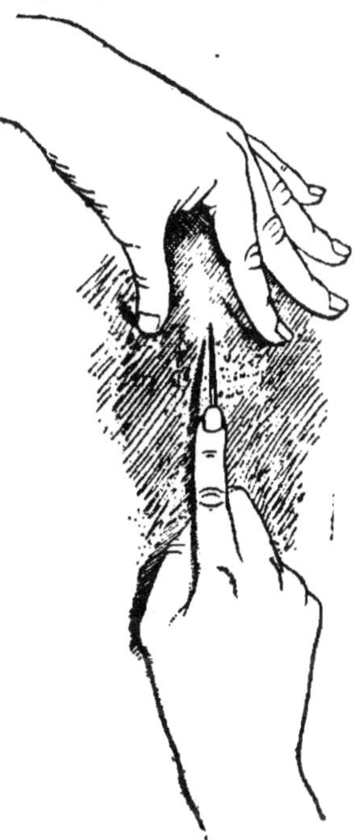

Fig. 39. — Incision de dehors en dedans.

Pour les *incisions de dehors en dedans*, on emploie ordinairement le bistouri, et celui-ci, tenu comme une plume à écrire ou un couteau à découper, le tranchant en bas, peut être mû en des directions diverses, le plus souvent vers soi, de haut en bas ou de gauche à droite.

Pour les incisions simples, voici les principales règles : — tendre la peau sous le bistouri pour en faciliter la section; — prendre un point d'appui avec la main qui divise, afin d'éviter les échappées; — faire des incisions nettes avec division complète de la peau aux deux angles, sans section effleurée, sans queue. — Au lieu de tendre la peau, on y peut faire un pli que l'on tient serr dans toute sa hauteur avec ou sans le concours d'un aide, et que l'on divise du sommet à la base.

Les *incisions composées* se réduisent à cinq formes principales : en **V**, en +, en **T**, en ellipse et en croissant.

L'*incision en* **V** est faite par deux incisions droites, dont la seconde se termine à angle aigu à l'une des extrémités de la première. Elle est dite *en* **V** *renversé* (**Λ**) quand le sommet est en haut, et *en* **L** quand l'angle est plus ouvert ou droit. — L'*incision en* **T** résulte de deux incisions droites dont la seconde tombe vers le milieu de la première. — Pour l'*incision en* +, faites d'abord l'incision transversale, puis successivement les deux autres, qui aboutissent au même point vers la partie moyenne de la première. Lorsque la peau adhère intimement aux tissus sous-jacents, faites simplement deux incisions, la seconde perpendiculaire à la première et la coupant en sa partie moyenne. — L'*incision elliptique* est formée de deux incisions courbes à concavité opposée, réunies a leurs extrémités, et l'*incision en croissant*, de deux incisions courbes à concavité de même sens, également réunies à leurs extrémités.

Les *incisions de dedans en dehors* se pratiquent avec ou sans conducteur. — Si vous les faites *sans conducteur*, tenez le bistouri en plume à écrire ou en couteau de table, le tranchant tourné vers les tissus à diviser, et plongez-le perpendiculairement dans ceux-ci ; abaissez ou inclinez le manche de l'instrument de telle sorte qu'il fasse avec la peau un angle d'environ 45°, et sectionnez les tissus tendus sur le tranchant. — Pour les débridements *avec un conducteur*, introduisez la sonde cannelée dans la plaie, sous les tissus à diviser, jusqu'au point où doit porter l'incision. Glissez dans la rainure de la sonde le dos du bistouri tenu en archet ou comme un couteau à découper, le manche porté en haut, en bas ou de côté, de façon que l'instrument soit incliné à 45° : vous divisez ainsi de dedans en dehors les tissus tendus sur le tranchant de la lame. On peut aussi introduire le bistouri parallèlement à la sonde, puis l'incliner à 45°, et, en le retirant, diviser les tissus. — Quand l'incision doit être faite profondément, dans une région à dangereux voisinage (collet de la gaine vaginale), employez le bistouri boutonné, et si l'introduction du doigt est possible, servez-vous de l'index comme conducteur ; engagez sur sa face palmaire l'instrument à plat, tournez ensuite le tranchant vers les tissus en agissant sur le manche avec la main libre et divisez-les.

L'*incision sous-cutanée* n'est plus guère usitée que pour les ténotomies et les desmotomies. — Avec le bistouri ou le ténotome droit, faites à la peau une petite incision parallèle à l'organe qu'il s'agit de couper. A la faveur de cette incision, introduisez le ténotome courbe à plat, tournez le tranchant contre le tendon ou le ligament et coupez-le en évitant de sectionner la peau.

## XI. — Ponctions.

*Instruments.* — Ciseaux ou rasoir; bistouri droit et sonde cannelée; cautère, lancette, flamme, trocart ou aiguille creuse.

Selon les cas, l'animal est assujetti debout ou couché. La région opératoire est préparée comme pour les incisions.

*Ponction avec le bistouri.* — Tenez l'instrument comme une plume à écrire, un couteau à découper ou un archet. Limitez la pénétration de la lame en appliquant l'index ou les deux premiers doigts sur le dos ou les faces de celle-ci; faites-la pénétrer d'un coup, perpendiculairement, à la profondeur voulue, puis retirez-la aussitôt dans la même direction s'il s'agit d'une ponction simple. — Lorsque cette dernière doit être suivie d'une incision, une fois l'instrument enfoncé dans les tissus, portez le manche en bas, en haut ou de côté, et divisez les tissus tendus sur le tranchant, ou débridez sur un conducteur introduit dans la plaie de ponction, comme il a été dit à propos des *incisions de dedans en dehors*.

*Ponction avec le bistouri et la sonde.* — C'est un procédé très recommandable pour ouvrir les collections purulentes profondément situées en des régions où existent des organes que l'on doit épargner, dans la région parotidienne en particulier. — Avec la pointe du bistouri droit, faites au centre de la tumeur phlegmoneuse une simple ponction cutanée; portez-y l'extrémité de la sonde cannelée, faites-lui traverser les tissus jusqu'à ce qu'elle pénètre dans la cavité purulente, et imprimez à l'instrument des mouvements de latéralité pour élargir le trajet. Remplacez ensuite la sonde par des ciseaux à pointe mousse et, en les retirant, écartez brusquement les branches : vous dilacérez ainsi les tissus sans danger de lésion d'organes importants, tout en ouvrant une large issue au pus.

*Ponction avec le cautère.* — Ce moyen est avantageux pour l'ouverture des abcès froids et de certains kystes. Servez-vous d'un cautère à longue pointe effilée. Celle-ci portée au rouge, appliquez-la perpendiculairement sur le centre de la tumeur ou obliquement sur sa partie déclive, et faites-la pénétrer dans la cavité par une pression exercée sur le manche de l'instrument ou par un double mouvement de pression et de demi-rotation.

*Ponction avec la lancette.* — Quelle que soit la forme de sa partie tranchante (lancette à grain d'orge, à grain d'avoine ou à croissant), disposez la châsse à angle droit ou obtus sur la lame, tenez celle-ci avec le pouce et l'indicateur appliqués sur ses faces, près de la partie tranchante, les autres doigts légèrement fléchis pour prendre un point d'appui ; enfoncez-la perpendiculairement et retirez-la dans la même direction.

Pour la *ponction avec la flamme*, V. *Saignée.*

*Ponction avec le trocart.* — Assurez-vous que la tige est libre dans la canule. Saisissez l'instrument de telle sorte que le manche soit assujetti dans la paume de la main avec les trois derniers doigts fléchis, le pouce et l'index allongés sur la canule, ce dernier plus rapproché de la pointe pour limiter la pénétration. Agissant par simple pression ou par un double mouvement de pression et de rotation, faites pénétrer le trocart perpendiculairement et d'un coup brusque dans la cavité qu'il s'agit de vider, ou poussez-l'y lentement, à plusieurs reprises, en traversant couche par couche les tissus qui la recouvrent. — Lorsque le trocart est parvenu dans la cavité, tenez la canule de la main gauche et retirez la tige. A mesure que le liquide s'écoule, inclinez ou faites pénétrer plus profondément la canule et exercez des pressions à l'extérieur afin d'évacuer aussi complètement que possible le contenu de la poche. Si une fausse membrane ou quelque particule solide arrête l'écoulement, désobstruez la canule en engageant dans celle-ci la tige du trocart. — Le contenu de la poche évacué, retirez la canule par une traction brusque

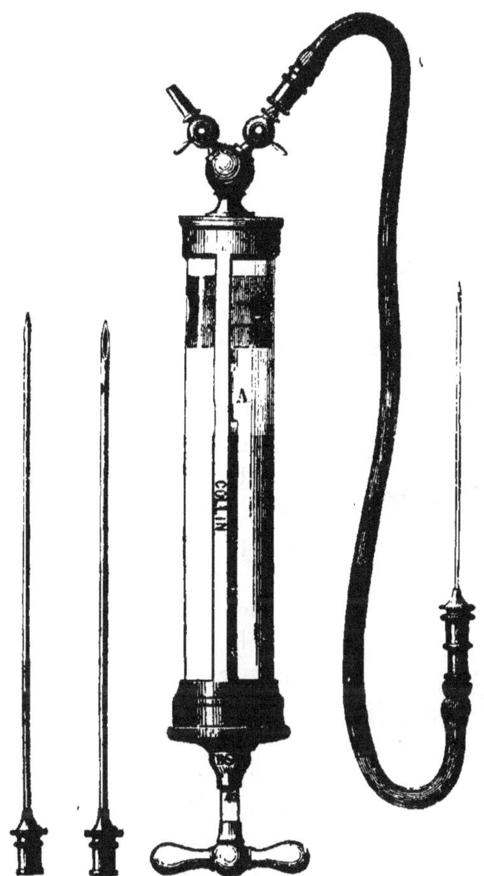


Fig. 40. — Aspirateur de Dieulafoy.

et parallèle à son axe, effectuée avec la main droite, tandis que l'index et le pouce gauches appliqués sur la peau en empêchent le tiraillement. — L'aiguille creuse est implantée de la même manière que le trocart, ou, si elle est de petites dimensions, en la tenant entre le pouce et l'index. — La ponction avec le trocart est aussi pratiquée pour donner issue aux gaz dans les cas de tympanite.

Pour les synoviales tendineuses ou articulaires hydropiques, la ponction directe n'est pas toujours inoffensive; elle peut être suivie de l'infection de la cavité. On conjure plus sûrement celle-ci par la *ponction sous-cutanée.*

L'opération se fait en trois temps. On commence par traverser la peau obliquement avec le trocart ou l'aiguille, à 1-2 centimètres du point où l'on doit pénétrer dans la synoviale. Le deuxième temps consiste à abaisser l'instrument et à le faire progresser dans le tissu conjonctif sous-cutané jusqu'au point où l'on doit traverser la synoviale. On termine en relevant l'instrument et en ponctionnant cette membrane (*fig.* 41). Lorsque l'instrument est retiré, les deux orifices cutané et séreux de la ponction ne se correspondent pas; la petite ouverture de la synoviale est bien protégée : il n'y a nul danger d'infection post-opératoire.

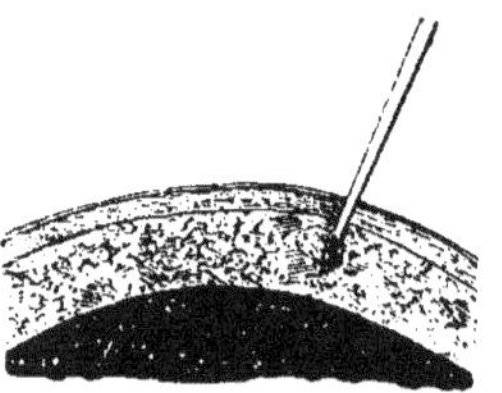

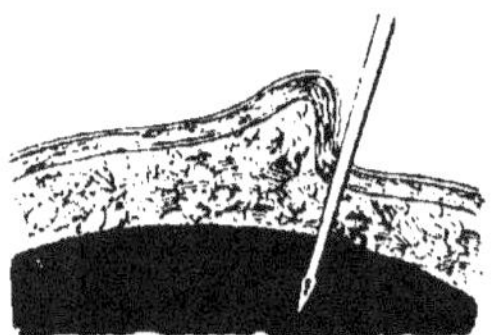

Fig. 41. — Ponction sous-cutanée.

Les *ponctions exploratrices* doivent être faites aseptiquement soit avec la sonde, après incision de la peau, soit avec des aiguilles creuses ou des trocarts de petit calibre. Si l'on se sert d'un trocart, le manuel est celui qui vient d'être indiqué. — Dans nombre de cas, mais surtout lorsque la cavité contient un liquide visqueux, épais, dont l'écoulement est difficile, il est avantageux de recourir à l'aspiration avec l'appareil de Dieulafoy. A l'aspirateur, dont les robinets sont préalablement fermés et dans lequel le vide est fait, on adapte un tube de caoutchouc, puis, sur le bout de celui-ci, on fixe une fine aiguille aseptisée par l'immersion dans l'eau bouillante ou par le flambage. La région préparée, on introduit l'extrémité de l'aiguille sous la peau, au niveau de la partie centrale de la tumeur à explorer, ou au lieu d'élection s'il s'agit d'une cavité splanchnique, et l'on ouvre le robinet correspondant. On pousse ensuite l'aiguille jusque dans la cavité. Dès qu'elle y est parvenue, le liquide aspiré jaillit dans le corps de pompe. — L'aspirateur permet d'évacuer rapidement le liquide collecté et de faire le lavage de la cavité.

## XII. — Injections.

Ces opérations consistent à introduire dans les tissus, dans les veines, dans certains organes, dans des cavités naturelles ou anormales, des liquides médicamenteux à propriétés très diverses, les uns en vue de susciter des réactions locales, les autres pour être absorbés et provoquer des effets généraux.

*Instruments.* — Seringue de Pravaz ou instruments similaires de calibre variable, pourvus d'aiguilles d'acier ou de platine iridié creuses, à pointe acérée et dont la perméabilité est assurée au moyen d'un fil d'argent qu'on y laisse à demeure jusqu'au moment d'opérer. — Appareils de Dieulafoy ou de Potain. — Récipient, entonnoir en verre ou « bock injecteur » avec tube de caoutchouc dont l'extrémité libre est fixée sur une aiguille creuse ou peut s'adapter à la canule d'un trocart. Carafe, bouteille ou ballon, pourvus d'un bouchon de caoutchouc creusé de deux orifices dans lesquels sont engagés deux tubes de verre ou de métal : l'un, ne plongeant pas dans le liquide, est relié à une soufflerie ; l'autre, plus long, descendant jusqu'à la base du récipient et sur l'extrémité supérieure duquel est fixé le tube de caoutchouc muni de l'aiguille ou d'un ajutage s'adaptant à la tubulure de cette dernière ou à la canule d'un trocart.

Pour conjurer tout accident infectieux, opérez aseptiquement : stérilisation des instruments, — aussi des liquides à injecter quand cela est possible sans nuire à l'action thérapeutique ; préparation de la région : peau rasée et désinfectée ; dans nombre de cas, pour éviter toute dépréciation, on peut s'abstenir de couper les poils. — Les aiguilles et les seringues sont stérilisées par l'ébullition. Mais souvent on se borne à laver l'intérieur de la seringue trois ou quatre fois de suite avec un liquide antiseptique chaud, de préférence avec la solution de lysol à 2 p. 100, qui n'altère pas le caoutchouc et dont l'onctuosité favorise le glissement du piston.

## I. — Injections intradermiques.

On fait pénétrer dans l'épaisseur du derme des solutions anesthésiques qui produisent rapidement l'anesthésie cutanée, ou des extraits microbiens qui suscitent des réactions inflammatoires locales spécifiques.

Chez les sujets tuberculeux ou morveux, l'injection intradermique de tuberculine ou de malléine détermine une réaction inflammatoire locale, accusée par une tuméfaction œdémateuse de la peau et du tissu conjonctif sous-cutané, tuméfaction qui apparaît au bout de vingt-quatre heures, atteint son maximum du deuxième au quatrième jour, pour diminuer ensuite et disparaître au bout de huit à dix jours.

C'est un procédé de la méthode générale de diagnostic de certaines maladies infectieuses, basée sur cette donnée que, chez les sujets atteints de ces maladies, les membranes tégumentaires réagissent par l'inflammation à l'action des toxines ou des extraits microbiens spécifiques que l'on fait agir sur elles, — méthode qui comprend la cuti-réaction, l'oculo-réaction, la naso-réaction et l'intra-dermo-réaction.

La technique de cette dernière est celle de l'injection intradermique de cocaïne (V. *Anesthésie*). On se sert d'une seringue de Pravaz garnie d'une aiguille robuste et courte. Pour le diagnostic de la *tuberculose*, on injecte dans l'épaisseur du derme trois ou quatre gouttes de tuberculine diluée (1 p. 10) ou mieux d'une solution de tuberculine précipitée. Chez les sujets tuberculeux, il survient, dans le délai sus-indiqué, une plaque d'œdème dermo-hypodermique arrondie ou ovalaire, dont le diamètre peut varier de celui d'une pièce de 5 francs à celui d'une petite soucoupe, et la saillie de celle d'une amande ou d'une noisette à celle d'un œuf.

## II. — Injections sous-cutanées.

On injecte dans l'hypoderme de nombreux agents thérapeutiques liquides ou dissous dans l'eau, l'huile ou l'éther. En général, il s'agit de médicaments qui doivent être absorbés en vue de provoquer des effets prompts ou une action thérapeutique énergique (éther, camphre, alcaloïdes), de sérum physiologique ou de sérums antitoxiques. On emploiera des solutions fraîchement préparées que l'on injectera de préférence à la température de 38°. Ces injections étant peu douloureuses, il est rarement nécessaire de recourir aux moyens de contention.

Pour les injections de solutions médicamenteuses ou de sérums antitoxiques, servez-vous de la seringue de Pravaz ou de seringues graduées analogues.

Comme lieux d'élection, évitez les régions où existent de gros vaisseaux, des troncs nerveux ou des organes à vitalité languissante (os, cartilages, tendons, aponévroses), le voisinage des articulations ou des synoviales tendineuses, les surfaces où la peau est dure ou très épaisse.

Chez les grands animaux, faites ces injections sur les faces de l'encolure, assez loin de la gouttière jugulaire; de chaque côté du poitrail, au niveau des muscles sterno-huméraux et à distance du sternum; en arrière de l'épaule, sur la masse des extenseurs de l'avant-bras; — chez le chien et les autres petits animaux, aux mêmes régions ou encore sur la partie inférieure de l'abdomen et la face interne des cuisses.

Technique. — Avec le pouce et l'index, plissez la peau en la soulevant légèrement; à la base du pli, enfoncez dans le tissu conjonctif l'aiguille nue ou fixée sur la seringue, puis laissez le tégument revenir à sa situation première.

Assurez-vous que l'aiguille est bien sous la peau en lui imprimant des mouvements de latéralité. Injectez ensuite le liquide.

Pour enlever l'aiguille, appuyez légèrement sur la peau, de chaque côté, en même temps que vous exercez une traction sur la canule. Par de légères pressions exercées avec la pulpe de l'index, diffusez le liquide dans l'hypoderme.

Les injections de sérum physiologique, qui consistent en

l'introduction dans le tissu conjonctif sous-cutané de quantités relativement abondantes d'une solution étendue de chlorure de sodium (7 à 9 gr. pour 1 litre d'eau), se font avec le bock injecteur, la bouteille ou le ballon à deux tubulures, le pre-

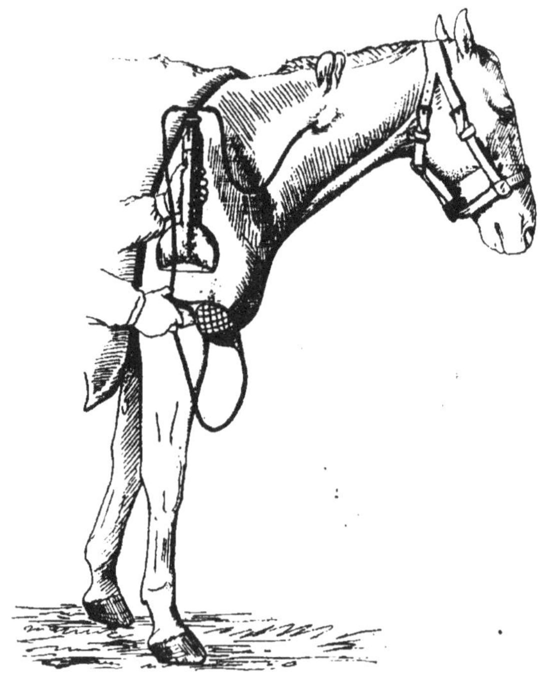

Fig. 42. — Injection sous-cutanée de sérum physiologique.

mier porté à une hauteur suffisante pour que le liquide pénètre par simple pression naturelle, les autres reliés à une soufflerie actionnée par un aide. Si le tube d'écoulement est fixé sur une aiguille, dès que le liquide sort par celle-ci poussez-la dans le tissu conjonctif. Vous pouvez aussi implanter d'abord dans l'hypoderme l'aiguille ou un trocart dont vous retirez ensuite la tige, et dès que l'eau sort par le tube de caoutchouc, appliquer l'ajutage de celui-ci sur la canule. Le liquide pénètre peu à peu dans le tissu conjonctif. De légères tractions exercées sur la peau favorisent cette pénétration.

L'opération terminée et l'instrument retiré, fermez la plaie par l'application d'un petit tampon d'ouate imbibé de collodion iodoformé.

Les injections de substances caustiques ou irritantes sont pratiquées dans les maladies infectieuses aiguës, — les pneumonies principalement, — en vue de provoquer une forte dérivation, un appel leucocytaire et des abcès de fixation. On y a recours aussi pour combattre les diverses amyotrophies. Les principales substances employées sont : l'essence de térébenthine (3-4 centimètres cubes par piqûre), l'eau salée à saturation et la vératrine en solution aqueuse ou alcoolique.

Ces injections exigent parfois l'assujettissement étroit des animaux, et, dans la suite, il peut être indiqué de les attacher au râtelier ou d'appliquer soit un collier de bois, soit un bâton à surfaix.

## III. — Injections intraveineuses.

Les injections intraveineuses assurent la diffusion rapide des agents thérapeutiques employés (solutions médicamenteuses diverses, sérum physiologique, sérums antitoxiques).

*Instruments.* — Mêmes appareils que pour les injections sous-cutanées de sérum artificiel ou seringue graduée de 10-20 centimètres cubes.

Manuel. — L'injection est faite dans l'une des jugulaires, à la limite du tiers supérieur et du tiers moyen du cou. La peau est simplement désinfectée au lieu d'élection ou d'abord tondue et rasée. La tête de l'animal portée dans l'extension et légèrement du côté opposé, placez-vous comme pour la saignée. La veine comprimée par un aide, introduisez de haut en bas ou en sens inverse l'aiguille ou le trocart et retirez la tige de celui-ci. La canule tenue de la main gauche, laissez couler le sang, et dès que le liquide médicamenteux fuit par le tube de caoutchouc, appliquez l'ajutage de celui-ci sur la tubulure de l'aiguille ou de la canule. Alors l'aide cesse la compression, et le liquide pénètre dans la veine. — Prenez les même sprécautions si vous vous servez de la seringue. — L'opération terminée, retirez la canule comme il a été dit à propos de la saignée.

## IV. — Injections intraséreuses.

### A. — Injections dans les séreuses splanchniques.

Après la ponction des grandes séreuses atteintes d'inflammation aiguë ou chronique exsudative, on peut injecter dans ces membranes des solutions médicamenteuses portées à la température de 38° et possédant des propriétés variables (solution stérile de chlorure de sodium à 8-10 p. 1000, solution boriquée à 2 p. 100, solutions très étendues d'iode, d'acide phénique, de sublimé...).

On a préconisé les injections intrapéritonéales d'une solution de chloral à 1 p. 10 dans le but d'anesthésier les sujets sur lesquels on pratique des opérations chirurgicales très douloureuses, et dans les cas de coliques avec réactions violentes. (V. *Anesthésie*.)

### B. — Injections intrasynoviales.

On les emploie dans le cas d'hydropisie des synoviales tendineuses et articulaires.

Pour chaque synoviale, le lieu d'élection est la tumeur la plus volumineuse ou la partie la plus saillante de la dilatation.

*Instruments*. — Trocart de 2-3 millimètres de diamètre. Seringue graduée avec tube de caoutchouc muni d'un ajutage, si l'on ne dispose pas d'un aspirateur.

*Contention*. — Couchez l'animal sur le membre à opérer ou de l'autre côté, suivant le lieu d'élection.

Manuel. — La peau est simplement désinfectée ou rasée au préalable. Le membre porté dans l'extension, faites pénétrer le trocart dans la synoviale, perpendiculairement à la surface de la saillie à ponctionner si la peau et le tissu conjonctif sous-cutané hyperplasiés forment une couche épaisse, ou, ce qui est préférable, dans une direction oblique, ou en plusieurs temps, comme il a été indiqué à l'article *Ponction*.

La tige retirée, activez l'écoulement de la synovie par des pressions exercées sur la séreuse hydropique. Retirez le plus possible de liquide; si la canule est obstruée par des grumeaux albumineux, refoulez ceux-ci avec la tige du trocart. — Adaptez à la canule l'ajutage du tube de caoutchouc disposé sur l'aspirateur ou la seringue, et poussez lentement le liquide médicamenteux.

Injectez-en de 20 à 200 grammes suivant le volume de l'hydropisie. Laissez le liquide dans la poche quelques minutes, malaxez la synoviale, puis évacuez la plus grande partie de la solution médicamenteuse.

Retirez la canule et fermez la plaie au collodion.

Les principaux liquides injectés sont : l'eau iodée au 1/3 ou au 1/5 pour les vessigons tendineux, au 1/10 pour les vessigons articulaires ; l'acide phénique en solution à 3 p. 100, l'acide thymique à 2 p. 1000, le sublimé à 1 p. 1000. — Pour les hydropisies synoviales tendineuses, on peut employer la teinture d'iode pure, injectée en petite quantité (1-5 c.c.) soit d'emblée, soit après évacuation d'une partie de la synovie.

## XIII. — Ouverture des abcès.

Elle est indiquée dès que la présence du pus est dénoncée par la *fluctuation*, par une forte tuméfaction phlegmoneuse avec œdème déclive, ou encore, pour les abcès froids, par un gonflement induré et circonscrit occupant l'une des régions qui en sont habituellement le siège.

*Instruments et objets à préparer.* — Bistouri, sonde cannelée et ciseaux. Cautère en pointe ou trocart. Sonde en **S** et mèche au drain si l'on doit faire une contre-ouverture. — Cuvette pour recueillir le pus si l'abcès est volumineux, et solution antiseptique quelconque.

Après avoir coupé les poils sur la partie tuméfiée, la peau sera nettoyée par un savonnage à l'eau chaude. Les microbes des collections purulentes sont d'ordinaire peu virulents ; on doit prendre les précautions nécessaires (propreté des instruments et des doigts) pour éviter l'apport dans la plaie de germes plus actifs.

*Assujettissement.* — On opère généralement sur l'animal debout, un tord-nez appliqué à la lèvre supérieure et un pied levé. Pour certains abcès profonds (ars, aine), le patient est couché sur le côté opposé, et le membre superficiel déplacé comme il convient.

### I. — Abcès chauds.

Le plus souvent on en fait la *ponction* avec le bistouri droit. L'instrument est tenu et manœuvré comme il a été dit à l'article *Ponction*. — La plaie devant assurer la libre évacuation du pus, on la pratiquera au point le plus déclive de la cavité. Il n'est pas nécessaire qu'elle soit large lorsque l'abcès est de petites dimensions ou superficiel; mais s'il est profond ou pour peu qu'il soit volumineux, on doit agrandir la ponction par un débridement, et autant que possible faire les deux en un seul temps pour ménager la douleur. — Le pus sera recueilli dans un vase. On aide à son écoulement en pressant de l'extérieur sur les parois de la poche. Habituellement on déterge celle-ci par une irrigation d'eau bouillie ou d'une solution antiseptique.

L'habitude d'introduire le doigt dans la poche et de rompre les cloisons ou les brides que l'on y perçoit est mauvaise : on détruit des tissus qui peuvent concourir à la cicatrisation, quand on ne rupture pas des divisions vasculaires ou nerveuses. Cette exploration doit être pratiquée dans certains cas seulement, pour juger de la disposition de la cavité, reconnaître s'il existe un corps étranger, un bas-fond où le pus séjournerait. Dans les abcès dits « en bouton de chemise », où la collection purulente est formée d'une nappe sous-cutanée et d'une autre sous-aponévrotique réunies par un simple pertuis, il faut diviser largement l'aponévrose.

Pour les abcès profonds, aux régions où le bistouri pourrait blesser une artère, une grosse veine, un nerf, situés au niveau ou à proximité de l'abcès, — on sait que ces organes sont parfois soulevés ou déviés latéralement par la collection purulente, — il est indiqué de substituer l'*incision* à la ponction, — de diviser les tissus couche par couche, parallèlement aux muscles et aux branches vasculo-nerveuses, jusqu'à ce que l'on arrive dans la collection purulente; ou bien, après incision des couches superficielles, de se servir de la sonde cannelée pour séparer les tissus, repousser les vaisseaux et les nerfs, déchirer les brides de tissu cellulaire qui font obstacle à cette dissociation. — L'ouverture peut être agrandie avec une lame boutonnée ou avec des ciseaux à pointe mousse.

L'ouverture des abcès chauds par le *cautère* est une pratique encore assez répandue. On se sert d'un instrument à longue pointe chauffée au rouge clair : celle-ci appliquée sur le centre de la tumeur, on l'y fait pénétrer par un double mouvement de pression et de demi-rotation, jusqu'à ce qu'elle soit parvenue dans la cavité. Ce procédé a l'avantage de ne pas exposer à une échappée dangereuse, si l'animal vient à réagir brusquement; mais, pas plus que le bistouri, le cautère ne respecte les troncs vasculaires ou nerveux fixés dans le foyer inflammatoire, lorsqu'il est introduit sur la ligne de ces organes. — Il en est de même du *trocart*, jadis préconisé pour ouvrir les abcès profonds ou situés en des régions périlleuses.

Lorsque l'on doit ouvrir un abcès profond en l'une de ces régions, en particulier dans la zone parotidienne, le procédé de choix, le seul recommandable, est celui qui consiste à creuser au pus une voie d'échappement au moyen de la sonde cannelée ou d'une tige mousse quelconque, et de l'élargir avec les ciseaux. (V. *Ponctions*.)

Quand il existe un bas-fond plus ou moins spacieux où le pus s'accumulerait, on peut prolonger l'incision ou établir une contre-ouverture. Si la poche est peu profonde et si, au-dessous de la plaie, la section des tissus est sans danger, faites un débridement. Dans les autres cas, principalement pour les abcès de la gorge, de la nuque, de l'encolure, du garrot, des parois abdominales, des membres, — mieux vaut pratiquer une contre-ouverture en procédant de la façon suivante : — Introduisez dans la cavité une sonde courbe dont vous poussez l'extrémité inférieure en la partie la plus déclive de la poche, puis, par des pressions exercées sur l'autre extrémité, soulevez les tissus et divisez-les de dehors en dedans; — ou traversez les tissus sous-cutanés avec la sonde qui vient ensuite soulever la peau; il n'y a qu'à inciser celle-ci et à élargir le trajet. — A défaut de sonde *ad hoc*, après s'être rendu compte avec le doigt de la situation du fond de la poche, on pourrait, à son niveau, inciser ou ponctionner de dehors en dedans la peau et les couches sous-cutanées.

Passez ensuite soit une mèche dont vous nouerez les extrémités, soit un drain fenêtré, fixé aux lèvres de la plaie supérieure par un point de suture ou arrêté aux deux bouts par une petite tige métallique.

*Cas particuliers.* — Pour ponctionner les *abcès des cavités muqueuses*, on se servira d'un bistouri droit dont la lame sera entourée d'étoupe ou d'ouate jusqu'à 1 ou 2 centimètres de la pointe.

Bien que l'on puisse crever des *abcès du bassin* (*abcès périrectaux*) avec l'extrémité de l'index appliqué au centre de la zone de fluctuation, sur la muqueuse rectale amincie, l'instrument à employer ici est le bistouri à lame cachée ou à curseur spécialement destiné à la ponction du vagin dans l'ovariotomie. Il permet d'ouvrir facilement certains abcès gourmeux qui donnent lieu à des coliques d'occlusion.

Les abcès du bassin consécutifs à des lésions traumatiques pénétrantes de la région péri-anale s'accusent d'ordinaire à l'extérieur par une tuméfaction diffuse de la fesse et du périnée et doivent être incisés ou ponctionnés sur l'un des côtés de l'anus. Ils peuvent nécessiter une contre-ouverture dans la région de la fesse.

Pour l'ouverture d'un abcès profond de l'*ars* ou de l'*aine*, on assujettira le patient en position décubitale. Le membre antérieur sera porté en avant et soulevé dans la mesure du possible, le membre postérieur maintenu dans l'abduction par deux plates-longes. On divisera les premières couches de la région avec le bistouri, ensuite on se servira de la sonde cannelée ou d'une tige mousse, comme il a été dit précédemment.

Lorsqu'il s'agit d'ouvrir une collection purulente du canon, du boulet ou de la région digitée, le tranchant du bistouri doit être dirigé vers le genou. S'il est tourné vers le pied et que l'animal, surpris par la douleur, opère un brusque mouvement de retrait du membre, une blessure grave est possible ; et quand l'abcès siège sur l'un des côtés du boulet, les vaisseaux digités peuvent être coupés, les tendons blessés, une synoviale ouverte.

### II. — Abcès froids.

Dans la plupart des *abcès froids durs*, souvent le pus, peu abondant, est collecté en un foyer central qu'il faut ouvrir par la ponction effectuée comme il a été dit pour les *abcès chauds*. — S'il y a lieu, on élargira le trajet par un débridement ou avec le cautère. — La ponction blanche n'exclut point sûrement l'existence du pus : le bistouri, même plongé à plusieurs reprises dans la tumeur, a pu passer à côté du foyer ; et parfois le pus, épaissi, caséeux, ne s'écoule pas facilement. En ces cas, il est avantageux d'introduire dans la plaie une mèche imprégnée d'un topique irritant : le pus finit par atteindre la voie qui lui est creusée.

En maintes régions, la présence, au niveau ou à proximité de l'abcès, de gros vaisseaux et de nerfs commande les mêmes précautions particulières que pour les abcès chauds.

Pour les abcès anciens ou récidivants de la pointe de l'épaule et de la base de l'encolure, le traitement de choix est l'*ablation partielle*. (V. p. 251.)

Les *abcès froids mous* sont incisés en leur partie déclive, drainés et irrigués avec des solutions antiseptiques. — Certains *abcès par congestion* sont très vastes et traversés par d'épaisses brides cylindriques contenant un nerf, une artère, une veine de fort calibre, brides auxquelles il faut bien se garder de toucher. C'est ainsi notamment que le nerf fémoral peut être compris dans les collections purulentes de la région crurale antérieure consécutives à la nécrose de l'angle externe de l'ilium, et y demeurer longtemps indemne, grâce au revêtement fibreux qui le soustrait à l'action destructive du pus.

## XIV. — Ablation des tumeurs.

Au point de vue de l'intervention chirurgicale, les tumeurs sont distinguées en *bénignes* et *malignes*. Par *tumeurs bénignes*, on entend celles qui se développent lentement, demeurent circonscrites et ne récidivent point après l'ablation. Les *tumeurs malignes* ont une évolution rapide, une tendance marquée à se propager, à engendrer des tumeurs secondaires au voisinage ou à distance (dans les ganglions ou les viscères), et très généralement elles récidivent.

*Instruments.* — Ciseaux, rasoir, bistouris, pince ordinaire et pinces hémostatiques, curette tranchante, cautère, aiguille. — Fils et objets de pansement.

*Assujettissement.* — Fixez le patient debout ou en position décubitale selon le siège, le volume et la nature du néoplasme. Dans certains cas, l'anesthésie est indiquée.

TECHNIQUE. — A. *Tumeurs bénignes.* — Pour certaines de ces tumeurs, on peut employer la ligature, les caustiques ou le cautère. On ne fait l'ablation au bistouri que si la tumeur est sessile, étalée et assez volumineuse, ou si elle cause de sérieux troubles fonctionnels.

La région préparée, — peau rasée et aseptisée, — faites deux incisions courbes qui se réunissent à leurs extrémités et délimitent le lambeau de tégument qui doit être enlevé avec la tumeur. Énucléez celle-ci en disséquant la peau de chaque côté, puis les tissus sous-jacents. Si l'hémorragie est abondante, étanchez le sang avec des compresses stérilisées ou fermez avec des pinces les vaisseaux coupés. C'est surtout pendant la dernière partie de l'opération, lorsqu'on détache la face profonde de la tumeur, que l'on peut couper des artérioles d'assez fort calibre ou blesser quelque organe important. — Enlevez les pinces, appliquez une ou plusieurs ligatures s'il est nécessaire, puis faites la toilette du trauma.

Suturez la peau avec ou sans drainage, selon l'étendue et la profondeur de la plaie.

Pansement ouaté. En certaines régions, lorsque la couture est peu étendue, on peut se borner à la recouvrir de collodion.

B. *Tumeurs malignes.* — L'ablation doit être large, radicale. Il importe de se rappeler que presque toutes ces tumeurs sont entourées d'une zone d'infiltration néoplasique, intéressant les tissus adjacents et qui doit être enlevée avec la tumeur.

Lorsque celle-ci est ulcérée, désinfectez-la tout d'abord avec une solution antiseptique forte; curetez la surface suppurante et les trajets fistuleux s'il en existe.

Faites l'ablation avec le bistouri, comme il vient d'être indiqué, ayant soin de ménager la peau saine afin de pouvoir suturer la plaie. Aux zones dangereuses, énucléez avec la sonde pour éviter la blessure des artères, des veines, des nerfs importants encore inaltérés. — La tumeur enlevée, inspectez la plaie; excisez les noyaux néoplasiques qui ont pu être laissés. Examinez aussi le voisinage; faites l'ablation des vaisseaux et des ganglions lymphatiques envahis.

Assurez une hémostase aussi complète que possible par la ligature des artérioles coupées. Détergez la plaie avec de l'eau bouillie simple ou salée et saupoudrez-la d'iodoforme ou d'acide borique. Suturez comme il a été dit pour les tumeurs bénignes et appliquez un pansement ouaté.

## XV. — Ligatures.

On utilise la *ligature* dans des circonstances diverses, mais surtout comme moyen d'exérèse et comme moyen d'hémostase. — On fait les ligatures avec des liens de nature variée : chanvre, soie, catgut, caoutchouc, fils métalliques. Parfois la fixité du fil est assurée par des épingles. Quel que soit le but que l'on se propose, il importe de se servir de fils suffisamment solides. Si l'on veut provoquer la mortification d'une tumeur ou d'une partie d'organe, le lien ne doit pas embrasser une trop forte épaisseur de tissus, et pour les néoplasmes à pédicule volumineux, il convient de diviser la peau avec le bistouri sur la ligne où doit être appliqué ce lien.

Les modes d'application de la *ligature ordinaire*, employée comme moyen d'exérèse, varient avec le volume des tissus à détruire ou à diviser. Lorsque la couche de ces tissus est faible, on l'étreint simplement dans une anse de fil fortement serrée et dont les bouts sont réunis par un nœud droit ou par le nœud du chirurgien (*fig.* 43). C'est ainsi que l'on procède pour les tumeurs à pédicule étroit. — Si le pédicule est large, on en peut traverser la base avec une aiguille garnie d'un fil double, puis couper celui-ci près du chas et lier séparément chaque moitié du pédicule. — Pour les petites

Fig. 43. — Nœud du chirurgien.

tumeurs coniques, on traverse la base avec une ou deux épingles disposées en croix et sous les bouts desquelles on serre le lien, qui est ainsi maintenu à demeure.

On n'utilise plus guère les liens inextensibles; on leur préfère les fils de caoutchouc — les liens élastiques. — La *ligature élastique* constitue un bon moyen d'exérèse hémostatique. Sans action sur les corps inertes, même peu résistants, ni sur les parties mortes, elle divise tous les tissus vivants : peau, muscles, vaisseaux, tendons... Rien ne lui résiste, et la diérèse se fait sans hémorragie : les parois des vaisseaux s'affaissent avant de se couper, et ceux-ci sont oblitérés par la thrombose.

Le manuel en est simple. Employez soit le caoutchouc tubulaire vulcanisé, soit des fils pleins, cylindriques ou prismatiques, de calibre proportionné à la masse à diviser. Les poils simplement coupés sur la ligne d'excision ou la peau rasée et aseptisée, un aide tient l'un des chefs. Saisissez l'autre, tendez le lien et enroulez-le sur le pédicule : trois ou quatre tours suffisent. Pour arrêter les bouts, croisez-les, faites-les tenir par l'aide, puis passez en dessous de l'entrecroisement un fil ordinaire avec lequel vous les fixez par un nœud droit.

Cette ligature est particulièrement avantageuse pour l'ablation des néoplasmes bien pédiculés, pour la castration des agneaux, des veaux, des bovidés adultes, pour l'amputation du vagin ou de l'utérus prolabés.

Les *écraseurs linéaires à demeure* opèrent la section

lente et progressive des tissus, à la manière du lien de caoutchouc. Avec l'écraseur de Reynal, l'anse formée par la chaîne est rétrécie graduellement, une ou deux fois par jour, jusqu'à division complète de la partie étreinte, au moyen d'une vis à poignée qui s'engrène avec les maillons. Ces instruments se sont peu répandus, et la ligature élastique les a supplantés.

### LIGATURE DES ARTÈRES.

La *ligature* est dite *médiate* ou *immédiate* selon que le lien étreint avec le vaisseau une partie des tissus voisins, ou qu'il est appliqué sur l'artère elle-même. Toujours on pratique de préférence la *ligature immédiate*. Tantôt elle est faite *dans la continuité du vaisseau*, tantôt *à la surface d'une plaie*.

*Instruments.* — Ciseaux, bistouris, pince, écarteurs, sonde cannelée, ténaculum, aiguille de Deschamps ou de Cooper. — Fils de chanvre, de soie ou catgut.

*Assujettissement.* — Selon la situation du vaisseau blessé et le degré d'irritabilité du patient, celui-ci sera assujetti debout ou couché.

La *ligature dans la continuité du vaisseau* comprend trois temps : la *découverte du faisceau vasculo-nerveux*; — l'*isolement de l'artère*; — l'*application du lien*.

La région est rapidement préparée, tandis qu'un aide fait l'hémostase provisoire s'il y a lieu.

Découvrez le faisceau vasculo-nerveux par une incision méthodique de la peau et des couches sous-cutanées, incision dont l'étendue doit être en rapport avec le volume ou la profondeur du vaisseau. — Pour isoler l'artère, saisissez avec une pince la gaine celluleuse qui l'enveloppe, divisez-la dans le sens du vaisseau avec la pointe du bistouri ; puis, avec le bec de la sonde cannelée, détachez cette gaine celluleuse de la tunique externe de l'artère. — Celle-ci dénudée, avec l'aiguille passez en dessous d'elle un fil, amenez au dehors l'un des chefs, ensuite retirez l'aiguille et dégagez le second. — Faites un nœud droit bien serré en passant deux fois le bout du fil dans la même anse ; faites-en un second par-dessus le premier, et coupez les deux chefs au ras du nœud si vous avez employé un lien résorbable (catgut), ou conservez-en un long de quelques centimètres.

Pour la ligature d'une artère *à la surface d'une plaie*, saisissez l'extrémité du vaisseau avec une pince, tirez-la légèrement et, s'il y a lieu, isolez-la sur une longueur de 5 millimètres à 1 centimètre des nerfs et des veines qui l'accompagnent, puis, un aide tenant la pince, liez le vaisseau comme il vient d'être dit. — Lorsque l'extrémité de l'artère ne peut être libérée ou dégagée des tissus adjacents, passez au-dessous d'elle un lien avec le ténaculum et faites-en la ligature médiate. (V. *Hémostase.*)

## XVI. — Sutures.

*Indications.* — Réunion des traumas : — plaies récentes à lèvres nettes ou peu meurtries, facilement affrontables ; plaies avec perte de substance peu étendue dont il convient de rapprocher les lèvres pour abréger la durée de la cicatrisation ; — plaies plus ou moins anciennes, après avivement des bords et, s'il est nécessaire, décollement des lèvres sur une certaine largeur afin d'en obtenir la juxtaposition. — La suture ne convient que si les tissus sont sains et coupés nettement. Toute plaie profonde, anfractueuse ou avec large perte de substance sera drainée.

Parfois la suture est pratiquée comme moyen d'hémostase ou pour maintenir un pansement.

*Règles générales.* — Coupez les poils ou rasez la peau sur les lèvres de la plaie ; détergez celle-ci ; rapprochez-en les bords avec les doigts et voyez quelle suture convient le mieux.

Pour les plaies rectilignes, sans perte de substance et à bords nets, la réunion est facile. Aux plaies irrégulières, la suture ne peut être bien faite qu'en prenant certaines précautions. En général, pour qu'elle soit correcte, si la diérèse est étendue, le premier point doit être placé à la partie moyenne des lèvres.

Lorsque la plaie est irrégulière, sinueuse ou anguleuse, commencez par passer les fils au niveau des saillies ou des angles. Traversez les lèvres obliquement (sous un angle d'environ 45°), en soutenant avec une pince celle où l'aiguille pénètre de dehors en dedans, en appuyant sur l'autre avec le pouce et l'index gauches, de chaque côté du point où l'aiguille doit sortir. — Les fils seront placés à des intervalles égaux; tous ceux qui traversent les lèvres à la même profondeur doivent être passés à égale distance des bords de la plaie; si vous appliquez quelques fils profonds, implantez l'aiguille et faites-la sortir, pour ces points, à une plus grande distance du bord des lèvres. — Passez d'abord tous les fils, serrez-les ensuite en commençant par ceux du milieu ou des angles, et placez les nœuds le plus loin possible de la plaie, sur la lèvre supérieure ou la moins déclive. En serrant les fils, évitez également une tension insuffisante, qui permettrait l'entre-bâillement des lèvres, et une tension excessive, qui en provoquerait la section.

*Assujettissement.* — La plupart du temps, la suture n'est que le dernier acte d'une opération plus ou moins compliquée qui a nécessité la contention en position décubitale. Pour les sutures faites aux plaies accidentelles, le plus souvent on assujettit le blessé debout, un tord-nez à la lèvre supérieure et un pied levé. Parfois il faut le coucher.

### I. — Suture entrecoupée. — Suture en anses.

Aiguille courbe ordinaire ou aiguille à manche, ciseaux et pince. — Fils de chanvre, de soie, ou crin de Florence.

TECHNIQUE. — Préparez autant de fils qu'il y a de points à faire. Si vous vous servez de l'aiguille ordinaire, engagez un

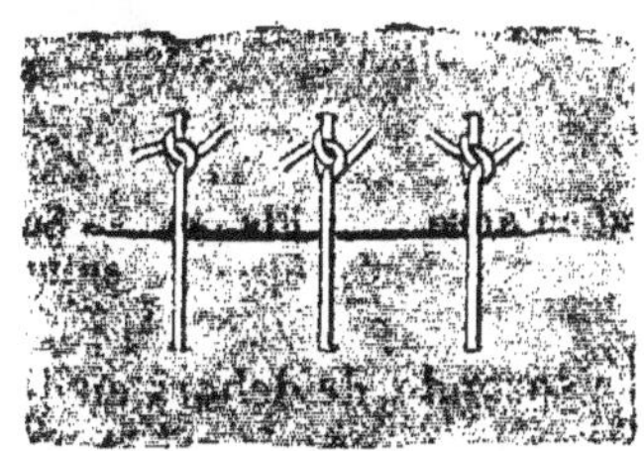

Fig. 44. — Suture entrecoupée ou à points séparés.

premier fil dans son chas, traversez de dehors en dedans l'une des lèvres de la plaie, puis l'autre de dedans en dehors. Passez de même les autres fils. — Pour donner plus de solidité à la suture, il peut être utile de passer quelques fils plus loin des bords de la plaie.

Vous pouvez aussi faire cette suture avec une aiguille garnie d'un long fil. Celui-ci passé dans les lèvres de la plaie, coupez-en avec les ciseaux un bout suffisant pour faire le premier point. Procédez de la même manière pour les autres.

Si vous employez l'aiguille de Reverdin, traversez l'une des lèvres de dehors en dedans, l'autre de dedans en dehors. Le fil, glissé dans le chas par un aide, est passé dans les lèvres en retirant l'aiguille. — Passez de même les autres.

Dans la *suture en anses*, les points sont séparés les uns des autres comme dans la précédente, mais chacun des fils est passé deux fois dans les lèvres de la plaie. — Après avoir traversé successivement les deux lèvres, l'aiguille est

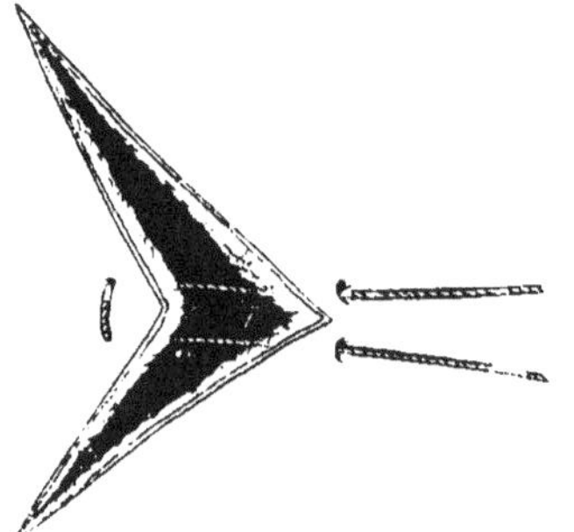

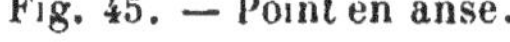

Fig. 45. — Point en anse.

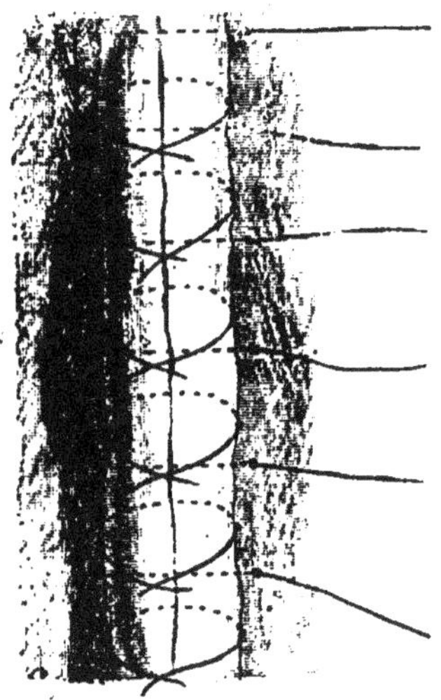

Fig. 46. — Suture entrecoupée et suture en anses.

réintroduite dans la seconde, de dehors en dedans, à 8-10 millimètres de son point de sortie, puis elle retraverse la première de dedans en dehors. Employée seule, cette suture est excellente dans nombre de cas où l'on veut affronter étroitement par leur couche profonde les lèvres des plaies cutanées. Pour les plaies angulaires dont les bords doivent être réunis par des points séparés, il est bon de commencer en fixant solidement le sommet de l'angle par un point en anse (*fig.* 45).

Afin d'obtenir plus sûrement la réunion adhésive, on peut

associer la suture à points séparés et la suture en anses (*fig.* 46).

### II. — Suture à points continus.

D'une exécution facile et plus rapide que la précédente, elle convient pour la réunion des plaies des tissus profonds ou des plaies viscérales, quand le fil doit être abandonné et résorbé (sutures perdues), et dans les cas où il est avantageux d'éviter les nœuds multiples qui entravent la cicatrisation ou favorisent l'infection. Elle est moins avantageuse pour la plupart des traumas exposés : si le fil se rupture ou doit être coupé, ou encore si l'une de ses

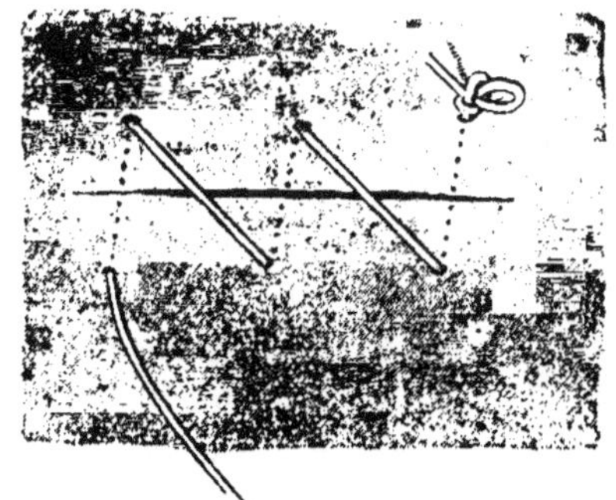

Fig. 47. — Suture à surjet ou à points continus.

extrémités perd sa fixité, tous les points se relâchent et la plaie s'entr'ouvre.

Aiguille courbe ordinaire, ciseaux, pince. — Fil de chanvre ou de soie.

Technique. — Passez dans le chas de l'aiguille un fil assez long pour faire la suture et terminé par un nœud à rosette. — Traversez les lèvres un peu obliquement à l'une des extrémités de la plaie, la première de dehors en dedans, l'autre de dedans en dehors ; implantez de nouveau l'aiguille dans la première lèvre, à la même distance du bord libre que pour le premier point et à environ 1 centimètre de celui-ci ; faites-la sortir sur la lèvre opposée en parcourant un trajet oblique parallèle au premier. Continuez ainsi jusqu'à l'autre extrémité de la plaie. Arrêtez le fil par un nœud à rosette.

### III. — Suture à fil double ou du cordonnier.

Réalisant une forte constriction, elle est pratiquée surtout pour déterminer la mortification des tissus étreints, en particulier dans le cas de hernie ombilicale pour détruire le sac.

Deux aiguilles ordinaires droites ou courbes. Long fil de soie ou de chanvre dont chaque extrémité est passée dans le chas de l'une des aiguilles.

Technique. — Soulevez avec les doigts le lambeau de peau à détruire, faites-là un pli sur la base duquel vous appliquez une pince *ad hoc* ou que vous faites maintenir par un aide. Traversez la base du pli à 1 centimètre de son extrémité avec l'une des aiguilles, puis passez l'autre en sens contraire dans le même trou, et tirez-les de façon que la partie moyenne du fil forme une anse sur l'extrémité du pli. Ce premier point bien serré, faites les autres de la même manière, espacés tous régulièrement de 1 centimètre. Arrivé à l'autre extrémité du pli, croisez les fils et terminez par un nœud droit.

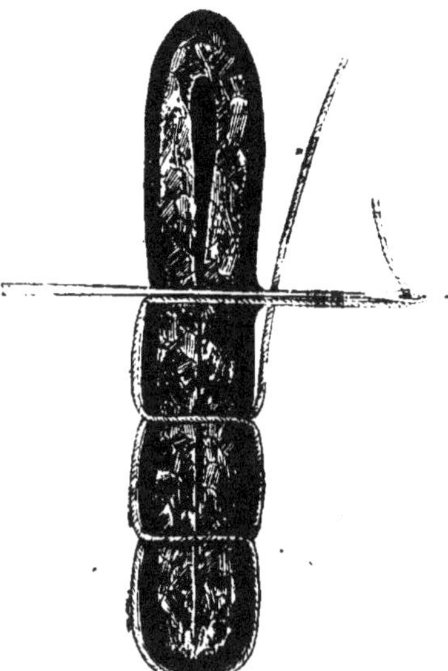

Fig. 48. — Suture de Vachetta.

### IV. — Suture de Vachetta.

Simple modification de la précédente, elle a sur celle-ci le double avantage d'être d'une exécution plus facile et d'exposer moins à l'atteinte des doigts.

Aiguille à manche avec pointe lancéolée creusée d'un chas. — Fil de soie ou de chanvre.

Technique. — Faites un pli à la peau. Introduisez un chef

du fil dans le chas de l'aiguille, puis, avec la lame de celle-ci, traversez la base du pli et sortez le fil. Passez l'autre bout dans le chas et retirez l'instrument. En exerçant une égale traction sur les deux chefs, la partie moyenne du fil vient s'appliquer sur l'extrémité du pli : — le premier point est fait. — Passez les autres de la même manière, à des intervalles d'environ 1 centimètre. — Terminez en croisant les. chefs et en les arrêtant par un nœud droit.

### V. — Suture entortillée.

Épingles d'acier longues et à tête plate, ciseaux, pince. — Fil de chanvre ou de soie.

Technique. — Les lèvres affrontées, traversez-les perpendiculairement à la plaie, à environ 3 millimètres des bords,

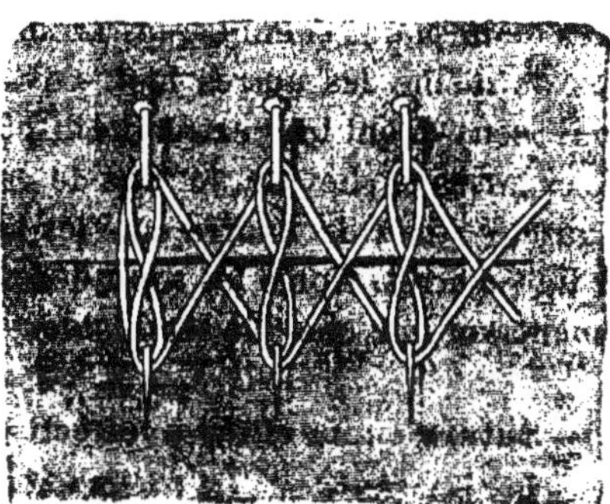

Fig. 49. — Suture entortillée à points réunis.

avec une épingle, — la première lèvre de dehors en dedans, l'autre de dedans en dehors. Passez de même les autres épingles à des intervalles d'environ 1 centimètre.

Engagez une anse de fil sous les deux bouts de la première épingle, ramenez les chefs l'un vers l'autre et croisez-les par-dessus la plaie ; passez-les de nouveau sous l'épingle, de manière à former un **8** ; répétez cette manœuvre une ou deux fois, puis réunissez les chefs par un nœud droit ou une rosette.

Appliquez une ligature semblable sur toutes les épingles. Coupez ensuite la pointe de celles-ci.

La suture entortillée est le plus souvent faite avec un seul fil croisé en **8** sur chaque épingle, comme il vient d'être dit, croisé en **X** dans les intervalles, et qui relie ainsi entre elles toutes les épingles passées dans les lèvres de la plaie (*fig.* 49).

### VI. — Suture enchevillée.

Employée seule ou associée à la suture à points séparés, elle convient pour rapprocher les bords des plaies larges avec perte de substance, surtout lorsqu'elles existent en des régions où il est difficile d'appliquer d'autres moyens contentifs.

Aiguille courbe ordinaire à large chas, ciseaux, pince. — Fils de chanvre ou de soie ; chevilles de bois, tubes de caoutchouc ou petits cylindres de gaze roulée.

TECHNIQUE. — Avec l'aiguille munie d'un *fil double*, traversez les lèvres de la plaie, comme dans la suture à points séparés. Passez de même les autres fils. — Sur l'une des lèvres de la plaie, ceux-ci ont leur extrémité disposée en anse. Engagez dans ces anses la cheville, le tube de caoutchouc ou le rouleau de gaze, et tirez de l'autre côté les fils pour fixer cette première tige d'arrêt. Après les avoir dédoublés, nouez-es successivement sur une cheville semblable.

### VII. — Suture enchevillée avec éclisses.

Elle convient pour les plaies profondes consécutives à l'ablation des tumeurs, et pour les plaies accidentelles avec large décollement de la peau.

Aiguilles longues et courbes à large chas, ciseaux, pince. — Fils, drain, chevilles, gaze, ouate, éclisses.

TECHNIQUE. — Réunissez les lèvres de la plaie par des points séparés, ayant soin de prendre assez de peau pour accoler, au voisinage des bords, le tégument par sa face profonde, de manière à former une crête haute d'environ 1 centimètre (*fig.* 50). Fixez un drain à l'angle inférieur de la plaie. — Au niveau des limites de celles-ci, passez assez profondément, perpendiculairement à la couture, trois fils doubles et faites une suture enchevillée. Recouvrez d'une couche de gaze, puis de lames d'ouate, la surface comprise entre les chevilles, et comprimez ce pansement au moyen d'éclisses dont les extrémités sont engagées sous les chevilles. La peau est ainsi

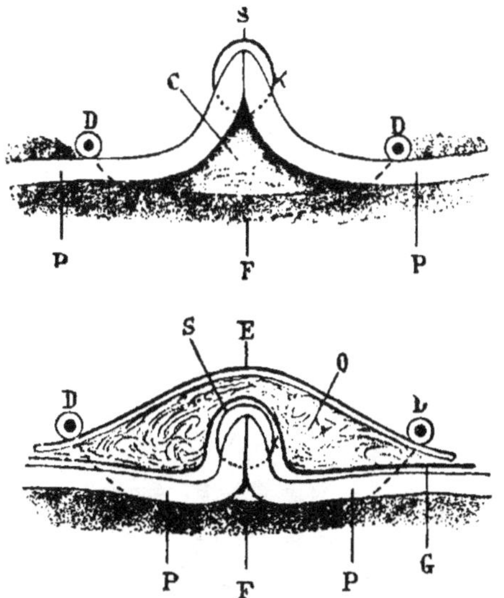


Fig. 50 et 51. — Suture enchevillée avec éclisses. (Bayer.)

S, suture ; C, cavité ou foyer traumatique ; F, fil profond ; D, D, chevilles ou tubes de caoutchouc ; G, gaze ; O, ouate ; P, P, peau ; E, éclisse.

exactement appliquée sur les tissus sous-cutanés ; il n'y a pas d'espace mort (*fig.* 51).

### VIII. — Suture à bourdonnets.

Elle est avantageuse comme moyen de compression hémostatique et pour certaines plaies profondes traitées par le tamponnement, lorsque l'on en veut surveiller la cicatrisation en renouvelant le pansement à des intervalles variables.

a. *Premier procédé.* — Ciseaux, aiguille courbe, pince. — Fils dont une extrémité porte soit une boulette d'ouate, soit un petit rouleau de ba**r**de ou de gaze (capiton).

Technique. — Avec l'aiguille munie d'un fil, traversez de dehors en dedans l'une des lèvres de la plaie, à 1 centimètre de son bord libre ; tirez le fil jusqu'à ce que le capiton vienne s'appliquer sur la peau. Passez un autre fil de la même manière, à l'endroit correspondant de la seconde lèvre. Préparez ainsi un certain nombre de points. — Réunissez ensuite par un nœud à rosette les fils qui se correspondent.

b. *Deuxième procédé.* — Ciseaux, aiguille à lance ou à bourdonnets. — Bourdonnets de 15-20 centimètres coupés obliquement à une extrémité, portant à l'autre un nœud en capiton.

Technique. — Avec l'aiguille, traversez de dedans en dehors

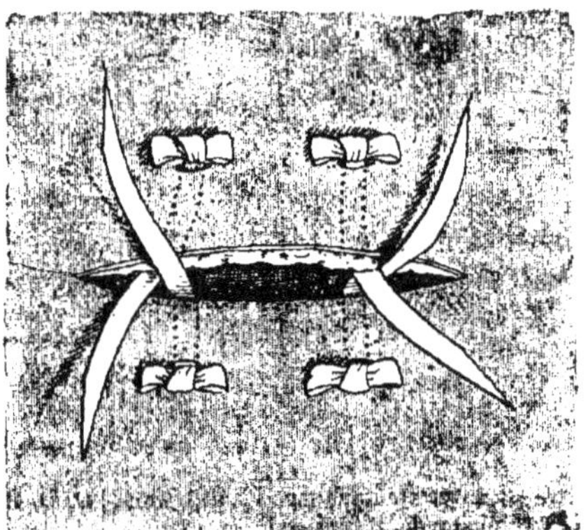

Fig. 52. — Suture à bourdonnets.

l'une des lèvres de la plaie ; engagez dans le chas l'extrémité d'un bourdonnet et placez celui-ci en retirant l'instrument. Passez de même un bourdonnet dans l'autre lèvre, en un point correspondant au premier. Disposez-en ainsi quatre, six ou huit (*fig.* 52). — Réunissez-les deux à deux sur un fort rouleau de gaze, par des nœuds à rosette, en serrant ferme.

### IX. — Suture par agrafage métallique.

Elle n'est guère employée que pour les plaies aseptiques dont on veut obtenir la réunion adhésive. Le tégument des bords a été rasé et aseptisé. La pince et les agrafes sont stérilisées par l'immersion dans l'eau bouillante. — Quelques-uns ferment les plaies de saignée par l'application d'une agrafe.

*Instruments.* — Agrafes et pinces de Michel ou de Bayer, pinces à dents de souris.

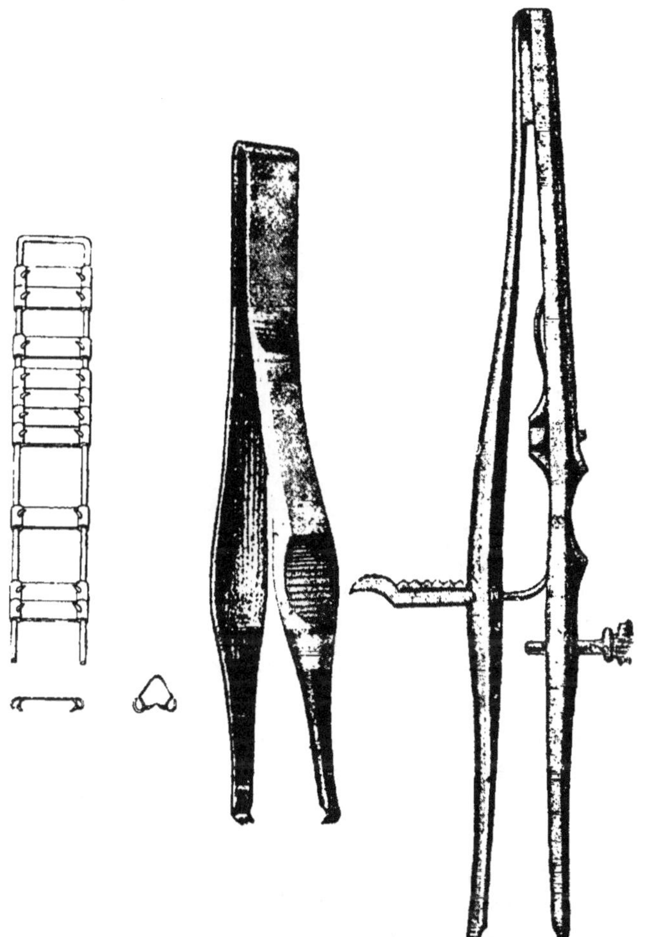

Fig. 53. — Pince et agrafes de Michel.

Fig. 54. — Pince de Bayer.

Technique. — Avec des pinces ordinaires ou avec les doigts, un aide affronte aussi exactement que possible les lèvres de la plaie en les adossant légèrement. — Tenez de la main gauche le réservoir — la broche métallique sur laquelle sont enfilées les agrafes. Avec la pince spéciale manœuvrée de la main droite, saisissez la première agrafe par ses bords arrondis, enlevez-la de la broche, placez-la à cheval sur la ligne d'affrontement, et, par une pression modérée, coudez-la en son milieu : les deux petites pointes dont elle est garnie à

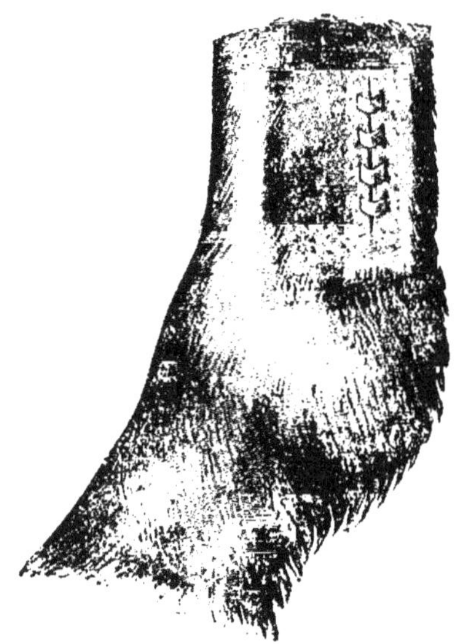

Fig. 55. — Agrafage d'une plaie de névrotomie.

ses extrémités entrent dans la peau et maintiennent l'affrontement si la résistance de l'anse métallique est suffisante. Appliquez ainsi un certain nombre d'agrafes, en laissant entre elles a peu près le même intervalle qu'entre les fils de la suture à points séparés.

Pour le cheval, on emploiera de préférence la pince et les agrafes de Bayer, plus fortes que celles de Michel.

Lorsque vous voulez enlever ces serres-fines ou une partie d'entre elles, servez-vous de deux pinces à dents de souris avec lesquelles vous exercez des tractions en sens contraire sur les parties recourbées de l'anse.

*
* *

Pour la réunion des plaies superficielles, on emploie quelquefois les agglutinatifs : — le *collodion*, produit obtenu en faisant dissoudre du fulmicoton dans un mélange d'éther et d'alcool (fulmicoton, 5 gr.; éther, 75 gr.; alcool à 95°, 20 gr.), que l'on applique au moyen d'un pinceau et qui laisse un enduit imperméable; — la *traumaticine* (gutta-percha, 10 gr.; chloroforme, 90 gr.), utilisée comme le collodion et qui donne par dessiccation une pellicule brune assez résistante; — le *taffetas d'Angleterre*, préparé en étalant sur du taffetas un mélange adhésif (colle de poisson, 50 gr.; eau, 400 gr.; alcool à 60°, 400 gr.), et appliqué en bandelettes sur la plaie.

## XVII. — Pansements.

Les *pansements* consistent en l'application méthodique, sur des lésions très diverses, le plus souvent sur des traumas opératoires ou accidentels, de topiques médicamenteux et de compresses ou d'autres matériaux que l'on assujettit avec des bandes ou des pièces de linge.

Ils favorisent la cicatrisation des traumas accidentels, et si l'action bien dirigée des instruments est le facteur primordial du succès dans les interventions opératoires, des pansements consécutifs exécutés avec soin l'assurent, le rendent plus rapide et plus complet.

Ils sont dits *aseptiques* lorsqu'on les confectionne avec des matériaux stérilisés; — *antiseptiques*, quand on adjoint à ces matériaux des agents chimiques bactéricides; — *secs*, lorsque les matières du pansement ne sont imprégnées d'aucun liquide; — *humides*, quand elles sont imbibées d'eau stérilisée ou d'une solution antiseptique, soit au moment de leur application, soit après.

La plupart des pansements appliqués sur les plaies doivent satisfaire à trois conditions : — 1° recouvrir et protéger la blessure; — 2° être hémostatiques par la compression exercée sur les vaisseaux ouverts, s'opposer ainsi à la formation de caillots qui retardent la cicatrisation et favorisent l'infection; — 3° être absorbants ou facilement pénétrés de dedans en dehors par les sécrétions de la plaie. Accessoirement, ils peuvent rapprocher les lèvres du trauma, entraver le bourgeonnement excessif, et par là favoriser la régulière cicatrisation. — Parfois encore leur rôle est d'immobiliser les parties d'un organe divisé, ou de contenir des viscères qui tendent à se déplacer (hernies) ; mais les appareils appliqués dans ces cas sont des bandages plutôt que des pansements.

Nombreux sont les matériaux pouvant entrer dans la confection des pansements. Énumérons les principaux :

La gaze *aseptique* ou *antiseptique* (gaze iodoformée, salolée, sublimée,...), utilisée comme première couche du pansement, mais, en raison de son prix, réservée d'ordinaire pour les plaies récentes et graves; —l'*ouate hydrophile*, qui, pour la même raison, est employée seulement dans certains cas, sauf chez les petits animaux; — l'*ouate de tourbe*, moins chère que la précédente, et dont l'usage mérite d'être recommandé; — l'*étoupe*, appliquée en « plumasseaux » ovalaires ou arrondis, de toutes dimensions; — la *charpie*, obtenue en effilochant des morceaux de linge à demi usés, matière molle, spongieuse, très absorbante; — la *toile* hors d'usage, souple et assez absorbante, employée avec avantage sous forme de compresses, surtout pour la confection des pansements humides. L'adjonction de membranes imperméables — taffetas gommé ou gutta-percha — est parfois utile.

Les matériaux de pansement destinés à être appliqués immédiatement sur les plaies doivent être légers, élastiques, doués d'une suffisante puissance d'absorption. On éliminera ceux qui sont malpropres ou avariés, et ceux dont la composition intime n'est pas homogène ou qui renferment des corps étrangers durs, vulnérants. Même dans les cas urgents, quand on doit appliquer un pansement d'attente, autant que possible on n'utilisera que des matériaux exempts de souillure ou purifiés soit par la chaleur sèche, soit par l'immersion dans l'eau bouillante.

Certains pansements sont précédés de l'application de *mèches* (sétons de filasse) ou de *drains fenêtrés*. Sauf dans le cas d'emmaillotement du pied, ceux de la région plantaire exigent l'emploi d'une plaque de fer, de cuir, ou d'éclisses destinées à maintenir les matières du pansement. (V. *Clou de rue*.)

Si l'on veut appliquer un pansement antiseptique, on a le choix entre un grand nombre d'agents plus ou moins bactéricides. (V. *Antisepsie*.)

Les bandes sont des pièces de linge étroites et longues, destinées à maintenir les divers composants des pansements. Il en existe aujourd'hui de nombreuses variétés dont les principales sont : — la *bande de toile forte*, employée surtout quand on doit faire de la compression; les *bandes de tissu de coton, de tarlatane, de gaze* ; la *bande de crêpe Velpeau*, formée d'un tissu de laine et de coton, souple et élastique, mais peu usitée à cause de son prix; les *bandes de flanelle*, également souples et élastiques, mais aussi plus chères que les premières; de même les *bandes de caoutchouc*, qui, d'ailleurs, sont peu employées. — Le commerce fournit des bandes amidonnées ou dextrinées qui permettent de faire rapidement des pansements propres, solides, dont l'usage se répand de plus en plus. — On peut toujours facilement tailler des bandes dans des pièces de linge dont le tissu est en fil de chanvre, de lin ou de coton.

Les bandes sont de longueur variable et larges de deux à trois travers de doigt; on en désigne les extrémités sous le nom de *chefs* ; la partie comprise entre ceux-ci est dite le *plein de la bande*. Elles doivent être roulées, préparées de façon à former un ou deux cylindres serrés: elles sont roulées à *un globe* ou à *deux globes*. Ce dernier mode est à peu près abandonné.

En général, la bande est employée sèche; mouillée, elle exerce une compression plus forte; mais on n'humecte guère que les bandes spéciales amidonnées ou dextrinées.

L'art d'appliquer les pansements et les bandages ne saurait s'apprendre dans les livres; c'est par la pratique que l'on arrive à les effectuer comme il convient, à les rendre solides sans être douloureux, à les varier suivant la disposition des parties à recouvrir.

Avant de procéder à l'exécution d'un pansement, il va de soi que l'on doit préparer d'abord les instruments, objets et agents thérapeutiques dont on se propose de faire usage: — ciseaux droits et courbes, pinces à dents de souris et à forcipressure dans le cas où l'on aurait à rechercher un corps étranger, sonde cannelée, seringue à injections; — gaze, ouate, étoupe, bande; — eau bouillie, solution antiseptique ou médicament choisi comme topique.

Pour les sujets des grandes espèces, presque toujours on opère sur l'animal debout. S'il s'agit d'un cheval très irritable, il est prudent de faire tenir levé un membre antérieur ou postérieur pour se mettre à l'abri de toute réaction dangereuse. Lorsque la région vulnérée occupe un membre, il peut être avantageux de faire porter celui-ci sur un billot, un tabouret, ou de le contenir avec la plate-longe. Au besoin, on usera du tord-nez. Les animaux méchants ou rendus agressifs par la souffrance seront assujettis dans un travail ou entravés. Il est exceptionnel que l'on doive recourir à la contention décubitale. — Les sujets des petites espèces sont d'ordinaire tenus debout ou couchés sur une table.

*Application des pansements.* — L'application du pansement doit être précédée de l'hémostase aussi complète que possible et d'un nettoyage soigné de la plaie. Il importe d'éviter l'accumulation, dans celle-ci, de sang, d'exsudats, de fragments de tissu détachés ou nécrosés, — autant de milieux de culture très propices au développement des germes pathogènes.

Lorsqu'il s'agit d'un trauma grave, recouvrez-le de plusieurs couches de gaze stérilisée qui le débordent légèrement de tous côtés. Par-dessus la gaze, disposez une première couche d'ouate, puis une seconde plus large, au besoin une troisième plus étendue encore, ou des compresses, des plumasseaux d'étoupe étirés au préalable, — ouate, compresses ou étoupe formant une épaisseur de plusieurs centimètres et qu'un aide doit maintenir au fur et à mesure qu'on les place. — Si l'ouate ou l'étoupe était appliquée immédiatement sur les tissus vulnérés, lorsqu'on lèverait le pansement sa couche profonde adhérerait à ceux-ci; malgré les affusions chaudes faites pour la détacher, on pourrait déchirer des granulations et provoquer une hémorragie en nappe qui nuirait à la cicatrisation. — Sur les membres, la dernière couche du pansement doit envelopper toute la région blessée, afin d'éviter les accidents de compression (œdème de l'extrémité, gangrène locale).

Ces matériaux sont fixés par des bandes (pansement roulé) ou des lames de toile. — Si vous employez la bande, saisissez le rouleau ou globe de la main droite, entre le pouce et le médius, déroulez-en la largeur nécessaire pour faire le tour du pansement; fixez-en l'extrémité avec les doigts de la main gauche en un point de celui-ci, d'ordinaire sur sa partie inférieure, et faites un premier tour; passez-en ensuite deux ou trois sur le chef pour l'assujettir, en développant lentement le cylindre que la main gauche saisit lorsqu'il arrive vers le point de départ et que la droite reprend pour faire le tour suivant. L'action des deux mains doit être combinée de manière que le cylindre se déroule sur son axe et que le pansement se recouvre sans secousse. Continuez en avançant peu à peu, par des doloires, la bande tendue et exerçant une constriction uniforme, chaque tour recouvrant les deux tiers environ de la largeur de celui qui le précède. — En certaines régions, sur le boulet et le paturon, par exemple, il est avantageux d'associer aux circulaires et aux doloires, des tours croisés en **8** (*fig.* 56). — Lorsque le pan-

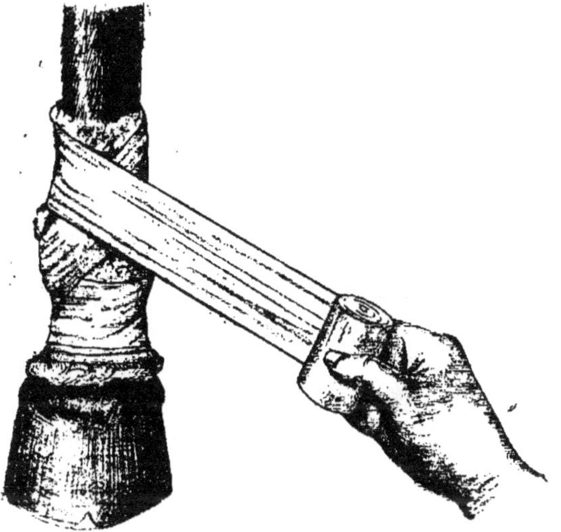

Fig. 56. — Pansement de boulet.

sement est appliqué sur un segment conique du membre ou qu'il a lui-même une forme conique ou hémisphérique, les tours de la spire ne s'y adapteront pas exactement : il y aura des *godets*. Obviez à cet inconvénient en faisant des *renversés* : tenant le cylindre de bande près de la partie blessée, placez le pouce ou l'index gauches sur le bord supérieur du jet que vous voulez interrompre et retournez brusquement la bande, de telle sorte que sa face externe devienne interne, et son bord supérieur, inférieur (*fig.* 56). Si le doigt indicateur gauche sert à fixer le point où doit commencer le pli, le pouce correspondant dirige celui-ci, et, quand il est terminé, l'aplatit en passant sur lui. — Répétez cette manœuvre sur

Fig. 57. — Manière de faire les renversés. Le pouce gauche fixe la portion déroulée de la bande ; la main droite retourne celle-ci.

un certain nombre de tours et sur une même ligne pour tous.

Vous pouvez aussi disposer le premier tour de bande vers le milieu du pansement, le fixer par deux autres passés au même point, puis l'assujettir par quelques tours appliqués sur ses parties supérieure et inférieure, ensuite l'achever par des doloires passés régulièrement de bas en haut. — Au lieu de fixer le chef comme il a été dit, on peut charger un aide de le tenir, ou encore soit nouer, soit simplement croiser la bande après le premier tour, et en confier le chef à l'aide.

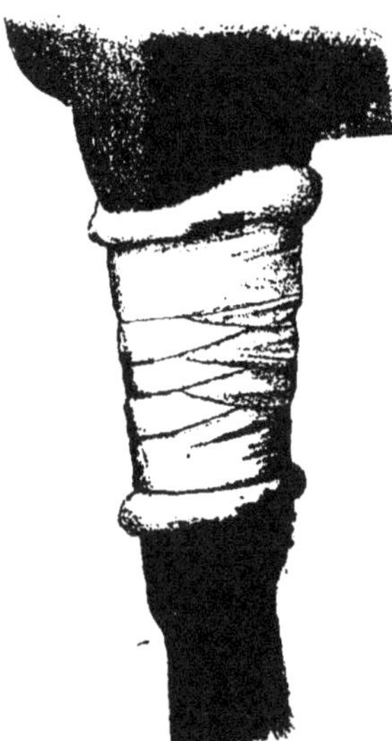

Fig. 58. — Pansement d'avant-bras.

Le pansement terminé, arrêtez la bande en la fixant par une épingle de sûreté qui réunit le dernier tour aux précédents, — en cousant celui-là à ceux-ci ; — en nouant ensemble les deux chefs ; — ou encore, après avoir divisé dans le sens de sa longueur le chef mobile, en réunissant les deux lambeaux par un nœud droit.

Sur les bords du pansement, l'ouate ou l'étoupe doit dépasser de 1 à 2 centimètres les tours de bande extrêmes ; si cette garniture est trop large, rentrez-en une partie avec les ciseaux courbes.

Toutes les pièces de l'appareil doivent être disposées de manière à ne faire aucun pli douloureux, à n'exercer sur les tissus ni gène, ni constriction ou étranglement. On s'assurera que les couches d'ouate ou d'étoupe ne sont ni trop lâches, ni compressives à l'excès. Il est toujours nécessaire que les tours de bande maintiennent assez le pansement pour que les mouvements du blessé ne le déplacent point ; mais la constriction qu'ils exercent ne doit pas déterminer de vives souffrances, ni surtout arrêter le cours du sang. Un pli trop dur, un plumasseau mal placé, un tour de bande trop serré, peuvent provoquer de la douleur, irriter les tissus, nuire à la cicatrisation. Et non seulement les pansements trop serrés causent des souffrances qui incitent les animaux à s'en débarrasser, mais ils produisent facilement de la gangrène cutanée par ischémie ; appliqués plus ou moins haut sur les membres, sur la queue, ils entravent la circulation de retour et entraînent parfois le sphacèle de l'extrémité.

Lorsque le pansement doit être peu compressif ou lorsque son but est simplement de protéger des plaies de la tête, du tronc, de certaines régions des membres, pour en fixer les pièces, souvent on substitue à la bande des *lames de toile*. C'est ainsi que l'on procède communément pour les *pansements du genou, du jarret, de la queue*. On prend une lame de toile assez large pour envelopper la partie blessée, et on la dispose sur les couches d'ouate ou d'étoupe de telle sorte que son milieu corresponde à la plaie. Sur ses bords qui doivent être réunis, la toile est déchirée en bandelettes larges de 2-3 centimètres, lesquelles sont nouées deux à deux (*fig.* 59 et 60). — Pour les *pansements de la tête*, on dégage les organes sains (yeux, oreilles) en échancrant la toile à leur niveau, en y faisant avec les ciseaux des ouvertures de dimensions appropriées, on noue de préférence les bandelettes au niveau de la région sous-glossienne. Dans quelques cas, il est avantageux de plier la toile à la façon d'un foulard, d'en placer la partie moyenne sur les lames d'ouate ou les compresses et d'en nouer les extrémités sur l'encolure ou le chanfrein, après les avoir croisées sous la ganache à la façon de la *cravate de Mayor*. — Pour les *pansements du tronc*, suivant

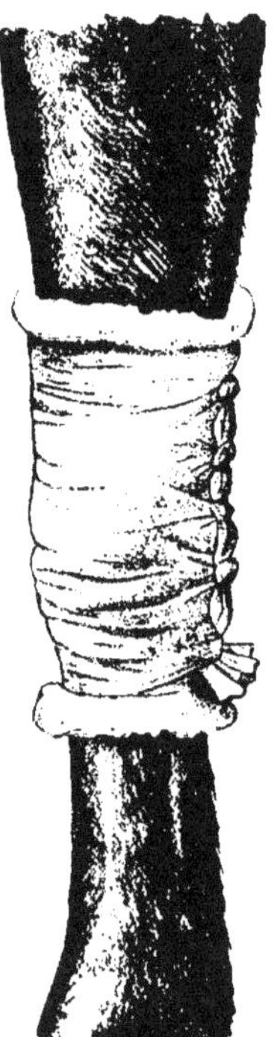

Fig. 59. — Pansement de genou.

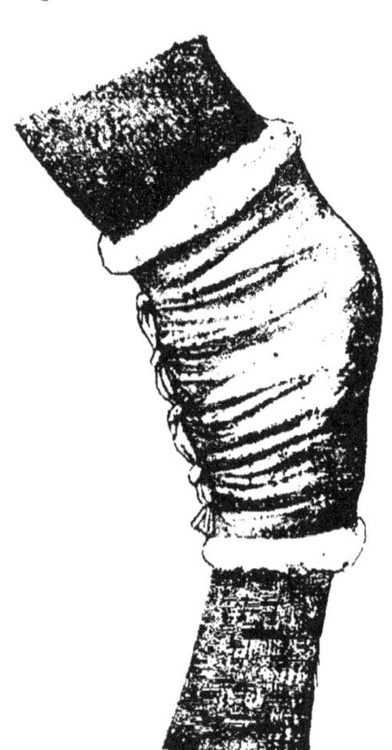

Fig. 60. — Pansement de jarret.

la région à recouvrir, on découpe dans de la toile solide une pièce carrée, rectangulaire ou triangulaire, sur chacun des angles de laquelle on noue ou l'on fixe solidement une longue bande. On en applique la partie moyenne sur les lames d'ouate, et on l'assujettit en réunissant sur la ligne dorso-lombaire ou sterno-abdominale les bandes qui se correspondent.

Encore que les appareils de ce genre laissent souvent à désirer au point de vue de leur fixité, ils rendent de réels services. On peut d'ailleurs, pour assurer davantage cette fixité, attacher au licol ceux de la tête ; à la bricole et au surfaix, ceux de l'encolure, des parties antérieures du tronc et des sections supérieures des membres de devant ; à la croupière, ceux des régions postérieures du tronc, de la queue et des parties supérieures des membres de derrière.

L'emploi de la ficelle ou cordelette est réservé pour l'emmaillotement du pied et les pansements humides appliqués sur les régions inférieures des membres. Le pied enveloppé d'une épaisse couche d'étoupe et garni d'une tresse de paille simple ou en croix, on assujettit d'abord les extrémités de celle-ci avec la partie moyenne de la ficelle par deux ou trois tours serrés sur le paturon, puis par plusieurs autres passés sur le pied, à des intervalles variables, en croisant ou en nouant les chefs sur la tresse ; on termine en arrêtant ceux-ci par un nœud droit.

Les pansements spéciaux nécessités par les *opérations de pied* seront décrits aux articles consacrés à ces dernières.

Le *pansement simple au collodion* est employé pour certaines plaies opératoires aseptiques. La suture achevée et l'hémorragie arrêtée, on répand dans toute l'étendue du trauma, et la débordant légèrement, une couche de collodion aseptique ou antiseptique sur laquelle on étale une mince lame d'ouate qui adhère bientôt au tégument.

Aux *plaies suppurantes* qui ont nécessité des contre-ouvertures, ainsi que dans certains trajets fistuleux, souvent on place des mèches de chanvre ou des drains de caoutchouc pour faciliter l'écoulement du pus. Parfois on imprègne les premières d'un liquide irritant (teinture d'iode ou essence de térébenthine). — On engage la mèche ou le drain dans la fistule, en se servant d'une sonde métallique munie d'un chas dans lequel est passée l'une des extrémités de la mèche, ou une ficelle qui réunit la sonde au drain. On fixe la mèche en arrêtant ses extrémités par une rosette ou un nœud droit, et le drain par un point de suture ou une petite tige métallique qui en traverse le bout supérieur.

Chez les sujets des petites espèces, la technique des pansements ne diffère pas essentiellement de celle qui vient d'être exposée et ne comporte que de brèves remarques.

Pour le chien et le chat, on emploie largement la gaze et l'ouate. Dans les *pansements des membres*, l'ouate est fixée de préférence avec la tarlatane amidonnée. En cas de blessures de l'avant-bras et de la jambe, le pansement sera étendu à toute la partie libre du membre, afin d'éviter les accidents de compression et la gangrène de l'extrémité. Le membre entouré d'ouate, la bande est d'ordinaire simplement enroulée en spirale, de bas en haut, à la manière habituelle. — Parfois on applique d'abord deux bouts de bande dans le sens du membre : l'un sur les faces antérieure et postérieure, l'autre sur les faces interne et externe, la partie moyenne de chacun d'eux recouvrant l'extrémité des doigts. — Les *pansements de la queue* se font de la même manière, mais ils se déplacent facilement en raison de la mobilité, de l'incessante agitation de l'organe, — quand l'animal n'y porte pas la dent. Aussi convient-il de les protéger par une gaine ou fourreau de cuir dont la partie antérieure est reliée au collier.

Pour les *pansements du tronc*, on fixe généralement l'ouate par une bande de tissu souple et un peu élastique (bande de Velpeau), ou au moyen d'une lame de toile découpée assez large pour envelopper tout le tronc, et dans laquelle on a pratiqué quatre ouvertures pour les membres : une fois placée et ses bords latéraux rapprochés sur la région dorso-lombaire, on les fixe avec des épingles de sûreté ou l'on y taille des bandelettes que l'on réunit deux à deux. — Sur la poitrine, l'ouate peut être assujettie au moyen d'une serviette pliée en diagonale, dont les chefs sont d'abord réunis sur le dos par une épingle de sûreté, puis ramenés en avant et arrêtés sur la base du cou (fig. 248). — Ces deux derniers pansements sont solides et très stables, malgré les mouvements auxquels peuvent se livrer les patients.

On prendra les précautions requises pour que le blessé n'enlève pas son pansement. S'il y a lieu, le cheval sera attaché au râtelier ou muni soit d'un collier de bois, soit d'un bâton à surfaix, — et le chien sera muselé dans l'intervalle des repas.

*Renouvellement des pansements.* — La question de la fréquence ou de la rareté des pansements ne saurait être résolue d'une manière générale, en raison même de la diversité des traumas sur lesquels on les applique. Pour les plaies étendues, récentes, à sécrétions abondantes, il peut être nécessaire de les renouveler quotidiennement; pour d'autres, il suffit de les changer tous les deux ou trois jours; pour d'autres encore, une fois par semaine seulement; et lorsque le pansement reste sec, la douleur modérée, l'état général excellent, il est plus souvent utile d'allonger ces termes que de les raccourcir.

Les pansements trop fréquents exposent à d'inutiles irritations des bourgeons charnus, à leur blessure, à de petites hémorragies, et retardent la cicatrisation. En hiver et durant les saisons tempérées, on peut laisser le pansement à demeure plus longtemps que pendant les temps chauds. Il est absolument inutile de le changer pour contrôler l'état de la plaie, si le blessé ne souffre pas, si la température ne dépasse la normale que de quelques dixièmes de degré, si l'appareil n'est ni décollé, ni traversé.

Les conditions qui en exigent le renouvellement sont réalisées : — quand le pansement, souillé de sérosité ou de pus, traversé ou décollé par les liquides, ne joue plus son rôle absorbant et protecteur; — lorsque la température du blessé indique un danger d'infection ou une complication locale; — si la plaie est le siège de douleurs vives, lancinantes, ou si l'on voit apparaître des signes de lymphangite.

Il convient d'y procéder méthodiquement, après avoir préparé les matériaux nécessaires à la confection du nouveau pansement. — La bande ou la toile fixatrice coupée ou enlevée, la première roulée en pelote si elle doit resservir, détachez successivement les différentes pièces de l'appareil, en procédant avec douceur lorsque vous arrivez aux couches profondes. Évitez les tiraillements, humectez ce qui est raide et dur, coupez avec les ciseaux ce qui se détache difficilement;

imbibez d'eau bouillie tiède les lames de gaze ou d'ouate appliquées directement sur la plaie, afin de ramollir les exsudats desséchés. — Si la plaie nettoyée est d'aspect blafard, il convient de la toucher avec un tampon imbibé de teinture d'iode; si elle est recouverte de bourgeons exubérants et mous, cautérisez ceux-ci avec le nitrate d'argent ou l'alun calciné. — Appliquez ensuite le nouveau pansement.

## XVIII. — Bandages.

D'un usage fréquent et répondant à des indications diverses, les *bandages* consistent en l'application sur une région quelconque du corps, soit de pièces de linge, de bandes sèches ou imbibées d'une substance solidifiante, soit d'abord d'étoupe ou d'ouate et quelquefois d'attelles fixées par les premières. Ils ont généralement pour but l'immobilisation de parties qui tendent à se déplacer, le plus souvent les abouts d'un rayon fracturé ou un os luxé. Nous laisserons de côté les appareils mécaniques spéciaux qui servent à la contention des hernies. Il ne sera question ici que des bandages proprement dits, et seulement des principaux ou des plus avantageux.

Beaucoup sont désignés par les noms des auteurs qui les ont imaginés; d'autres ont reçu des dénominations particulières dérivées de la partie sur laquelle ils sont appliqués, de leur forme ou de la manière dont la bande fixatrice est disposée à leur surface. C'est ainsi que le bandage est dit *circulaire* si les tours de bande se recouvrent exactement; — *rampant* ou *en spirale*, quand ils décrivent autour de la partie lésée une spire ascendante ou descendante; — *en doloire*, lorsque les tours formant la spirale se recouvrent régulièrement dans une portion de leur largeur qui peut varier du tiers aux deux tiers de celle-ci.

On les divise en deux grands groupes : 1° les *bandages amovibles*, formés de pièces sèches ou non réunies par une substance agglutinative et que l'on renouvelle d'ordinaire fréquemment, parfois tous les jours; 2° les *bandages inamovibles* dont les pièces constitutives sont intimement fixées entre elles par une matière solidifiante et laissées longtemps à demeure.

Quelle qu'en soit la variété, en raison même de leur rôle contentif ou immobilisateur, ces appareils doivent satisfaire à deux conditions principales : exercer sur les parties recouvertes une douce compression, sans les vulnérer en aucun point; être étroitement fixés sur elles et assez solides pour ne point céder ou se déplacer sous l'action des mouvements de l'animal.

Les matériaux habituellement employés pour l'édification des bandages sont : l'*étoupe* et la *ouate*, les *attelles* de bois, de treillis, de fer, pour les grands animaux; celles de carton pour les sujets des petites espèces; des *bandes* de toile ou de tarlatane; enfin, s'il s'agit d'un inamovible, une *substance durcissante* (amidon, gomme arabique, silicate de potasse, dextrine, alun en solution alcoolique, poix mélangée à la résine ou à la térébenthine, plâtre, stuc [plâtre et gélatine], tripoli,...). — Pour les petits animaux, on peut encore utiliser les gouttières de gutta-percha, et, pour les oiseaux, des tuyaux de plume d'oie ou une bande de papier d'étain.

En général, le blessé doit être assujetti comme il a été dit à propos des *Pansements*. Même pour les bandages inamovibles des membres, autant que possible on opérera sur l'animal debout. S'il est nécessaire de procéder autrement, on couchera le patient sur le côté sain, et le membre blessé sera porté dans l'extension par un ou plusieurs aides.

## I. — Bandages amovibles.

Généralement appliqués sur les membres, ce sont de simples bandages roulés. La partie blessée est recouverte d'une couche d'ouate ou d'étoupe, sur laquelle on dispose des attelles latérales dont la forme répond à celle de la région, puis la bande est enroulée de bas en haut par des doloires modérément serrés, jusqu'à l'extrémité supérieure de l'appareil, où l'on termine par deux tours circulaires, et l'on arrête le chef en le fixant avec une épingle de sûreté, ou, après l'avoir divisé dans le sens de sa longueur, en nouant les deux languettes.

On peut aussi commencer ce bandage roulé en faisant sur la partie moyenne de l'appareil un ou deux tours circulaires, afin de l'affermir et de fixer le chef, puis descendre par un tour très allongé, jusqu'à la partie inférieure du bandage, ensuite remonter par des doloires vers la partie supérieure.

La bande est habituellement employée sèche, quelquefois mouillée; celle-ci exerce une compression plus forte et plus durable, mais qui peut être excessive et déterminer une gêne de la circulation. Sur les membres, ainsi que la remarque en a été faite déjà au sujet des pansements, afin de conjurer ledit accident et la gangrène, on procédera toujours de l'extrémité vers le tronc. — Si la région à recouvrir est conique ou inégale, saillante en un point, on évitera les *godets* en faisant des *renversés*.

Pour être correct, le bandage ne doit gêner aucune partie, ne faire aucun pli irrégulier et capable de comprimer à l'excès ou de contondre les tissus. On serre d'autant moins les tours de bande que les parties sur lesquelles on les applique sont plus endolories. Les bandages que certains confectionnent après en avoir trempé les diverses parties dans des liquides doivent être tenus plus lâches que si ces pièces étaient sèches, car, à mesure que l'humidité s'évapore, la toile devient raide et exerce sur la peau une pression douloureuse.

Sans négliger que le bandage plaise à l'œil, on attachera plus d'importance à sa solidité, à sa fixité, sans étreinte des tissus recouverts.

## II. — Bandages inamovibles.

Pour la confection de ces appareils chez les animaux des grandes espèces, on emploie des attelles solides, de bois ou de fer, auxquelles on a donné la configuration de la partie à envelopper. Pour les petits sujets, le carton suffit : on le découpe en bandes ayant la forme, la longueur et la largeur du membre blessé.

Le nombre des attelles est ordinairement de deux ; quelquefois on en place trois ou quatre chez les grands animaux. En cas de fracture, ces attelles doivent recouvrir non seulement l'os brisé, mais encore les deux qui lui sont contigus, et chez le chien il est de règle qu'elles se prolongent jusqu'à l'extrémité du membre, afin d'éviter les accidents pouvant résulter de la compression excessive.

La région préparée — peau tondue et lavée — on commence par la recouvrir d'une couche d'étoupe, d'ouate ou d'un tissu souple comblant les vides et formant un épais matelas destiné à protéger le tégument contre la pression que doivent exercer les attelles. Cette première couche est habituellement fixée par une bande ordinaire enroulée de bas en haut. Ensuite on place généralement deux attelles, l'une sur la face interne du membre, l'autre sur la face externe, au besoin une troisième en avant et une quatrième en arrière, — attelles qu'un aide maintient tant qu'elles ne sont pas fixées. Enfin la bande, imprégnée de la matière solidifiable, est appliquée de manière à faire un appareil roulé, ainsi qu'il a été dit pour les pansements, ou un bandage à bandelettes séparées. — Parfois la bande solidifiable est enroulée directement sur la première couche — étoupe ou ouate, — sans faire usage d'éclisses.

Très nombreuses sont les substances solidifiantes employées pour la confection de ces bandages. — On trouve dans le commerce des bandes imprégnées d'*amidon* ou de *dextrine*. Pour les utiliser, il suffit de les humecter ou de les tremper quelques instants dans l'eau tiède. Elles conviennent lorsqu'il n'est pas nécessaire que le bandage soit très solide. — L'empois d'amidon est obtenu en délayant 25 à 30 grammes d'amidon dans un demi-litre d'eau et en faisant bouillir jusqu'à consistance sirupeuse sans cesser d'agiter la préparation. Il se solidifie plus vite lorsqu'on y ajoute quelques grammes d'alun cristallisé. — Les bandages à la *colle*, au *silicate de potasse*, sont d'une exécution très simple. On prépare la première en faisant fondre au bain-marie une certaine quantité de colle de menuisier dans un poids égal d'eau, et la solution silicatée en faisant dissoudre du silicate vitreux dans deux fois son poids d'eau. — On immerge les bandes dans la solution agglutinative, et on les enroule sur les attelles. — Le bandage à la colle durcit vite, mais les appareils silicaté ou amidonné ne sont solides qu'au bout de huit à dix heures.

Avec le *plâtre*, on peut procéder de deux manières. Beaucoup emploient les bandes plâtrées préparées. Enroulées à un globe, ce sont des bandes de tarlatane ou de tissu à larges mailles, larges de trois à quatre travers de doigt, dont les deux faces ont été saupoudrées de plâtre et dans les mailles desquelles on a fait pénétrer celui-ci par frottement. Pour appliquer cette bande, on en déroule un bout que l'on imbibe d'eau à l'aide d'une éponge, et avec lequel on fixe d'abord l'appareil par trois tours passés, l'un vers le milieu de celui-ci, un autre vers le haut, le troisième en bas; puis on dispose la bande régulièrement de bas en haut, en l'humectant à mesure qu'on la déroule et en faisant des doloires avec ou sans renversés. — On peut aussi découper de la bande ou des lambeaux de tarlatane, que l'on trempe dans une bouillie plâtrée préparée à l'avance en se servant de bon plâtre, bien tamisé, non éventé. — Quel qu'en soit le mode d'emploi, le plâtre se solidifie rapidement et le bandage est solide. Il n'a guère d'autre inconvénient que d'être parfois trop compressif, surtout pour les petits animaux.

On opère de la même façon avec le tripoli, qui se prend vite et forme un étui au moins aussi solide que le plâtre.

Les bandages à la *poix* ou au *mélange de poix et de térébenthine* sont réservés pour les fractures des rayons supérieurs des membres et appliqués directement sur la peau. — On prépare généralement la matière solidifiante en faisant fondre jusqu'à consistance sirupeuse de la poix noire, de la poix-résine et de la térébenthine de Venise, dans la proportion de deux parties des premières pour une de l'autre. On découpe avec les ciseaux des bandelettes de toile longues de 10 à 20 centimètres. Pour les placer, on les enduit, sur l'une de leurs faces, du mélange semi-liquide. On en applique une première couche dans la direction du rayon fracturé, et une seconde en sens inverse. — Ce bandage, qui durcit vite, est solide et adhère fortement à la peau. — Lorsqu'il est confectionné avec la poix, celle-ci ayant tendance à fondre sous l'action de la chaleur du corps, on doit faire à sa surface, plusieurs fois par jour, des aspersions d'eau froide.

Quelques-uns emploient de la même manière un mélange de deux parties de *résine* et d'une partie de *cire*

Pour le bandage à la *gutta-percha*, on ramollit dans l'eau tiède des lames de gutta, que l'on dispose sur la région blessée de manière à obtenir deux gouttières bientôt dures et rigides par le refroidissement. La région recouverte d'un pansement ouaté, on place les gouttières et on les soude avec un cautère cultellaire. — La pâte de Piau — mélange de gutta-percha, de camphre, d'encens et d'ouate — s'emploie de la même manière.

Chez les *oiseaux*, pour les fractures des pattes, on peut appliquer des bandages avec de petites attelles ou remplacer celles-ci par une plume d'oie. On choisit un tuyau de la longueur du métatarse et un peu plus gros, on l'incise dans toute sa hauteur et, en écartant ses bords, on le glisse sur l'os fracturé. Le tuyau se referme de lui-même et immobilise les abouts. — Si l'on se sert d'une bande de papier d'étain, on l'enroule sur le rayon fracturé et on la fixe par une ligature.

Les bandages dits *amovo-inamovibles* sont employés dans les cas de fracture ouverte, d'abcès de la région blessée ou encore lorsque celle-ci doit subir de notables variations de volume. Le bandage inamovible peut être rendu amovible par une simple section longitudinale, par deux sections longitudinales et opposées dont l'une est complète, enfin par une double section longitudinale et complète. — On use peu de ces appareils; on leur préfère justement les simples amovibles. — Pour les fractures ouvertes, on associe avantageusement les deux types de bandages: on applique d'abord un inamovible fenêtré au niveau de la plaie, ensuite un amovible pour recouvrir cette dernière, que l'on peut examiner, panser quotidiennement, sans toucher à la partie principale de l'appareil.

Les bandages inamovibles doivent être étroitement surveillés. Une compression exagérée peut amener très vite de graves désordres. — Parfois le premier appareil étant appliqué sur un membre tuméfié, au bout de quelques jours la contention n'est plus suffisante : on doit le renouveler. Le laps de temps pendant lequel il convient de le laisser à demeure n'est fixé par aucune règle absolue : il dépend de la lésion, de l'espèce animale, de l'âge du sujet, de la mobilité de la partie lésée. En général, il est de trois semaines à un mois pour les petits animaux, de six semaines à deux mois pour les sujets des grandes espèces.

L'*ablation* de ces bandages doit être effectuée en prenant certaines précautions. Les appareils à la poix seront détrempés dans l'eau à 45° ou 50° : la poix se ramollit et il est facile de dérouler les bandes. Le même procédé réussit bien pour les bandages à la dextrine ou à l'amidon : on coupe les tours de bande avec les ciseaux ; les attelles et l'étoupe s'enlèvent sans effort. On facilite encore le détachement des bandes poissées par imbibition de celles-ci avec de l'essence de térébenthine. — Les plâtrés sont très résistants ; quelquefois il est nécessaire de les briser au marteau. Les bandes plâtrées sont coupées au sécateur. Le bandage à la gutta est détaché au couteau ou avec le cautère hastile chauffé au rouge.

## XIX. — Autoplastie.

L'autoplastie a pour but d'effacer les pertes de substance opératoires ou accidentelles par la mobilisation de la peau à leur pourtour et l'affrontement des bords cutanés. On y a recours tantôt pour des traumas récents dans lesquels un large îlot de la membrane tégumentaire est détruit, plus fréquemment pour des plaies anciennes qui ont laissé des cicatrices glabres ou chéloïdales.

Les principales indications de l'autoplastie sont : — 1° en toutes régions, mais surtout au niveau des surfaces d'appui des harnais, les pertes de substance intéressant toute l'épaisseur de la peau et qui ont laissé des cicatrices dures, saillantes, sensibles ou dépréciant l'animal ; — les plaies sises au niveau des jointures et dont la cicatrisation est entravée par les mouvements, ou qui donnent lieu consécutivement soit à de la gêne fonctionnelle, soit à une boiterie ; — les cicatrices glabres laissées sur la face antérieure des genoux par les plaies contuses de toute gravité résultant des chutes, et qui déshonorent ou déprécient les sujets qui en sont marqués (dermatoplastie) ; — 2° les mêmes lésions existant au voisinage des orifices naturels : — aux lèvres, où elles peuvent entraîner une gêne plus ou moins accusée de la préhension et de la mastication (cheiloplastie); — sur les ailes du nez (rhinoplastie); — aux paupières (blépharoplastie).

Le principe sur lequel repose l'autoplastie est la possibilité de réunir des lambeaux de peau déplacés ou transportés d'une région en une autre sur un même individu. Chez les animaux, on ne fait pas l'autoplastie à distance (méthode italienne). On emploie les procédés par glissement ou à tiroir. Le lambeau pris au voisinage de la perte de substance est rarement à pédicule (méthode indienne), mais presque toujours à large base (méthode de Celse).

Technique. — Pour recouvrir la perte de substance cutanée résultant d'une lésion antérieure quelconque ou d'une ablation, on régularisera soigneusement les bords à affronter, en excisant les parties nécrosées ou meurtries; souvent on devra délimiter, sur ses bords, par des incisions, des lambeaux de peau saine doublée de l'hypoderme, lambeaux assez amples pour permettre leur suture sans traction excessive, et laissés en continuité avec le tégument adjacent par une base suffisante pour assurer leur nutrition. Le succès n'est assuré qu'en opérant sous le couvert d'une rigoureuse asepsie. On peut recourir à l'anesthésie locale par l'injection d'une solution de cocaïne à 1 p. 100. Pour la suture, le crin de Florence est préférable à la soie.

Les incisions qui doivent permettre la mobilisation des lèvres de la plaie ou des lambeaux de peau à affronter varient avec la forme de la lésion.

Lorsque celle-ci est elliptique ou ovalaire et peu étendue, souvent il suffit de décoller les bords de la plaie sur une largeur de 1 à 3 centimètres pour pouvoir les affronter et les suturer. Mais on doit éviter la tension excessive des lèvres qui entraînerait leur section sur les fils, et, si la plaie est large, il convient de faire sur chacune des lèvres, à quelques centimètres de la plaie et parallèlement à son axe, une incision dite *de relâchement*, de même étendue que la lésion (*fig.* 61, 1). En cas de perte de substance de même forme qui ne peut être fermée par un de ces procédés, on taillera deux lambeaux très mobiles par des incisions courbes partant des sommets de la plaie d'excision (2).

Pour combler les pertes de substance de forme triangulaire

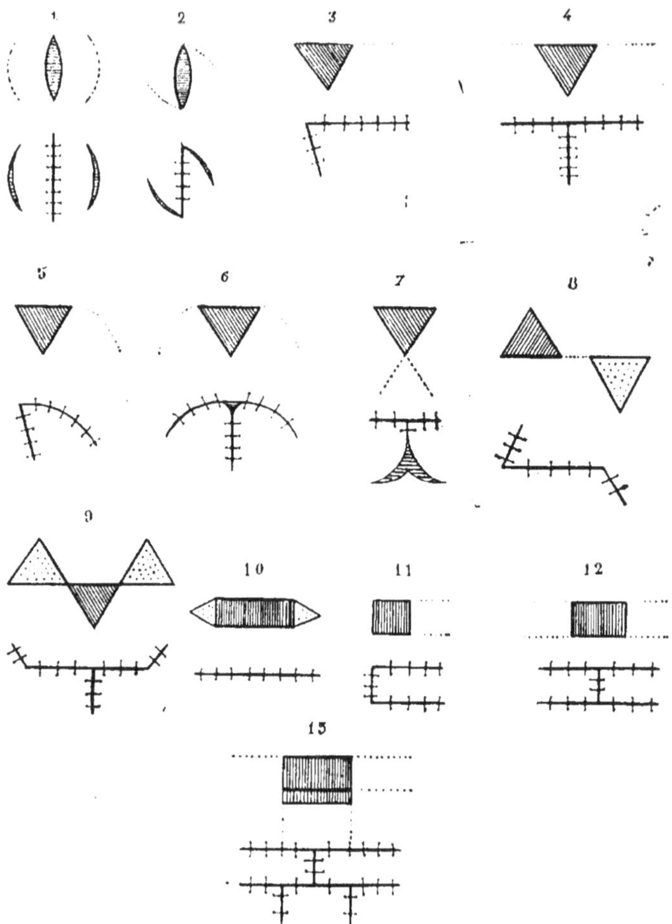


Fig. 61. — Autoplastie par glissement.

on a le choix entre les modes suivants, applicables aux différents cas qui peuvent se présenter : — *a*) faire une incision rectiligne prolongeant la base du triangle, délimiter ainsi un lambeau de peau que l'on mobilise jusqu'à ce qu'il recouvre par glissement la perte de substance, et le fixer par deux rangs de sutures (3); — *b*) faire deux incisions rectilignes prolongeant de chaque côté la base du triangle, mobiliser les deux lambeaux cutanés, les affronter et les réunir (4); — *c*) au lieu d'incisions droites, faire une ou deux incisions courbes délimitant des lambeaux que l'on dissèque et que l'on suture comme dans les cas précédents (5 et 6); — *d*) faire deux incisions prolongeant par le sommet les côtés du triangle, et mobiliser les lambeaux pour les réunir sur la base de celui-ci (7); — *e*) faire une ou deux incisions prolongeant la base de la lésion; exciser un ou deux lambeaux cutanés triangulaires dont le sommet est opposé à celui de la première, et mobiliser les lambeaux de manière à pouvoir combler les deux ou trois pertes de substance (8 et 9).

Pour les solutions de continuité étroites de forme rectangulaire, on peut faciliter l'affrontement des bords en taillant à chaque extrémité de la plaie un lambeau cutané triangulaire (10). Si la perte de substance est plus large, à l'une de ses extrémités on prolonge ses bords par deux incisions délimitant un lambeau que l'on mobilise (11), ou l'on taille de la même manière deux lambeaux qui sont ensuite mobilisés et affrontés (12), et, pour certaines lésions, on peut faire un troisième lambeau par deux incisions perpendiculaires aux premières (13).

L'opération terminée, on recouvre les sutures d'un enduit collodionné, et — si la région le permet — d'un pansement ouaté exerçant une douce compression qui maintient la peau appliquée sur les tissus sous-jacents et prévient une hémorragie sous-cutanée. Si l'opération est faite au niveau d'une articulation, il faut en outre immobiliser celle-ci par un bandage (V. p. 372).

---

DEUXIÈME PARTIE

# OPÉRATIONS PRATIQUÉES SUR LES SOLIPÈDES

---

SECTION I

## OPÉRATIONS ÉLÉMENTAIRES

### I. — Saignées.

*Indications.* — Affections congestives ou inflammatoires aiguës des principaux viscères ou des organes très vasculaires (congestion de l'encéphale et méningo-encéphalite, congestion pulmonaire et pneumonie, congestion intestinale, hépatique, rénale; coup de chaleur, fourbure,...). Maladies infectieuses avec déterminations congestives sur les viscères ou signes d'intoxication profonde de l'économie. — La saignée est rarement usitée de nos jours comme moyen préventif des maladies congestives et inflammatoires. Dans les laboratoires, on la pratique avec le trocart pour extraire le sang des animaux préparés et recueillir les sérums antitoxiques.

Presque toujours c'est à la jugulaire que l'on saigne. Mais si l'une de ces veines est thrombosée, il est prudent de ne pas toucher à l'autre avec la flamme : mieux vaut saigner aux veines des membres.

La ponction de ces dernières est quelquefois faite dans le cas de fourbure ; celle de la sous-cutanée thoracique, lors de mammite; celle de l'angulaire de l'œil, pour combattre la conjonctivite aiguë; celle du palais, pour atténuer le gonflement de la muqueuse et du tissu sous-muqueux de cette région. On use fort peu aujourd'hui de ces diverses saignées. Quant à celle du pied — à la saignée en pince, — encore conseillée par quelques-uns pour remédier à la fourbure aiguë, elle expose à des accidents infectieux ; il convient de s'en abstenir.

*Règles générales.* — Pour ponctionner une veine, prenez un

trocart, la flamme, un bistouri droit ou une lancette ; assurez-vous que la pointe de l'instrument est en bon état, bien affilée. Si vous saignez avec la flamme, il faut en outre un bâtonnet. Préparez aussi un vase destiné à recevoir le sang, et, pour l'hémostase, une épingle et un bout de fil de Bretagne ; comme ligature, ce fil est préférable à la mèche de crins.

Assujettissez convenablement l'opéré ; prenez les dispositions les plus favorables pour obtenir la distension de la veine et vous mettre à l'abri des réactions. — Rarement on rase et l'on aseptise la peau ; en général on se borne à mouiller les poils et à les lisser au point où l'on veut ouvrir le vaisseau.

Les saignées faites à la flamme, au bistouri ou à la lancette, ne comportent qu'un seul temps essentiel : l'ouverture du vaisseau. Si vous manquez celui-ci, donnez un second coup ; donnez-le au même point que le premier, à moins que l'instrument n'ait pénétré à côté de la veine.

Le vaisseau ouvert et tant que le sang coule, évitez tout déplacement de la peau : les orifices veineux et cutané ne se correspondraient plus ; la saignée serait baveuse ou il se produirait un thrombus.

Pour fermer la veine, affrontez avec le pouce et l'index gauches les lèvres cutanées de la plaie, sans exercer de traction sur elles : traversez-les en leur milieu avec une épingle ; appliquez une ligature au fil avec nœud droit, ou au crin avec *nœud de saignée* ; coupez les chefs près du nœud et faites sauter la pointe de l'épingle.

### I. — Saignée à l'angulaire de l'œil.

*Instrument.* — Bistouri droit ou lancette.

*Assujettissement.* — Faites tenir la tête dans l'axe du corps et couvrir l'œil du côté correspondant.

Technique. — La veine descend de l'angle interne de l'œil vers l'extrémité de l'épine zygomatique ; elle est nettement accusée au niveau de la portion charnue du muscle releveur de la lèvre supérieure : c'est là qu'il faut la ponctionner.

Si vous saignez à gauche, comprimez la veine avec le pouce gauche, un peu au-dessous du point où vous allez l'ouvrir ; ponctionnez-la de bas en haut avec la main droite. — A droite, faites la compression avec le pouce droit, et la ponction de la main gauche.

### II. — Saignée à la jugulaire.

*Remarques anatomiques.* — Après avoir reçu la *maxillaire externe* à la partie supérieure du cou, la *veine jugulaire* occupe dans toute la hauteur de cette région la dépression ou *gouttière jugulaire* limitée en avant par le *sterno-maxillaire*, en arrière par le bord antérieur du *mastoïdo-huméral*. Elle n'est séparée de la peau que par le *peaussier* et une mince *couche conjonctive*. Dans la moitié inférieure de l'encolure, elle est très rapprochée de la *carotide*; il n'y a d'interposé entre elles que du tissu conjonctif. Dans presque toute la moitié supérieure, les deux vaisseaux sont séparés par l'*omoplat-hyoïdien*, dont l'épaisseur en ce point est d'environ 1 centimètre. On y peut faire la ponction de la veine sans danger de blesser la carotide; mais le lieu d'élection est vers la limite du tiers moyen et du tiers supérieur de l'encolure.

*Instrument.* — Trocart ou flamme.

*Assujettissement.* — Passez la longe dans la bouche du cheval; faites tenir la tête étendue sur l'encolure et légèrement portée du côté opposé à celui où vous devez saigner; avec l'une de ses mains, l'aide doit couvrir l'œil du côté correspondant.

TECHNIQUE. — 1° *Saignée avec le trocart.* — Servez-vous d'un trocart de 4 à 6 millimètres de calibre, à pointe bien affilée, garni d'une canule mince et s'appliquant étroitement sur la tige. L'instrument doit être aseptique.

Que la saignée soit pratiquée à gauche ou à droite, tenez l'instrument de la main droite, l'index et le pouce allongés sur la canule, les trois autres doigts fixant le manche de l'instrument dans la paume. Tandis que les doigts gauches compriment la veine tout en exerçant sur la peau une traction en bas, appliquez la pointe du trocart sur l'axe du relief formé par le vaisseau, l'instrument tenu dans la direction de celui-ci et très obliquement de bas en haut. Par une brusque action de la main, faites pénétrer le trocart d'emblée dans la jugulaire, ou d'abord sous la peau, puis, un peu plus haut et par une seconde poussée, dans la veine, comme il a été dit à propos de la *Ponction sous-cutanée* (V. p. 104). La canule tenue de la main gauche, sortez la tige.

Si la veine est manquée, réintroduisez la tige et enfoncez

le trocart un peu plus profondément, ou retirez-le un peu et faites-le pénétrer en meilleure direction.

La saignée terminée, retirez la canule par une brusque trac-

Fig. 62. — Saignée avec le trocart.
(Le lieu d'élection est un peu plus bas que ne l'indique la figure.)

tion de la main droite, tandis que le pouce et l'index gauches exercent sur la peau une pression qui en prévient le soulèvement.

La lumière du trajet creusé dans la peau, les tissus sous-cutanés et la paroi veineuse s'efface par rapprochement des éléments anatomiques disjoints. L'hémostase est ainsi assurée et aucune complication n'est à craindre.

Ponctionnée avec un trocart de 5 millimètres, la jugulaire donne de 800 à 900 grammes de sang par minute, et 100 à 150 grammes de plus si les muscles des mâchoires fonctionnent.

La saignée peut encore être faite avec une grosse aiguille ou une canule à extrémité tranchante. Le manuel est essentiellement le même que pour la saignée au trocart.

2° *Saignée avec la flamme.* — Ponctionnez la jugulaire à la limite du tiers moyen et du tiers supérieur du cou, en vous servant d'une flamme dont les dimensions de la lame

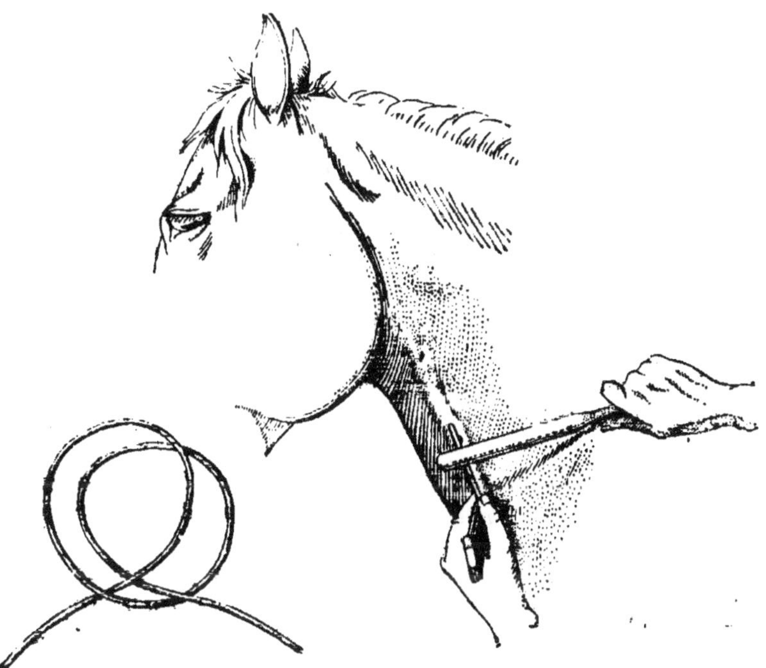

Fig. 63. — Nœud de saignée.

Fig. 64. — Saignée avec la flamme. (L'aide qui tient la tête doit couvrir de sa main droite l'œil gauche de l'opéré.)

soient en rapport avec l'épaisseur de la peau ou des tissus qui recouvrent la veine. Assurez-vous que cette lame est propre; si elle est souillée, désinfectez-la tout d'abord.

Si vous saignez à gauche, placez-vous un peu en avant du membre antérieur correspondant, en dehors de son champ de mouvement ; portez la main gauche, armée de la flamme, dans la gouttière jugulaire, un peu au-dessous de la partie moyenne du cou; comprimez la veine, provoquez-en la distension par la stase; au besoin, imprimez à la main de légers mouvements parallèles au vaisseau, afin de le distinguer nettement par les ondulations de la colonne sanguine. La pointe de la flamme exactement placée dans l'axe de la veine (*fig.* 64), ponctionnez celle-ci de la main droite en frappant sur la tige de l'instrument, au niveau de la lame, un coup de bâtonnet plus ou moins fort selon l'épaisseur de la peau et l'état d'embonpoint du sujet.

Si vous saignez à droite, tenez la flamme de la main droite et frappez de la main gauche.

Dès que le sang coule, déposez l'instrument. Pendant toute la durée de la saignée, continuez s'il est possible la compression, afin d'éviter l'introduction de l'air dans la veine.

Pour arrêter la saignée, cessez la compression en même temps que vous affrontez les lèvres de la plaie avec le pouce et l'index de la main libre; implantez une épingle en leur milieu, à 3-5 millimètres des bords, puis faites la ligature. — Vous pouvez aussi fermer la plaie avec une agrafe de Michel. (V. p. 129.)

Ouverte avec la *grande flamme*, la jugulaire donne environ 2 litres de sang par minute; le débit est augmenté de 1 litre si l'on entretient les mouvements des mâchoires.

Pour les chevaux en proie à des souffrances qui provoquent une vive agitation (coliques, hémoglobinurie,...) la saignée à la flamme est le procédé de choix, et la veine peut être comprimée au moyen d'une ligature, comme il est indiqué à propos de la même opération chez les Bovins.

### III. — Saignée à l'ars.

*Instrument.* — Flamme.

*Assujettissement.* — La tête tenue modérément abaissée dans l'axe du corps, faites lever le membre antérieur du côté opposé à celui où vous opérez.

Technique. — Cherchez la veine céphalique dans l'interstice qui sépare le bras de l'avant-bras: elle croise d'arrière en avant la bride du coraco-radial. L'exploration de la région permet de reconnaître facilement la situation du vaisseau, même quand il est peu apparent. Inutile d'essayer d'en provoquer le gonflement : le sang s'écoulerait par la veine basilique.

Avec la flamme, ponctionnez la céphalique au niveau de la bride ou immédiatement en dedans de celle-ci. — Si vous opérez à gauche, placez-vous contre le membre antérieur correspondant ; la main droite, armée de la flamme, prend un point d'appui sur la partie inférieure du mastoïdo-huméral, vers le milieu de la face antérieure ou de la face externe du bras ; la lame de l'instrument est placée dans l'axe du vaisseau ou un peu obliquement. Avec la main gauche, frappez un coup *léger* sur la tige. — A droite, tenez la flamme de la main gauche et frappez avec l'autre.

Arrêtez la saignée comme à la jugulaire.

Lorsque le coup de bâtonnet a été donné fort et que la veine est transpercée, il survient d'ordinaire un volumineux thrombus.

### IV. — Saignée à la sous-cutanée de l'avant-bras.

*Instrument.* — Bistouri droit ou lancette.
*Assujettissement.* — Mêmes règles que pour la saignée à l'ars.

Technique. — Si vous opérez à gauche, placez-vous en face du membre correspondant. Provoquez la distension de la veine en la comprimant avec le pouce droit un peu au-dessus du point où vous voulez saigner, les autres doigts appliqués sur les extenseurs du pied. Ponctionnez-la de bas en haut avec la main gauche. — A droite, comprimez le vaisseau de la main gauche et ouvrez-le avec l'autre.

Faites l'hémostase comme à la jugulaire.

### V. — Saignée à la sous-cutanée thoracique.

*Instrument.* — Flamme.
*Assujettissement.* — La tête tenue dans l'axe du corps, faites lever le pied antérieur du côté opposé à celui où vous opérez.

Technique. — La veine sous-cutanée thoracique est bien apparente dans sa partie antérieure, en arrière du coude, où elle est généralement située au niveau du sommet cubital ou un peu au-dessus. Ponctionnez-la à un travers de main de celui-ci, dans *un espace intercostal.*

Pour saigner à gauche, placez-vous contre le membre antérieur correspondant, le dos tourné vers la tête du patient ; la main droite, armée de la flamme tenue horizontale, comprime le vaisseau immédiatement en arrière de la masse des extenseurs de l'avant-bras ; la main gauche porte sur la tige un *léger* coup de bâtonnet. — Pour ponctionner la veine droite, tenez la flamme de la main gauche et frappez avec l'autre.

Si la saignée est faite au niveau d'une côte, presque toujours la veine est transpercée et la lame de l'instrument se brise sur l'os.

Arrêtez la saignée comme à la jugulaire.

### VI. — Saignée à la saphène.

*Instrument.* — Flamme.

*Assujettissement.* — La tête maintenue relevée sur la ligne médiane, faites porter en arrière ou en avant le membre postérieur opposé à celui où la saignée va être pratiquée.

Technique. — Ponctionnez la veine sur le plat de la cuisse avec la flamme. Vous pouvez procéder de deux manières :

a. *Saignée à la saphène gauche.* — 1° Faites porter en arrière le membre postérieur droit par un aide vigoureux, comme pour l'opération de la ferrure ; placez-vous au-dessous du flanc droit, les jarrets fléchis. La main gauche, qui tient la flamme par l'extrémité de la chasse (tige en haut), prend un point d'appui sur la partie supérieure de la face interne de la jambe, sans comprimer la veine. Disposez la lame sur la ligne du vaisseau, et donnez de la main droite le coup de bâtonnet.

2° Faites porter et maintenir en avant à l'aide d'une plate-longe le membre postérieur droit ; placez-vous en arrière du membre gauche, près de la ligne médiane. La main gauche, armée de la flamme (tige en bas), prend un point d'appui à la partie supérieure du plat de la cuisse (région à découvert par le déplacement du membre droit) et comprime la veine. Frappez de la main droite.

b. *Saignée à la saphène droite.* — Vous pouvez faire tenir solidement en arrière le membre postérieur gauche, vous placer sous le flanc gauche, tenir la flamme de la main droite et frapper avec l'autre. — Si ce membre est porté en avant, placez-vous en arrière du membre droit, tenez la flamme — tige en bas — de la main droite, et frappez avec la gauche.

Faites l'hémostase comme pour les saignées précédentes.

### VII. — Saignée à la pince du pied.

*Instruments.* — Rénette et feuille de sauge.

*Assujettissement.* — Faites lever le pied sur lequel vous devez opérer. Si le sujet se défend, appliquez un tord-nez à la lèvre supérieure.

TECHNIQUE. — Parez la région plantaire, amincissez à fond la sole dans sa partie antérieure ; creusez en pince et en mamelles une rainure dans la zone commissurale ; puis, avec la pointe d'une feuille de sauge ou d'un bistouri — le dos de l'instrument tourné vers les talons, — sectionnez au fond de cette rainure la membrane tégumentaire et l'arcade vasculaire circonflexe. — Ou bien servez-vous d'une rénette à gorge étroite, et, d'un coup, faites au fond de la rainure une excision portant sur la corne, la membrane et les vaisseaux sous-jacents. Arrêtez l'hémorragie par un pansement compressif.

### VIII. — Saignée au palais.

*Instrument.* — Bistouri droit dont la lame doit être garnie d'étoupe ou d'ouate jusqu'à 1 centimètre de la pointe.

*Assujettissement.* — Appliquez un tord-nez ou faites simplement tenir la tête modérément élevée. Écartez les mâchoires avec un spéculum.

TECHNIQUE. — Vous devez ponctionner le réseau veineux sous-muqueux au niveau du cinquième ou du sixième sillon.

(L'anastomose artérielle palatine correspond à peu près au troisième sillon.)

Avec la main gauche, la langue est saisie, sortie de la bouche au niveau de l'espace interdentaire et immobilisée. Le bistouri porté dans la bouche, pointe en haut, tranchant en avant, faites au palais, sur la ligne médiane, une ponction profonde d'environ un demi-centimètre, complétée par un petit débridement.

Si l'hémorragie ne cesse pas spontanément, prenez une éclisse longue de 15 centimètres, enroulez dessus un linge de manière à former une sorte de matelas compressif ; appliquez celui-ci transversalement sur le palais, au niveau de la plaie, puis fixez-le au moyen de deux bouts de bande ou de corde noués sur ses extrémités et croisés sur la muserolle du licol.

*
* *

*Soins consécutifs.* — Presque toujours les plaies des saignées se ferment par réunion adhésive, même en l'absence de tout soin. Il convient néanmoins de les recouvrir de collodion ou d'une pommade antiseptique.

*L'introduction de l'air* dans la jugulaire ouverte, extrêmement rare, est accusée par un sifflement ou un bruit de glouglou et par des symptômes généraux alarmants. On l'évitera en continuant la compression de la veine jusqu'à ce qu'elle soit fermée ou comprimée par les doigts.

Les saignées faites avec la flamme, le bistouri ou la lancette, exposent au *thrombus* et à la *phlébite*. Ces accidents sont surtout graves à la jugulaire. Aussi, après la saignée à cette veine, doit-on prendre les précautions nécessaires pour empêcher le cheval de se frotter au niveau de la plaie : — lui adapter un collier à chapelet, au besoin l'attacher au râtelier pendant les heures qui suivent l'opération et le tenir au repos deux ou trois jours.

La saignée au trocart a l'avantage de ne pas exposer à ces complications.

*Ablation de l'épingle ou du pansement.* — Aux plaies dont les lèvres ont été réunies par une épingle, celle-ci est enlevée au bout de trois ou quatre jours, — quand on ne l'y abandonne pas jusqu'à ce qu'elle se détache avec la ligature.

On laisse durant cinq ou six heures l'appareil placé dans la bouche après la saignée au palais, et pendant plusieurs jours le pansement compressif appliqué sur la région plantaire après la saignée en pince.

## II. — Sétons.

On applique des *sétons à mèche* et des *sétons à rouelle*. — Pour les premiers, on creuse un trajet sous-cutané d'une longueur variable, dans lequel on passe de la bande ou du ruban. Dans les autres, on introduit sous la peau, décollée sur une surface circulaire, un morceau de cuir en forme de rondelle. — Bien que ces exutoires soient appliqués dans le but de provoquer la suppuration, on doit prendre les précautions indiquées pour les interventions aseptiques : section des poils, désinfection de la peau, des instruments et des corps étrangers introduits dans l'hypoderme.

La plupart de ces opérations, fort douloureuses, provoquent d'assez vives réactions. Si l'animal est vigoureux, elles nécessitent un étroit assujettissement (tord-nez, entravons, plate-longe), quelquefois la contention en position décubitale.

### *A. — Sétons à mèche.*

*Règles générales.* — Préparez l'aiguille à séton, des ciseaux, un bistouri convexe et de la bande. Prenez une bande longue de 60 à 80 centimètres ; à l'une de ses extrémités, pliez-la plusieurs fois sur elle-même de manière à faire un nœud d'arrêt long de 5 centimètres. — Le trajet du séton doit être creusé dans le tissu conjonctif sous-cutané, en général suivant la direction des poils. Sa longueur arrêtée — elle est, pour la généralité des cas, d'environ 30 centimètres, — faites à ses extrémités, aux points où la peau est préparée et dans le sens du séton, deux incisions de 2 centimètres et demi à 3 centimètres, limitées au tégument. — Prenez ensuite l'aiguille, saisissez-la près de la lame, l'index allongé sur l'une des faces de celle-ci, de préférence sur la face concave; portez-la dans la première incision, engagez-la dans le tissu conjonctif, faites-l'y progresser en la tenant toujours à pleine main, l'index allongé sur la tige, près de l'ouverture cutanée, — la main libre soulevant la peau devant la pointe de l'instrument, soit en la plissant, soit en exerçant une traction sur les poils. Dirigez l'aiguille vers la deuxième incision, évitant également de pénétrer dans la peau et dans les couches profondes. Arrivé à l'extrémité du trajet que vous creusez, faites sortir la lame, engagez dans son ouverture l'extrémité de la bande et retirez l'instrument : le séton est placé. — Il ne reste qu'à dégager du chas l'extrémité de la bande, et à y faire un nœud semblable à celui de l'autre bout.

L'opération peut se faire avec la seule aiguille à séton. Tenue comme il vient d'être dit, la lame est portée à la base d'un pli cutané, que tendent, transversalement à sa direction, le pouce et l'index de la main libre. Par une brusque pression, faites-lui traverser la peau et implantez-la dans l'hypoderme, où vous la faites ensuite cheminer. Le creusement du trajet terminé, sortez l'aiguille par une nouvelle poussée de la main, après l'avoir inclinée de manière que sa pointe soit dirigée vers la peau et en faisant, avec les ciseaux, *contre-appui* en avant et au-dessous de la pointe. La façon de passer et de fixer la bande est la même que dans le premier procédé.

Le plus souvent on pratique une seule incision — celle qui doit permettre l'introduction de l'aiguille — et, le trajet creusé, on fait sortir celle-ci en la poussant vers la peau.

Avec l'aiguille à séton pourvue d'un chas en talon, on peut encore passer la mèche en l'introduisant dans cet orifice et en tirant l'aiguille par sa lame ; mais l'autre manière est préférable.

Très rarement le praticien se sert d'une « aiguille improvisée » : — tige de bois taillée en pointe à l'une de ses extrémités et creusée à l'autre d'un orifice ou d'une rainure circulaire dans laquelle est fixé un bout de la mèche.

## I. — Séton à la joue.

Préconisé jadis contre les inflammations oculaires et le trismus, cet exutoire est rarement appliqué.

*Assujettissement.* — Tord-nez. Entravez les membres antérieurs ou couchez l'animal et faites tenir solidement la tête.

TECHNIQUE. — Sur le plat de la joue, à trois travers de doigt du bord postérieur du maxillaire et de la crête zygomatique, faites une courte incision dans la direction des poils. — Si vous opérez à gauche, tenez l'aiguille de la main droite, poussez-la parallèlement à la crête et faites-la sortir un peu en avant de l'extrémité de celle-ci ; — ou mieux, pour éviter la blessure du plexus sous-zygomatique, de l'artère et de la veine faciales, dirigez l'aiguille vers la partie antérieure du bord refoulé du maxillaire et faites-la sortir à quelques centimètres en deçà du bord antérieur du masséter. Passez la mèche en retirant l'instrument. — Si l'opération est faite à droite, manœuvrez l'aiguille de la main gauche.

### II. — Sétons à l'encolure.

*Indications.* — Employés autrefois pour combattre les inflammations encéphaliques, les phlegmasies de la région parotidienne, les affections des yeux, les sétons à l'encolure ne sont plus guère usités que dans les cas de méningo-encéphalite ou de lésions traumatiques locales avec décollement de la peau. — On peut les passer dans le sens du grand axe de la région, mais la direction verticale est la plus avantageuse pour le facile écoulement du pus.

*Assujettissement.* — Tord-nez. Entravez les membres antérieurs ou faites lever l'un d'eux.

Technique. — Appliquez sur la partie antérieure de l'encolure, dans une direction verticale ou légèrement oblique en haut et en avant, deux sétons parallèles et distants d'environ 10 centimètres.

Placé vis-à-vis l'une des faces de l'encolure, faites sur la saillie formée par le mastoïdo-huméral, un peu au-dessus de la gouttière jugulaire, deux petites incisions dans le sens des poils. — Si vous opérez à gauche, tenez l'aiguille de la main droite ; poussez-la en haut, dans la direction qui vient d'être indiquée, et faites-la sortir à trois travers de doigt de la base de la crinière, en pressant sur la peau, en avant de la pointe, avec les ciseaux. Passez la mèche en retirant l'instrument. — Si vous opérez à droite, manœuvrez l'aiguille de la main gauche.

### III. — Sétons au poitrail.

*Indications.* — Chez les sujets atteints d'affections pleuro-pulmonaires aiguës; parfois lors de blessure du poitrail, pour favoriser l'écoulement du pus. Conseillés encore par quelques-uns dans les cas d'engorgements chroniques des membres antérieurs, de crapaud et d'eaux-aux-jambes.

*Assujettissement.* — Tord-nez à la lèvre supérieure. Faites tenir la tête par un aide solide et entravez les membres antérieurs. Il est rare que l'on doive immobiliser le cheval dans le travail ou le coucher.

Technique. — Si vous appliquez un seul séton, placez-le sur la ligne médiane, de la partie antérieure du sternum au voisinage du passage des sangles. — Si vous en mettez deux, passez-les de chaque côté de cette ligne, dans l'inter-ars, à quelque distance des membres, depuis la partie moyenne de la saillie des muscles sterno-huméraux jusqu'auprès du passage des sangles, en les faisant légèrement converger en arrière.

Placez-vous un peu en avant et en dehors du membre antérieur droit. Au lieu d'implanter l'aiguille d'emblée dans le tégument, il est préférable d'y faire une étroite incision parallèle au séton. Tenez l'aiguille de la main droite; avec l'autre, soulevez la peau pour faciliter la progression de l'instrument; parvenue au point où elle doit sortir, la lame est poussée vers la peau, tandis que les ciseaux, tenus de la main gauche, font contre-appui sur cette membrane. — Si vous appliquez deux sétons, vous pouvez les passer sans changer de place, en vous tenant en avant du membre droit; — vous pouvez aussi, pour passer le séton gauche, vous placer en avant du membre correspondant et tenir l'aiguille de la main gauche.

### IV. — Sétons à l'épaule.

*Indications.* — Affections locales très diverses: — arthrite sèche scapulo-humérale, synovite bicipitale; myosites, paralysies, névrites, rhumatisme chronique, atrophie musculaire; boiteries anciennes que les injections de cocaïne permettent de localiser aux régions supérieures du membre. — Très en vogue dans le passé, l'usage en a été graduellement restreint par les données qui ont permis de préciser le diagnostic de boiteries diverses rapportées à tort à des lésions de l'épaule.

*Assujettissement.* — Tord-nez à la lèvre supérieure. Entravez les membres antérieurs ou faites lever le membre antérieur du côté opposé à celui où vous opérez.

TECHNIQUE. — Passez deux sétons, l'un sur la face antérieure de l'articulation scapulo-humérale, l'autre sur la face externe. Placez-vous en dehors et près du membre, le dos tourné vers le train de derrière.

Si vous sétonnez l'épaule gauche, tenez l'aiguille de la main droite. — Appliquez le séton antérieur en deux temps. Faites à la peau deux incisions de 3 centimètres, l'une en avant de l'articulation, l'autre à la limite du tiers inférieur et du tiers moyen du bord cervical de l'épaule. Engagez l'aiguille dans la première, poussez-la en bas et en arrière, dans le tissu conjonctif sous-cutané du bras, le long de la face antérieure de celui-ci, et, vous aidant des ciseaux, faites sortir la lame à 15 centimètres de l'incision. Placez la mèche en retirant l'instrument. — Portez ensuite l'aiguille dans la seconde incision, poussez-la en bas et en avant, vers la première ; la lame sortie, engagez dans son chas le bout supérieur de la mèche et passez celle-ci dans le second trajet en retirant l'instrument.

Le séton postérieur n'exige qu'un seul temps. A 10 centimètres au-dessus de l'articulation et un peu en arrière du premier séton, faites une incision. Engagez l'aiguille, faites-la progresser verticalement jusqu'à 10 centimètres au-dessous de la jointure ; perforez la peau en ce point en vous aidant des ciseaux, et passez la bande en retirant l'instrument.

Si vous opérez sur l'épaule droite, tenez l'aiguille de la main gauche.

Le séton « à la Gaullet », qui longeait les bords antérieur et postérieur de l'épaule, en passant dans l'ars, est à peu près abandonné.

### V. — Sétons aux côtes.

*Indications.* — Autrefois d'un usage fréquent contre les affections inflammatoires des organes thoraciques, ces sétons sont généralement délaissés. On leur préfère les applications révulsives costales ou les sétons au poitrail.

*Assujettissement.* — Tord-nez à la lèvre supérieure. Entravez les membres antérieurs ou faites lever le membre antérieur opposé.

Technique. — Appliquez deux sétons sur chacune des parois thoraciques — l'un à 10-15 centimètres en arrière du bord postérieur des extenseurs de l'avant-bras, l'autre à 10 centimètres du premier. Ils doivent occuper, en hauteur, un peu plus du tiers moyen du thorax. Ne les prolongez pas au delà de la veine de l'éperon. Donnez-leur une disposition verticale sur les chevaux gras; passez-les le long d'un espace intercostal sur les chevaux maigres.

Si vous opérez à gauche, placez-vous au niveau du membre antérieur correspondant, le dos tourné vers la tête de l'animal. Faites à la peau, à la partie supérieure de la région costale, près du bord de l'ilio-spinal, deux petites incisions verticales — une pour chaque séton. Tenez l'aiguille de la main gauche; engagez-la dans la première incision et faites-la progresser sous la peau de la paroi costale, pointe en dehors, jusqu'à quelques centimètres de la veine de l'éperon; à l'aide des ciseaux, faites-la sortir en ce point. Introduisez la bande dans le chas de la lame et passez-la dans le trajet en retirant l'instrument. — Mêmes manœuvres pour l'autre séton.

Si vous opérez à droite, placez-vous au niveau du membre antérieur correspondant et tenez l'aiguille de la main droite.

## VI. — Séton au ventre.

Recommandé dans le passé comme adjuvant du traitement des affections chroniques de différents organes abdominaux et comme moyen de dépuration.

*Assujettissement.* — Tord-nez. Entravez les membres postérieurs et faites lever le membre antérieur gauche. — Lorsque le sujet est très irritable, couchez-le sur le côté droit.

Technique. — Si l'opération est faite dans l'attitude debout, placez-vous, les genoux fléchis, en arrière du membre antérieur droit. Au niveau de l'appendice xiphoïde et sur la ligne médiane, faites à la peau un pli transversal et incisez-le. Engagez dans le tissu conjonctif, *pointe en dehors*, l'aiguille solidement tenue de la main droite, et poussez-la le long de la ligne blanche jusqu'à 10 centimètres du fourreau, sur le cheval, — jusqu'à 15-20 centimètres de la mamelle, sur la jument. Faites-la sortir en ce point en vous aidant des ciseaux. Passez la bande en retirant l'instrument.

Si vous opérez sur l'animal couché à droite, tenez également l'aiguille de la main droite.

### VII. — Séton à la hanche.

*Indications.* — Affections non moins diversifiées que celles traitées par les sétons de l'épaule : — arthrite et périarthrite coxo-fémorales; myosites, paralysies, atrophie musculaire, rhumatisme chronique; boiteries anciennes à siège indéterminé. Les progrès réalisés dans le diagnostic des claudications du membre postérieur en ont fort réduit l'usage.

*Assujettissement.* — Tord-nez. Entravez les membres postérieurs.

Technique. — Au niveau de l'articulation coxo-fémorale, passez verticalement deux sétons distants de 10 centimètres — l'un en avant, l'autre en arrière de la jointure. Donnez-leur une longueur de 20 à 30 centimètres.

Placez-vous en dehors et un peu en avant du membre. Faites à la peau, à 10-15 centimètres au-dessus de l'articulation et à la même hauteur, deux petites incisions verticales.

Si vous opérez à gauche, tenez l'aiguille de la main gauche. Introduisez-la dans la première incision ; faites-la progresser verticalement ou un peu obliquement en arrière, et traversez la peau à 10-15 centimètres au-dessous de la jointure. Passez la mèche en retirant l'instrument. — Procédez de même pour l'autre séton.

Si vous opérez sur la hanche droite, tenez l'aiguille de la main droite.

Dans le cas où les couches musculaires sont fortement

atrophiées et la saillie de l'articulation très prononcée, faites les incisions au niveau même de l'articulation, et opérez en deux temps, comme pour le séton antérieur de l'épaule.

### VIII. — Séton à la fesse.

*Indications.* — Prôné autrefois comme dérivatif et dépuratif dans les cas de crapaud, d'eaux-aux-jambes, d'engorgement chronique de l'extrémité. Peu usité actuellement.

*Assujettissement.* — Tord-nez. Entravez les membres postérieurs ; le lacs sera passé entre les membres antérieurs, ramené sur le garrot, croisé et tenu par un aide (V. *fig.* 4).

Technique. — Passez ce séton le long de la face postérieure de la fesse. Placé en dehors du membre et un peu en arrière, le dos tourné vers la tête de l'animal, faites à la partie supérieure de la fesse, immédiatement au-dessous de la saillie formée par la tubérosité ischiatique, une petite incision verticale.

Si vous opérez à gauche, tenez l'aiguille de la main gauche. Engagez-la sous la peau ; poussez-la, dans une direction légèrement oblique en bas et en dedans, jusqu'à la partie supérieure de la jambe. Faites sortir la lame en ce point, et passez la bande en retirant l'instrument.

Si vous opérez à droite, placez-vous contre le membre correspondant et tenez l'aiguille de la main droite.

### IX. — Séton au grasset.

*Indications.* — Affections articulaires et périarticulaires de cette région. On lui préfère les vésicants et la cautérisation.

*Assujettissement.* — Couchez l'animal sur le côté opposé à celui où vous devez opérer. Faites porter le membre en avant, dans l'extension, au moyen d'une plate-longe fixée sur le canon.

Technique. — Ce séton, qui doit avoir une longueur de 20 à 30 centimètres, est passé sur la face antérieure du grasset. La grande mobilité de la peau qui recouvre l'articulation fémoro-tibio-rotulienne commande, si l'on veut placer le séton exactement au niveau de celle-ci, d'en marquer les limites avant de coucher l'animal, en faisant les deux incisions pour l'entrée et la sortie de l'aiguille, la première à 10-15 centimètres au-dessus du centre de la jointure, la deuxième à 10-15 centimètres au-dessous.

Si vous opérez sur le membre gauche, tenez de la main droite l'aiguille, pointe vers la peau ; engagez-la dans l'incision supérieure et dirigez-la vers l'autre, ayant soin d'éviter la blessure de la synoviale fémoro-rotulienne. — Si vous sétonnez le grasset droit, tenez l'aiguille de la main gauche.

### *B. — Séton à rouelle.*

Le séton à rouelle est appliqué sur les articulations supérieures des membres (épaule et hanche).

Mêmes indications que les sétons à mèche.

*Instruments.* — Bistouri convexe et ciseaux courbes. — Disque de cuir ou de caoutchouc de 6 à 7 centimètres de diamètre.

Technique. — Sur la partie inférieure de l'articulation, faites à la peau une incision verticale de 3 à 4 centimètres. Avec les ciseaux courbes, décollez la peau sur une surface circulaire dont l'incision sera le rayon inférieur. — Introduisez le disque de cuir ou de caoutchouc plié en deux et étalez-le dans la cavité.

∴

*Soins consécutifs.* — On prendra les précautions nécessaires pour empêcher le cheval de porter la dent sur le séton (longe fixée au râtelier, collier à chapelet, bâton à surfaix).

En général, au bout de trois ou quatre jours, ces exutoires provoquent une sécrétion assez abondante de pus blanchâtre, épais, inodore. Deux ou trois fois par jour, on évacue ce pus en pressant avec le doigt sur le trajet des sétons à mèche : on évite ainsi son accumulation en certains points et la formation d'abcès. On peut aussi déterger le conduit sous-cutané à l'aide d'injections antiseptiques. — Aux sétons à rouelle, le pus s'écoule facilement par l'incision.

Dans le cours des maladies infectieuses graves, l'absence de sécrétion purulente dans les trajets des sétons, ou seulement la présence d'un peu de sérosité sanguinolente sont des signes de mauvais augure.

*Ablation des sétons.* — On laisse habituellement les sétons à demeure pendant deux à trois semaines. Ce dernier délai n'est guère dépassé.

Pour enlever un séton à mèche, on coupe la bande avec les ciseaux près de l'un des nœuds; puis, saisissant l'autre entre les branches des ciseaux, on retire la bande.

Pour enlever le séton à rouelle, on engage sous lui les ciseaux, et en leur imprimant un mouvement de bascule, on le fait sortir par la plaie.

## III. — Application du feu. — Cautérisation.

On distingue une *cautérisation superficielle* et une *cautérisation pénétrante*, chacune d'elles comprenant un certain nombre de procédés. Les seuls usités aujourd'hui sont :

1° La *cautérisation superficielle* ponctuée ou cultellaire, dans laquelle l'instrument ne dépasse pas les couches moyenne ou profonde du derme ;

2° La *cautérisation en pointes fines pénétrantes*, procédé qui consiste à traverser la peau en un ou plusieurs coups de cautère ;

3° La *cautérisation en aiguilles*, dans laquelle l'instrument pénètre dans les tissus malades : muscles, os, tendons, synoviales ;

4° La *cautérisation sous-cutanée*, pratiquée à la faveur d'une incision de la peau.

Quel que soit le procédé mis en œuvre, si les circonstances le permettent, on choisira un moment favorable au résultat de l'opération (printemps ou automne). Pendant les temps chauds, l'inflammation provoquée par le cautère est souvent excessive, le prurit intense : les animaux se frottent ou se mordent; il en résulte parfois des accidents fort graves.

*Indications.* — Inflammations chroniques de la peau et des tissus sous-cutanés, des tendons, des ligaments, des os, des articulations; — hydropisies des bourses séreuses, des synoviales tendineuses ou articulaires; — exostoses récentes et formes cartilagineuses en voie de développement ; — paralysies consécutives à des lésions nerveuses périphériques ou à la myosite ; — atrophies musculaires. — Quelquefois employée pour provoquer une forte révulsion chez les sujets atteints de maladies viscérales graves (pneumonie, pleurésie). — Parfois utilisée encore comme préventive des efforts tendineux et articulaires, surtout pour les chevaux de course.

*Préparation de l'animal.* — Le cheval, qui à l'ordinaire doit être couché, sera tenu à jeun ; s'il est très vigoureux, faites diminuer la ration pendant quelques jours et prescrivez des laxatifs. — Les sujets dociles ou peu irritables supportent bien l'application du feu : vous pouvez les assujettir debout, un tord-nez à la lèvre supérieure et un pied levé, ou dans le travail. Mais la cautérisation détermine de vives douleurs, et en général il est préférable de recourir à la contention décubitale. — Si vous devez opérer sur la face externe d'un membre, abattez le cheval sur le côté opposé. Si le feu doit entourer une région, couchez sur le côté du membre malade, et commencez par la face interne. Lorsque vous devez intervenir ainsi en une seule séance sur les membres d'un bipède antérieur, postérieur ou diagonal, commencez par la face externe de l'un et la face interne de l'autre ; pour la seconde partie de l'opération, protégez la surface cautérisée qui repose sur la litière.

L'assujettissement varie avec chaque cas particulier : habituellement on laisse dans l'entravon le membre à cautériser ; si l'on opère sur la face interne, on porte le congénère en avant ou en arrière. — Quand le feu doit recouvrir le paturon ou la couronne, le mieux est d'entraver les deux membres congénères en 8 au-dessus du genou ou du jarret, de sortir le membre malade de l'entravon, puis de le faire tirer en avant ou en arrière par un aide, au moyen d'une plate-longe fixée sur le sabot.

La région devra être nettoyée, débarrassée des croûtes s'il en existe ; on coupera les poils à quelques millimètres de la peau pour la cautérisation superficielle : ainsi les pointes et les raies seront limitées par une mince couche carbonisée, le cautère conique glissera dans les godets, le cultellaire déviera moins. On les coupera au ras du tégument pour le feu pénétrant. — Si le cautère doit pénétrer dans une synoviale, quelques soins aseptiques sont utiles ; plus le tégument sera propre, moins il y aura de danger d'infection post-opératoire. — Dans le but d'éviter tout méfait de l'infection et de réduire au minimum les marques du feu chez les chevaux de luxe, la peau sera préalablement rasée, désinfectée, et, l'opération terminée, l'aire cautérisée sera saupoudrée d'iodoforme ou recouverte d'un pansement ouaté. —

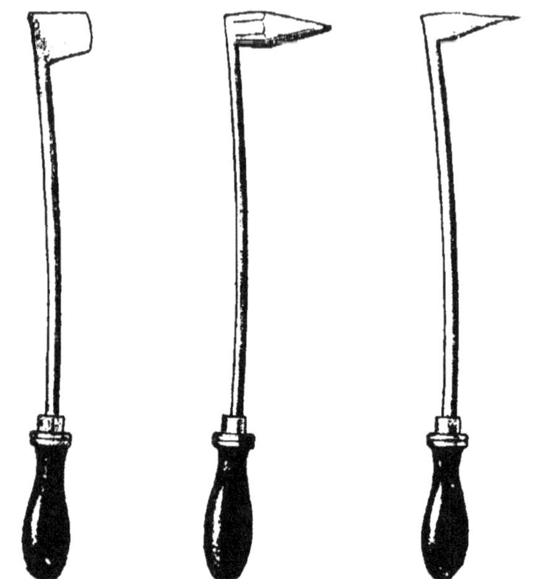

Fig. 65. — Cautère cultellaire.

Fig. 66. — Cautère en pointe.

Fig. 67. — Cautère à pointe fine.

Quand on applique le feu en certaines régions où la peau est très mobile, il convient de marquer avant l'abatage les limites de la surface à cautériser.

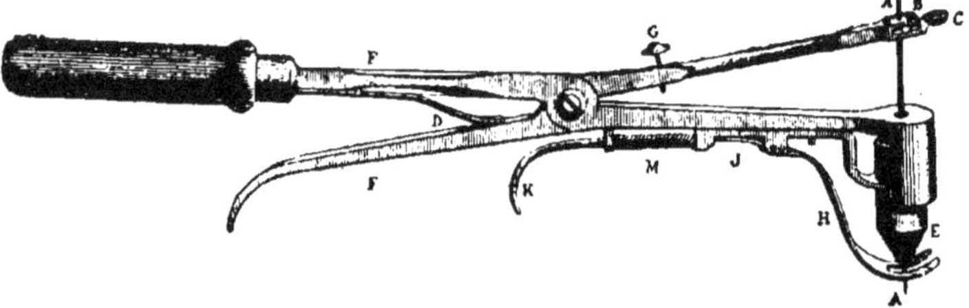


Fig. 68. — Cautère Bourguet.

Pour la *cautérisation en raies*, on se sert d'*instruments* dont la partie active a la forme d'un prisme triangulaire. On les choisira de petit calibre pour les animaux à peau fine, un peu plus volumineux pour les animaux à peau épaisse. Voici les dimensions moyennes de la partie active : — longueur de la base, 5 centimètres ; du tranchant, 4 centimètres ; hauteur mesurée de la base au tranchant, 4 à 5 centimètres ; épaisseur de la base, 1 centimètre ; épaisseur du tranchant, 1 à 2 millimètres. — Le bord cautérisant doit être légèrement convexe, mousse dans toute son étendue, arrondi à ses angles ; il est bon aussi que la tige soit modérément incurvée. Avec des instruments ainsi confectionnés, il est aisé de suivre les inégalités de la région et de répartir uniformément le calorique. — Pour la *cautérisation ponctuée*, on opère avec des instruments dont la partie active est disposée en cône plus ou moins allongé; son volume peut varier; son extrémité est une pointe mousse de 2 à 3 millimètres de diamètre. — Pour la *cautérisation en pointes pénétrantes* et la *cautérisation en aiguilles*, on emploie généralement des cautères ordinaires à pointe effilée, très légèrement conique ou cylindrique, dont le diamètre varie généralement de 1 millimètre et demi à 2 millimètres et demi.

Ces instruments doivent être chauffés de préférence avec du charbon de bois, qui a l'avantage de ne pas les encrasser.

On a imaginé un grand nombre de cautères spéciaux. Dans celui de Bourguet (*fig.* 68), une vis (G) règle la pénétration de l'aiguille; celle-ci s'échauffe dans l'intérieur du porte-chaleur, une légère pression sur la branche (F) l'en fait sortir ; aussitôt retirée des tissus, on la laisse rentrer dans la masse incandescente. Cette dernière est fixée par un ressort (M). Un écran garantit la peau.

Le *cautère Paquelin* (*fig.* 69) est fondé sur la propriété que possède le platine, une fois porté à une certaine température, de devenir incandescent au contact d'un mélange d'air et de vapeurs hydrocarbonées, et de s'y maintenir aussi longtemps que dure son contact avec le mélange. La partie cautérisante est vissée sur la tige. Selon les besoins, on emploie la pointe, l'aiguille ou le couteau. — L'allumage en est simple. On chauffe d'abord la pointe dans la flamme d'une lampe à alcool ; au bout de quelques minutes on actionne la soufflerie : la pointe de platine rougit aussitôt.

La *construction du zoocautère* (*fig.* 70) repose à la fois sur la propriété que possède le platine de demeurer incandescent au contact des vapeurs hydrocarbonées, et sur la remarquable conductibilité de ce métal. Le réservoir (A) contient une éponge légèrement imbibée d'essence minérale; sur l'une de ses extrémités s'adapte une soufflerie de Richardson ; sur l'autre, se visse un branchement muni d'un cautère en pointe ou en raie, dont la

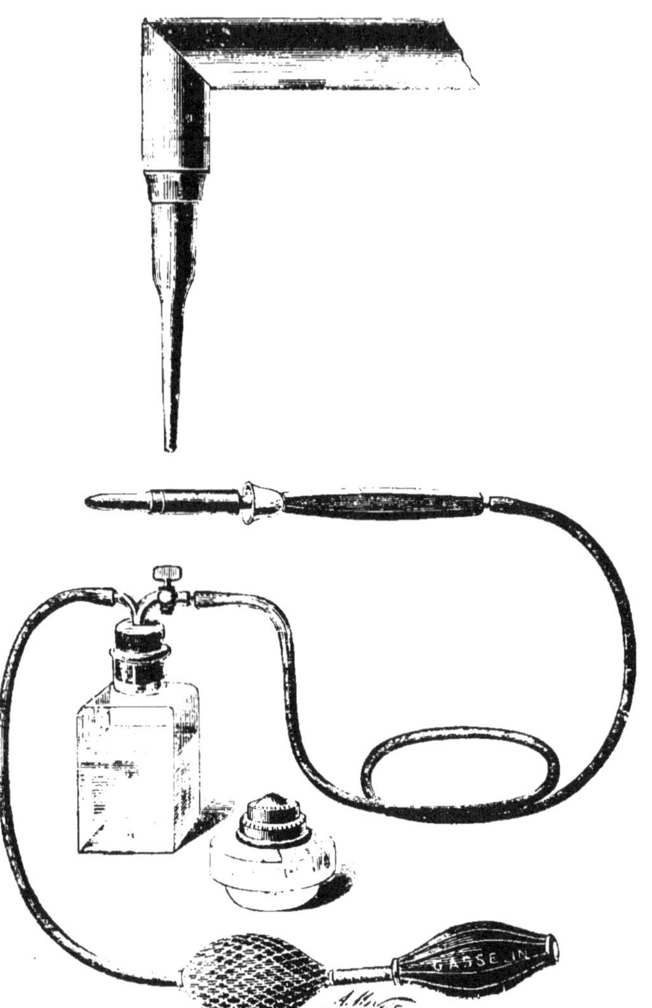


Fig. 69. — Cautère Paquelin.

base est percée d'orifices latéraux qui en font une sorte de chalumeau. Un tube intérieur conduit les vapeurs d'essence à la pointe de platine ; une vis (H) règle la combustion de l'essence dans le chalumeau ou son arrivée par le tube central.

Fig. 70. — Zoocautère.

A, réservoir ; B, robinet ; G, tige creuse ; E, foyer pointe ; H, vis de réglage.

Pour faire fonctionner l'appareil, on verse une petite quantité d'essence sur l'éponge, on chasse l'excédent, on visse le cautère sur le réservoir, on adapte la soufflerie, puis on ouvre la vis H et le robinet B. La soufflerie actionnée, on allume les vapeurs d'essence qui s'échappent par les orifices du chalumeau, et l'on tourne graduellement le robinet B jusqu'à ce que les flammes ne jaillissent plus. Bientôt le tube central rougit ; il suffit alors de supprimer le chalumeau, en fermant la vis H, pour que la pointe du cautère rougisse à son tour. A mesure que la quantité d'essence diminue dans l'éponge, il faut ouvrir davantage le robinet pour obtenir un chauffage suffisant.

L'*autocautère Déchery* (*fig.* 71), le dernier venu des cautères à foyer, fonctionne, comme ceux-ci, à l'aide d'un courant d'air carburé, mais automatiquement, et sans nécessiter l'usage d'une

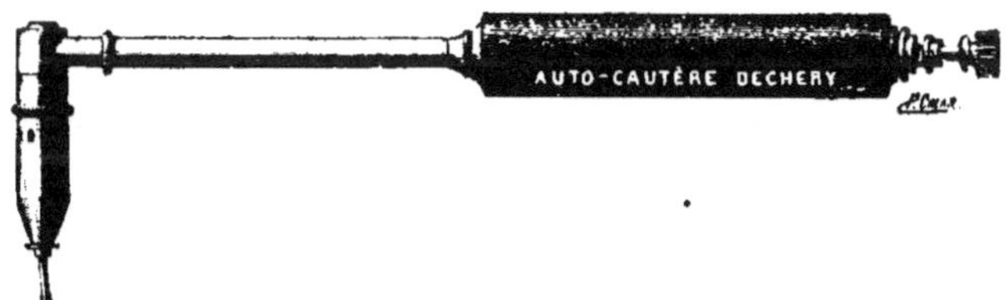


Fig. 71. — Autocautère Déchery.

soufflerie. Il n'immobilise donc qu'une seule main, comme les cautères en fer, ce qui est un sérieux avantage en bien des circonstances.

Le liquide carburant est l'éther à 65° ou 66°, à peu près pur d'alcool et d'eau.

L'appareil comporte un réservoir à combustible, constitué par le manche et la tige, terminé par une pièce en équerre, sur laquelle se vissent les cautères proprement dits, — aiguilles, pointes ou couteaux. Ce réservoir se ferme à l'aide d'une aiguille pointeau, mue par le bouton moleté que l'on aperçoit à l'extrémité du manche et qui sert, en ouvrant plus ou moins le réservoir, à régler la température du cautère.

Pour mettre le cautère en marche, le réservoir étant rempli d'éther et fermé, on chauffe le derrière de la tête sur une lampe à alcool, pendant environ deux minutes, puis on ouvre légèrement le réservoir, et l'on place en même temps la partie arrondie du cautère sur la flamme. Le cautère s'allume aussitôt et rougit en quelques instants. La chaleur s'entretient ensuite d'elle-même tant qu'il reste du liquide dans le réservoir, soit pendant quarante-cinq à cinquante minutes.

L'appareil peut être mis au repos et resservir instantanément, même après dix minutes ou un quart d'heure d'arrêt.

Les aiguilles et les pointes, en cuivre, sont simplement vissées à l'extrémité de leur tête spéciale ; si elles se faussent pendant une opération, on peut les redresser, à chaud ou à froid, avec la plus grande facilité ; si elles se brisent, il suffit de les dévisser et de les remplacer.

Les cautères cultellaires ne présentent rien de particulier.

### I. — Feu en raies. — Cautérisation transcurrente.

Préparez des cautères hastiles à bord inférieur régulier, mince sans être tranchant, légèrement convexe, plus courbe vers ses extrémités (angles émoussés).

Technique. — Avant de porter sur le tégument le cautère chaud, d'un coup de lime ou en le frottant sur une brique, débarrassez-le des scories qui peuvent être fixées sur la partie inférieure de ses faces.

La région préparée, tracez le feu avec des cautères chauffés au rouge sombre. Les lignes, espacées de 1 centimètre à 1 centimètre et demi, peuvent être parallèles, obliques ou perpendiculaires à la direction des poils. La surface cautérisée doit toujours être notablement plus étendue que la région altérée. Si le feu comporte des séries de raies diversement dirigées et d'étendue inégale, ces raies ne doivent ni s'entrecouper ni se réunir; celles d'une même série doivent commencer ou s'arrêter à quelques millimètres de la première raie de la série voisine. On ne multipliera pas inutilement

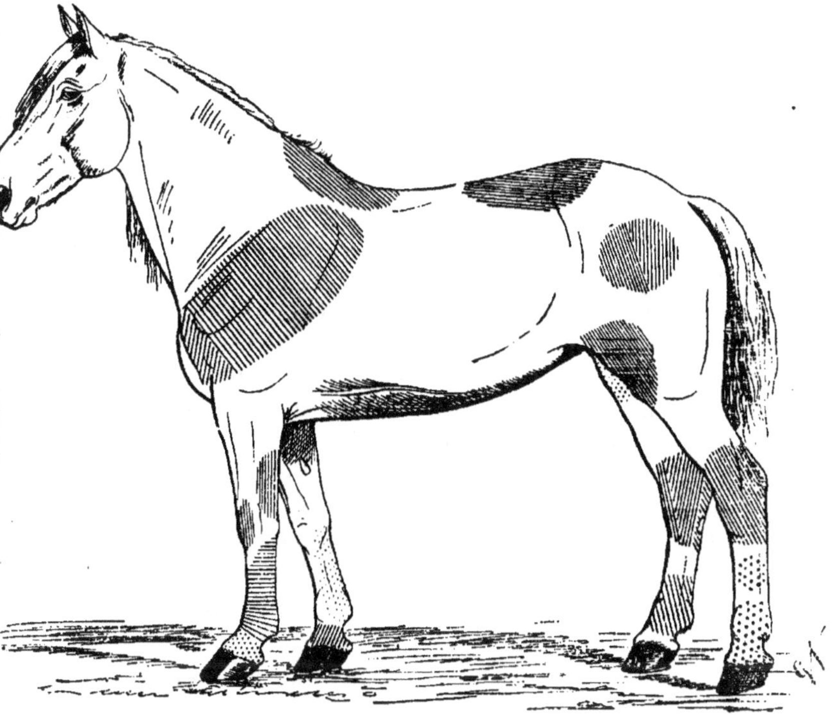

Fig. 72. — Cautérisation des régions où le feu est ordinairement appliqué.

Canon, boulet, paturon et couronne du membre postérieur gauche : feu en pointes superficielles; — paturon et couronne du membre antérieur gauche : feu en pointes fines; — tendon et grasset des membres droits : feu en aiguilles.

les groupes de raies à directions différentes: deux ou trois suffisent dans tous les cas.

Pour fixer le feu, servez-vous de cautères chauffés au rouge-cerise, jamais au rouge blanc; passez successivement dans toutes les raies l'instrument tenu perpendiculaire à la peau, en n'exerçant qu'une très légère pression sur le manche et sans jamais aller à rebrousse-poil. Lorsque vous venez de prendre un cautère chaud, faites-le progresser assez rapidement dans les premières raies, ralentissez ensuite peu à peu le mouvement à mesure que l'instrument se refroidit. Ne passez pas plusieurs fois de suite ou à très bref intervalle dans une même raie ; avant d'y réappliquer le cautère, laissez au calorique que vous y avez déposé le temps d'irradier dans le derme et les tissus sous-cutanés.

Les trois degrés de la cautérisation sont caractérisés par les signes suivants :

*Premier degré* ou *feu léger* : sillons superficiels, de teinte jaune brun, au fond desquels apparaissent quelques gouttelettes de sérosité ; — *Deuxième degré* ou *feu ordinaire* : raies plus profondes, de teinte jaune doré, sérosité plus abondante à leur fond, ramollissement de l'épiderme au voisinage ; — *Troisième degré* ou *feu fort* : sillons divisant presque toute l'épaisseur du derme et dont le fond a une teinte jaune-paille, sérosité abondante dans les raies, gouttelettes sur les bandes cutanées qui les séparent.

Pour le *feu léger*, si vous procédez méthodiquement, passez cinq ou six fois dans les raies ; pour le *feu ordinaire*, huit à dix fois; pour le *feu fort*, douze à quinze fois.

Après les feux léger ou moyen, la région cautérisée est d'ordinaire enduite d'une préparation vésicante.

### II. — Feu en pointes superficielles.

Presque toujours on peut opérer sur l'animal assujetti debout, un tord-nez appliqué à la lèvre supérieure.

Employez des cautères coniques ou olivaires à pointe mousse, chauffés au rouge sombre pour tracer le feu, au rouge-cerise pour l'appliquer.

Technique. — Les pointes, disposées en quinconce, — celles d'une ligne quelconque correspondant aux intervalles de celles des lignes adjacentes, — doivent être équidistantes, espacées de 1 centimètre à 1 centimètre et demi. On peut les rapprocher un peu plus vers le centre de la lésion, pour y concentrer le calorique, et les espacer davantage vers la périphérie. On parcourra successivement les différentes lignes de pointes, évitant de passer plusieurs fois de suite dans une même ligne. On augmentera graduellement la durée de l'application du fer dans les pointes à mesure qu'il se refroidit.

On applique le cautère cinq ou six fois pour un feu léger,

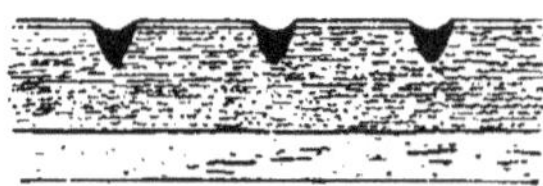

Fig. 73.

Fig. 74.

Fig. 75.

Fig. 73. — Feu léger. — Fig. 74. — Feu ordinaire ou moyen.
Fig. 75. — Feu fort.

huit à dix fois pour un feu ordinaire, douze à quinze fois pour un feu fort.

Pour les degrés du feu, mêmes signes que dans la cautérisation transcurrente. — Généralement on complète aussi les feux léger et moyen par l'application d'un topique vésicant.

### III. — Feu en pointes pénétrantes.

Servez-vous de cautères ordinaires à pointe effilée, de 2 millimètres de diamètre, ou d'un cautère spécial muni de sa pointe fine.

Technique. — Disposées également en quinconce, les pointes

Fig. 76. — Feu en pointes pénétrantes.

seront espacées de 5 à 10 millimètres. Passez le cautère successivement dans les différentes lignes du feu, en exerçant sur le manche une pression suffisante pour que la peau soit traversée en un ou deux coups. La pointe cautérisante ne doit pas dépasser la couche conjonctive sous-cutanée.

On termine par l'application d'un topique vésicant sur la région cautérisée.

C'est un *procédé rapide* dont les effets immédiats sont intenses et les résultats excellents dans la plupart des cas. Aussi le préfère-t-on généralement à la cautérisation superficielle.

### IV. — Feu en aiguilles.

Employez des cautères à pointe cylindrique de 2 millimètres à 2 millimètres et demi de diamètre, ou l'un des instruments spéciaux imaginés pour cette cautérisation.

Technique. — Les pointes, dont la disposition est la même que dans les modes précédents, seront espacées de 5 à 10 millimètres, selon l'étendue de la surface à cautériser et l'intensité que l'on donne au feu. — Du premier coup, traversez la peau et faites pénétrer l'instrument dans les tissus malades :

Fig. 77. — Feu en aiguilles.

tissu fibreux, tendon, synoviale, os. Repassez une ou deux fois dans les différentes lignes de piqûres. — Pour les synoviales, ne donnez qu'un coup de cautère.

En général, on applique une préparation vésicante sur la région cautérisée, ou l'on y fait un badigeonnage de teinture d'iode forte, que l'on réitère pendant quelques jours.

### V. — Feu mixte.

Préparez des cautères cultellaires et des cautères à pointe fine ou à aiguille.

Technique. — Ce procédé consiste à associer la cautérisation transcurrente et la cautérisation ponctuée. Le feu en raies terminé, on fait dans les bandes cutanées interlinéaires des piqûres disposées comme dans la cautérisation pénétrante ordinaire, toutefois un peu plus espacées. Selon les cas, la pointe cautérisante traverse seulement la peau ou pénètre dans les tissus altérés.

Pour les hydropisies articulaires ou tendineuses anciennes, avec forte hyperplasie de la synoviale et des couches qui la recouvrent, il peut être avantageux d'appliquer les pointes dans les raies, la cautérisation transcurrente terminée. On pénètre ainsi plus profondément dans les tissus altérés, et l'action du feu est particulièrement énergique.

Comme après les feux précédents, la région cautérisée est enduite d'une préparation vésicante.

∴

*Soins consécutifs.* — Lorsque, le deuxième ou le troisième jour, la surface cautérisée reste sèche ou n'est le siège que d'une légère exsudation, le feu est insuffisant; on doit le compléter par une friction vésicante (vésicatoire, vésicatoire mercuriel ou pommade au biiodure de mercure) ou répéter celle-ci. Une inflammation réactionnelle trop intense, l'aspect parcheminé de la peau et l'absence d'exsudation ou l'apparition au fond des pointes ou des raies d'un exsudat jaune clair, visqueux, sont des signes de cautérisation excessive.

Fig. 78. — Sac rempli de paille pour maintenir les avant-bras écartés et empêcher le cheval de se frotter avec les pieds.

L'opéré doit être étroitement surveillé ; il faut l'empêcher de se mordre, de se gratter, de se frotter contre les corps durs à sa portée, — l'attacher court au râtelier, mettre un collier à chapelet, un bâton à surfaix ou un bandage protecteur. Pour conjurer toute action vulnérante des pieds sur la face interne des régions cautérisées, il est avantageux de disposer entre les avant-bras une sorte de sac de toile rempli de paille et étroitement fixé, comme le montre la *figure* 78. — Les croûtes tombent du huitième au quinzième jour ; pour en activer la chute, on fera de simples lotions d'eau chaude ou une application d'onguent populéum ; si la peau tend à se crevasser, on l'enduira de vaseline boriquée ou de glycérine. — Plus tard, les escarres produites par le cautère se détachent à leur tour ; quand elles intéressent une grande partie de l'épaisseur du derme, elles sont parfois fort adhérentes, et leur élimination se fait par une inflammation suppurative, laquelle laisse des plaies bourgeonneuses, suivies de cicatrices que les poils ne doivent plus recouvrir.

### VI. — Cautérisation sous-cutanée.

On la pratique désormais exclusivement sur les articulations scapulo-humérale et coxo-fémorale. Elle est efficace contre cer-

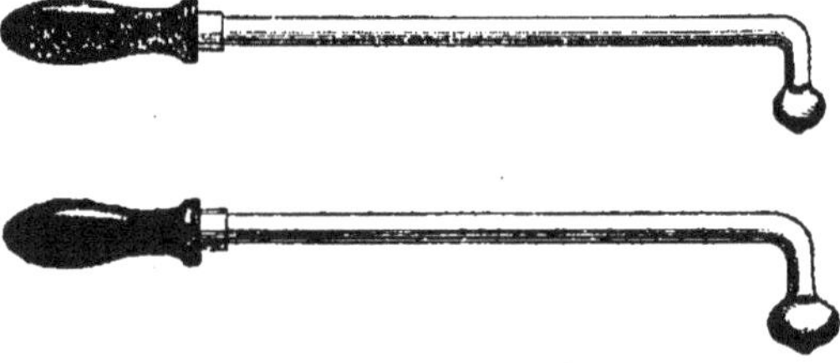

Fig. 79. — Cautères en bouton.

taines boiteries chroniques ayant leur siège en ces régions et rebelles aux autres traitements.

Si le cheval est peu irritable, on l'opère debout, assujetti dans un travail, ou simplement après application du tord-nez : on évite ainsi les changements de rapport de la peau avec les tissus sous-jacents. Quand on doit le coucher, il convient au préalable de marquer par quelques coups de ciseaux les limites de la région à cautériser.

*Instruments.* — Ciseaux ou rasoir, bistouri, pince, érignes plates, cautères en pointe ou en bouton (*fig.* 79).

Technique. — *Premier temps: Incision et décollement de la peau.* — Les poils coupés ou la peau rasée sur la surface

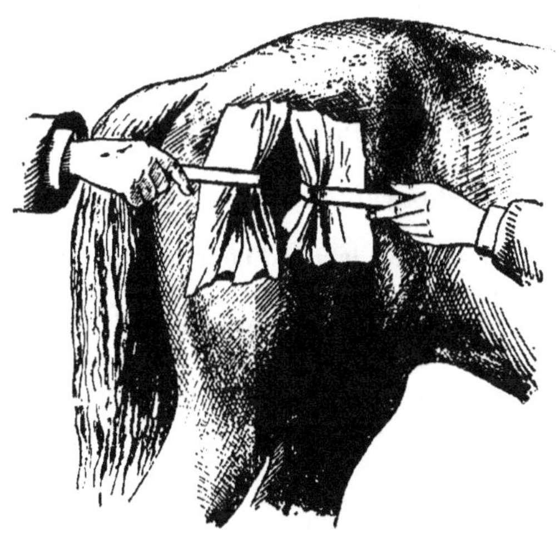

Fig. 80. — Cautérisation sous-cutanée. (Lanzillotti-Buonsanti.)

à cautériser, faites verticalement ou dans le sens du poil une incision cutanée de 8 à 10 centimètres. De chaque côté, disséquez la peau, découvrez les tissus sous-jacents dans une suffisante étendue ; disposez sur chacune des lèvres un linge mouillé et écartez-les au moyen d'érignes plates (*fig.* 80).

*Deuxième temps: Application du feu.* — Sur les parties sous-cutanées mises à nu, appliquez un certain nombre de pointes superficielles plus ou moins profondes. Si vous employez le cautère en bouton, escarrifiez une mince couche de tissus.

SECTION II

# OPÉRATIONS SPÉCIALES

## I. — OPÉRATIONS PRATIQUÉES SUR LA TÊTE.

### I. — Anesthésie des rameaux nerveux sous-orbitaires.

Faites tenir solidement la tête. Pour les chevaux irritables, appliquez le tord-nez.

Le lieu d'élection est le trou sous-orbitaire, situé près du bord postérieur du muscle releveur de la lèvre supérieure, un peu en avant et au-dessous du point d'intersection de deux lignes tirées, l'une de la commissure nasale de l'œil et parallèle à la crête zygomatique, l'autre de l'extrémité de ladite crête et perpendiculaire à la première. Cet orifice et le nerf qui en sort sont facilement perçus à l'exploration digitale.

*Instruments.* — Ciseaux. Seringue de 10-20 centimètres cubes et aiguille creuse.

Technique. — Implantez l'aiguille obliquement en avant et en bas; poussez-la sous la couche musculo-aponévrotique, jusqu'au périoste. Adaptez-y la canule de la seringue et injectez 8-10 centimètres cubes d'une solution de cocaïne à 1 p. 100. L'aiguille retirée, avec la pulpe de l'index appliquée sur le point d'injection, étalez un peu le liquide.

L'anesthésie ainsi produite permet d'exécuter sans douleur diverses opérations dans la région naso-labiale.

### II. — Nivellement et section des dents.

*Indications.* — Irrégularités dans l'usure des dents. Pointes ou surdents. Longueur excessive d'une molaire supérieure ou inférieure quand la dent avec laquelle elle devrait s'affronter a été extraite. — Le nivellement annuel des arcades molaires, qui assure la constante régularité de celles-ci et une bonne mastication, est l'une des plus efficaces mesures préventives des coliques.

*Instruments.* — Rabot, râpe et spéculum. Coupe-dents. Scies spéciales.

MANUEL. — Pour le *nivellement*, servez-vous du *rabot* et de la *râpe*. — Acculez le cheval dans un coin et faites simplement tenir la langue hors de la bouche, successivement à gauche et à droite, sans traction excessive, ou appliquez un *spéculum*.

Le rabot tenu de la main gauche vers sa partie moyenne, appliquez-en la lame sur les aspérités dentaires (bord externe des molaires supérieures, bord interne des inférieures), et actionnez de la main droite le propulseur avec plus ou moins de force selon l'épaisseur des pointes. Faites sauter celles-ci en parcourant les arcades de la première molaire à la dernière. Achevez le nivellement avec la râpe.

Les saillies volumineuses constituées par une molaire résistent au rabot. On n'en a raison qu'avec les *coupe-dents*. — Il est généralement nécessaire d'assujettir le cheval au travail ou en position décubitale. Les mâchoires maintenues écartées par le spéculum et la langue tenue hors de la bouche, introduisez dans celle-ci les mors du coupe-dents et saisissez la molaire à la hauteur de la table des dents adjacentes. Manœuvrez ensuite la vis : les mors entament la dent et font sauter la partie à réséquer. — Pour les incisives, on se sert des mêmes instruments ou de pinces plus petites.

La résection des dents avec les scies préconisées à cet effet est longue, souvent pénible, et peu usitée.

## III. — Avulsion des dents.

*Indications.* — Dents surnuméraires, dents caduques. Fistule dentaire, carie.

*Instruments.* — Davier ou pince *ad hoc*, ciseau à froid, spéculum.

L'*avulsion des incisives* est pratiquée sur le cheval debout ou couché, au moyen d'un ciseau à froid, d'un davier, d'une solide pince à branches articulées ou des tricoises.

### Extraction des molaires.

*Assujettissement.* — Couchez le cheval. Faites tenir la tête relevée sur la nuque. Appliquez un spéculum et faites tirer la langue du côté opposé à celui où vous opérez.

#### I. — Extraction avec le davier.

Introduisez le davier dans la cavité buccale et poussez-le le long de l'arcade molaire ; saisissez la dent jusqu'au bord de la gencive avec les mors et enserrez-la en tournant la vis. Mobilisez-la ensuite dans son alvéole, en imprimant à l'instrument des mouvements de latéralité, alternativement à droite et à gauche. — Si vous employez le davier à branches coudées, il suffit de peser sur celles-ci pour exercer une traction sur la dent. — Si vous vous servez du davier à branches droites, avant d'effectuer les manœuvres qui doivent soulever la dent, il faut porter sur l'arcade dentaire, aussi près que possible des mors, un support servant de point d'appui à l'instrument.

#### II. — Extraction avec les pinces.

La pince utilisée pour les trois premières molaires a les branches articulées en compas à l'une de ses extrémités, au delà des mors, et agit par un levier du second genre. Engagez-la le long de l'arcade molaire ; saisissez la dent jusqu'auprès de la gencive ; la pince fermée, imprimez-lui de brusques mouvements de latéralité pour ébranler la dent, ensuite évulsez-la en exerçant une forte traction sur les branches de l'instrument.

La pince destinée aux trois dernières molaires se compose de deux branches articulées tout près des mors qui en sont la partie terminale, et agit en prenant un point d'appui sur un support. Engagez-la, saisissez la dent et ébranlez-la comme il vient d'être dit. Ensuite faites glisser le support sur l'arcade, portez-le aussi près que possible de la dent à extraire, et

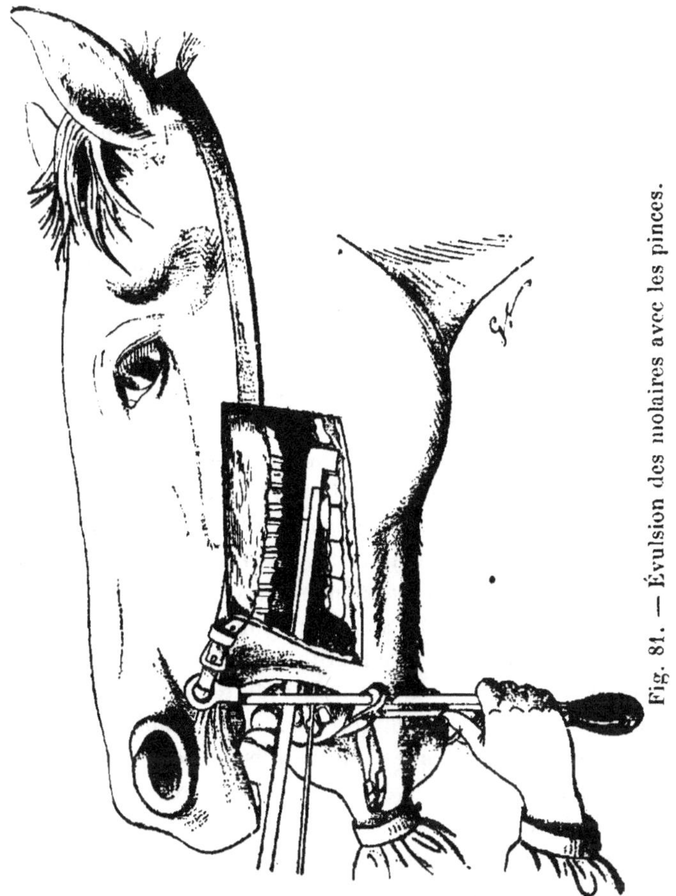

Fig. 81. — Évulsion des molaires avec les pinces.

évulsez celle-ci en pesant sur les branches de la pince (*fig.* 81).

## IV. — Repoussement des molaires.

*Instruments.* — Ciseaux, bistouri, pince, trépan, ciseau à froid ou rogne-pied, repoussoir, marteau, spéculum. — Objets de pansement.

*Assujettissement.* — Comme pour la trépanation. Dans la généralité des cas, il convient d'anesthésier le patient.

TECHNIQUE. — A. REPOUSSEMENT D'UNE MOLAIRE SUPÉRIEURE. — *Premier temps : Incision et décollement de la peau.* — Faites sur la peau de la joue, au niveau de l'extrémité profonde de la dent que vous voulez repousser, une large incision en **V**. Disséquez le lambeau cutané ainsi délimité, doublé de l'hypoderme et du périoste, ou ruginez la surface osseuse découverte; au besoin, décollez ou désinsérez une portion de muscle, que vous écartez ensuite avec l'érigne plate.

*Deuxième temps : Trépanation.* — Faites sur la paroi externe des sinus ou sur le maxillaire supérieur trois ouvertures tangentes, dont deux parallèles à l'arcade molaire et l'autre en avant des premières. Régularisez l'ouverture avec le ciseau ou le rogne-pied. Si vous intervenez pour une molaire antérieure, évitez de meurtrir les rameaux du nerf maxillaire supérieur.

*Troisième temps : Repoussement de la dent.* — Écartez les mâchoires avec le spéculum et faites tenir celui-ci par un aide. Le repoussoir placé parallèlement à la dent à refouler, appliquez-en une extrémité sur la racine de cette dent. Un aide armé d'un marteau à tête lourde frappe à petits coups sur le repoussoir. Avec la main libre, introduite dans la bouche, entre les branches du spéculum, rendez-vous compte de l'effet produit. D'ordinaire, quelques coups suffisent pour ébranler la dent et la chasser de son alvéole. Saisissez-la avec la main ou une longue pince.

Enlevez les esquilles, détergez la plaie et tamponnez-la avec de la gaze et de l'ouate.

B. REPOUSSEMENT D'UNE MOLAIRE INFÉRIEURE. — La technique est la même que pour les dents supérieures. L'opération étant nécessitée le plus ordinairement par la carie de la troisième ou de la quatrième molaire, on évitera de blesser l'artère faciale, la veine correspondante et le canal de Sténon, qui pourront être déplacés et maintenus par un écarteur. — En raison du danger de fracture du maxillaire inférieur, l'aide ne doit frapper que de légers coups sur le repoussoir.

Même pansement que pour l'opération précédente.

Que l'on opère sur l'une ou l'autre mâchoire, si l'on ne veut pas s'exposer à refouler une dent autre que celle sur laquelle

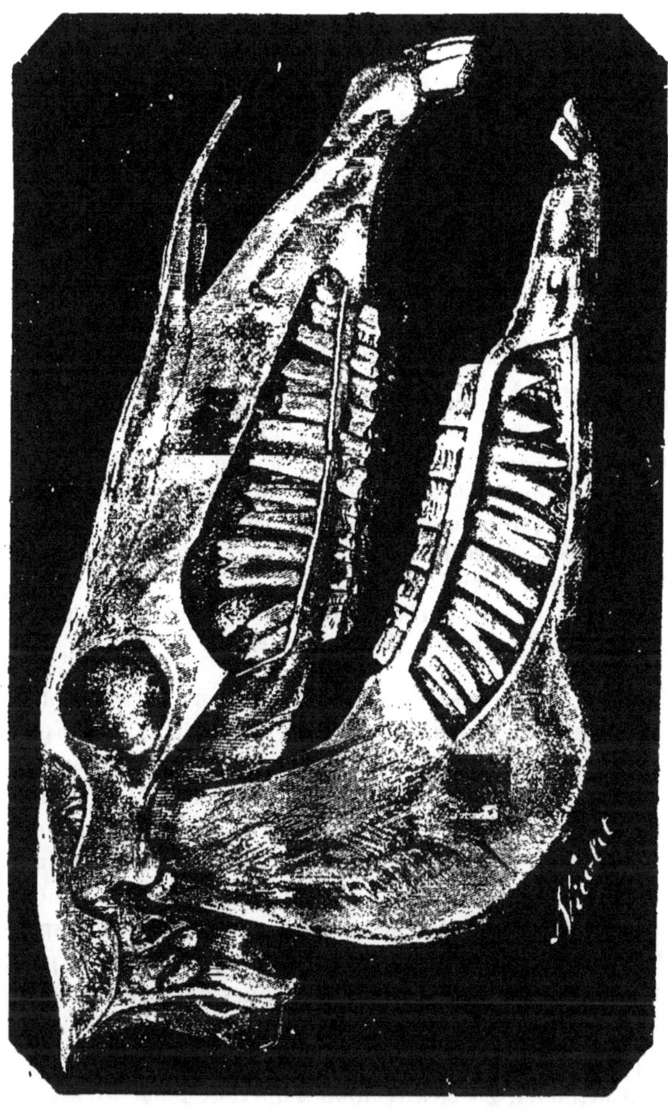

Fig. 82. — Disposition des dents molaires.

on doit agir, il faut se rappeler que *les racines des trois molaires antérieures de chaque arcade sont dirigées un peu en avant, que celles des trois autres sont inclinées en arrière* (*fig.* 82).

*Soins consécutifs.* — Que l'on ait pratiqué l'évulsion ou le repoussement d'une molaire, l'opéré sera nourri pendant huit à dix jours d'aliments liquides ou de facile mastication, et après les repas la bouche sera détergée par une irrigation à l'eau tiède ou dégourdie. La brèche laissée par le repoussement sera pansée, puis tamponnée avec de la gaze et de l'ouate une fois par jour. En cas d'inocclusion au bout de deux à trois mois, on peut la combler avec de la gutta-percha.

## V. — Opération de la fistule du canal de Sténon.

*Indication.* — Pratiquée pour remédier aux fistules de la partie faciale du conduit, cette opération a pour but d'établir une voie artificielle qui, partant du point où le canal est fistulisé, traverse les couches profondes de la joue et aboutit dans le sillon gingival, de sorte que la salive puisse se déverser dans la bouche.

*Instruments.* — Spéculum, ciseaux, trocart court et d'assez fort calibre. — Mèche de chanvre.

*Assujettissement.* — Couchez le cheval. Le licol enlevé, appliquez le spéculum et faites tenir solidement la tête.

TECHNIQUE. — PREMIER PROCÉDÉ. — La région préparée, portez la pointe du trocart dans la plaie et, l'instrument tenu plus ou moins oblique selon le siège de celle-ci, transpercez la joue de façon que la pointe arrive dans la cavité buccale (*fig.* 83). La tige retirée, engagez dans la canule, de dehors en dedans, la mèche préparée; saisissez-en le bout avec une pince introduite dans la bouche, amenez-le au dehors et retirez la canule. Nouez les chefs au niveau de la commissure labiale correspondante et recouvrez la plaie cutanée d'un emplâtre à la poix. — Au bout de six à huit jours, supprimez la mèche et appliquez un nouvel emplâtre, ou suturez, après avivement, les lèvres de la plaie externe : la salive s'écoule dans la bouche par le conduit artificiel. La cicatrisation s'opérant plus vite vers la peau que sur la muqueuse, la seule suppression du drain pourrait amener l'occlusion de la plaie cutanée; mais il convient toujours d'appliquer un pansement à la poix.

DEUXIÈME PROCÉDÉ. — Transpercez en deux temps et dans une

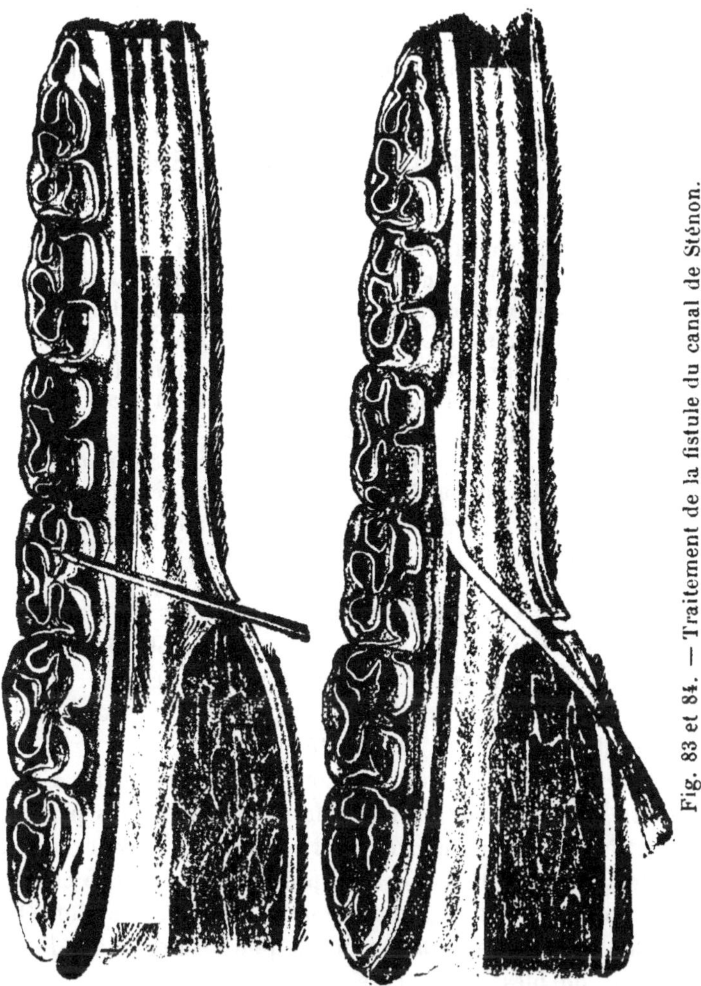

Fig. 83 et 84. — Traitement de la fistule du canal de Sténon.

direction oblique en avant et en dedans toute l'épaisseur de la joue. — Avec le trocart introduit dans la fistule, traversez d'abord de dehors en dedans les couches profondes de la joue et passez une mèche dans la perforation ; puis, l'instrument dirigé en arrière, traversez de dedans en dehors les couches superficielles ; engagez la mèche dans ce second trajet (*fig.* 84), nouez-en les chefs et laissez-la en place jusqu'à cicatrisation de la fistule cutanée, que vous pouvez favoriser par des cautérisations légères ou la suture. La mèche enlevée, la plaie externe faite pour lui donner passage se ferme rapidement.

## VI. — Ligature du canal de Sténon.

*Indication.* — On la pratique dans les cas de fistule de ce conduit, quand, en raison du siège de la lésion, il est impossible de frayer à la salive une voie d'écoulement dans la bouche, ou lorsque les autres interventions ont échoué. Cette opération provoque la rétention de la salive, son accumulation à l'intérieur des acini et l'atrophie de ceux-ci par compression et inflammation scléreuse consécutive. Parfois l'opération se complique d'abcédation avec gangrène partielle de la parotide.

*Instruments.* — Ciseaux, rasoir, bistouri, pince, sonde cannelée ou ténaculum et aiguille. — Fil de soie ou de chanvre.

*Assujettissement.* — Comme pour l'opération précédente. — Rasez et aseptisez la peau au lieu d'élection.

Technique. — A. Ligature sur la joue. — Après avoir contourné le bord inférieur du maxillaire, le canal de Sténon monte le long du bord antérieur du masséter, en arrière de la veine glosso-faciale, puis s'engage sous celle-ci et sous l'artère pour aller s'ouvrir dans la cavité buccale.

A deux travers de doigt du bord du maxillaire et à 1 centimètre en arrière de l'artère glosso-faciale, faites parallèlement à celle-ci une incision de 3 centimètres ; divisez la peau, le peaussier, et disséquez avec précaution la couche conjonctive sous-jacente. Le canal apparaît sous forme d'un étroit cordon blanchâtre, aplati. Il n'y a qu'à l'isoler et à le lier, en évitant de blesser la veine.

B. Ligature en arrière du maxillaire. — A 1-2 centimètres en arrière de la branche ascendante du maxillaire inférieur, près de l'angle antéro-inférieur de la parotide, au niveau du tendon du sterno-maxillaire, faites, suivant une direction légèrement oblique en bas et en avant, une incision de 3 à

4 centimètres portant sur la peau et le peaussier; divisez ensuite avec précaution la couche cellulaire dans laquelle est

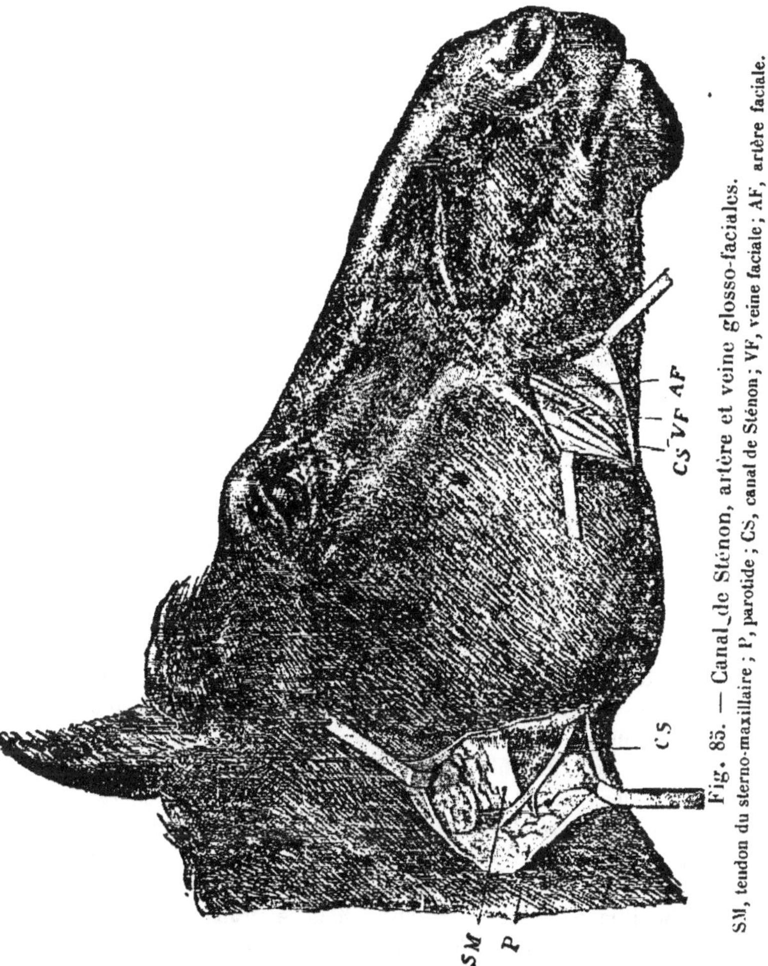


Fig. 85. — Canal de Sténon, artère et veine glosso-faciales.
SM, tendon du sterno-maxillaire ; P, parotide ; CS, canal de Sténon ; VF, veine faciale ; AF, artère faciale.

situé le canal; celui-ci découvert, isolez-le et faites-en la ligature.

Dans les deux cas, on termine par la suture de la peau et un pansement au collodion. Les soins consécutifs se réduisent à des détersions antiseptiques de la plaie si la suppuration survient.

Les jours suivants, les parois du canal sont distendues au-dessus du lien et la parotide s'enflamme. Si la ligature remplit bien son office et ne cède pas trop tôt, le résultat définitif est généralement l'atrophie de la glande.

## VII. — Ligature de l'artère glosso-faciale.

*Assujettissement.* — Tord-nez. Faites lever le membre antérieur du côté opposé à celui où vous opérez, ou couchez l'animal.

TECHNIQUE. — Sur la joue, l'artère longe le bord antérieur du masséter, en avant de la veine et du canal de Sténon (V. *fig.* 85) ; il est facile de la percevoir et de la découvrir.

Faites sur la ligne du vaisseau une incision de 3 centimètres ; divisez la peau, le peaussier et le tissu cellulaire. Avec la sonde cannelée, isolez l'artère. Glissez en dessous un fil et liez-la.

Si elle est coupée, pincez successivement les deux bouts, en commençant par l'inférieur, et appliquez une ligature sur chacun d'eux.

## VIII. — Trépanation des sinus.

*Indications.* — Sinusite purulente. Tumeur, corps étranger ou parasites des sinus. Carie des molaires dont la racine correspond au plancher de ces cavités. — Pour la « trépanation d'essai », pratiquée dans le but de préciser certains diagnostics, on emploie le trépan ordinaire ou la tréphine.

Dans les cas de sinusite purulente, on trépane généralement les *sinus frontal* et *maxillaire inférieur* ou ce dernier seulement.

*Instruments.* — Ciseaux ou rasoir, bistouri, pince, rugine, trépan, couteau lenticulaire ou rénette. — Seringue ou irrigateur et eau bouillie ou solution boriquée chaudes. Drain, ouate ou étoupe.

*Assujettissement.* — Couchez l'animal. Tord-nez à la lèvre supérieure. Enlevez la bride ou le licol et faites tenir la tête étendue sur l'encolure.

### I. — Trépanation du sinus frontal.

Ouvrez le sinus frontal entre l'angle interne de l'œil et la ligne médiane, à égale distance de ces deux repères.

Technique. — *Premier temps : Incision en V et dissection du lambeau cutané.* — La région préparée, faites-y deux

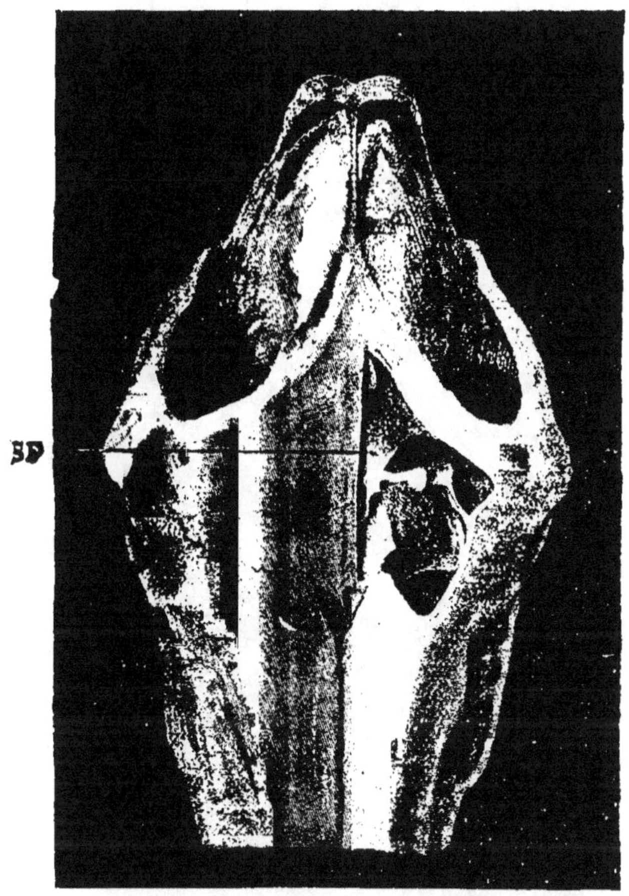


Fig. 86. — Tête. Face antérieure.
SF, sinus frontal.

incisions obliques en bas et en avant, réunies à leur extrémité inférieure (*fig.* 88). Disséquez le lambeau cutané ainsi délimité, doublé du périoste, ou ruginez la surface osseuse sur une étendue qui corresponde au diamètre de l'ouverture que vous voulez pratiquer.

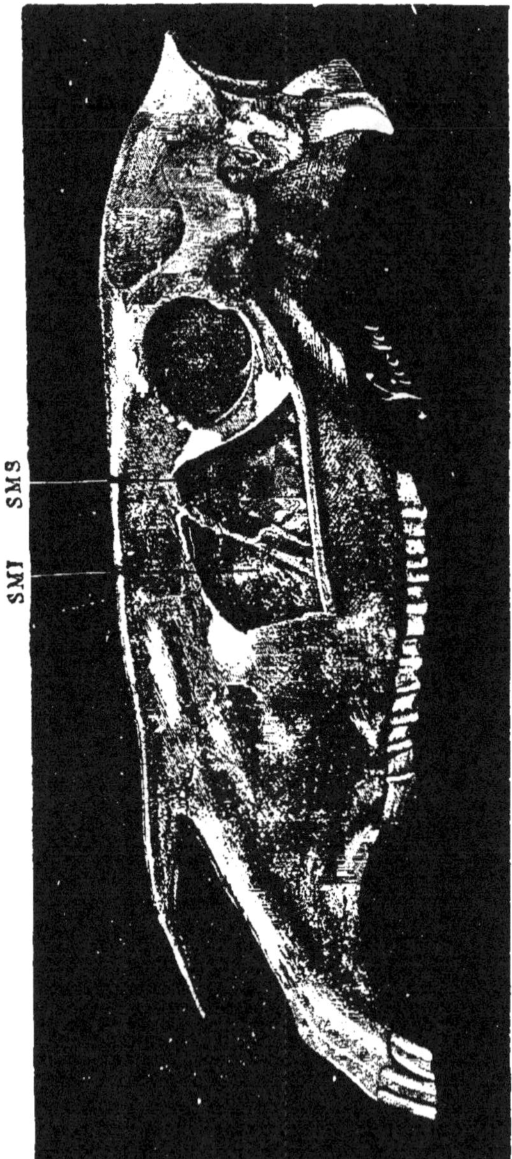


Fig. 87. — Tête. Face latérale gauche. Sinus maxillaires.
SMI, sinus maxillaire inférieur ; SMS, sinus maxillaire supérieur.

*Deuxième temps : Trépanation.* — Le trépan préparé — la pointe de la pyramide dépassant de quelques millimètres le bord de la couronne et le curseur arrêté sur celle-ci à 1 centimètre du bord, — le lambeau cutané est saisi avec une pince et tenu relevé par un aide. La pointe de la pyramide placée au centre de la surface osseuse découverte, appliquez une main sur la plaque en bois qui garnit l'arbre de l'instrument ; avec l'autre, imprimez à celui-ci un mouvement de

Fig. 88. — Trépanation. — Ouverture large des sinus. — Repoussement des molaires.

A, trépanation du sinus maxillaire inférieur ; B, trépanation du sinus frontal ; *edc*, ligne d'incision pour l'ouverture large des sinus maxillaires ; *fgh*, ligne d'incision pour l'ouverture large du sinus frontal ; *ab*, ligne d'incision pour le repoussement des premières molaires.

rotation qui fait pénétrer dans l'os la pyramide et la scie. En quelques instants, l'os est divisé. Si la couronne ne porte pas de curseur, n'exercez sur l'instrument qu'une légère pression lorsque la section de l'os touche à sa fin. Souvent la rondelle coupée reste fixée dans la couronne ; si elle tombe dans le sinus, retirez-la. — Avec la rénette ou le couteau lenticulaire, faites disparaître les arêtes tranchantes du bord de l'ouverture.

### II. — Trépanation du sinus maxillaire supérieur.

Pratiquez-la dans l'angle formé par la paupière inférieure et la crête zygomatique, à égale distance de ces parties.

Incision en < dont le sommet correspond à l'angle formé par la paupière inférieure et l'épine zygomatique.

Même manuel que pour la trépanation du sinus frontal.

### III. — Trépanation du sinus maxillaire inférieur.

Faites-la un peu en avant de la crête zygomatique : — chez les chevaux âgés, presque au niveau de l'extrémité inférieure de cette crête ; — chez les jeunes (où le sinus est moins vaste et descend moins bas), un peu plus haut et plus loin de ladite crête.

Même technique que pour les opérations précédentes.

Introduisez les ciseaux courbes dans l'ouverture du sinus maxillaire inférieur et faites-le communiquer largement avec le supérieur en déchirant la mince cloison osseuse qui les sépare.

L'animal relevé, détergez les sinus avec de l'eau bouillie *tiède* ou une solution antiseptique légère. Passez-y un drain ou tamponnez les orifices.

*Soins consécutifs.* — Deux fois par jour, on détergera les sinus par une large irrigation à l'eau bouillie chaude. Généralement on en fait ensuite une autre avec une solution antiseptique ou astringente.

Pour les sinusites simples, la durée du traitement est de trois semaines à un mois. On laisse d'abord se fermer la plaie du sinus frontal, tout en entretenant l'ouverture du sinus maxillaire inférieur tant que l'écoulement purulent persiste.

Les sinusites qui résistent au traitement sont d'origine dentaire ou néoplasique.

### IV. — Ouverture large des sinus pour l'ablation des tumeurs bénignes de ces cavités.

Découvrez largement le sinus frontal en détachant un lambeau cutané taillé par une première incision faite près de la ligne médiane, parallèlement à celle-ci, et par une autre tirée de l'angle interne de l'œil sur la première, dans une direction légèrement oblique en avant. — Découvrez les sinus maxillaires en prolongeant, le long de la crête zygomatique et en avant de la paupière inférieure, les deux incisions faites pour la trépanation du sinus maxillaire supérieur (*fig.* 88); décollez ou désinsérez ensuite les muscles qui recouvrent le champ opératoire.

Avec un trépan à large couronne, faites aux surfaces osseuses découvertes, trois, quatre ou cinq ouvertures tangentes ; réunissez-les en faisant sauter les saillies osseuses intermédiaires et régularisez le contour des ouvertures.

La tumeur enlevée, les sinus sont détergés, irrigués à l'eau bouillie tiède, puis tamponnés avec de la ouate introduite sur une double lame de gaze, le tout maintenu par une suture cutanée.

Les *soins consécutifs* sont les mêmes que pour la simple trépanation. — Il persiste généralement une brèche que l'on peut masquer par une pièce de cuir fixée au montant de la bride ou au frontal.

## IX. — Incision de la paroi nasale.

*Indication.* — Tumeurs bénignes des cavités nasales dont l'extraction est rendue difficile ou impossible par l'étroitesse des naseaux.

*Instruments.* — Bistouri, pinces à dents de souris et à forcipressure, écarteurs.

Manuel. — Incisez la paroi supéro-externe de la cavité nasale suivant la bissectrice de l'angle formé par la réunion des os sus-nasal et petit sus-maxillaire. La division de la paroi externe de la fausse narine ne donne que très peu de sang, mais celle de la paroi profonde provoque une assez forte hémorragie, et elle intéresse la partie inférieure du cornet ethmoïdal. On peut ménager celui-ci en incisant entre l'aile cartilagineuse et le cornet, ou en divisant la paroi nasale en sa partie supérieure seulement, sur une étendue de 5 à 6 centimètres (*fig.* 89).

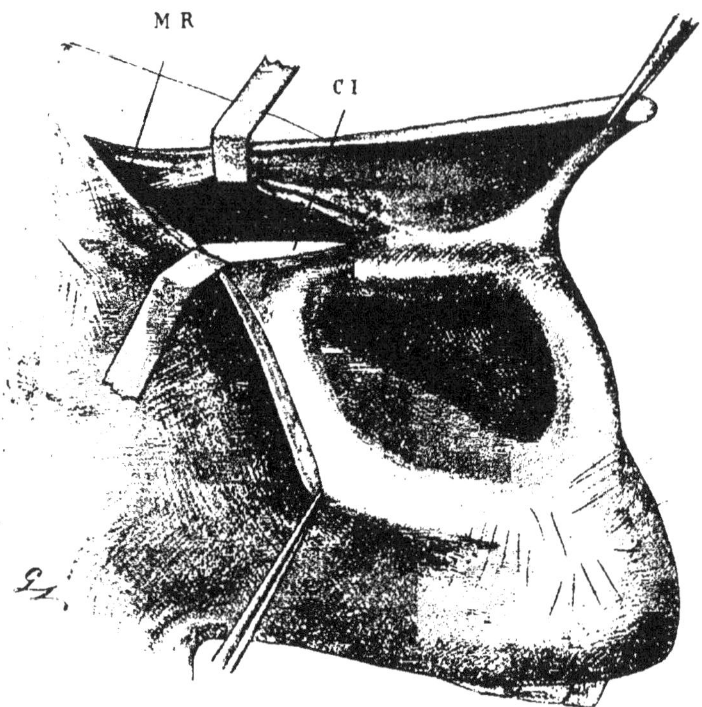


Fig. 89. — Incisions des parois de la cavité nasale droite pour l'exploration de cette cavité. MR, muscle releveur de la lèvre supérieure; CI, branche antérieure du cornet inférieur.

La brèche ainsi ouverte suffit pour explorer assez loin la cavité et effectuer les manœuvres nécessaires.

## X. — Trépanation des cavités nasales.

*Indication.* — Tumeurs bénignes — polypes muqueux ou fibreux — développées dans la profondeur de la cavité nasale et qui ne peuvent être extraites par le naseau.

Mêmes *instruments* et même *assujettissement* que pour la trépanation des sinus.

Pour explorer la cavité nasale aussi en arrière que possible, trépanez la base de l'os nasal à quelques centimètres en avant d'une perpendiculaire abaissée de l'angle interne de l'œil sur la ligne médiane. Dans la région supérieure de la cavité, le cornet

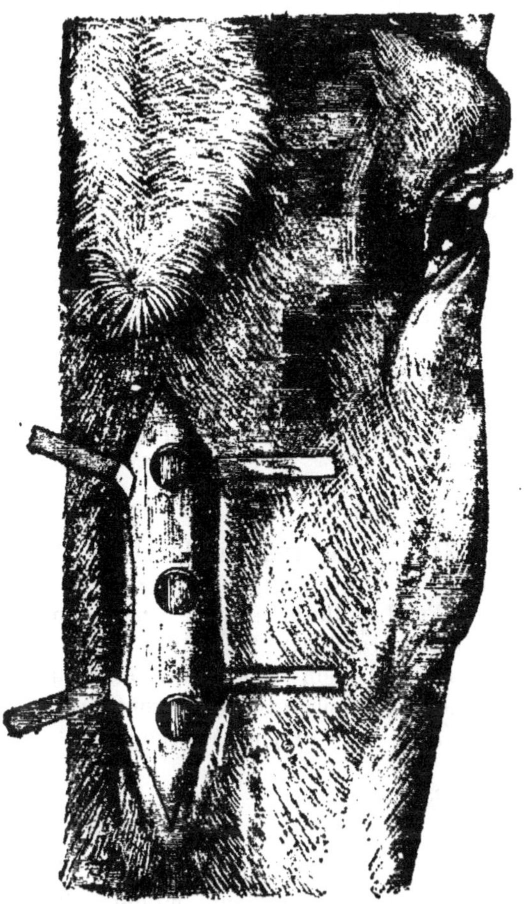

Fig. 90. — Trépanation de la cavité nasale gauche.

ethmoïdal est presque contigu à l'os nasal et à la cloison ; il s'en éloigne graduellement du fond vers l'entrée de la cavité.

Technique. — Divisez la peau suivant le grand axe de l'os nasal, près de la ligne médiane et dans l'étendue que vous voulez donner à la brèche. Aux extrémités de cette incision, vous en pouvez faire deux autres, perpendiculaires, qui favorisent l'écartement des lèvres de la première.

Les écarteurs appliqués, faites sur la partie découverte de l'os nasal, à proximité de la cloison, deux ou trois ouvertures au trépan ; ensuite réunissez ces ouvertures en faisant sauter, avec un ciseau, les portions d'os qui les séparent.

Vous pouvez ainsi explorer la cavité dans une grande étendue, et les manœuvres que comporte l'extraction des polypes sont d'une facile exécution.

L'opération terminée, irriguez la cavité nasale à l'eau bouillie tiède et, si le sang continue à couler, tamponnez-la avec de la ouate introduite sur une double lame de gaze, le tout maintenu par un bandage.

Le lendemain on enlève le pansement. Les soins consécutifs se réduisent à de simples détersions de la plaie. On peut réunir les lèvres de celle-ci dans leur moitié supérieure par quelques points de suture.

## XI. — Trépanation du crâne.

*Indication.* — Fracture du crâne avec compression du cerveau chez les animaux de grand prix.

Mêmes *instruments* et même *assujettissement* que pour la trépanation des sinus. — Employez une couronne de petit calibre. La tête doit reposer sur un plan résistant et être solidement maintenue.

L'opération exige une rigoureuse asepsie.

Technique. — Selon le point où vous devez ouvrir le crâne, découvrez celui-ci par une incision cutanée droite, courbe, en **V** ou en +, suivie de l'incision et du décollement du crotaphite. Le périoste détaché et soulevé avec les couches épicraniennes, armez le trépan de façon que le perforateur dépasse la couronne de 3 millimètres environ ; appliquez-le au lieu d'élection et entamez la paroi cranienne. Une fois la rainure assez profondément creusée pour que la couronne ne dérape pas, rentrez la pointe du perforateur et achevez la division de l'os en manœuvrant l'instrument avec d'autant

Fig. 91. — Trépanation du crâne.

plus de précaution que vous arrivez plus près de la dure-mère.

Fig. 92. — Cravate de Mayor.

Le disque osseux enlevé, s'il s'agit de relever des fragments d'os enfoncés, engagez un élévatoire entre le crâne et la dure-mère, sans diviser cette membrane. Lorsqu'il existe un épanchement sous-méningé, incisez la dure-mère avec la pointe du bistouri. L'hémorragie est généralement faible et s'arrête bientôt.

Détergez soigneusement la plaie, recouvrez-la d'une compresse de gaze et appliquez un pansement ouaté fixé par une large bande (*fig.* 92).

Si l'état général est bon et la fièvre légère ou nulle, on ne renouvellera le pansement que tous les deux ou trois jours.

L'infection de la plaie pendant l'opération ou en renouvelant les pansements expose fort à la méningo-encéphalite.

## XII. — Hyovertébrotomie.

*Indications.* — Collection purulente, tympanite, corps étrangers ou concrétions des poches gutturales. — L'opération permet l'écoulement du pus et l'action directe des substances médicamenteuses sur la membrane enflammée. — Lors de tympanite, l'ouverture de la poche doit être le plus souvent complétée par le débridement de l'orifice de la trompe. Dans les cas de corps étranger ou de concrétions de la poche, celle-ci doit être ouverte largement en sa partie inférieure.

*Instruments.* — Ciseaux, rasoir, bistouris, pince, écarteurs ou érignes plates, sondes cannelée et en **S**. — Bande ou drain.

*Assujettissement.* — S'il y a de la dyspnée, opérez sur l'animal debout après application d'un tord-nez à la lèvre inférieure. — Dans le cas contraire, couchez le sujet sur le côté opposé à celui où vous devez opérer. Enlevez le licol et faites tenir la tête modérément étendue sur l'encolure.

*Remarques anatomiques.* — La région où sont situées les *poches gutturales* est d'une constitution anatomique assez complexe. Sous la peau, on trouve : 1° une *couche conjonctive* et le *peaussier* ; 2° le *muscle parotido-auriculaire*, dont les fibres sont dirigées suivant le grand axe de la région et qui occupe seulement une partie de celle-ci ; 3° la *parotide* ; 4° l'*aponévrose sous-parotidienne*, qui va du tendon du mastoïdo-huméral à celui du sterno-maxillaire ; 5° sous cette aponévrose et en avant, la *grande branche de l'hyoïde* ; en arrière, l'*apophyse styloïde de l'occipital*; entre les deux, les *muscles occipito-styloïdien* (ancien *stylo-hyoïdien*) *et digastrique*; dans le tiers inférieur de la région, la *glande maxillaire*; enfin 6° la *poche gutturale*, dont la paroi externe est appliquée sur la face profonde de l'aponévrose sous-parotidienne, des muscles occipito-styloïdien et digastrique.

Cette région est traversée par trois artères principales : 1° la *carotide externe*, la plus volumineuse, obliquement dirigée en avant et en haut, sous la parotide, d'abord un peu au-dessous, puis en avant de la poche; 2° l'*occipitale*, située sous l'apophyse transverse de l'atlas, en arrière du sac guttural; 3° la *carotide interne*, profondément sise dans un repli de ce sac et qui monte vers la base du crâne. — Dans son trajet parotidien, la *veine jugulaire* est tantôt superficielle, tantôt presque entièrement recouverte d'une couche de tissu glandulaire. La *glosso-faciale* vient se réunir à la jugulaire vers l'angle postéro-inférieur de la parotide. — Le *nerf facial* traverse cette glande en haut et en avant; les *nerfs grand hypoglosse* et *glosso-pharyngien* sont situés vers la base et en dehors de la poche; le *pneumogastrique*, le *spinal* et le *ganglion cervical du grand sympathique* sont compris, avec la carotide interne, dans le repli que forme la muqueuse de la poche à sa partie supérieure.

Le *triangle de Viborg* est l'espace limité en avant par le bord ascendant du maxillaire, en bas par la veine glosso-faciale, en haut par le tendon du sterno-maxillaire.

TECHNIQUE. — A. PREMIER PROCÉDÉ. — *Premier temps : Incision de la peau et dissection des tissus qui recouvrent la poche gutturale.* — Après avoir préparé la région préatloïdienne, faites immédiatement en avant de l'atlas, au niveau du tiers moyen du bord de son aile, une incision cutanée de 3 à 4 centimètres.

La peau légèrement tirée en avant et en bas, de manière que l'angle supérieur de l'incision corresponde au tendon du petit complexus, divisez l'aponévrose sous-parotidienne dans l'étendue de la plaie cutanée, évitant de blesser la glande et la veine auriculaire ; si vous tombez sur les branches nerveuses des première et deuxième paires cervicales, éloignez-les ou divisez-les d'un coup de bistouri. A l'aide d'une érigne plate, faites tirer en avant la lèvre antérieure de l'incision (peau, glande et aponévrose). Engagez l'index, face dorsale en dehors, sous l'aponévrose ; détachez celle-ci des plans

Fig. 93. — Hyovertébrotomie. Région parotidienne.

P, parotide ; T, tendon du petit complexus ; A, atlas ; PO, petit oblique de la tête ; AS, apophyse styloïde de l'occipital ; H, grande branche de l'hyoïde ; SH, muscle stylo-hyoïdien (occipito-styloïdien) ; D muscle digastrique ; C, C, artère carotide ; ME, artère maxillaire externe ; AA, artère auriculaire postérieure.

sous-jacents (muscles atloïdo-mastoïdien ou petit oblique de la tête, occipito-styloïdien et digastrique), en faisant exécuter au doigt quelques mouvements de latéralité et en le poussant non en bas, mais *en avant*. Bientôt le décollement est suffisant; la pulpe du doigt perçoit les repères : en avant, la partie élargie de la grande branche de l'hyoïde ; en arrière, l'apophyse styloïde de l'occipital ; entre ces os, la couche musculaire formée par l'occipito-styloïdien et le digastrique (*fig.* 93).

*Deuxième temps : Ponction.* — Par une traction exercée sur l'érigne, la plaie s'entr'ouvre largement ; on aperçoit la couche profonde du champ opératoire : les fibres du digastrique et de l'occipito-styloïdien obliquement dirigées en bas et en avant. La face profonde de ce dernier muscle est tapissée par la muqueuse de la poche gutturale. C'est à son centre, un peu au-dessus de l'angle postéro-inférieur de la branche de l'hyoïde, que la ponction doit être faite. — Tenez le bistouri dans une direction oblique en bas et en avant, le tranchant tourné vers la commissure des lèvres ; portez-en la pointe sur le centre du muscle occipito-styloïdien, la lame parallèle aux fibres de ce muscle, et ponctionnez celui-ci en faisant pénétrer 1 centimètre de lame dans le sac guttural. — Si cette dernière était poussée trop profondément, vous pourriez atteindre la carotide interne ou les branches nerveuses voisines (spinal, pneumogastrique, ganglion cervical supérieur du grand sympathique). En dirigeant vers l'oreille ou l'atlas le tranchant du bistouri, il y aurait danger de blesser le nerf facial et l'artère auriculaire postérieure ; en le tournant vers le larynx, le nerf grand hypoglosse et la carotide externe seraient menacés. — Engagez l'index dans la ponction et agrandissez-la.

*Troisième temps : Contre-ouverture.* — Introduisez dans la poche une extrémité de la sonde en **S**; portez l'autre vers l'oreille, de manière à donner à la sonde une direction à peu près parallèle à la parotide; poussez-la ensuite sous la glande, vers le bord inférieur de celle-ci : vous lui faites ainsi traverser le fond de la poche gutturale, le tissu conjonctif sous-parotidien, et vous en amenez l'extrémité au bord inférieur de la glande, dans le triangle de Viborg, entre le tendon du sterno-maxillaire et la glosso-faciale. La sonde parvenue en ce point, donnez-lui issue en faisant à la peau et à la couche sous-cutanée, qu'elle soulève, une boutonnière parallèle au tendon du sterno-maxillaire. Faites dans le même sens un léger débridement en avant, et passez la bande ou le drain en retirant l'instrument.

B. Deuxième procédé. — *Premier temps : Incision de la peau et de l'aponévrose sous-parotidienne.* — L'incision cutanée est faite un peu plus bas que dans le premier procédé — au niveau du tiers inférieur de l'aile de l'atlas — et prolongée un peu au-dessous du relief osseux. Après avoir décollé la parotide, incisez l'aponévrose sous-parotidienne et engagez le doigt dans l'espace limité par les muscles atloïdo-mastoïdien et digastrique. Dilacérez le tissu conjonctif en passant entre les artères carotide externe et occipitale : vous arrivez sur la partie postérieure de la poche.

*Deuxième temps : Ponction.* — L'index appliqué par sa face palmaire sur l'angle que forment ces deux artères, introduisez, le long de sa face dorsale, un trocart ou un bistouri avec lequel vous ouvrez la poche ; agrandissez ensuite la plaie de ponction avec les doigts.

*Troisième temps : Contre-ouverture.* — Procédez comme il a été dit plus haut, en vous servant du trocart ou de la sonde en **S**.

C. Troisième procédé. — *Premier temps : Incision et dissection des tissus qui recouvrent la partie inférieure de la poche.* — Au milieu du triangle de Viborg, parallèlement au tendon du sterno-maxillaire, faites une incision cutanée de 6 à 8 centimètres, commencée un peu en arrière du maxillaire inférieur. D'un second coup de bistouri, divisez le peaussier. La partie inférieure de la parotide modérément soulevée, avec la sonde ou l'extrémité de l'index, détachez-la du tendon et dilacérez le tissu conjonctif jusqu'à ce que vous arriviez sur la poche. Ponctionnez-la avec le trocart ou le bistouri.

*Deuxième temps : Agrandissement de l'ouverture et fixation d'un drain.* — Pour élargir l'ouverture ainsi pratiquée au fond du diverticule, engagez-y l'index de l'une des mains, puis, forçant quelque peu, celui de la main opposée ; avec les doigts, déchirez la muqueuse. Vous pouvez aussi agrandir l'ouverture, en avant ou en arrière, avec le bistouri guidé sur la sonde cannelée.

On peut encore ouvrir facilement la poche gutturale, comme les abcès sous-parotidiens, en se servant de la sonde cannelée, après avoir fait une étroite incision cutanée sur le centre de la région parotidienne. (V. p. 101.)

Mêmes *soins consécutifs* qu'après la trépanation des sinus. Lorsque l'affection est ancienne, la sécrétion purulente persiste longtemps. Si la poche a été ouverte en haut et en bas, on laissera se fermer d'abord l'orifice supérieur, tout en maintenant béante la plaie inférieure tant qu'elle donne issue à du pus ou à de la sérosité purulente.

Dans le cas de *tympanite* du sac guttural, la guérison n'est assurée qu'en modifiant la disposition de l'orifice de communication de la poche avec la trompe.

Pour pénétrer dans la poche, employez de préférence le *deuxième procédé*, qui a l'avantage de permettre l'ouverture large du sac. — Pour agrandir l'orifice, introduisez dans celui-ci et dans la partie antérieure de la trompe une sonde cannelée dont la rainure est dirigée en avant, et, au moyen d'un bistouri ordinaire à lame étroite ou du bistouri boutonné, débridez la paroi inférieure du conduit sur une étendue d'environ 1 centimètre. Si la poche a été ouverte en sa partie supérieure, vous pouvez aussi en atteindre l'orifice avec l'index, puis l'élargir en y faisant pénétrer le doigt et en dilacérant la paroi de la trompe.

## XIII. — Ablation de l'oreille.

*Indications.* — Nécrose du cartilage conchinien. Tumeur maligne ou néoplasmes multiples de la conque.

*Instruments.* — Ciseaux, bistouris, pinces ordinaire et à forcipressure, aiguille. — Fils de chanvre ou de soie et objets de pansement.

*Assujettissement.* — Couchez l'animal sur le côté opposé à celui où vous opérez. Faites tenir la tête étendue sur l'encolure.

TECHNIQUE. — Après avoir préparé le champ opératoire (base de l'oreille et région périauriculaire), faites sur la conque, à 2 centimètres de sa base, une incision circulaire divisant la peau seulement. Tandis qu'un aide porte l'oreille successivement en dedans, en arrière, en bas et en avant, avec le bistouri rasant la conque, détachez de celle-ci la parotide et le cartilage scutiforme, coupez les muscles parotido-, scuto-, pariéto- et cervico-auriculaires. Pincez les artères auriculaires postérieure et antérieure. La conque isolée jusqu'à sa base, excisez-la d'un coup de bistouri donné dans le ligament fibreux qui la fixe au cartilage annulaire.

Liez les artères auriculaires et enlevez les pinces. Introduisez dans le conduit auditif un petit tampon d'ouate ; suturez les lèvres de la plaie, puis recouvrez celle-ci d'un pansement maintenu par une toile pliée en cravate, croisée sous la ganache et nouée sur le chanfrein (V. *fig.* 92).

On renouvellera le pansement deux ou trois fois durant la première semaine. Passé ce temps, l'animal peut être remis en service, et souvent la plaie est cicatrisée une semaine plus tard.

∴

**Examen de l'œil.**

Lorsque l'on procède à l'examen des parties superficielles de l'œil, la contraction violente de l'orbiculaire rend parfois impossible l'écartement des paupières avec les doigts et oblige à l'emploi du blépharostat. Quelques gouttes d'une solution de cocaïne à 1 p. 100 facilitent beaucoup l'examen.

*L'épreuve de la pupille* révèle les variations qu'éprouve celle-ci sous l'influence de la lumière, des mydriatiques et des myotiques. — Quand, après avoir maintenu fermés les deux yeux de l'animal pendant quelques minutes, on écarte brusquement les paupières de l'œil à examiner, si celui-ci est sain il se produit un rétrécissement de la pupille. — Lorsqu'il n'existe pas d'adhérences iriennes, l'instillation d'une solution aqueuse d'atropine à 1 p. 100-500 agrandit régulièrement la pupille ; s'il existe des synéchies, la pupille se dilate irrégulièrement. L'œil du cheval est

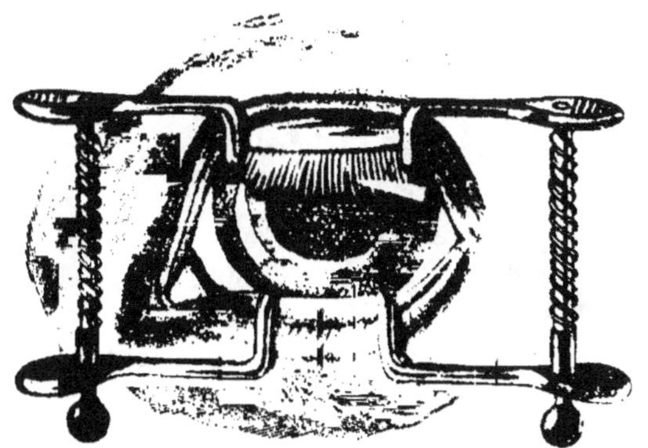

Fig. 94. — Écarteur des paupières (Bayer).

extrêmement sensible à l'action de ce collyre ; il convient de ne pas atropiner les deux yeux à la fois.

L'*examen à l'éclairage latéral* permet de reconnaître les moindres lésions des parties antérieures de l'œil. On se sert d'une lentille biconvexe de 15 dioptries environ, et, comme source lumineuse, d'une lampe à pétrole, de la lampe de Vohsen ou d'une lampe électrique ordinaire munie d'un réflecteur.

Le cheval est introduit dans un box obscur et maintenu par un aide. Un autre aide tient la lampe à 30-50 centimètres de l'œil à examiner, à sa hauteur et un peu en arrière, la déplaçant selon les indications de l'opérateur. Si le patient tient fermées les paupières, écartez-les avec le blépharostat.

Placez-vous en face de l'animal ou un peu sur le côté ; interposez la loupe entre la lampe et l'œil, de façon que la distance qui la sépare de la cornée soit un peu inférieure à sa distance focale, et concentrez les rayons lumineux sur la face antérieure du globe. Inspectez d'abord la cornée, sur laquelle vous promenez le faisceau lumineux dont la direction doit être très oblique par rapport à l'axe antéro-postérieur de l'œil. A mesure que vous voulez examiner des parties plus profondes, imprimez aux rayons une direction de plus en plus rapprochée de cet axe. On arrive ainsi à éclairer la chambre antérieure, l'iris, le cris-

Fig. 95. — Examen de l'œil à l'éclairage latéral.

tallin, les couches antérieures du corps vitré. Par ce procédé, les légères opacités de la cornée, les moindres changements dans la texture de l'iris, les synéchies postérieures, les dépôts dans la

Fig. 96. — Examen de l'œil à l'éclairage direct.

chambre antérieure ou sur la cristalloïde, les taches cristalliniennes sont facilement constatés.

L'*examen des membranes profondes* exige l'emploi de l'ophtalmoscope. — Pour l'*examen à l'éclairage direct et à la lumière artifi-*

*cielle* qui se fait également en chambre noire, le sujet est maintenu par un aide qui abaisse la tête de façon que l'œil examiné soit à peu près à la hauteur de l'œil de l'observateur. Un troisième aide tient le foyer lumineux du côté opposé. — Placez-vous non pas directement en face de l'œil à examiner, mais un peu en arrière de

Fig. 97. — Examen du fond de l'œil à la lumière du jour.

son axe antéro-postérieur; appuyez la partie supérieure du dos du miroir contre votre arcade sourcilière, projetez sur l'œil le faisceau lumineux et observez par le trou du miroir. Les dépôts sur la cristalloïde. les opacités de la lentille, les corps flottants de l'humeur vitrée sont aisément reconnus : ces derniers interceptent les rayons lumineux à leur niveau et apparaissent comme des taches sombres. En approchant l'ophtalmoscope à quelques centimètres de l'œil inspecté, on perçoit, avec un grossissement de 15 à 20 diamètres, une image droite et virtuelle du fond de l'organe.

L'*examen du fond de l'œil à la lumière du jour et à l'image droite* peut se faire au travers de la pupille non dilatée, mais il est préférable d'instiller, une demi-heure à une heure avant d'y procéder, quelques gouttes de la solution de sulfate d'atropine. — L'animal est placé à l'entrée de l'écurie, d'un local quelconque ou à l'ombre d'un arbre, de façon que l'œil à examiner soit placé dans une obscurité relative et que l'on puisse projeter à son intérieur la lumière du jour tombant sur l'ophtalmoscope (*fig.* 97). On pratiquera cet examen en portant l'instrument aussi près que possible de l'œil, à quelques centimètres des cils.

Chez le cheval, le tapis clair (*tapetum lucidum*) est séparé du tapis sombre (*tapetum nigrum*) par une bordure horizontale rectiligne, au-dessous de laquelle on trouve la papille, entourée de tous côtés par le *tapetum nigrum*, et qui offre, à l'état normal : — une zone périphérique, blanchâtre, représentant la gaine celluleuse du nerf optique ; — une zone centrale, blanc jaunâtre, qui a l'aspect d'une cicatrice étoilée ; — une zone intermédiaire, rose, parcourue par un fin lacis vasculaire.

∴

Les opérations sur les yeux, même les plus simples, exigent une correcte asepsie. — Pour la préparation du champ opératoire, on emploiera des liquides tièdes ou chauds. Il est nécessaire de pratiquer un lavage soigné des paupières et de la zone périoculaire avec de l'eau bouillie, puis avec une solution légère de sublimé ou de cyanure de mercure (1 p. 5000). Pour désinfecter le sac conjonctival et le corps clignotant, on écarte les paupières et on laisse tomber, goutte à goutte, successivement de l'eau stérilisée, puis la solution antiseptique.

## XIV. — Ponction de la cornée.

*Indications.* — La *ponction de la cornée* ou *paracentèse oculaire* est pratiquée soit comme premier temps d'autres interventions (iridectomie, opération de la cataracte), soit pour donner issue à une partie de l'humeur aqueuse, à du pus, à du sang, soit encore pour extraire des parasites ou un corps étranger de la chambre antérieure.

Le plus souvent on la fait pour diminuer la pression intra-oculaire dans les affections qui s'accompagnent d'hydrophtalmie.

*Instruments.* — Ecarteur des paupières, pince fixatrice, aiguille lancéolée montée sur manche ou aiguille à suture ordinaire.

*Assujettissement.* — Appliquez un tord-nez à la lèvre supérieure. Faites lever le pied antérieur du côté opposé à celui où vous opérez.

Anesthésiez l'œil à la cocaïne.

TECHNIQUE. — Appliquez l'écarteur des paupières et fixez le globe oculaire. — Ponctionnez obliquement la cornée vers sa périphérie en introduisant l'aiguille parallèlement à l'iris ; écartez les deux bords de la plaie en imprimant à l'aiguille un quart de révolution sur son axe. Après évacuation de la quantité de liquide que vous voulez extraire, replacez l'aiguille dans sa situation première et retirez-la.

Avec le kératome ou le trocart *ad hoc*, traversez obliquement la cornée : le liquide s'écoule par la rainure du kératome ou par la canule maintenue en place.

## XV. — Iridectomie.

*Indications.* — Imperforation congénitale de l'iris, pour créer une pupille artificielle. Irido-choroïdite aiguë avec hydrophtalmie.

*Instruments.* — Écarteur des paupières, pince fixatrice, couteau lancéolé droit ou coudé, pince à iris, ciseaux courbes ou coudés sur leur bord.

*Assujettissement.* — Couchez l'animal sur le côté opposé à l'œil malade. Endormez-le au chloroforme. L'anesthésie à la cocaïne est insuffisante.

Selon le but de l'opération (iridectomie optique ou antiphlogistique), la chambre antérieure est ouverte en un point variable de la périphérie de la cornée. Si l'incision est faite en dehors, on se sert du couteau droit; si on la pratique en une autre région — le plus généralement en haut, — on emploie le couteau lancéolé.

TECHNIQUE. — *Premier temps : Ponction de l'œil.* — L'écarteur des paupières placé et l'œil immobilisé par la pince fixatrice, ponctionnez la cornée près de son limbe ; faites pénétrer l'instrument à plat, parallèlement à l'iris, en évitant de blesser celui-ci. Dès que l'ouverture est assez grande, retirez le couteau.

*Deuxième temps : Excision partielle de l'iris.* — Parfois l'iris fait hernie dès que le couteau est sorti de la plaie. S'il

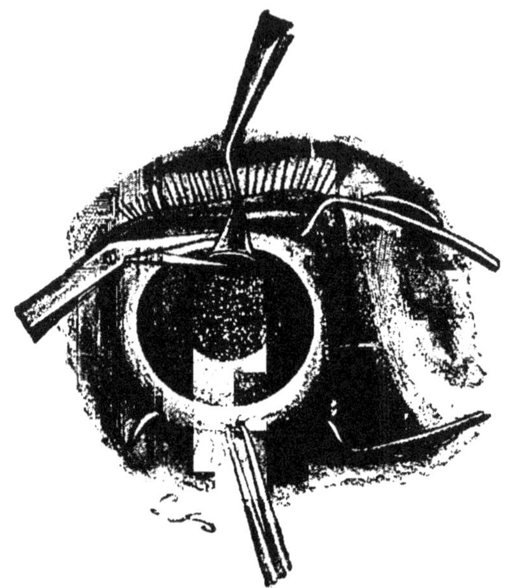

Fig. 98. — Iridectomie.

ne saille pas, engagez dans la chambre antérieure la pince tenue fermée ; arrivée au niveau du bord pupillaire, ouvrez-la, saisissez la portion d'iris qui doit être excisée et amenez-la au dehors. Sectionnez-en un lambeau régulier avec les ciseaux appliqués le plus près possible de la plaie cornéenne, afin d'éviter l'enclavement des parties iriennes voisines de la perte de substance ; si l'accident se produit, repoussez ces parties dans la chambre antérieure.

Appliquez un pansement et un bandage qui seront laissés en place vingt-quatre heures. Les jours suivants, faites de simples lavages avec la solution de sublimé ou de cyanure de mercure et quelques instillations d'atropine. La résorption de l'hyphéma est rapide.

## XVI. — Extirpation de la glande lacrymale.

*Indications.* — Obstruction des voies lacrymales quand on a vainement mis en œuvre les autres moyens.

*Instruments.* — Ciseaux, bistouris, pince ordinaire et pince à mors larges ou fenêtrés, aiguille. — Fils de soie ou de chanvre, gaze.

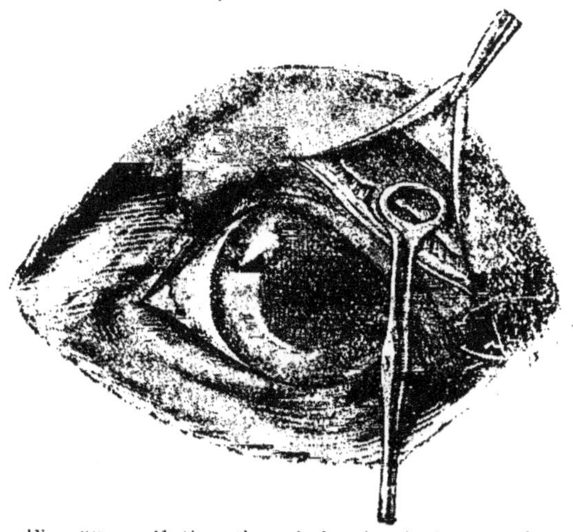

Fig. 99. — Extirpation de la glande lacrymale.

*Assujettissement.* — Couchez l'animal sur le côté opposé à l'œil malade et faites tenir solidement la tête.

La glande, de teinte rouge brun, est située entre l'arcade orbitaire et les muscles qui recouvrent la partie supéro-externe du globe oculaire. Mince, elle mesure de 4 à 5 centimètres dans le sens transversal, et environ 2 centimètres d'avant en arrière.

Technique. — Immédiatement en avant du bord antérieur de l'arcade orbitaire, faites à la peau une incision courbe, longue de 4 à 6 centimètres, partant de la partie moyenne de cette arcade. Incisez le fascia conjonctif sous-cutané et pénétrez entre l'arcade et l'aponévrose du releveur de la paupière supérieure. Les lèvres de la plaie tenues écartées, disséquez le bord antérieur de la glande; saisissez-la avec une pince à mors larges et, avec la pointe du bistouri ou les ciseaux, isolez-la sur ses deux faces, ainsi que le long de ses bords, l'appliquant sur l'aponévrose pour disséquer sa face supérieure, la portant sur l'arcade pour détacher l'autre, évitant ici de couper l'aponévrose.

La glande enlevée, placez un lambeau de gaze à l'angle externe de la plaie, et réunissez les bords de celle-ci par quatre ou cinq points isolés.

*Soins consécutifs.* — Le lendemain, on retire la gaze, on enlève les deux points de suture les plus rapprochés de l'angle inférieur ou externe de la plaie, et l'on déterge celle-ci avec une solution antiseptique (V. p. 216), — détersion répétée une ou deux fois par jour jusqu'à cicatrisation.

## XVII. — Énucléation et extirpation de l'œil.

*Indications.* — Panophtalmie infectieuse; ophtalmies pouvant retentir sur l'autre œil. Tumeur du globe oculaire. Exophtalmie irréductible.

*Instruments.* — Bistouris droit et boutonné, ciseaux droits et courbes, pince. — Objets de pansement.

*Assujettissement.* — Couchez le patient et anesthésiez-le au chloroforme ou faites autour du globe oculaire, sous la conjonctive et profondément, cinq ou six injections d'une solution de cocaïne à 1 p. 100.

La cavité orbitaire est complétée par la *gaine oculaire*, sorte de *cornet fibreux* dont le fond s'insère au pourtour de l'hiatus orbitaire et qui la sépare de la fosse temporale. Les cinq muscles droits, appliqués sur la portion extracranienne du nerf optique et la sclérotique, constituent une double gaine charnue dont la forme extérieure est celle de la gaine oculaire.

La partie antérieure du grand oblique est disposée transversalement à la partie supéro-interne de l'œil. Le petit oblique affecte la même disposition sur la face inférieure du globe.

Technique. — a. *Énucléation.* — Dans ce procédé, la conjonctive, le corps clignotant et les muscles sont conservés. On n'enlève que le globe oculaire et la portion terminale du nerf optique. — Toutes précautions aseptiques étant prises, incisez la conjonctive près du bord de la cornée, puis faites sortir le bulbe, et, pour cela, débridez la commissure palpébrale externe s'il est nécessaire. Avec les ciseaux courbes, détachez successivement les muscles de l'œil à leur insertion sur le globe; la section des fibres du droit postérieur est assez difficile; il faut se servir, comme guide, de l'indicateur de la main libre. Terminez par la section du nerf optique.

Vous pouvez simplement tamponner à la gaze la cavité orbitaire, tenir les paupières affrontées par des points de suture et appliquer un pansement ouaté fixé par un bandage ; — ou faire à la conjonctive une suture en « blague à tabac », appliquer un tampon de gaze qui la refoule vers le fond de l'œil et un pansement comme il vient d'être dit.

Cette opération est presque toujours suivie d'un entropion cicatriciel très accusé et d'une abondante sécrétion due à l'irritation permanente de la conjonctive par les cils déviés. On lui préfère l'*extirpation complète* ou *exentération de l'orbite*.

b. *Extirpation complète de l'œil.* — Indiquée dans les cas de tumeurs malignes, elle consiste à enlever le globe oculaire et toutes les parties molles de l'orbite. — Après avoir divisé les commissures palpébrales jusqu'au rebord orbitaire, incisez la conjonctive plus loin de la cornée que pour l'énucléation. Au niveau de l'angle interne de l'œil, divisez-la en dedans ou en dehors du corps clignotant. Plongez ensuite entre le globe oculaire et l'orbite, vers l'angle interne de l'œil, le bistouri droit, ou mieux un bistouri boutonné tenu en plume à écrire, tranchant en dehors. Faites-le pénétrer jusqu'au fond de la cavité, détachez la partie inférieure du globe oculaire en rasant, de dedans en dehors, jusqu'à l'angle externe de l'œil, la demi-circonférence inférieure de l'orbite. — Reportez le bistouri à l'angle interne et rasez de même la demi-circonférence supérieure. — L'œil n'est plus fixé que par le nerf optique et les muscles droits. Introduisez au fond de l'orbite, en longeant sa paroi, les ciseaux courbes, concavité tournée vers le globe oculaire, puis sectionnez le nerf et les muscles. L'hémorragie due à la section de l'artère ophtalmique peut nécessiter l'application du fer rouge.

Dans un autre mode opératoire, moins rapide, après avoir incisé la conjonctive et libéré les paupières, coupez les parties molles au ras du pourtour orbitaire, puis, avec les pinces et les ciseaux ou le bistouri, détachez-les peu à peu de la gaine oculaire en procédant méthodiquement, de la base de celle-ci vers son sommet, où vous tranchez le nerf optique et les muscles droits.

La cavité irriguée avec de l'eau bouillie chaude ou une solution antiseptique légère, puis asséchée, tamponnez-la avec de la gaze; réunissez ensuite les paupières par quelques points de suture et appliquez un bandage.

*Soins consécutifs.* — Au bout de vingt-quatre heures, enlevez les points de suture et la gaze, détergez la cavité comme il vient d'être dit, et répétez cette détersion une ou deux fois par jour, en continuant une semaine l'application du bandage.

## II. — OPÉRATIONS PRATIQUÉES SUR L'ENCOLURE.

### I. — Trachéotomie.

*Remarques anatomiques.* — Au lieu d'élection de l'opération, la *trachée* n'est recouverte que par une mince couche de tissus : *tégument*, *peaussier*, *sterno-hyoïdiens* et *sterno-thyroïdiens*, *lame conjonctive* plus ou moins infiltrée de graisse et assez riche en filets nerveux.

Dans le tiers supérieur de l'encolure, les *sous-scapulo-hyoïdiens* se réunissent sur la ligne médiane et augmentent l'épaisseur de la couche musculaire. Sur les côtés, on trouve : 1° les *sterno-maxillaires* qui, contigus dans la partie inférieure de l'encolure, divergent graduellement vers leur attache supérieure; 2° les *jugulaires*; 3° plus profondément, les *artères carotides* et leurs nerfs satellites.

Sur la trachée, au niveau de quelques-uns des ligaments fibreux qui réunissent les cerceaux, existent parfois de petites artérioles émanant des carotides.

*Indications.* — La *trachéotomie permanente* est pratiquée pour remédier à des lésions anciennes des voies respiratoires supérieures (paralysie des aryténoïdes, sténose des cavités nasales), qui donnent lieu à un bruit de cornage d'ordinaire accusé seulement pendant le travail.

La *trachéotomie provisoire* est indiquée dans les cas d'inflammation suraiguë du larynx ou du pharynx avec œdème de la glotte, provoquant un fort cornage au repos et pouvant entraîner l'asphyxie, ou encore lors d'anasarque avec œdème abondant des parties inférieures de la tête. Parfois l'animal est tombé, asphyxiant : il faut opérer vite, le patient maintenu dans cette attitude, la tête étendue sur l'encolure, les membres antérieurs fixés par une corde serrée sur les canons ou les paturons et tirée en arrière.

*Instruments.* — Ciseaux courbes ou rasoir, bistouris convexe et droit ou feuille de sauge (à droite) à lame étroite, pince, trois érignes dont l'une pointue. Tube à canules aussi légères que possible.

*Assujettissement.* — Évitez les blessures par les pieds antérieurs. Tord-nez à la lèvre inférieure. Entravez les membres antérieurs (entravons ordinaires, entrave Le Goff), ou assujettissez l'animal dans le travail et fixez les membres antérieurs aux anneaux ou aux poteaux.

### *a.* — Trachéotomie permanente.

Technique. — *Premier temps : Incision et dissection des tissus qui recouvrent la trachée.* — La tête est tenue fortement relevée. Placé en avant du sujet, coupez les poils ou rasez et désinfectez le tégument dans une étendue de 10 centimètres sur le bord antérieur de l'encolure, à la limite du tiers moyen et du tiers supérieur.

Faites à la peau une incision verticale de 5 à 6 centimètres. D'un second coup de bistouri, divisez sur la ligne médiane les muscles sterno-hyoïdiens et sterno-thyroïdiens ; ces muscles et les lèvres de la plaie écartés à l'aide d'érignes plates tenues par deux aides, saisissez et soulevez avec la pince le tissu conjonctif qui recouvre la face antérieure de la trachée ; divisez-le sur la ligne médiane, ensuite détachez-le de la trachée sur la hauteur de quelques anneaux, par deux coups de bistouri donnés à plat, l'un à droite, l'autre à gauche.

Ces lames conjonctives placées dans la gorge des érignes, les cerceaux à couper sont à nu.

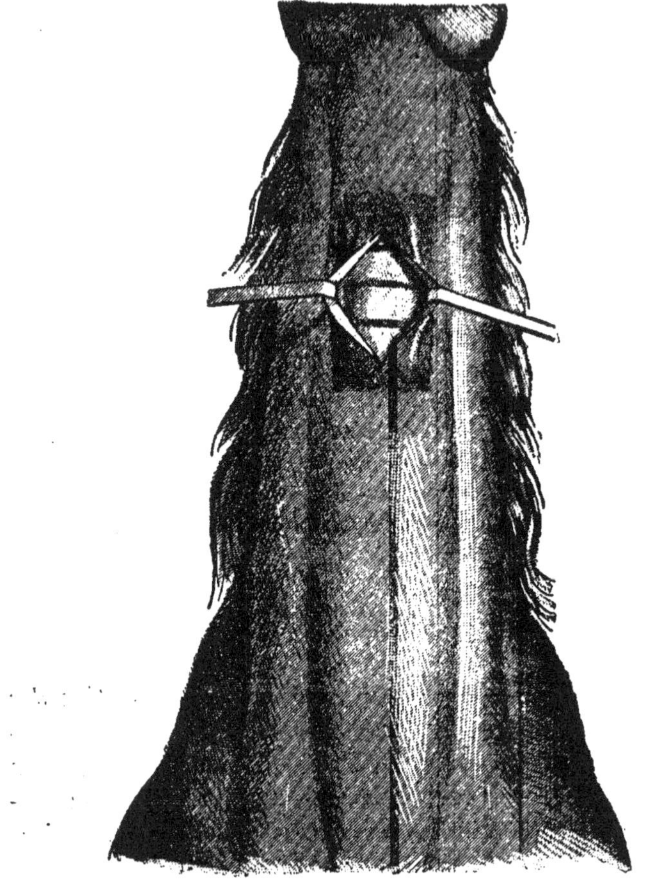

Fig. 100. — Trachéotomie.

Le premier temps est terminé. Les lèvres de la plaie sont écartées et les cerceaux à découvert.

*Deuxième temps : Ouverture de la trachée.* — Elle peut se faire : 1° par excision de la moitié de deux cerceaux contigus ; 2° par ablation de la partie moyenne d'un cerceau dans toute sa hauteur; 3° par incision verticale de trois ou quatre cerceaux.

1° Pour l'ablation partielle de deux anneaux contigus, implantez de gauche à droite, dans le ligament interannulaire, l'érigne aiguë ; tenez-la de la main gauche. A gauche de l'érigne et tout près d'elle, faites pénétrer à travers le ligament la pointe du bistouri droit ou de la feuille de sauge ; avec la partie du tranchant voisine de la pointe et par un mouvement de scie, divisez de gauche à droite le cerceau supérieur, en y faisant une incision semi-elliptique ; entamez ensuite le cerceau inférieur et divisez-le de la même manière, de droite à gauche. Revenu à son point de départ, l'instrument a excisé

Fig. 101. — Trachéotomie par excision partielle de deux cerceaux.

un lambeau trachéal elliptique qui reste fixé à l'érigne. — Vous pouvez aussi couper chaque moitié de cerceau en deux temps : implantez horizontalement la lame du bistouri en la partie moyenne du cerceau supérieur et divisez-le par deux incisions courbes faites successivement, l'une à gauche, l'autre à droite. Mêmes manœuvres pour le cerceau inférieur.

2° Si vous excisez la partie médiane d'un anneau dans toute sa hauteur, avec la pointe du bistouri sectionnez-le verticalement, de chaque côté de la ligne médiane, de façon à en délimiter un lambeau de 3 à 4 centimètres. Incisez ensuite le ligament supérieur dans l'étendue de ce lambeau, et, saisissant celui-ci avec des pinces, achevez de le détacher en coupant le ligament inférieur (*fig.* 102).

3° Pour diviser verticalement plusieurs cerceaux, plongez la lame du bistouri droit tenu en plume à écrire, tranchant en bas, au niveau d'un ligament interannulaire de la partie supérieure de la plaie, puis incisez trois ou quatre anneaux, selon le calibre du tube à placer (*fig.* 103).

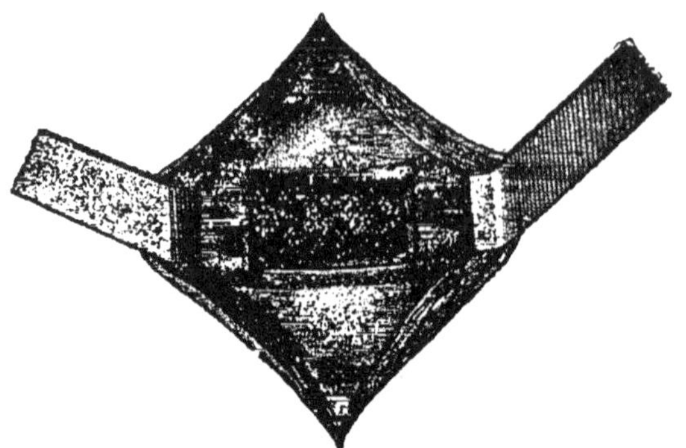

Fig. 102. — Trachéotomie par excision de la portion médiane d'un cerceau.

*Troisième temps : Application du tube.* — Introduisez

Fig. 103. — Trachéotomie par section verticale de plusieurs cerceaux.

d'abord la canule inférieure, engagez ensuite dans celle-ci la canule ascendante ; fixez-les en tournant la goupille. Si le tube joue, immobilisez-le en enroulant une mèche de chanvre ou de gaze sur la canule externe, entre le pavillon et la peau.

*Soins consécutifs.* — La section de veinules ou d'une artériole prétrachéales donne parfois lieu à une hémorragie que l'on arrête par la compression, en enroulant sur la canule, comme il vient d'être dit, une mèche de gaze ou de chanvre. On enlève celle-ci au bout de quelques heures.

Après avoir laissé le tube à demeure les deux premiers jours, on le retire, on le lave soigneusement et on l'enduit d'un peu de vaseline avant de le replacer. Dans la suite, on doit le nettoyer tous les jours, et, comme il est souillé de mucosités desséchées et adhérentes qui doivent être détrempées, il est bon d'avoir un tube de rechange. — L'introduction et la sortie des canules doivent se faire avec précaution, sans effort.

Lorsque la plaie demeure accidentellement quelques heures sans tube, les tissus bourgeonnent très vite, et il est bientôt impossible de réintroduire les canules.

Si, au bout de quelque temps, le tube était en partie obstrué par des végétations de la muqueuse, on les exciserait.

La trachéocèle oblige parfois à faire une nouvelle ouverture au-dessous de la première.

### b. — Trachéotomie provisoire.

*Assujettissement et instruments.* — Comme pour l'opération précédente. Tube simple à canule aplatie.

Technique. — Le *premier temps* est le même que dans la trachéotomie permanente.

Au lieu de faire au conduit trachéal une large ouverture en entamant les cerceaux, effectuez le *deuxième temps* en incisant transversalement et sur une longueur de 3 à 4 centimètres un ligament interannulaire. Pour cela, engagez dans ce ligament, à droite de la ligne médiane, la pointe du bistouri, le tranchant dirigé vers la gauche, et par un mouvement de scie, divisez le ligament dans une étendue suffisante pour permettre l'application du tube.

En raison de la disposition aplatie de la canule, l'introduction du tube est facile, si la tête et l'encolure sont portées dans l'extension, ce qui augmente l'écartement des cerceaux.

Mêmes *soins* qu'après la trachéotomie ordinaire. Tous les jours, on doit sortir le tube, le nettoyer et l'enduire de vaseline avant de le réintroduire. On le retire définitivement dès que l'affection provocatrice de la dyspnée est guérie ou en voie de résolution.

En cas d'urgence, et lorsqu'on ne dispose pas d'un tube *ad hoc*, on peut faire la *trachéotomie rapide*. Elle consiste à diviser *d'un* seul coup et verticalement, sur une longueur de 8 à 10 centimètres, la trachée et les tissus qui la recouvrent.

On implante dans la trachée le bistouri tenu un peu obli-

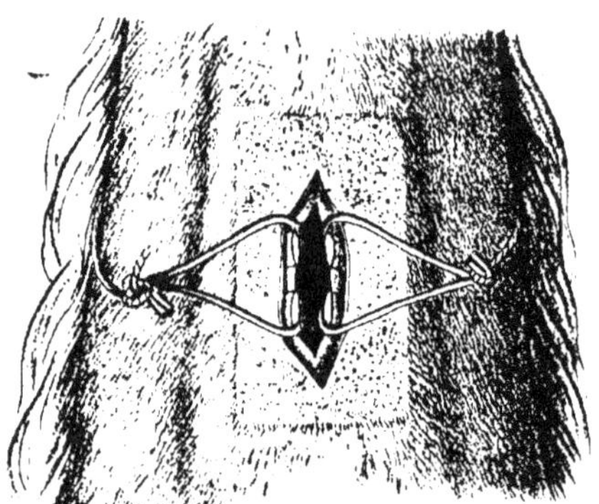

Fig. 104. — Trachéotomie rapide.

quement en bas, le tranchant tourné vers le poitrail ; ensuite, par un débridement, on divise la paroi antérieure du conduit et les tissus qui la recouvrent. La plaie trachéale maintenue entr'ouverte provisoirement par un aide, on improvise deux écarteurs en fil de fer que l'on applique sur les lèvres de l'incision et qui sont tirés au degré voulu par deux bouts de bande ou de ficelle noués sur le bord supérieur de l'encolure (*fig.* 104).

## II. — Crico-trachéotomie.

Encore appelée *laryngo-trachéotomie*, elle a pour objet l'application d'un tube à l'origine de la trachée, par une ouverture faite dans le ligament crico-trachéal, afin de rendre ce tube moins apparent ou de le masquer par une large sous-gorge.

*Instruments.* — Ciseaux ou rasoir, bistouris, pince, érignes plates. Tube à canules légères et courtes.

*Assujettissement.* — Comme pour la trachéotomie.

TECHNIQUE. — *Premier temps : Incision de la peau et des*

*muscles.* — La tête de l'animal tenue élevée par un aide, placez-vous en avant de l'encolure et explorez la région laryngienne. Le ligament crico-trachéal reconnu et la région préparée, faites sur la ligne médiane une incision cutanée allant du bord antérieur du cricoïde au troisième cerceau trachéal ; divisez la couche formée par les muscles sterno et sous-scapulo-hyoïdiens; appliquez les érignes mousses et faites écarter les lèvres de la plaie.

*Deuxième temps : Incision du ligament crico-trachéal.* — Avec la pointe du bistouri, sectionnez de gauche à droite, sur une étendue de 3 à 4 centimètres, le ligament crico-trachéal.

*Troisième temps : Application du tube.* — Placez le tube comme dans la trachéotomie ordinaire.

## III. — Cricoïdectomie.

Elle consiste à exciser une étroite portion du cricoïde, en respectant la muqueuse laryngienne.

Cette opération a été préconisée pour remédier au cornage chronique produit par la paralysie laryngienne. Elle modifierait le jeu du larynx et pourrait atténuer momentanément le cornage.

*Instruments.* — Ciseaux ou rasoir, bistouris, pince, écarteurs.

*Assujettissement.* — Debout, comme pour la trachéotomie, ou couché, comme pour l'aryténoïdectomie.

Technique. — *Premier temps : Incision des tissus qui recouvrent le cricoïde.* — Le champ opératoire préparé, faites, au niveau de la partie inférieure du larynx, sur la ligne médiane, une incision de 5 à 6 centimètres, qui divise la peau ainsi que la couche musculaire, et dont la partie moyenne correspond au cartilage cricoïde.

*Deuxième temps : Excision d'une portion du cricoïde.* — Les lèvres de la plaie écartées, disséquez le tissu musculaire qui recouvre le cricoïde; saisissez ce dernier avec la pince, sur la ligne médiane, et coupez-le à droite et à gauche, de manière à en enlever une portion large de 1 centimètre. Il n'y a plus qu'à détacher celle-ci des ligaments adjacents et de la muqueuse.

*Suture.* — Placez une mèche de gaze dans la plaie et réunissez la peau par trois points de suture.

Pour les cas où cette opération a été proposée, on peut faire aussi la laryngotomie médiane (premier et deuxième temps de l'aryténoïdectomie classique).

## IV. — Aryténoïdectomie.

(Günther, Mœller.)

*Remarques anatomiques.* — Sur la ligne médiane, on met très facilement le *larynx* à découvert en incisant les couches suivantes : *tégument, peaussier*, couches musculaires formées par les *sous-scapulo-hyoïdiens*, les *sterno-hyoïdiens* et les *sterno-thyroïdiens*.

A l'exploration de la région, on distingue plus ou moins nettement, d'avant en arrière, à travers ces couches, l'*intervalle thyro-hyoïdien*, le *corps du thyroïde*, l'*intervalle crico-thyroïdien*, le *cartilage cricoïde*, l'*intervalle crico-trachéal* et les premiers *cerceaux de la trachée*.

Dans le tissu conjonctif qui recouvre immédiatement les cartilages et les ligaments du larynx, il n'existe pas de vaisseaux dont la section puisse donner lieu à une hémorragie abondante, et l'on n'a à redouter la blessure d'aucun organe important.

Les cordes vocales et les aryténoïdes sont rapprochés de la ligne médiane au temps d'expiration ; on évitera de les atteindre en ouvrant le larynx.

*Indication.* — Cornage chronique lié à la paralysie laryngienne. — L'opération est indiquée pour les animaux de prix, pour les sujets auxquels on tient particulièrement, — quand le cornage dont ils sont atteints les condamne à la trachéotomie.

L'opération ne peut réussir que dans les cas d'hémiplégie laryngienne, — de paralysie d'un seul aryténoïde, ce que l'on reconnaît à l'ouverture du larynx. Si les deux cartilages sont paralysés, il faut renoncer à l'exécution des temps ultérieurs de l'intervention.

*Instruments.* — Ciseaux courbes ou rasoir, ciseaux droits, ciseaux à branches coudées; bistouris convexe et boutonné, écarteurs, longue pince à dents de souris, pince emporte-pièce; canule ordinaire ou aplatie entourée de gaze; aiguille courbe montée sur manche. — Catgut, tampons de gaze, fils de soie ou de chanvre.

*Assujettissement.* — Couchez l'animal et faites-le tenir sur le dos à l'aide d'une solide barre passée entre les membres anté-

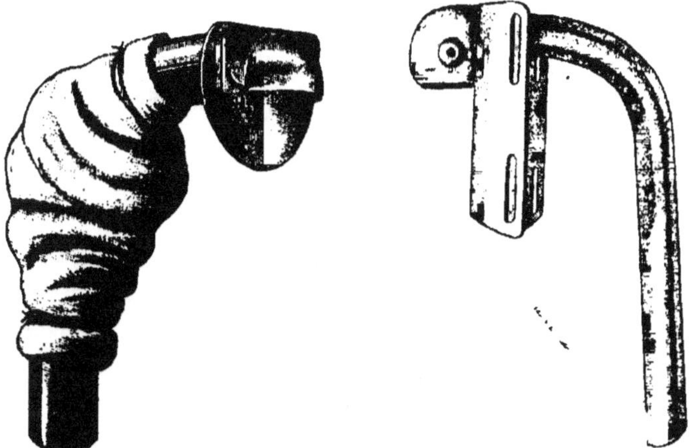

Fig. 105. — Canule entourée de gaze. Fig. 106. — Canule à tube plat.

rieurs et postérieurs entravés. La tête sera étendue sur l'encolure et maintenue dans l'axe de celle-ci.

TECHNIQUE. — *Premier temps : Incision de la peau et des muscles qui recouvrent le larynx.* — Coupez les poils ou rasez et désinfectez le tégument sur la face inférieure du larynx et de la partie supérieure de la trachée. Avec le bistouri convexe, incisez sur la ligne médiane, du corps du thyroïde au premier cerceau trachéal, la peau, la couche musculaire sous-jacente et le tissu conjonctif prélaryngien. — Quelques affusions froides suffisent d'ordinaire pour arrêter l'hémorragie. S'il est nécessaire, tordez les vaisseaux qui saignent.

*Deuxième temps : Incision du larynx. Introduction et fixation de la canule.* — Implantez dans le ligament crico-thyroïdien, sur la ligne médiane et immédiatement en avant du cricoïde, le bistouri convexe tenu vertical, tranchant en arrière ; coupez successivement le cartilage cricoïde et le ligament crico-trachéal ; achevez ensuite, d'arrière en avant, la division du ligament crico-thyroïdien, en évitant de blesser les cordes vocales. Appliquez deux écarteurs ou l'érigne dilatatrice au niveau du ligament crico-trachéal. Placez la canule, et, comme elle tend à glisser vers le larynx, faites-la maintenir dans la trachée au moyen d'une anse de bande passée sous le pavillon.

*Troisième temps : Ablation du cartilage aryténoïde gauche.* — Il suffit d'examiner le jeu des aryténoïdes pour

Fig. 107. — Aryténoïdectomie.

Le deuxième temps est effectué. Le ligament crico-thyroïdien, le cartilage cricoïde, ligament crico-trachéal sont sectionnés. La canule et les écarteurs sont placés.

reconnaître celui qui est frappé de paralysie et pour juger du degré de celle-ci. Presque toujours, c'est le cartilage gauche qui est frappé, et dans les cas où les deux sont atteints, le gauche l'est généralement à un degré bien plus accusé que l'autre.

Avec le bistouri boutonné, incisez la muqueuse laryngienne le long des bords supérieur et postérieur de l'aryténoïde (*fig.* 108). L'instrument est porté à l'entrée du larynx, sur la ligne médiane, puis dirigé en arrière jusqu'au cricoïde, ensuite en dehors et en haut, jusqu'à l'insertion de la corde vocale. Afin de réduire le plus possible l'étendue de la plaie, faites cette incision un peu en deçà des bords du cartilage. — Avec de longs ciseaux droits, coupez la corde vocale près de

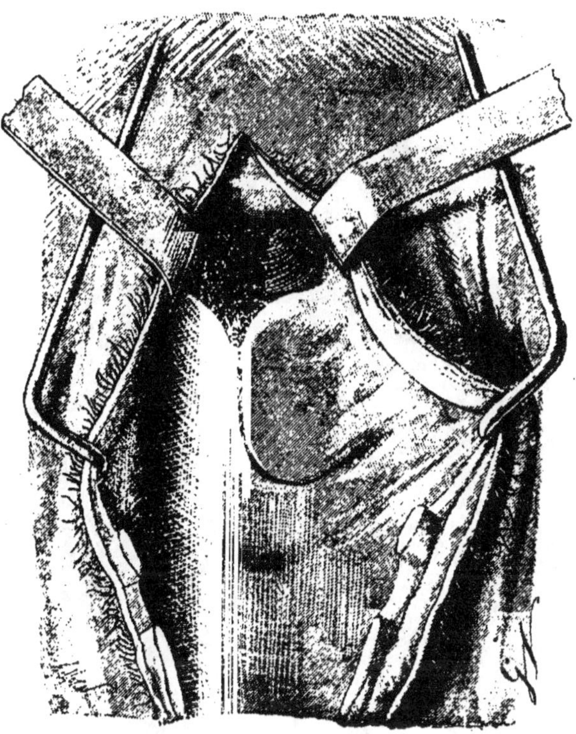

Fig. 108.

Troisième temps : *a*) incision de la muqueuse le long des bords supérieur et postérieur de l'aryténoïde. (Pour la clarté de la démonstration, l'incision du deuxième temps est prolongée, en avant jusqu'à la partie moyenne de l'épiglotte, en arrière jusqu'au quatrième anneau trachéal.)

son insertion sur l'aryténoïde, ensuite disséquez celui-ci à petits coups, d'arrière en avant, en sectionnant la muqueuse le long de son bord inférieur et les fibres musculaires (crico-aryténoïdien et thyro-aryténoïdien) qui s'insèrent sur sa face externe; puis, tenant les ciseaux verticalement, détachez de haut en bas la muqueuse qui garnit son bord antérieur. Pour favoriser l'exécution de cette partie du troisième temps, le cartilage, fixé à l'aide d'une pince, est porté vers la ligne médiane lorsqu'on détache les tissus fixés sur sa face externe, et tiré un peu en arrière quand on incise la muqueuse sur

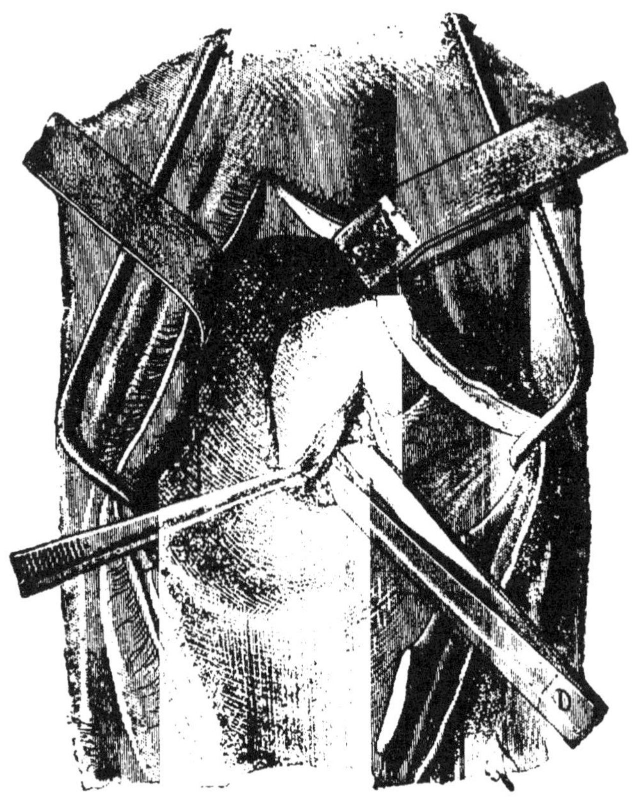

Fig. 109.
Troisième temps : *b*) dissection de l'aryténoïde à son bord inférieur et sur sa face externe.

son bord antérieur. Durant ces manœuvres, il importe que la pointe des ciseaux demeure au contact du cartilage, afin d'épargner la muqueuse et le ventricule laryngien. Au moment où l'on détache les fibres du muscle thyro-aryténoïdien, la section de la branche laryngienne de l'artère thyroïdienne donne lieu à une hémorragie parfois assez abondante.

Sectionnez l'aryténoïde de dehors en dedans, près de son angle articulaire, avec le bistouri boutonné, le tranchant porté sur la face externe de ce cartilage, immédiatement en avant du cricoïde (*fig.* 110). Lorsque l'aryténoïde est partiel-

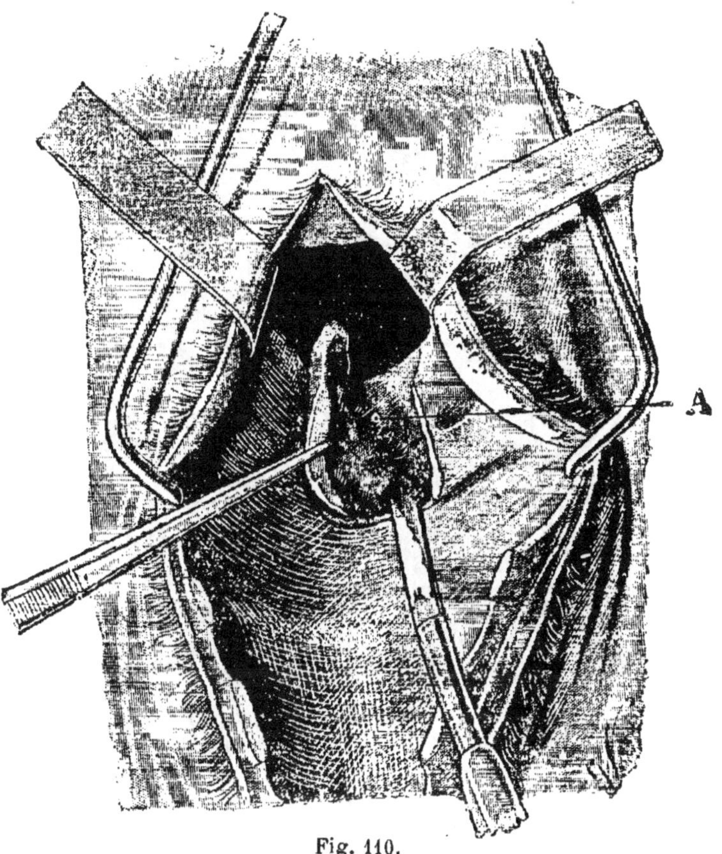


Fig. 110.

Troisième temps : *c*) section de l'aryténoïde près de son angle articulaire. — A, branche laryngienne de l'artère thyroïdienne.

lement ossifié, il faut agir avec assez de force pour en opérer la division. — La dissection de l'aryténoïde à sa face supérieure se fait avec les ciseaux courbes. Pour cela, soulevez le cartilage à l'aide de la pince, engagez sous sa partie postérieure l'extrémité des ciseaux, et, rasant sa face supérieure d'arrière en avant, détachez les fibres du muscle aryténoïdien (*fig.* 111) ; enfin, toujours avec les ciseaux, coupez la muqueuse au niveau du bec de l'aryténoïde. — On peut abandonner dans la plaie l'angle articulaire de ce

Fig. 111.
Troisième temps : *d*) excision de l'aryténoïde avec les ciseaux courbes.

dernier, mais il est préférable d'en exciser la plus grande partie avec une pince emporte-pièce. Si le sang couvre le champ opératoire, on l'étanche avec des tampons d'ouate ou de gaze serrés entre les mors de pinces hémostatiques.

*Suture.* — Les bords antérieur et postérieur de la plaie peuvent être réunis par deux ou trois fils de catgut, passés au moyen d'une aiguille courbe montée sur manche et pourvue d'un chas près de sa pointe. Munie d'un fil long de 35 à 40 centimètres, l'aiguille est portée sur la lèvre antérieure de la plaie, à environ 15 millimètres de la ligne médiane; là, elle traverse la muqueuse de dehors en dedans,

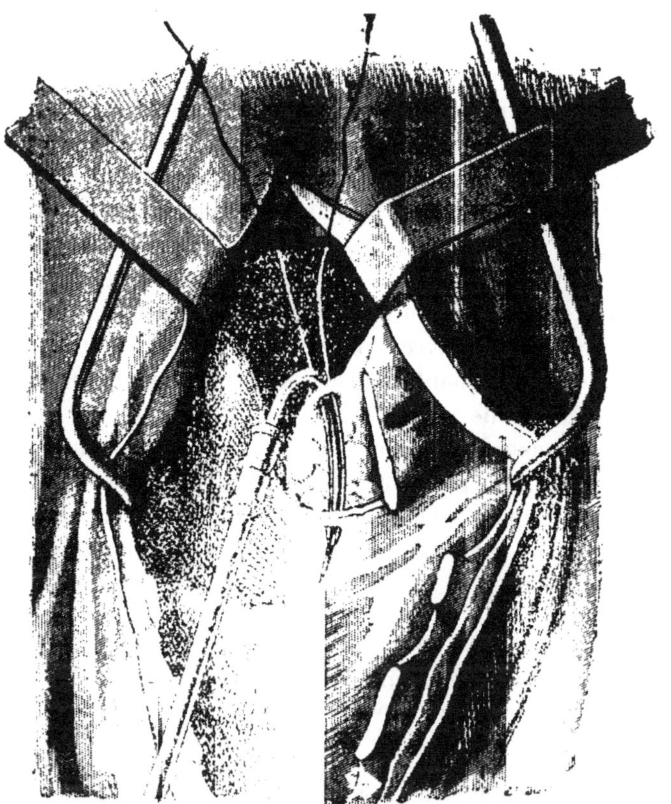

Fig. 112. — Suture. Manière de passer les fils.

puis, en un point correspondant, celle de la lèvre postérieure de dedans en dehors; avec une pince, on saisit le fil dont on amène un des chefs à l'extérieur; l'aiguille est ensuite retirée, son chas garni de l'autre bout du fil; celui-ci dégagé, on fait un nœud droit que l'on serre au moyen des index introduits dans le larynx et agissant sur chacun des chefs; ceux-ci sont coupés à quelques millimètres du nœud. On place de la même manière un ou deux autres points. — Cette suture n'est pas nécessaire ; le plus souvent on ne la fait pas.

*Pansement.* — Après avoir débarrassé le larynx du sang qu'il renferme, placez-y un ou deux tampons de gaze aplatis, peu serrés et pourvus de fils permettant de les fixer. Disposez-les de champ et traversez-les près de leur bord par un ou deux des fils de la suture musculaire. Réunissez les lèvres de la plaie extérieure par deux sutures à points séparés, — la première faite sur la couche musculaire, l'autre sur la peau.

De même que la suture de la plaie aryténoïdienne, ce pansement et la suture de l'incision du larynx ne sont pas indispensables. Si on laisse celle-ci béante, il convient d'appliquer sur chacune des lèvres trois points de suture qui réunissent la peau à la couche musculaire sous-jacente. Les fils du point médian de chaque lèvre, conservés longs, sont noués, modérément tendus, au bord supérieur de l'encolure. On termine en enlevant la canule.

On peut encore simplifier l'opération en pratiquant d'abord la trachéotomie provisoire (Hendrickx). Ainsi il devient inutile de recourir à l'emploi de la canule spéciale entourée de gaze, et l'on a plus de jour pour effectuer les temps délicats de l'opération.

*Soins consécutifs.* — Si l'on a appliqué un pansement, le soir ou le lendemain on l'enlève ainsi que la canule, après avoir nettoyé les environs de la plaie, coupé et retiré les fils de suture. On assure la béance de la plaie en procédant comme il vient d'être dit.

Les soins ultérieurs consistent à nettoyer la plaie externe deux fois par jour en se servant de tampons d'ouate et d'eau bouillie tiède ou d'une solution antiseptique légère. Généralement cette plaie est cicatrisée au bout d'un mois.

Le jour même de l'intervention, l'opéré est tenu à la diète ou on lui donne à boire seulement. Dès le lendemain, il est remis au régime ordinaire. Mais, pendant plusieurs semaines, il importe de placer les aliments et le seau à une faible hauteur ou sur le sol, afin de favoriser la sortie, par la plaie, des liquides et des parcelles alimentaires qui, les premiers jours surtout, pénètrent dans le larynx.

Le résultat thérapeutique dépend de la disposition de la cicatrice intralaryngienne et de l'état de l'aryténoïde conservé. Les succès complets et durables sont assez rares. En général, on n'obtient qu'une amélioration plus ou moins prononcée.

La *laryngotomie* — l'incision du plancher du larynx, — effectuée comme il a été dit plus haut, est quelquefois pratiquée soit pour explorer le larynx, le pharynx ou la première partie de la trachée, soit pour procéder à l'ablation d'une tumeur ou à l'extraction d'un corps étranger.

## V. — Drainage de la jugulaire.

*Indication.* — Phlébite suppurative consécutive à la saignée, à une blessure accidentelle de la veine ou à des injections intraveineuses.

*Instruments.* — Ciseaux, bistouri, sondes cannelée et en **S**, pince. — Mèche de chanvre, de gaze ou drain.

*Assujettissement.* — Couchez l'animal sur le côté opposé à la phlébite, et faites tenir la tête étendue sur l'encolure.

Technique. — Après avoir préparé la peau au niveau de la partie supérieure de la surface indurée et fait une injection détersive dans la veine, débridez en haut la fistule de saignée, dans la direction du vaisseau, avec le bistouri guidé par la sonde cannelée. Introduisez une sonde en **S** dans la veine et poussez-la avec précaution dans toute l'étendue de la partie fistulisée, jusqu'à la base du caillot, point indiqué par la limite de l'induration, quelquefois aussi par une sensation de légère résistance qu'éprouve la main. Là, faites de dehors en dedans une incision de 3 à 4 centimètres, qui découvre l'extrémité de la sonde.

Cette dernière poussée au dehors, glissez dans sa rainure le bistouri droit et débridez la veine ainsi que les tissus périveineux; passez dans l'œil de la sonde la mèche préparée, que vous engagez dans le vaisseau en retirant l'instrument. — Si le caillot obturateur se détachait et qu'une hémorragie se produisît, vous pourriez faire l'hémostase soit en passant dans la veine une mèche volumineuse qui oblitère la plaie, ou en tamponnant celle-ci avec de la gaze, soit par la ligature du vaisseau, pratiquée un peu au-dessus de la contre-ouverture.

Tous les jours la mèche doit être changée et la fistule nettoyée par une irrigation antiseptique. Le drain de caoutchouc peut être laissé plusieurs jours à demeure.

## VI. — Ligature de la jugulaire.

*Indications.* — Phlébite hémorragique. Plaies accidentelles graves de la veine.

*Instruments.* — Ciseaux et rasoir, bistouris, pinces ordinaire et hémostatiques, sonde cannelée, aiguille. — Fils de soie, lanière de gaze ou mèche de chanvre stérilisés.

Même *assujettissement* que pour le drainage. — Le lieu d'élection est la gouttière jugulaire, immédiatement au-dessus de la zone indurée.

Technique. — Opérez aseptiquement. La région préparée, faites sur la ligne du vaisseau une incision de 4 à 5 centimètres portant sur le tégument et la couche musculo-conjonctive sous-jacente. Les lèvres de la plaie écartées et le sang étanché, dilacérez avec le bec de la sonde le tissu conjonctif qui recouvre la veine.

L'isolement de la veine peut se faire avec le doigt ; mais il est préférable de se servir de la sonde cannelée. Par des manœuvres effectuées parallèlement au vaisseau, détachez de celui-ci le tissu conjonctif périveineux dans une étendue aussi limitée que possible : il suffit de frayer un passage au lien (soie, gaze ou chanvre).

Glissez ce lien sous la veine avec la pince, croisez les chefs et faites un nœud droit ou un nœud de chirurgien ; coupez les bouts au ras du nœud ou conservez-en un long de quelques centimètres.

Détergez la plaie et réunissez-en les lèvres par deux ou trois points de suture. Si l'un des chefs a été conservé, coupez-le à 1 centimètre de la peau. Recouvrez la couture d'une couche de collodion iodoformé.

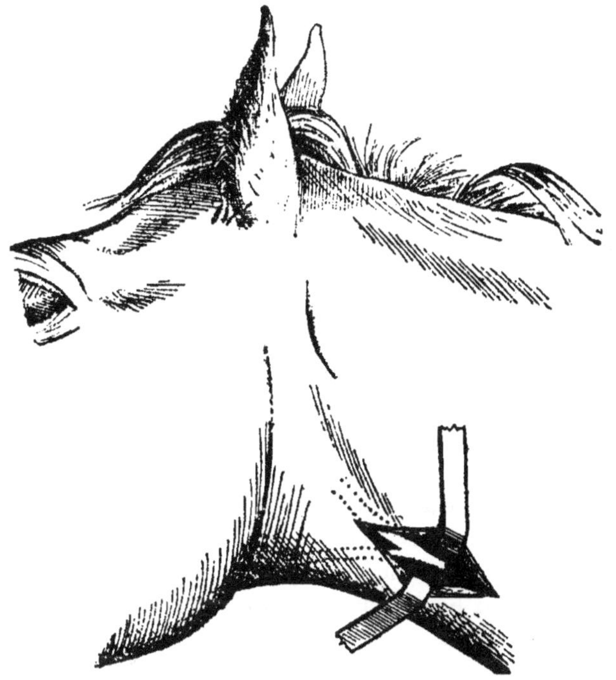

Fig. 113. — Veines jugulaire et faciale.

Pendant quelques jours, l'opéré sera attaché au râtelier et nourri d'aliments n'exigeant pas d'efforts de mastication (barbotage, grains cuits). Si la plaie suppure, elle sera détergée, matin et soir, avec une solution antiseptique chaude. Après la chute de la ligature, qui a lieu ordinairement du huitième au dixième jour, elle se ferme rapidement.

L'œdème de la région parotidienne et de l'auge, constaté dans les jours qui suivent l'opération, ne tarde pas à se résorber.

## VII. — Ligature de la carotide.

*Assujettissement.* — Tord-nez. Entravez les membres antérieurs ou faites lever celui du côté opposé.

*Instruments.* — Les mêmes que pour l'opération précédente.

Pour les rapports anatomiques de la carotide, V. p. 244 et *fig.* 114.

Technique. — Faites dans la gouttière jugulaire, immédiatement au-dessus de la veine, une incision de 8 à 10 centimètres intéressant la peau et la couche musculo-conjonctive sous-cutanée. Avec le pouce gauche introduit dans la plaie, écartez la lèvre antérieure de l'incision, en déplaçant en même temps la veine jugulaire. Divisez ensuite le muscle sous-scapulo-hyoïdien et déposez le bistouri. Dilacérez avec les index le tissu conjonctif péricarotidien; saisissez l'artère et comprimez-la au niveau de la piqûre. Séparez d'elle les nerfs qui lui sont accolés : — en avant, le laryngé inférieur; en arrière, le cordon formé par le pneumogastrique et le grand sympathique.

Si l'artère est simplement piquée, faites-la tenir par un aide qui la comprime entre le pouce et l'index au niveau de la perforation. Appliquez une première ligature au-dessous de la blessure et une autre au-dessus.

Lorsque, le vaisseau étant sectionné, vous pouvez intervenir sur-le-champ, prolongez l'incision en haut et en bas ; découvrez les deux bouts, obturez-les avec des pinces et ligaturez-les successivement.

On peut aussi arriver facilement sur la carotide par une incision médiane de 8 à 10 centimètres, divisant les tissus qui recouvrent la trachée. Il n'y a qu'à dilacérer le tissu conjonctif et à engager l'index sur le côté de la trachée, à droite ou à gauche selon l'artère blessée.

## VIII. — Cathétérisme de l'œsophage et de l'estomac.

*Indications.* — Corps étranger du conduit soit pour l'extraire, soit pour le pousser dans l'estomac. Indigestion stomacale, pour évacuer les gaz et les matières accumulés dans le ventricule, ou administrer un breuvage. Rétrécissement de l'œsophage, néoplasme ou jabot.

*Instruments.* — Écarteur des mâchoires ou spéculum et long cathéter *ad hoc* terminé par un renflement olivaire de petit calibre. — Chez un cheval de taille moyenne, la distance entre l'orifice buccal et le cardia étant d'environ 2 mètres, la longueur du cathéter doit être au moins de 2m,50.

*Assujettissement.* — Si vous opérez sur l'animal debout, entravez les membres antérieurs, appliquez un tord-nez à la lèvre supérieure et faites tenir la tête dans l'extension, afin d'effacer l'angle que forment l'axe de la cavité bucco-pharyngienne et la portion cervicale de l'œsophage. — L'opération est quelquefois faite sur l'animal couché. Dans cette attitude encore, la tête doit être étendue sur l'encolure.

TECHNIQUE. — La langue amenée hors de la bouche et maintenue à droite ou à gauche par un aide, placez l'écarteur et confiez-le à un autre aide. Enduite de vaseline ou d'huile et tenue des deux mains, la sonde est engagée dans l'ouverture du spéculum ; faites-la pénétrer au fond de la cavité buccale en suivant la voûte palatine : vous éviterez ainsi les déplacements que provoqueraient les mouvements de la langue. Arrivée au fond de la bouche, la sonde est arrêtée par le voile du palais — résistance vite surmontée par un léger effort. — A l'entrée de l'œsophage, nouvel arrêt : si l'instrument est bien tenu sur la ligne médiane, il suffit de le pousser doucement pour lui faire franchir l'orifice œsophagien. Ensuite le cathéter, poussé de la main droite, glisse dans la gauche et descend rapidement le long de l'œsophage. Au niveau de la dernière portion du conduit, où la couche musculaire est très épaisse, la progression de l'instrument se ralentit un peu. Une sensation de résistance surmontée indique sa pénétration dans l'estomac. — Le mandrin retiré, un dégagement de gaz se produit.

Pour combattre l'*indigestion stomacale*, on emploie une sonde de 2m,50 à 2m,75 et d'un calibre intérieur de 15 à 16 millimètres. Afin de faciliter sa progression dans l'œsophage, on doit parfois, après retrait du mandrin, verser de l'eau tiède dans l'instrument. Mais la sonde pénètre d'ordinaire facilement jusque dans l'estomac et, le mandrin retiré, des gaz, puis des matières semi-liquides, s'échappent en plus ou moins grande quantité par le tube. Lorsque le contenu de l'estomac est de consistance trop ferme pour sortir aisément par la sonde, on verse dans celle-ci, à plusieurs reprises s'il est nécessaire, 1 à 2 litres d'eau tiède, et les matières délayées s'échappent bientôt abondantes. On en peut évacuer de 10 à 15 litres, quelquefois davantage.

## IX. — Œsophagotomie.

*Indications.* — Opération pratiquée pour extraire ou diviser des corps étrangers arrêtés dans la partie cervicale de l'œsophage, quand les autres interventions ont échoué ; — dans le cas de tumeur, de sténose ou d'ectasie du conduit ; — exceptionnellement pour alimenter des sujets atteints d'affections qui entravent les actes de la préhension ou de la déglutition (fractures des mâchoires, tétanos).

*Remarques anatomiques.* — Dans la moitié supérieure de l'encolure, l'*œsophage* est situé à la face supérieure de la trachée, sur la ligne médiane. Il répond, en arrière, au *long du cou* ; latéralement, aux *artères carotides* accompagnées de leurs nerfs satellites. — Vers le milieu de cette région, il commence à se dévier à gauche pour se placer sur le côté correspondant de la trachée, situation qu'il conserve jusqu'à son entrée dans le thorax. Il reprend ensuite sa position première sur la trachée, passe au-dessus de la bifurcation de celle-ci et de la base du cœur, traverse le médiastin postérieur, s'engage dans l'ouverture du pilier droit du diaphragme et vient se terminer à la petite courbure de l'estomac.

Lorsqu'il a effectué sa déviation dans le tiers inférieur du cou, l'œsophage, appuyé sur la face gauche de la trachée, est en rapport, en dehors, avec la *carotide*, les nerfs qui la longent (*pneumogastrique* et *filet cervical du grand sympathique, trachéal récurrent*), l'atmosphère conjonctive qui l'entoure, et, vers la partie inférieure de la région, avec le *scalène*.

Dans la gouttière jugulaire gauche, au lieu d'élection de l'opération, pour arriver sur le conduit œsophagien, il suffit, après incision de la peau, de diviser le peaussier, puis, écartant la jugulaire, de déchirer les lames conjonctives péricarotidiennes et périœsophagiennes. Dans la moitié supérieure du cou, on doit inciser la couche musculaire (*sous-scapulo-hyoïdien*) qui sépare la jugulaire de la carotide.

En sa portion cervicale, l'œsophage est aplati, de couleur rosée. Tandis que sur le cadavre il est ferme, rigide au toucher, *sur l'ani-*

*mal vivant il est d'une mollesse, d'une flaccidité qui trompe aisément des doigts peu exercés.* — Les deux tuniques œsophagiennes — la musculeuse et la muqueuse — sont séparées par une couche conjonctive lâchement unie à la première et qui permet un assez large jeu de ces tuniques.

*Instruments.* — Ciseaux et rasoir, bistouris, sonde cannelée, pinces simple et hémostatiques, aiguille fine. — Fils à suture, gaze ou drain.

*Assujettissement.* — Si l'opération est faite sur l'animal debout, appliquez un tord-nez, entravez les pieds antérieurs ou appliquez l'entrave Le Goff aux deux pieds postérieurs et au pied antérieur gauche. Mieux vaut coucher le patient sur le côté droit.

Technique. — *Premier temps : Incision des couches qui recouvrent l'œsophage.* — Coupez les poils et rasez la peau dans la gouttière jugulaire sur une longueur de 15 centimètres. Faites à la peau, immédiatement au-dessus de la jugulaire, une incision de 10 centimètres ; divisez ensuite le peaussier. Avec le pouce gauche introduit dans la plaie, écartez la lèvre antérieure de l'incision et la jugulaire, puis la carotide quand, — après la section du sous-scapulo-hyoïdien si l'opération est faite dans la moitié supérieure du cou, — disséquant le tissu conjonctif, vous arriverez au niveau de cette artère. Incisez le tissu cellulaire lamelleux qui engaine l'œsophage ; ne déchirez pas ce tissu avec les doigts, et évitez les décollements au-dessous de l'angle inférieur de la plaie.

*Deuxième temps : Isolement de l'œsophage.* — Lorsque le conduit est distendu par le corps étranger, pour l'isoler au niveau de celui-ci, il n'y a qu'à détacher de la musculeuse, avec l'index, les lames conjonctives qui l'entourent. — S'il ne contient pas de corps étranger, ses parois sont affaissées et elles n'ont pas la consistance, la fermeté qu'elles offrent sur le cadavre. Sa situation anatomique à peu près invariable sur la face supérieure ou la face gauche de la trachée le fait découvrir immédiatement. Dès que les lames conjonctives qui l'enveloppent sont entièrement divisées, on le saisit entre le pouce et l'index droits, on l'amène au dehors, et l'on passe en dessous les ciseaux courbes, pointe en avant.

*Troisième temps : Incision de l'œsophage et extraction*

*du corps étranger.* — Sur celui-ci et dans le sens de la longueur du conduit, incisez avec le bistouri la musculeuse et la

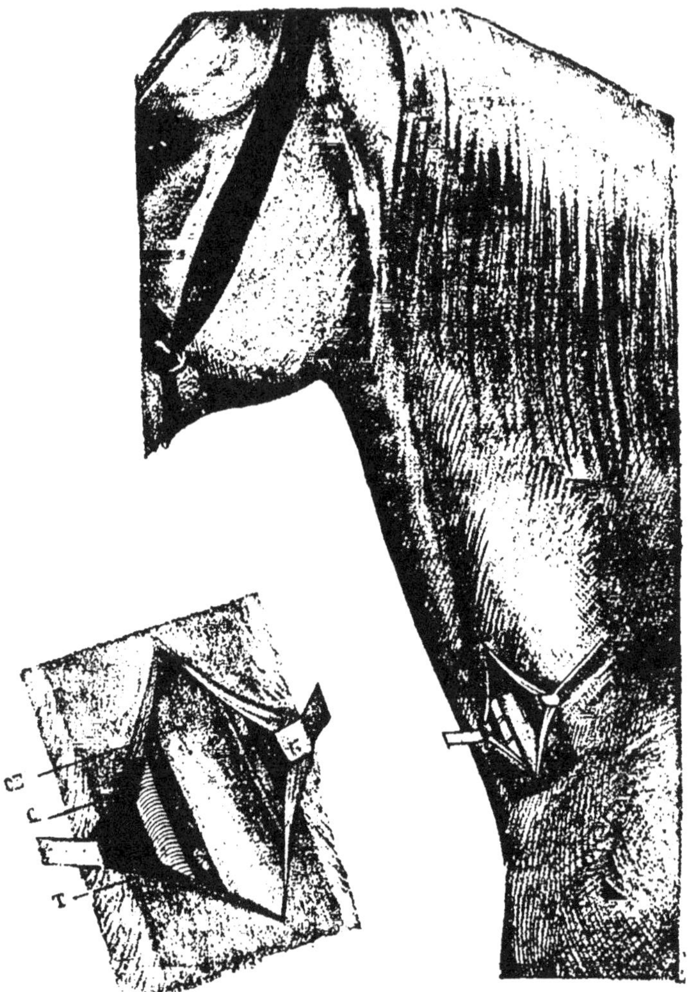

Fig. 114 et 115. — Œsophagotomie.
Œ, œsophage ; C, carotide ; T, trachée.

muqueuse dans une étendue suffisante pour permettre la sortie du corps étranger. Saisissez ce dernier avec une pince et enlevez-le. Ordinairement la plaie est souillée de parcelles alimentaires et de salive; détergez-la avec de l'eau bouillie ou une solution antiseptique tièdes. Achevez ensuite l'isolement du conduit et chargez-le sur les ciseaux courbes.

Quand l'œsophage a été placé sur les ciseaux à la fin du deuxième temps et que sa lumière est effacée au point où on doit l'inciser, procédez de la manière suivante : Le pouce gauche comprime l'œsophage sur les ciseaux ; avec la pointe du bistouri tenu de la main droite, faites une étroite incision à la musculeuse et à la muqueuse; par cette ouverture, engagez dans la partie supérieure de l'œsophage une sonde cannelée, rainure en dehors; tenez cette sonde de la main gauche, glissez dans la cannelure le dos du bistouri et débridez le conduit — muqueuse et musculeuse — sur une longueur de 1 à 2 centimètres. — L'œsophage étant comprimé sur les ciseaux, la déglutition par l'opéré d'un peu de salive ou d'une gorgée de liquide permet de faire d'un coup la ponction et le débridement, sans danger de transpercer la muqueuse.

*Suture.* — L'œsophage reposant sur les ciseaux, à l'aide des pinces et d'une aiguille fine, suturez la muqueuse seule ou successivement cette membrane et la musculeuse. Détergez ensuite la plaie externe, saupoudrez-la d'iodoforme ou d'acide borique, et suturez-en les lèvres après avoir fixé à l'angle inférieur un drain ou une mèche de gaze.

Dans les cas où l'œsophage est obstrué par des corps susceptibles d'être facilement divisés, au lieu d'effectuer le troisième temps comme dans le procédé classique, faites aux tuniques œsophagiennes une simple ponction, et, avec un ténotome, coupez le corps étranger en deux ou plusieurs morceaux. La plaie des parois œsophagiennes est insignifiante et se ferme rapidement.

Lorsque l'obstruction est produite par un corps dur, dont la cohésion peut céder à des actions contondantes légères exercées à travers les tuniques œsophagiennes, une fois le conduit amené au dehors et soutenu par deux ou trois doigts, de façon que le corps étranger repose sur eux à plat, brisez celui-ci avec un maillet en frappant quelques petits coups sur sa partie centrale.

*Soins consécutifs.* — L'opéré sera tenu à la diète pendant vingt-quatre heures au moins. On lui donnera ensuite de l'eau, du lait, du thé de foin, et au bout de trois ou quatre jours un peu de fourrage, pour le remettre à son régime ordinaire vers la fin de la première semaine. Pas de grains, pas de boissons farineuses ni de son.

Si l'on a drainé à la gaze, celle-ci sera enlevée le lendemain. Matin et soir on détergera la plaie avec une solution antiseptique. Elle se cicatrise d'ordinaire en trois semaines à un mois. Parfois il persiste une fistule qui s'occlut dans la suite.

## X. — Section du ligament cervical.

*Indications.* — Mal d'encolure et mal de nuque. — L'opération est faite dans la région de l'encolure pour provoquer la formation d'un îlot de tissu cicatriciel sur lequel viendra s'éteindre la nécrose de la corde cervicale, et dans la région de la nuque, pour supprimer la compression exercée par la corde.

*Remarques anatomiques.* — Dans la région de l'*encolure*, la *portion funiculaire du ligament cervical* est située sous l'épais tégument de la crinière. De son bord inférieur part la *portion lamellaire* qui s'insère sur les apophyses épineuses des vertèbres cervicales. La partie antérieure du *rhomboïde*, la partie supérieure du *splénius* et du *grand complexus*, longent la portion funiculaire du ligament et recouvrent la portion lamellaire. En divers points du voisinage de la corde existent des artérioles émanant de la *cervicale supérieure*.

Dans la région de la *nuque*, la *corde du ligament cervical*, séparée de la peau par une couche de tissu conjonctif lardacé, glisse sur l'atlas à la faveur d'une bourse séreuse. De chaque côté, on trouve : l'*aponévrose de la branche supérieure du splénius*, le *tendon du grand complexus*, le *petit oblique de la tête* et les *droits postérieurs*. Vers la ligne médiane, il y a des artérioles transversales provenant de l'*occipito-musculaire*, et sur l'aile de l'atlas, l'*atloïdo-musculaire*.

*Instruments.* — Ciseaux ou rasoir, ténotome droit, bistouri boutonné, sonde cannelée.

*Assujettissement.* — Couchez l'animal; appliquez un tord-nez à la lèvre supérieure et faites porter la tête dans l'extension.

Technique. — Dans le cas de *mal d'encolure* — de nécrose

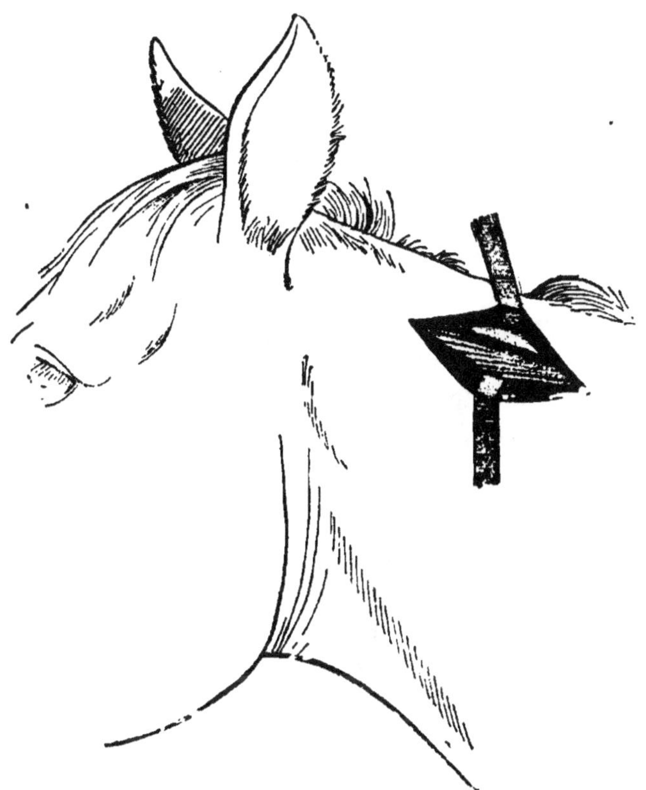

Fig. 116. — Région de l'encolure. — Ligament cervical.

de la corde du ligament cervical, — sectionnez celui-ci à deux travers de doigt en avant de la limite de l'induration. Opérez aseptiquement. — La région préparée, implantez la lame du ténotome droit dans la profondeur du cou, immédiatement au-dessous ou en avant de la corde cervicale, à 5-7 centimètres du bord supérieur de l'encolure. Engagez dans la plaie la lame du bistouri boutonné, tournez le tranchant contre le ligament et coupez-le par un double mouvement de bascule et de scie, en évitant de débrider la peau. La tension du ligament, par flexion de la tête, facilite la section.

Recouvrez la plaie d'une couche de collodion ou fermez-la par un point de suture.

Dans le cas de *mal de nuque*, si les tissus enflammés

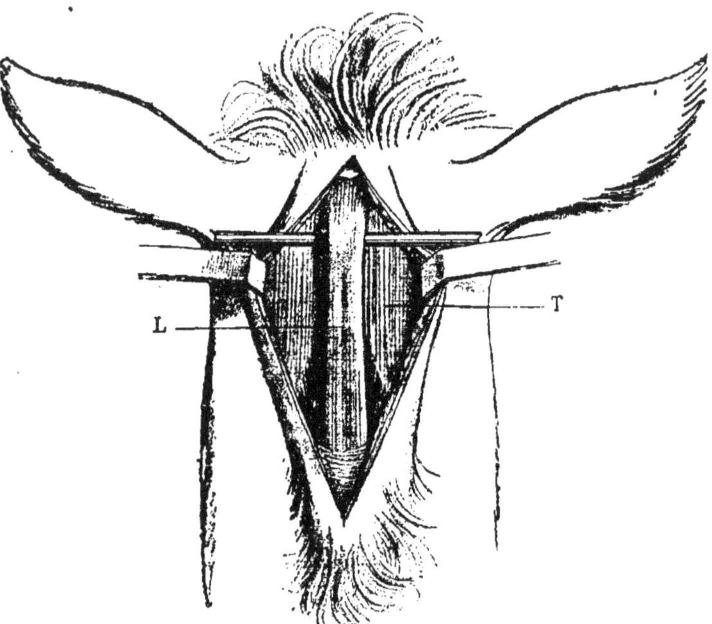


Fig. 117. — Région de la nuque.

L, ligament cervical; T, tendon du grand complexus.

sont bridés par la corde cervicale, sectionnez-la sur l'atlas ou au niveau de la fistule principale. Cette desmotomie est de facile exécution en se servant de la sonde et du bistouri boutonné. Engagez la première sous le ligament, l'index servant de guide. Introduisez ensuite à plat la lame du bistouri boutonné en la glissant le long de la sonde. Après avoir retiré celle-ci, tournez le tranchant du bistouri contre le ligament et coupez-le comme il vient d'être dit, en épargnant la peau.

## XI. — Ablation des abcès froids de la base de l'encolure.

*Indication.* — Abcès froids indurés provoqués par les pressions du collier, rebelles aux moyens ordinaires ou se reproduisant après la ponction.

Pour ces abcès, l'intervention de choix est l'ablation partielle avec destruction de la membrane pyogénique.

*Instruments.* — Ciseaux, bistouri, pinces à dents de souris, rénette à large gorge, aiguille. — Fils de chanvre ou de soie et objets de pansement.

*Assujettissement.* — Couchez le cheval sur le côté opposé à la lésion. Le membre superficiel est laissé dans l'entravon ou porté en arrière. Lorsque la tumeur est volumineuse, il convient d'assoupir le patient en lui faisant ingérer du sulfonal ou par un lavement de chloral.

Technique. — La région préparée, faites sur le milieu de la saillie, dans le sens des fibres du mastoïdo-huméral, deux incisions en côte de melon, qui délimitent un lambeau cutané assez large et dont les extrémités se réunissent sur les limites du gonflement. Avec la pince et le bistouri, détachez sur une largeur de 1 à 2 centimètres la peau qui borde la partie à exciser. Faites ensuite dans l'épaisseur de la tumeur ou du mastoïdo-huméral une ample ablation en prolongeant vers la profondeur les premières incisions. Parfois la couche musculaire superficielle a conservé son aspect normal, mais bientôt le bistouri divise un tissu scléreux marbré de rouge, puis du tissu fibreux blanchâtre formant d'ordinaire une couche épaisse dans laquelle est creusé le foyer purulent. — Celui-ci ouvert et le pus évacué, avec une rénette bien tranchante, enlevez une couche de quelques millimètres sur toute la paroi de l'abcès (membrane pyogénique). Assez souvent il existe des diverticules pour chacun desquels vous devez procéder de même. Lorsque des conduits fistuleux doivent être débridés, manœuvrez avec précaution, afin d'éviter l'atteinte de la jugulaire et de la carotide. Au besoin, élargissez la brèche avec la rénette, en enlevant sur ses bords des lambeaux de tissu fibreux.

Lorsque l'abcès est superficiel, l'incision large peut suffire, mais la technique précédente est plus sûre.

Après avoir pincé ou ligaturé les artérioles ouvertes et détergé la cavité, tamponnez celle-ci à la gaze saupoudrée d'acide borique et rapprochez les bords de la plaie par trois ou quatre points de suture.

Au bout de quelques jours on enlève les fils, puis on panse quotidiennement à l'acide borique. Presque toujours la cavité se comble sans incident, la cicatrisation est rapide et la guérison durable.

## III. — OPÉRATIONS PRATIQUÉES SUR LE THORAX.

### I. — Thoracentèse.

*Indications.* — Pleurésie aiguë ou chronique lorsque l'épanchement est abondant, sans tendance à la résorption, et la dyspnée forte. — Hydrothorax. — Pneumothorax. — Temps préliminaire de l'intervention qui consiste à injecter un liquide médicamenteux dans la plèvre ou à faire le lavage de la séreuse.

*Instruments.* — Ciseaux, rasoir, bistouri convexe, trocart capillaire ou aiguille stérilisés.

*Assujettissement.* — Tord-nez. Faites lever le membre antérieur du côté opposé à celui où vous opérez.

Chez le cheval, presque toujours les épanchements pleuraux sont doubles; mais, sauf de très rares exceptions, les deux cavités pleurales communiquant, on se borne à ponctionner la plèvre droite. — L'opération exige une correcte asepsie.

Technique. — Placez-vous au niveau de l'hypocondre droit. Le lieu d'élection est le septième espace intercostal, un peu au-dessus de la veine de l'éperon. Rasez la peau et désinfectez-la avec un liquide antiseptique ou en y passant le fer rouge. — Le trocart tenu de la main droite, fixé dans la paume, l'index et le pouce allongés sur la canule, la pointe de l'instrument dépassant de 2 centimètres l'extrémité de l'index, appliquez-le perpendiculairement sur la paroi pectorale et faites-le pénétrer dans le thorax par un double mouvement de pression et de rotation. — Retirez la tige en maintenant la canule avec le pouce et l'index gauches. — Si des flocons de fibrine arrêtent l'écoulement, désobstruez la canule avec la tige.

On peut faire à la peau une étroite boutonnière pour faciliter la pénétration du trocart. — On peut aussi se servir avantageusement de l'aspirateur. (V. p. 103.)

L'opération terminée, enlevez la canule et recouvrez la piqûre d'une couche de collodion.

Si vous opérez à gauche, ponctionnez dans le huitième espace intercostal, le trocart tenu dans une direction légèrement oblique en arrière.

## II. — Ponction du péricarde.

*Indications.* — Péricardite exsudative aiguë ou chronique avec épanchement abondant. Hydropéricarde.

*Instruments et assujettissement.* — Comme pour l'opération précédente.

Technique. — Le péricarde distendu par l'hydropisie est en rapport avec la paroi thoracique gauche sur une surface beaucoup plus étendue qu'à l'état normal. On y pénétrerait en opérant comme pour la ponction de la plèvre. L'instrument doit être introduit de préférence dans le cinquième ou le sixième espace intercostal, un peu au-dessus de la veine de l'éperon.

La région préparée, enfoncez lentement le trocart ou l'aiguille jusque dans le sac péricardique. Il importe de ne pas ponctionner trop haut, ni de pousser la pointe trop profondément, afin d'éviter la blessure du cœur.

Procédez ensuite comme pour la thoracentèse.

Même lorsqu'on s'est servi d'un instrument de petit calibre, la plaie de ponction du sac péricardique ne s'occlut pas toujours immédiatement après le retrait de la canule, et une certaine quantité de liquide peut s'épancher dans la plèvre.

## III. — Ligature des artères intercostales.

Les artères intercostales longent la scissure du bord postérieur des côtes et sont situées en avant des nerfs correspondants. Quand du sang artériel s'échappe d'une plaie d'un espace intercostal, c'est l'artère de la côte antérieure qui est ouverte.

*Assujettissement.* — Tord-nez. Faites lever le membre antérieur du côté opposé à celui où vous opérez.

TECHNIQUE. — Sur le bord postérieur de la côte, faites une incision cutanée de 3 à 4 centimètres : divisez la couche sous-cutanée et le muscle intercostal externe. Avec le bec de la sonde cannelée, énucléer le tissu conjonctif qui enveloppe l'artère, prenant grand soin de ne pas perforer la plèvre. Mais il est difficile de lier ce vaisseau et, lorsqu'il est coupé, de pincer le bout supérieur. On réalisera plus facilement l'hémostase en écrasant l'artère et le bord postérieur de la côte avec une pince (V. *fig.* 37).

## IV. — Opération du mal de garrot.

*Remarques anatomiques.* — Sur la ligne médiane, le garrot est constitué par des tissus durs qui sont presque toujours intéressés quand cette région est le siège de lésions nécrotiques. Sous la peau, doublée d'une couche conjonctive dans laquelle existe parfois une bourse séreuse accidentelle, on trouve : *a*) la *portion funiculaire du ligament cervical*, et, dans la partie antérieure de la région, la *portion lamellaire*, qui part du bord inférieur de la première; *b*) une épaisse *couche fibro-cartilagineuse* très adhérente à la précédente et aux sommets apophysaires; *c*) les *apophyses épineuses* des six vertèbres dorsales qui suivent la première. — Sur les faces latérales sont disposées les couches musculo-aponévrotiques suivantes : *a*) le *trapèze*; *b*) le *rhomboïde*; *c*) l'*aponévrose commune au splénius, au grand complexus et au petit dentelé de la respiration*; *d*) l'*ilio-spinal*. — Vers la limite de ces faces, le *cartilage de prolongement du scapulum* est compris entre le trapèze et le rhomboïde. — Le garrot est irrigué par des branches des *artères cervicale supérieure* et *dorsale*.

*Instruments.* — Ciseaux, bistouris, pinces hémostatiques, pince-gouge, aiguille à suture. — Fils ou bourdonnets et objets de pansement.

*Assujettissement.* — Couchez l'animal ; tord-nez à la lèvre supérieure. — Dans certains cas (lésions étendues et profondes, sujets très irritables), il convient de recourir à l'anesthésie.

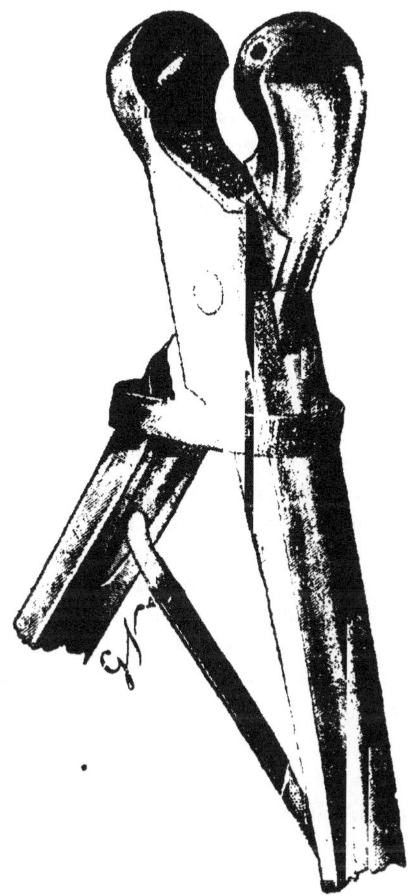

Fig. 118. — Pince-gouge.

Technique. — La région préparée (fistules détergées, poils et crins coupés ou peau rasée et désinfectée), débridez les fistules de façon à découvrir les tissus nécrosés. Dégagez le sommet des apophyses épineuses ; s'il est nécessaire, désinsérez de chaque côté les couches musculo-aponévrotiques fixées sur la partie supérieure de ces apophyses (aponévrose des trapèzes, rhomboïde, aponévrose commune au splénius, au petit complexus et au dentelé antérieur). Tamponnez ou pincez les artérioles qui saignent abondamment.

Avec le bistouri ou une feuille de sauge, coupez transversalement en avant et en arrière des apophyses lésées, au niveau d'un espace interosseux, le ligament surépineux cervical. Avec la pince-gouge, excisez les tissus nécrosés (ligament, cartilage, os). Faites une ou plusieurs contre-ouvertures latérales et placez là des drains fixés, s'il est nécessaire, par du fort fil de soie.

La plaie détergée et saupoudrée d'acide borique, appliquez un pansement ouaté avec suture à points séparés ou à bourdonnets.

*Soins consécutifs.* — Le pansement doit être renouvelé quotidiennement, la plaie détergée à l'eau bouillie chaude ou avec une solution antiseptique légère et recouverte d'une couche d'acide borique. Dès le deuxième ou le troisième jour, on supprime la suture, et le pansement est protégé par un bandage.

Dans la suite, on surveillera particulièrement l'état des tissus durs qui entrent dans la constitution des parois du trauma : si l'on y remarque un îlot aride, on le touchera à plusieurs reprises et pendant quelques jours avec une boulette d'ouate imprégnée d'eau oxygénée ou de teinture d'iode, en continuant les pansements à l'acide borique.

## IV. — OPÉRATIONS PRATIQUÉES SUR L'ABDOMEN.

### I. — Laparotomie.

La *laparotomie* ou *incision du flanc* a quelquefois pour but l'exploration de l'abdomen ; mais elle n'est généralement que le temps préliminaire d'opérations pratiquées sur les organes qu'il renferme. Les corps étrangers de l'intestin, l'invagination, le volvulus, la torsion de la matrice, l'ablation des organes génitaux (ovaires, testicules ectopiques) en constituent les principales indications.

Le *lieu d'élection* est la partie supérieure du flanc gauche. — En cette région, la paroi abdominale est formée des couches suivantes :

1° La *peau*, assez intimement fixée au plan musculaire sous-jacent par une couche conjonctive dense ;

2° Le *grand oblique de l'abdomen* (costo-abdominal), relativement mince, dont les fibres sont obliques en bas et en arrière ;

3° Le *petit oblique de l'abdomen* (ilio-abdominal), muscle épais, à fibres dirigées en bas et en avant, qui croisent perpendiculairement celles du costo-abdominal et obliquement celle du transverse ;

4° Le *transverse de l'abdomen* (lombo-abdominal), mince, dont les fibres sont dirigées à peu près verticalement. Sa face profonde est tapissée d'une mince membrane cellulo-aponévrotique (*aponévrose sous-péritonéale, fascia transversalis*), sur laquelle est appliqué le péritoine doublé d'une couche conjonctivo-adipeuse.

Ces muscles sont irrigués par l'*artère circonflexe-iliaque*, par les branches inférieures des *artères lombaires* et des dernières *intercostales*.

*Préparation de l'opéré.* — Si l'intervention n'est pas absolument urgente, l'animal sera préparé par un régime diététique et la purgation. (V. *Cryptorchidie.*)

*Instruments, objets et substances nécessaires.* — Bistouris, ciseaux, pinces ordinaire et à forcipressure, écarteurs, aiguilles. — Fils à suture, compresses. Eau bouillie salée ou boriquée, solution de sublimé à 1 p. 1000.

*Assujettissement.* — A jeun le jour de l'opération, le sujet est couché, puis anesthésié et laissé en décubitus costal.

La zone opératoire est rasée, lavée à l'alcool, puis irriguée avec la solution de sublimé. Une large compresse aseptique fenêtrée en son milieu, au niveau de l'incision, recouvre la région et les surfaces adjacentes. Il est bon de faire tirer en arrière le membre postérieur correspondant. Placez-vous au niveau de la région lombaire.

Technique. — *Premier temps : Incision.* — Près de la partie inférieure de l'angle de la hanche, un peu au-dessous et immédiatement en avant, incisez, sur une longueur de 12 à 15 centimètres, la peau et le muscle grand oblique dans la direction des fibres de l'ilio-abdominal ; puis, avec l'extrémité plate de la sonde cannelée ou une sorte de coupe-papier métallique, divisez ce dernier muscle dans le sens de ses fibres ,et en même temps l'aponévrose du transverse et le péritoine. Agrandissez l'ouverture avec le même instrument ou avec les doigts, toujours dans le sens des fibres du petit oblique. En procédant ainsi, l'hémorragie est presque nulle, et, l'opération terminée, les lèvres musculaires s'accolent naturellement.

*Deuxième temps : Manœuvres intra-abdominales.* — Ces manœuvres, fort diverses suivant l'affection pour laquelle on intervient, doivent être effectuées rapidement. L'intestin et l'épiploon sortis sont exposés à des souillures ; avant de les rentrer, on les nettoie à l'eau bouillie chaude (35°-40°), simple ou salée. Les ligatures vasculaires sont faites au catgut ou à la soie plate; des compresses stérilisées tamponnent les surfaces suintantes et arrêtent les hémorragies en nappe. Une petite quantité de sang aseptique est d'ailleurs facilement résorbée par le péritoine.

*Troisième temps : Suture.* — Un seul rang de points séparés comprenant le muscle oblique et la peau peut suffire à l'occlusion de la paroi. Mais on applique généralement deux étages de sutures : un premier réunit les lèvres de la plaie musculaire, un autre ferme la plaie cutanée. On lave la couture à l'alcool et on la recouvre d'une couche de collodion iodoformé.

*Soins consécutifs.* — Relevé et bien couvert si le temps est froid. le cheval sera rentré et tenu à l'abri des courants d'air. Pendant une semaine, on le nourrira surtout de barbotages tièdes et de grains cuits.

Les jours suivants, les bords de la plaie s'enflamment; parfois un œdème assez abondant se développe, qui filtre vers la partie déclive de l'abdomen; il y a un peu de fièvre, le thermomètre monte à 39°-39°,5. — On n'obtient pas toujours la cicatrisation totale par première intention; elle se produit dans la séreuse et la couche profonde des muscles, mais la peau peut suppurer. Des lavages antiseptiques assurent la guérison. S'il se forme un abcès au-dessous de la plaie, on en fera la ponction hâtive.

Des coliques sourdes, le ventre dur, rétracté, sensible, le pouls très accéléré et petit, une forte réaction fébrile, sont des signes de mauvais augure : ils dénoncent une péritonite diffuse, conséquence de l'infection de la séreuse au cours de l'intervention.

## II. — Paracentèse.

*Indications.* — Péritonite exsudative aiguë ou chronique avec épanchement abondant. Ascite.

*Instruments.* — Ciseaux, rasoir, bistouri convexe, trocart capillaire.

*Assujettissement.* — Tord-nez. Faites lever le membre postérieur gauche ou le membre antérieur correspondant.

TECHNIQUE. — La ponction de l'abdomen peut être faite vers la ligne médiane, à égale distance du pubis et de l'appendice xiphoïde du sternum, mais il est préférable de la pratiquer à la partie déclive du flanc gauche.

Opérez aseptiquement. La région préparée, placez-vous au niveau de l'hypocondre gauche. Le trocart tenu de la main droite, comme il a été dit pour la ponction du thorax, faites-le pénétrer dans l'abdomen par un double mouvement de pression et de rotation. La canule immobilisée avec le pouce et l'index gauches, enlevez la tige.

Ainsi que pour la thoracentèse, on peut faire à la peau une boutonnière qui facilite la ponction. On peut aussi utiliser l'aspirateur. (V. p. 103.)

L'évacuation terminée, retirez la canule et recouvrez la piqûre ou la plaie d'une mince lame d'ouate collodionnée.

## III. — Entérocentèse.

*Indication.* — Météorisme intense, pour donner issue aux gaz accumulés dans le gros intestin.

Quand la ponction est faite vers le centre du flanc, le trocart traverse le péritoine. Il pénètre dans l'arc du cæcum ou dans la deuxième partie du gros côlon, selon que les gaz sont accumulés dans celui-ci ou dans le premier.

Lors de tympanite, la ponction de l'intestin est toujours facile : le réservoir distendu (cæcum ou côlon) est appliqué contre la face interne du flanc.

Pour l'anatomie de la région du flanc, V. p. 257.

*Instruments.* — Bistouri et trocart de petit calibre (trocart de la trousse).

*Assujettissement.* — Tord-nez. Faites lever le membre antérieur droit.

Technique. — Pour la ponction du cæcum ou du côlon, le lieu d'élection est le creux du flanc droit, à égale distance de l'angle de la hanche, de la dernière côte et des apophyses transverses des vertèbres lombaires, ou très peu au-dessus de ce point.

Fig. 119. — Entérocentèse.

La région préparée, placez-vous au niveau du flanc et pratiquez la ponction d'emblée ou après avoir fait à la peau une étroite incision. Portez au lieu d'élection la pointe du trocart tenu perpendiculairement de la main gauche; d'un coup donné sur le sommet de la tige avec la paume de la main droite, faites pénétrer l'instrument dans l'intestin. — Tenez la canule avec le pouce et l'index gauches et retirez la tige.

Ainsi que pour la paracentèse, on peut aussi tenir le trocart de la main droite et, par un double mouvement de pression et de rotation, l'enfoncer dans le réservoir intestinal distendu (*fig.* 119).

Les gaz évacués, enlevez la canule et recouvrez la plaie d'une couche de collodion.

En général, la plaie se cicatrise sans incident. L'opération peut cependant se compliquer de péritonite, d'abcès du flanc au niveau de la piqûre, et de nécrose des aponévroses de la région.

## IV. — Hernies.

Pour les *hernies simples*, facilement réductibles, on peut recourir aux *applications irritantes*, *vésicantes* ou *caustiques*, aux *injections irritantes*, à la *ligature*, à la *suture*, à *l'application d'un casseau* ou à la *kélotomie*. — Pour les hernies adhérentes, la seule intervention rationnelle est la *cure chirurgicale*, qui permet de libérer l'intestin sans le blesser. — Pour les *hernies étranglées*, il faut en général employer d'abord le *taxis*, et, en cas d'insuccès, faire incontinent la *kélotomie*. — Toute blessure perforante de l'intestin doit être soigneusement fermée avant de procéder à la réduction.

Les interventions sanglantes dirigées contre les hernies exigent d'ordinaire l'anesthésie et toujours une rigoureuse asepsie. Avant de rentrer une anse intestinale étranglée, on la fomentera soit d'eau bouillie chaude, simple ou salée, soit d'un liquide légèrement antiseptique.

### I. — Opération de la hernie inguinale aiguë.

*Indication.* — Hernie inguinale aiguë irréductible par les autres moyens.

*Instruments.* — Ciseaux, bistouris, sonde cannelée, pinces hémostatiques, bistouri boutonné, casseau courbe et pince à castration.

*Assujettissement.* — Couchez le cheval sur le côté opposé à celui où vous devez opérer. Faites porter le membre postérieur superficiel sur l'épaule correspondante, ou mieux dans l'abduction à l'aide de deux plates-longes, l'une fixée dans la direction de l'encolure, l'autre perpendiculaire à la colonne vertébrale (V. *fig.* 151). — Anesthésiez au chloroforme ou à l'éther si les réactions sont violentes.

Pour l'anatomie de la région, V. p. 274.

Technique. — *Premier temps : Incision des enveloppes superficielles et énucléation.* — Effectuez cette incision et l'énucléation comme dans l'opération de la castration à testicules et à cordons couverts. (V. p. 278.)

*Deuxième temps : Incision de la gaine vaginale.* — Avec la pointe du bistouri convexe, faites une étroite incision sur les couches profondes des bourses, vers l'extrémité postérieure du testicule; engagez dans cette incision et parallèlement au bord inférieur de la glande la sonde cannelée, dont la rainure sera tournée vers les enveloppes; divisez celles-ci de dedans en dehors en glissant le bistouri sur la sonde. Le testicule, le cordon et l'intestin sont à découvert.

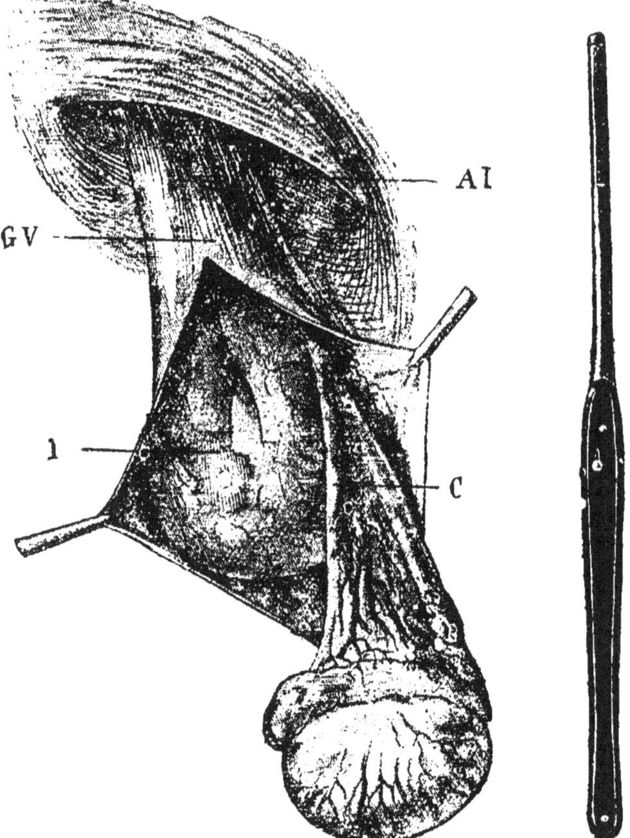


Fig. 120. — Hernie inguinale étranglée.

AI, anneau inguinal inférieur; GV, gaine vaginale I, anse d'intestin grêle; C, cordon.

Fig. 121. — Bistouri boutonné.

*Troisième temps : Débridement du collet de la gaine.* — Vers le milieu de chacune des lèvres résultant de la division des enveloppes profondes, ou sur ces lèvres doublées de la couche scroto-dartoïque, appliquez une pince hémostatique à mors larges et faites-les écarter par un aide. Portez au fond de la gaine l'index gauche, pulpe en dessus, et engagez-le dans le collet, en dehors du cordon ou de l'anse herniée ; glissez ensuite sur sa face palmaire, à plat, la lame du bistouri boutonné ; dès que son extrémité a franchi le collet, faites exécuter à l'instrument un quart de révolution sur son axe, de manière à en diriger le tranchant contre la séreuse, *en dehors*, et par un léger mouvement de scie, incisez le collet.

*Quatrième temps : Réduction.* — Les lèvres de la gaine toujours maintenues écartées et le cordon testiculaire modérément tendu, lavez l'anse intestinale avec de l'eau bouillie simple, salée ou boriquée, et faites-la rentrer dans l'abdomen par des actions compressives légères, en commençant par sa partie supérieure.

*Cinquième temps : Application du casseau.* — Rabattez les enveloppes profondes sur le cordon. Appliquez le casseau aussi haut que possible et coupez le cordon à 2-3 centimètres au-dessous.

Beaucoup de chevaux opérés d'une hernie inguinale sont atteints, dans la suite, de la même affection du côté opposé, ce qui tient à une ampleur anormale de l'anneau inguinal ou de la gaine vaginale. Aussi, exception faite pour les reproducteurs, est-il généralement indiqué de faire la castration complète, — de terminer par la suppression du second testicule.

*Soins consécutifs.* — Après avoir désentravé le patient, on l'abandonne sur la litière jusqu'à ce qu'il se relève. Dans les heures qui suivent, il peut manifester des signes de légères coliques qui se dissipent vite d'habitude par la promenade et le bouchonnement ; s'il se livre à de violents efforts, il convient de l'assoupir par l'administration de laudanum, de teinture d'opium, ou par une injection de 40 à 50 centigrammes de morphine. Pendant quelques jours, on le nourrira de lait, de thé de foin, de grains cuits, de barbotages additionnés d'un peu de sulfate de soude.

En outre, mêmes soins locaux et mêmes précautions que pour la castration par les casseaux.

Pour s'exercer au manuel de cette opération, on peut, sur le cadavre, provoquer artificiellement la hernie inguinale de la façon suivante. La laparotomie effectuée dans le flanc gauche, sortez de l'abdomen une anse d'intestin grêle, fixez-la à l'extrémité de la sonde en **S** avec du bourdonnet qui la contourne et passe dans le chas de la sonde; introduisez l'autre extrémité de la sonde dans l'abdomen, engagez-la dans la gaine vaginale jusqu'au fond de celle-ci, ponctionnez les bourses au point où elle vient aboutir et sortez-la par cet orifice; elle entraîne à sa suite l'anse qui lui est assujettie. Coupez le ruban et réunissez-en les deux bouts avec une ficelle.

### II. — Opération de la hernie inguinale chronique.

*Indications.* — Chez les adultes, l'existence même de l'affection établit l'indication d'intervenir lorsque la guérison est possible. — Pour les poulains, la réduction spontanée étant assez fréquente, on attendra l'âge de douze à quinze mois si la tumeur est de petites dimensions; on opérera hâtivement si la hernie est volumineuse ou si, au lieu de diminuer, ses dimensions augmentent.

Même *assujettissement* et mêmes *instruments* que pour la hernie inguinale aiguë. Long casseau courbe.

TECHNIQUE. — Effectuez le *premier temps* comme pour la hernie aiguë. Faites l'énucléation aussi haut que possible.

*Deuxième temps : Réduction.* — Par de légères pressions des mains effectuées sur le sac, refoulez l'intestin dans l'abdomen. — Si des adhérences existent, incisez le sac à son fond, libérez l'intestin en évitant de le blesser, réduisez et rabattez les enveloppes profondes sur le cordon.

*Troisième temps : Torsion de la gaine.* — Tenant le testicule recouvert des enveloppes profondes, faites exécuter à celles-ci et au cordon un ou deux tours, — manœuvre qui efface la lumière jusqu'au collet, conjure l'éventration et la récidive.

La torsion excessive du cordon pourrait entraîner la mortification de la partie ischémiée : il est essentiel de ne pas dépasser la juste mesure.

*Quatrième temps : Application du casseau.* — Appliquez le casseau le plus haut possible et coupez le cordon un peu au-dessous. — Dans les cas où la gaine est très ample en sa partie supérieure et surtout lors de hernie inguino-ventrale, pour plus de sécurité, appliquez le casseau sur le cordon recouvert de la gaine et des enveloppes superficielles, — du dartos et du scrotum. Ainsi l'intestin est solidement contenu.

Les précautions à prendre et les soins sont les mêmes qu'après la castration par les casseaux. — Il importe de laisser le casseau à demeure assez longtemps pour que des adhérences solides s'établissent qui conjurent l'éventration. On ne l'enlèvera qu'au bout d'une dizaine de jours ou on le laissera se détacher naturellement.

Même manuel opératoire pour la *hernie inguinale des poulains.*

### III. — Opération de la hernie ventrale.

On pourrait recourir à la cure opératoire pour la hernie ventrale toute récente, avant l'apparition des phénomènes inflammatoires, mais elle n'est généralement pratiquée que pour les hernies chroniques à orifice de petites dimensions.

*Instruments.* — Ciseaux, bistouris, aiguille ordinaire ou aiguille de Reverdin. — Fils de soie, compresses stérilisées et objets de pansement.

*Assujettissement.* — Couchez le cheval et anesthésiez-le au chloroforme. Faites-le tenir en position dorsale s'il est nécessaire.

TECHNIQUE. — *Premier temps : Incision et énucléation.* — La région préparée, incisez la peau et la couche conjonctive sous-cutanée suivant le grand axe de la tumeur; ensuite disséquez le sac.

*Deuxième temps : Réduction.* — Elle peut nécessiter l'ouverture du sac, pour détruire des adhérences de l'intestin.

*Troisième temps : Occlusion de l'orifice.* — Le sac refoulé ou réséqué, avivez les bords de l'orifice, puis réunissez-les étroitement par une première *suture en anses* (V. *fig.* 46) et par une autre à points séparés. Suturez également la peau par des points séparés après avoir placé un drain ou une mèche de gaze dans la partie déclive de la plaie.

Celle-ci recouverte de collodion ou saupoudrée d'acide borique, appliquez un pansement ouaté maintenu par un bandage.

Pendant une semaine, l'opéré sera soumis à un régime diététique; pas de fourrage. Tous les deux ou trois jours, on changera le pansement; la plaie sera détergée et saupoudrée d'acide borique.

### IV. — Opération de la hernie ombilicale.

Chez le poulain, comme chez les autres herbivores, la hernie ombilicale, lorsqu'elle est peu volumineuse, disparaît assez souvent après le sevrage. Pour l'intervention, on s'inspirera des remarques faites au sujet de l'opération de la hernie inguinale chronique des poulains.

#### *a.* — Compression du sac par un casseau.

*Instruments.* — Ciseaux, casseau, pince à castration, aiguille. — Fil de soie ou de chanvre.

*Assujettissement.* — Couchez le sujet et faites-le maintenir en position dorsale.

Technique. — Par l'attitude dans laquelle le poulain est

Fig. 122. — Hernie ombilicale. — Compression du sac par un casseau. L'opéré est en position dorsale.

assujetti, la réduction s'opère naturellement. On s'assurera que celle-ci est parfaite, qu'aucun organe n'adhère au sac.

Tandis qu'une traction est exercée sur le fond du sac, appliquez haut sur sa base (le plus près possible de l'orifice ombilical) et parallèlement à la ligne médiane un long casseau. Fixez-le comme on le fait habituellement, avec une pince et un bout de ficelle.

Pour empêcher le glissement du casseau lorsque le sujet sera relevé, immobilisez-le par une ligature passée dans la peau et le sac (*fig.* 122), ou traversez ceux-ci avec une cheville immédiatement au-dessous du casseau.

Si l'un des organes ectopiés adhère à la paroi du sac après avoir anesthésié le poulain et préparé la région, incisez la peau, énucléez partiellement et ouvrez le sac, détruisez les adhérences avec le bistouri, prenant grand soin de ménager l'intestin. — Une fois les organes libérés et rentrés dans la cavité abdominale, appliquez un casseau sur la base du sac recouvert par la peau, comme il vient d'être dit, ou fermez l'anneau herniaire par une suture.

L'animal relevé, on recouvre la région ombilicale d'un bandage de toile dont les tresses sont nouées sur la région dorso-lombaire.

*Soins consécutifs.* — On prendra les mesures indiquées pour empêcher le patient de se coucher et de porter la dent sur le casseau. Toutes les vingt-quatre heures ou chaque deux jours, on dénouera le bandage pour se rendre compte de l'état de la région ombilicale, laquelle est le siège d'un œdème parfois assez volumineux. En général, il n'y a qu'à faire sur celle-ci une large aspersion d'un liquide antiseptique chaud et à réappliquer le bandage.

Le casseau tombe d'ordinaire vers le quinzième jour. Quand le résultat poursuivi est obtenu, la plaie est bientôt cicatrisée.

### *b.* — Suture de l'anneau.

Le cheval anesthésié et placé en position dorsale, suturez l'anneau ombilical en procédant comme pour l'occlusion de l'ouverture de la *hernie ventrale*.

## V. — Ablation du rectum renversé.

*Indication.* — Prolapsus rectal rebelle aux autres moyens.

*Instruments.* — Ciseaux, bistouris, pinces ordinaire et hémostatiques, cylindre de bois ou gorgeret, aiguille fine. — Fil de caoutchouc et fils de soie.

*Assujettissement.* — Couchez l'animal et anesthésiez-le au chloroforme.

TECHNIQUE. — Par une incision médiane faite avec précaution d'arrière en avant, fendez en deux valves la masse prolabée. Assurez-vous qu'aucun organe n'est venu se loger dans la poche rectale. Au cas où une anse intestinale y aurait pénétré, réduisez-la.

Après avoir exercé une légère traction sur les tuniques rectales, afin d'opérer sur des tissus moins altérés, engagez le gorgeret dans le cylindre interne, puis appliquez près de l'anus une ligature élastique qui assure l'hémostase et immobilise ces parties.

Coupez transversalement les deux cylindres rectaux à 5-6 centimètres en arrière du lien élastique, refoulez un peu la tige de bois, afin de dégager légèrement les bouts des deux cylindres et de pouvoir les coudre. Au lieu d'appliquer une seule ligne de points isolés, faites de préférence une double suture : un premier rang à points séparés réunit les couches musculaire et séreuse, un autre les muqueuses interne et externe. Recouvrez la couture de vaseline boriquée. Il n'y a plus qu'à enlever le lien élastique ainsi que la tige de bois et à réduire le moignon.

Pendant une semaine, on donnera tous les jours plusieurs lavements d'une solution antiseptique légère et chaude, en se servant d'une seringue dont la canule sera enduite de vaseline ou garnie d'un tube de caoutchouc.

## VI. — Sutures intestinales.

*Indications.* — Plaies accidentelles ou opératoires de l'intestin.

Pour ces sutures, servez-vous de fines aiguilles courbes ou de l'aiguille de Reverdin coudée à gauche et de fils de soie *zéro*.

### I. — Suture de Jobert.

TECHNIQUE. — Placez transversalement les fils dans les lèvres de la plaie, à des intervalles d'environ 6 millimètres, en procédant de la façon suivante : Perforer de dehors en dedans les tuniques intestinales à 1 centimètre de la plaie et faites sortir l'aiguille sur la même lèvre à 4-5 millimètres du bord libre ; traversez l'autre lèvre de dehors en dedans à 4-5 millimètres de la plaie et faites sortir l'aiguille un demi-centimètre plus loin. Une fois tous les fils placés,

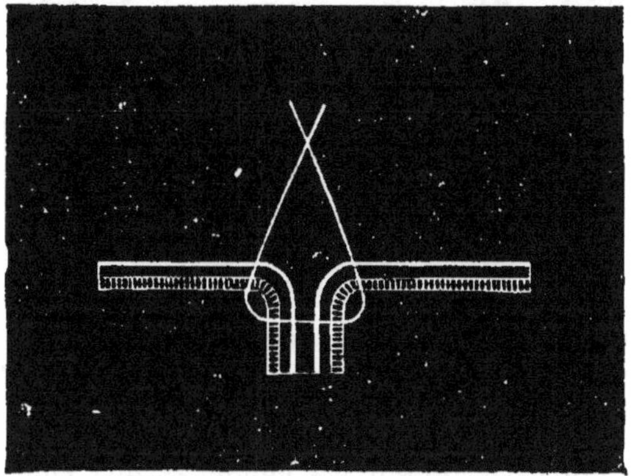

Fig. 123. — Suture de Jobert.

Le fil est passé à travers les trois tuniques intestinales ; les chefs sont croisés ; les lèvres de la plaie vont s'affronter par leur face séreuse. (Chaput.)

serrez-les successivement et coupez les chefs au ras des nœuds. Les bords de la plaie sont renversés en dedans et les lèvres étroitement affrontées par leur face séreuse (*fig.* 123).

### II. — Suture de Lembert.

Technique. — Implantez l'aiguille dans l'une des lèvres à environ 8 millimètres de son bord libre *en traversant la séreuse seulement* ; poussez-la perpendiculairement à l'axe de la plaie, dans l'épaisseur de la musculeuse, et faites-la sortir 3-4 millimètres plus loin, en traversant la séreuse de dedans en dehors.

Traversez de même l'autre lèvre en faisant pénétrer l'aiguille à 3-4 millimètres du bord ; faites-la sortir quelques millimètres plus loin.

Préparez ainsi tous les points de suture nécessaires et nouez ensuite successivement les différents fils.

Cette suture est préférable à celle de Jobert : ne traversant pas la muqueuse (*fig.* 124), les fils sont à l'abri de l'infection.

Ainsi que dans toutes les sutures similaires, les fils doivent

Fig. 124. — Suture de Lembert.

Le fil est passé à travers la séreuse et dans la musculeuse ; les chefs sont croisés ; les lèvres de la plaie vont s'affronter par leur face séreuse. (Chaput.)

être très rapprochés, et il est bon de vérifier l'affrontement des lèvres avec le bec de la sonde cannelée : si l'instrument pénètre entre deux points, il est prudent d'en placer un intermédiaire.

### III. — Suture de Gély.

Technique. — Prenez un long fil de soie dont chacun des

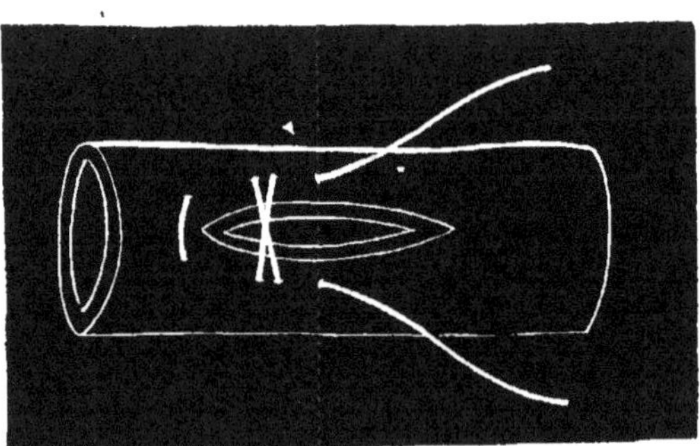

Fig. 125. — Suture de Gély.

chefs est passé dans le chas d'une fine aiguille. Avec l'une des aiguilles, traversez de dehors en dedans la paroi intestinale un peu en dehors et en arrière de l'un des angles de la plaie ; dirigez-la parallèlement à celle-ci pour la faire sortir 5 ou 6 millimètres plus loin, en traversant la paroi de dedans en dehors. Exécutez la même manœuvre du côté opposé avec l'autre aiguille. Pour faire le second point, croisez les fils : l'aiguille qui a servi à gauche passe à droite, et réciproquement (*fig.* 125). Chacune des aiguilles est réintroduite dans le trou de sortie du fil ou un peu en avant. On continue ces manœuvres un peu au delà de l'autre extrémité de la plaie. On serre ensuite chaque point au degré convenable, dans l'ordre où on les a placés : les faces séreuses des lèvres s'adossent très exactement si la suture est correcte. On noue les deux fils et l'on coupe les chefs au ras du nœud.

### IV. — Suture de Czerny.

Technique. — C'est une suture de Lembert à deux étages superposés. Faites une première rangée de points en traversant la séreuse et la musculeuse sur leurs bords (*fig.* 126). Faites la

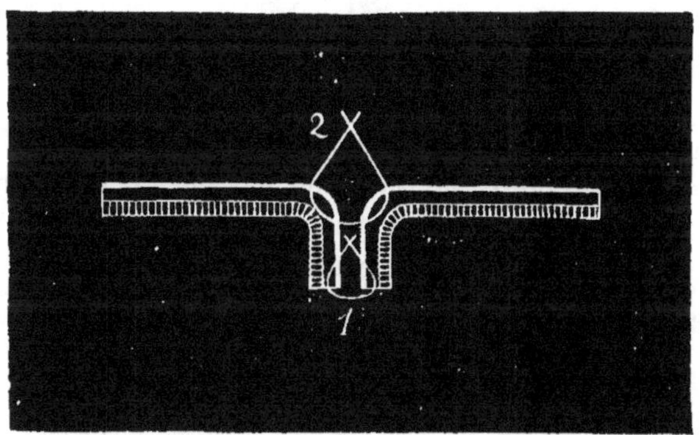


Fig. 125. — Suture de Czerny.

1, étage séro-musculeux, fil passant par la tranche de la musculeuse ou de la celluleuse 2, étage séro-séreux. (Chaput.)

seconde rangée à 8-10 millimètres de la première. Les deux lèvres sont ainsi maintenues en contact intime sur une largeur d'environ 1 centimètre, par des sutures non perforantes.

### V. — Suture de Hartmann.

TECHNIQUE. — Elle diffère de la précédente en ce que le premier rang de suture est à points perforants : les fils traversent les

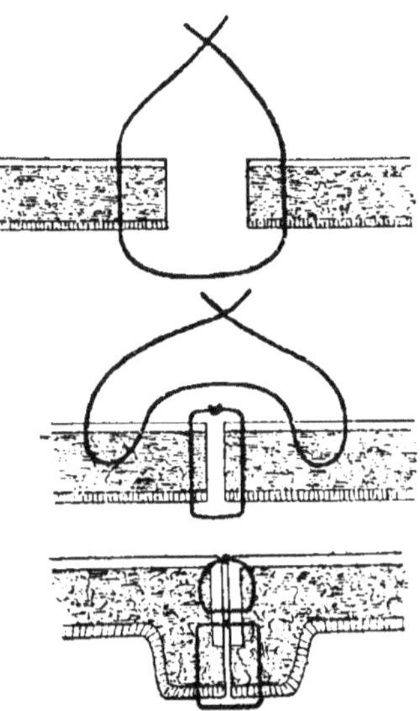

Fig. 127. — Suture de Hartmann.

trois tuniques — séreuse, musculeuse, muqueuse, — et adossent seulement les bords de la plaie. — Sur ce premier rang « occlusif et hémostatique » on en applique un autre dit « isolant », à points non perforants, ne traversant que la séreuse et la musculeuse (*fig.* 127).

### VI. — Sutures de Chaput.

TECHNIQUE. — Dans toute l'étendue de chaque lèvre, séparez la muqueuse de la musculeuse sur une largeur de 1 centimètre. Placez un premier rang de sutures non perforantes sur la muqueuse, après excision ou invagination dans l'intestin de la partie détachée (suture muco-muqueuse). Placez un deuxième rang de sutures perforantes sur la séreuse et la musculeuse (suture musculo-musculeuse) (*fig.* 128 et 129). Si cette suture était employée dans un cas de section complète de l'intestin, pour la demi-circonférence postérieure de

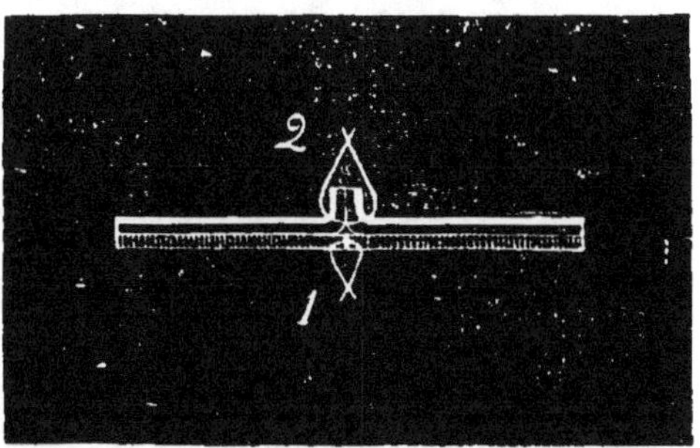


Fig. 128. — Suture par abrasion. Premier procédé.
1, suture muco-muqueuse ; 2, suture musculo-musculeuse.

l'intestin, les fils de la suture muqueuse seraient noués en dedans (1, fig. 128) ; pour la demi-circonférence antérieure on les nouerait en dehors. Par-dessus la suture musculo-

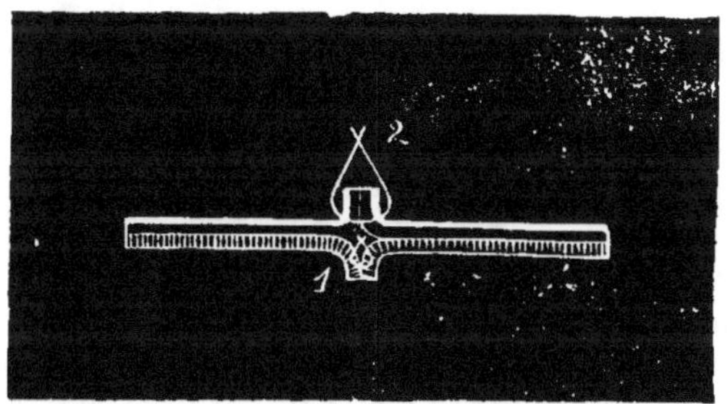


Fig. 129. — Suture par abrasion. Deuxième procédé.
1, suture muco-muqueuse par inflexion ; 2, suture musculo-musculeuse.

musculeuse, on pourrait faire un troisième rang de points séro-séreux (suture séro-séreuse de sûreté).

Lors de plaie avec perte de substance, on peut recourir à la « greffe intestinale ». En regard de la perforation, placez une partie de l'anse blessée, prise à environ 20-30 centimètres au-dessus ou au-dessous. Par deux étages de points séro-séreux séparés et non perforants, réunissez les lèvres de la

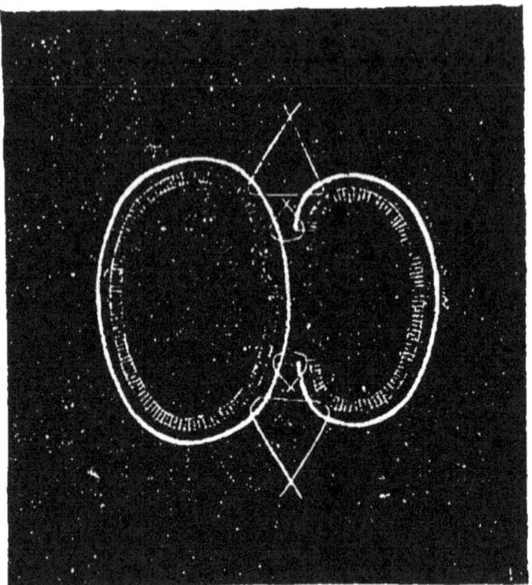

Fig. 130. — Greffe intestinale simple.

La plaie est fermée par deux étages de sutures séro-séreuses non perforantes.

plaie à la portion intestinale saine qui doit l'occlure (*fig.* 130).

## VII. — Castration du cheval.

*Remarques anatomiques.* — La *région inguinale* est formée par l'adossement de la paroi inféro-latérale de l'abdomen à la face interne de la cuisse. Dans cette région existe, chez le mâle, un conduit qui loge le cordon testiculaire : c'est le *canal inguinal*, ouvert dans l'abdomen par un étroit orifice — *l'anneau inguinal supérieur*, — et dont on peut sentir l'orifice inférieur — *l'anneau inguinal inférieur* — dans le pli de l'aine, au-dessus du testicule, en se guidant sur le cordon. (Pour la topographie des parois de ce conduit, V. p. 296.)

Les *bourses* ou *enveloppes du testicule* sont constituées par les six couches suivantes : — la *peau* ou *scrotum*, le *dartos*, la *couche conjonctive sous-dartoïque*, le *crémaster*, la *tunique fibreuse* et la *tunique séreuse* ou feuillet pariétal de la gaine vaginale. Les trois premières de ces couches sont dites *superficielles*, et les autres *profondes*. — Le scrotum, qui adhère intimement au dartos, est marqué, sur la ligne médiane, d'un raphé qui sert de guide pour l'incision des bourses. Les couches sous-jacentes forment une enveloppe spéciale pour chacun des testicules. — Le feuillet pariétal de la tunique séreuse, intimement uni à la tunique fibreuse, constitue la *gaine vaginale*, sorte de sac piriforme à long goulot, auquel on reconnaît : — un *orifice* qui la fait communiquer avec la cavité péritonéale ; — un *collet*, partie la plus rétrécie du goulot et située à environ 3 centimètres au-dessous de l'orifice ; — un *fond*, occupé par le testicule. — Continu au feuillet pariétal par un septum qui divise dans toute sa longueur, en deux compartiments latéraux, la partie postérieure de la gaine et fixe étroitement la queue de l'épididyme au sac vaginal, le *feuillet viscéral* recouvre le testicule, l'épididyme et le cordon, auquel il adhère étroitement.

Plus ou moins volumineux, aplati d'un côté à l'autre, le *cordon testiculaire* résulte de l'accolement d'organes qui sont : *a*) dans sa partie antérieure, l'artère grande testiculaire, des veines, des lymphatiques et des filets nerveux ; *b*) en sa partie moyenne, des fibres musculaires lisses (muscle blanc) ; *c*) en arrière, le canal déférent et l'artère petite testiculaire.

*Indications.* — Chez les Équidés, la castration est pratiquée surtout comme « opération de convenance ». Elle supprime les excitations génésiques et rend l'animal plus docile, plus maniable, plus facilement utilisable aux différents services ; elle permet la vie ou le travail en commun des chevaux qui l'ont subie et des juments, avantage d'importance majeure dans les exploitations industrielles ou agricoles. — En certains cas, elle est faite pour remédier à un vice (méchanceté, masturbation) ou dans un but thérapeutique (hernie inguinale, hydrocèle ; affections du cordon ; néoplasmes, blessures graves, abcès, gangrène du testicule).

Hormis de rares exceptions, la castration de nécessité doit être effectuée sans délai ou le plus tôt possible. Mais, pour la première, il y a un *temps d'élection* subordonné à l'âge du sujet et aux circonstances cosmiques.

Châtré trop tard, l'animal se ressent davantage des suites de l'opération. Émasculé trop tôt, son développement est modifié au préjudice de sa charpente et de son énergie ; parfois aussi l'opération est plus laborieuse, les testicules n'étant pas complètement descendus dans les bourses. En général, les chevaux sont châtrés vers la fin de leur deuxième année ou dès l'âge de dix-huit mois, un peu plus tôt ou un peu plus tard selon les contrées.

Le choix du moment opportun est négligeable si, la castration étant pratiquée sur quelques sujets seulement, ceux-ci peuvent être tenus à l'abri du froid, du chaud et des autres facteurs météoriques; mais quand on en doit châtrer un grand nombre, il convient d'y procéder aux époques de l'année où la température est favorable, au printemps ou vers la fin de l'été.

On châtrera de préférence le matin, afin de pouvoir mieux surveiller les opérés et remédier tout de suite à certains accidents possibles. On préparera les chevaux de sang et les sujets pléthoriques de toutes races, en les soumettant pendant quelques jours à un régime diététique. Pour les premiers notamment, l'administration d'une dose moyenne de sulfonal une demi-heure avant l'opération est une excellente mesure.

On surseoira à l'opération si la « constitution médicale » est défavorable, s'il règne dans la région ou la localité quelque maladie infectieuse (influenza, gourme, maladie typhoïde, pneumonie), et pour les animaux convalescents d'une affection grave ou incomplètement rétablis.

*Assujettissement.* — Couchez le cheval sur le côté gauche et appliquez un tord-nez. Faites porter en avant, sur l'épaule, le membre postérieur superficiel (*fig.* 134). — La contention debout, sur un sol meuble, par l'emploi du tord-nez et l'application d'entravons aux membres postérieurs, n'offre pas la même sécurité pour l'opérateur ni pour l'opéré. Mais quand ce dernier est immobilisé dans un travail et soutenu par le tablier, le membre postérieur gauche porté en arrière et fixé à la barre transversale de l'appareil, on découvre assez la région inguinale pour que la castration soit d'une facile exécution sur les animaux de race commune (V. p. 292).

Quel que soit le procédé usité, la propreté de la zone génitale, des mains et des instruments est de rigueur. L'asepsie doit être parfaite si l'on veut la réunion par première intention.

La plupart des procédés opératoires comprennent deux temps communs : 1° la *préhension du testicule*; 2° l'*incision des enveloppes* et l'*énucléation*. — Quand on doit effectuer la castration double, on commence par le testicule gauche — celui qui correspond au côté sur lequel le cheval est couché.

a. *Préhension du testicule.* — La main gauche — les doigts étendus, le pouce écarté de l'index, la face palmaire appliquée sur la peau — est portée en avant de la saillie

Fig. 131. — Castration. — Le membre postérieur droit est porté dans l'abduction, à la hauteur de l'épaule du membre antérieur correspondant.

formée par la glande ; la main droite, les doigts disposés de la même façon, est placée en arrière. Rapprochez les mains l'une de l'autre en les engageant sous le testicule, et avec la main gauche, enserrez la partie inférieure du cordon. Celui-ci peut être immédiatement saisi quand le testicule est bien descendu. Si ce dernier a exécuté un demi-tour sur le cordon, replacez-le en position normale avant de le fixer.

Parfois le testicule, le cordon ou les enveloppes, tuméfiés ou néoplasiques, ont acquis de telles dimensions qu'il est impossible de les saisir avec la main ; en pareil cas, tendez le scrotum à la surface de la glande avec le pouce et l'index gauches.

b. *Incision du scrotum, du dartos et du tissu conjonctif sous-dartosien.* — Lorsque la castration est faite à *cordons couverts*, avec le bistouri convexe tenu en archet divisez, d'un coup, le scrotum et le dartos dans toute l'étendue du bord inférieur du testicule. La compression exercée par les doigts gauches fait saillir entre les lèvres de la plaie le testicule recouvert des autres enveloppes. Incisez avec précaution

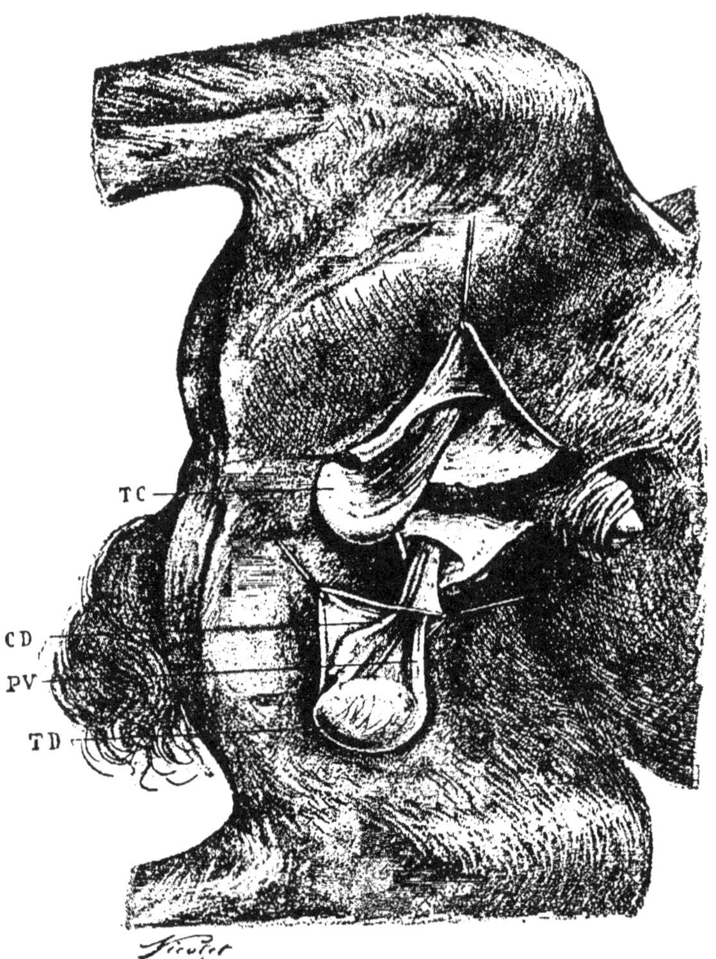


Fig. 132. — Testicules et cordons.

TC, testicule couvert; TD, testicule découvert; PV, portion vasculaire du cordon; CD, canal déférent.

les lamelles conjonctives sous-dartoïques; bientôt l'aponévrose du crémaster apparaît avec sa teinte nacrée et l'action du bistouri est marquée sur ses fibres superficielles. — Pour effectuer l'*énucléation*, déposez l'instrument et portez dans la plaie l'extrémité des doigts de la main droite, le pouce opposé aux autres; par un double mouvement de pression et d'écartement, engagez-les entre le tissu conjonctif sous-dartosien et la quatrième couche des bourses (crémaster et tunique fibreuse). — Recouvert de ses enveloppes profondes, le testicule est saisi de la main droite, le pouce appliqué sur sa face supérieure, les autres doigts sur l'inférieure. Avec la main gauche, relevez haut sur le cordon, en avant et latéralement, les enveloppes incisées, puis saisissez la partie inférieure du cordon. Avec l'index ou le pouce droits, traversez et déchirez le tissu conjonctif dense qui, en arrière du testicule, unit la queue de l'épididyme au dartos.

Si l'opération est faite à *cordons découverts* — comme dans la plupart des procédés d'excision immédiate du testicule, — après avoir saisi le cordon, divisez largement toutes les enveloppes, y compris le feuillet pariétal de la gaine vaginale. Faites cette division en un ou deux coups de bistouri. — Les enveloppes remontent d'elles-mêmes plus ou moins haut; en arrière, elles restent fixées à la queue de l'épididyme. Généralement on les libère en divisant la partie postérieure du cordon un peu au-dessus de l'épididyme : le testicule saisi avec l'une des mains et le cordon modérément tendu, le bistouri tenu vertical, fil en arrière, tranche d'un coup de pointe cette portion du cordon.

Selon le procédé dont on a fait choix, on exécute ensuite les manœuvres qui vont être indiquées. Puis on opère de même pour l'autre testicule.

### I. — Ligature du cordon et ablation du testicule.

*Instruments.* — Bistouri convexe et ciseaux, aiguille à suture. — Fils de soie.

Ce procédé consiste à appliquer une ligature simple ou double sur le cordon couvert ou découvert, et à exciser le testicule. Comme lien, on emploie ordinairement la soie tressée plate. — Avec l'asepsie, la cicatrisation *per primam* des plaies de castration peut être obtenue chez le cheval comme chez tous les autres animaux.

Technique. — A. Premier procédé. — Incisez les enveloppes superficielles et faites l'énucléation comme il a été dit précédemment. — Le testicule tenu par un aide et le cordon modérément tendu, traversez ce dernier à quelques centimètres au-dessus de l'épididyme avec une forte aiguille garnie d'un fil double, et liez-en les parties antérieure et postérieure. Coupez-le ensuite à 1 centimètre au-dessous des liens. — La ligature simple appliquée sur le cordon couvert ne produit pas une étreinte suffisante, et elle manque de fixité. Même la ligature double ne réalise pas une action hémostatique parfaite dans la plupart des cas. Aussi, pour peu que le cordon soit volumineux, convient-il d'appliquer la ligature sur l'organe découvert.

B. Deuxième procédé. — Divisez d'abord largement toutes les enveloppes. Celles-ci remontées et le testicule tenu par un aide, passez un fil double dans la partie moyenne du cordon, un peu au-dessus de l'épididyme; ligaturez-en les deux portions et excisez le testicule. Avant de fermer la plaie, assurez-vous que l'hémostase est parfaite. Il est parfois nécessaire de serrer quelques instants, avec des pinces, les petits vaisseaux qui saignent.

Réunissez par des points séparés les lèvres scroto-dartoïques, ayant soin de les affronter exactement. La couture essuyée, recouvrez-la d'une couche de collodion iodoformé.

Mêmes manœuvres pour l'autre testicule.

On peut aussi ligaturer le cordon avec du fil de fer recuit, en se servant du constricteur de Julié, qui fonctionne à la manière de l'écraseur à vis.

*Instruments.* — Constricteur. Fil de fer. Pince coupe-fil. — Ficelle ou cordelette.

*Contention.* — On peut opérer l'animal assujetti debout dans un travail, mais il est préférable de le coucher.

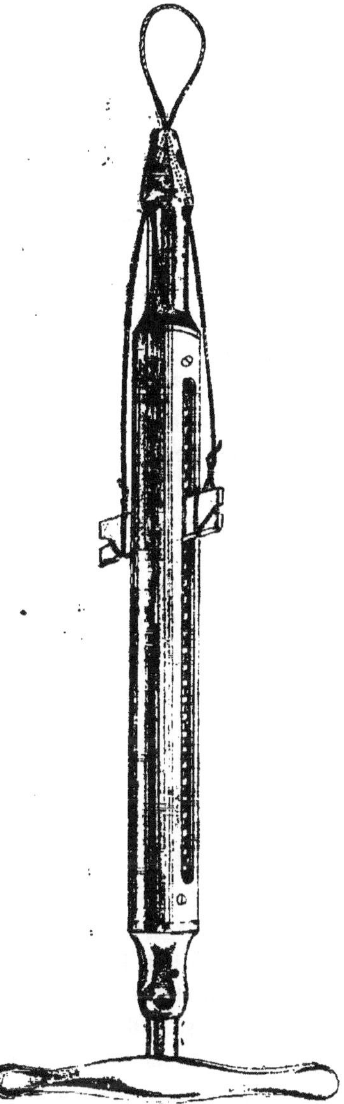

Fig. 133. — Constricteur de Julié.

*Préparation du constricteur.* — On prend un bout de fil de fer d'environ 60 centimètres, on en introduit les extrémités dans l'orifice du sommet de l'olive qui termine l'instrument ; on les croise et on les dirige successivement vers les deux petits trous de la base de l'olive, d'où elles sortent en divergeant. On fixe l'une d'elles sur l'ailette correspondante du curseur ; l'autre est laissée libre, ce qui permet de disposer le fil en anse plus ou moins large.

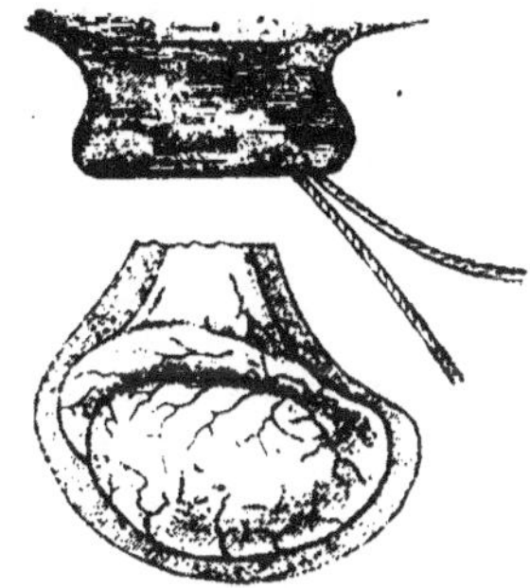

Fig. 134. — Testicule détaché. Ficelle nouée sur le fil métallique retenu dans la plaie.

Technique. — Les enveloppes superficielles incisées et le cordon énucléé, on engage dans l'anse métallique le testicule recouvert de ses enveloppes profondes. On y doit passer aussi une ficelle que l'on noue sur le fil de fer près de l'olive, du côté où il est déjà fixé au curseur, et qui pourra servir plus tard à exercer une traction sur la ligature métallique. On fixe sur le curseur l'extrémité encore libre du fil de fer, et en actionnant la vis lentement, de droite à gauche, on étreint le cordon à 3-4 centimètres au-dessus de l'épididyme.

Dès que la constriction est jugée suffisante pour interrompre la circulation, on arrête la ligature en tordant le fil de fer au sommet de l'olive. Pour cela, on saisit de la main gauche les bouts de l'anse métallique que l'on immobilise, tandis que l'autre main imprime au constricteur un mouvement lent de rotation sur son axe, de gauche à droite, et tord le fil, qui est arrêté par une spire de deux ou trois tours.

Avec la pince, on coupe les fils au niveau des trous de la base de l'olive, et on retire l'instrument. On les recoupe près de la partie tordue, on en recourbe l'extrémité, puis on sectionne le cordon à 2 centimètres au-dessous du lien. — La ficelle serrée sur l'anse métallique permet de se rendre compte du moment où cette anse a provoqué la division du cordon, et de l'enlever si sa chute tarde plus de 5-6 jours.

On procède de même à la ligature de l'autre cordon.

### II. — Torsion bornée du cordon.

*Instruments.* — Bistouris, pinces de Reynal, pinces hémostatiques.

#### *a.* — Torsion par deux incisions.

Technique. — Effectuer les *premier* et *deuxième temps* comme dans les cas où l'opération est faite à cordons découverts.

*Troisième temps : Torsion et rupture du cordon.* — Le testicule soutenu de la main gauche, appliquez la pince fixe ou limitative, branche femelle en dessous, sur la partie vasculaire du cordon, à 4-5 centimètres au-dessus de l'épididyme ; serrez ferme ; arrêtez les branches de la pince par la crémaillère à ressort dont elles sont pourvues, et confiez-la à un aide.

Prenez ensuite la pince mobile, appliquez-en les mors sur le cordon, à 1-2 centimètres au-dessous de la pince fixe ; rappro-

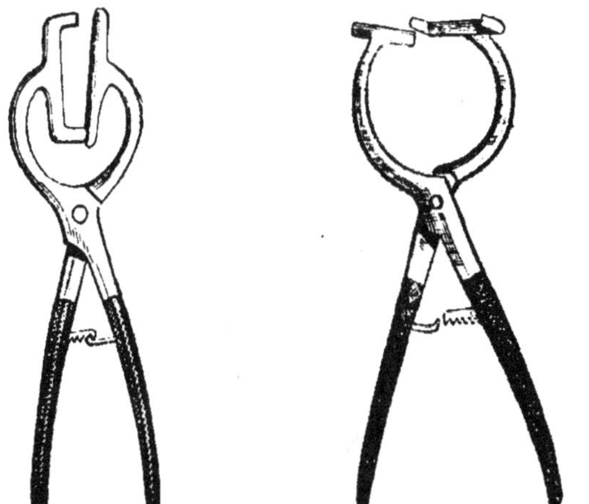

Fig. 135 et 136. — Pince fixe et pince mobile de Reynal.

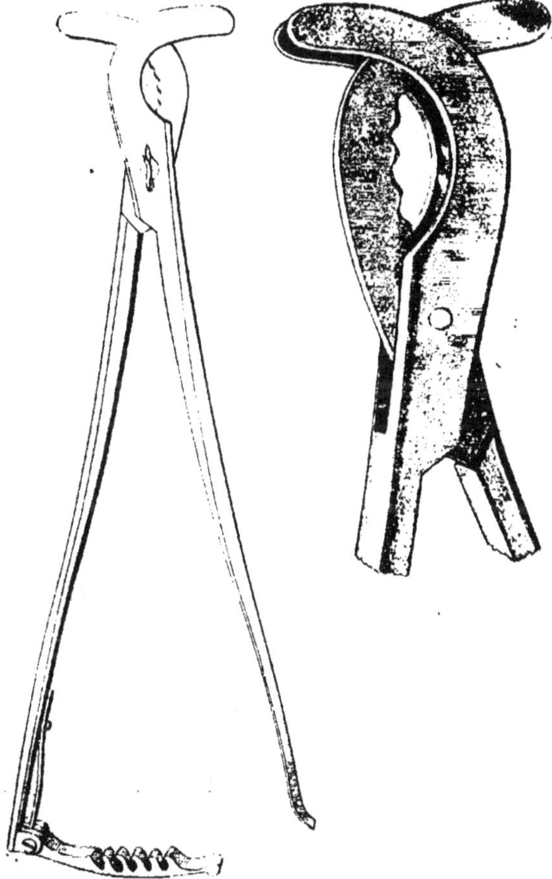

Fig. 137. — Pince de Sand.

chez étroitement les branches et arrêtez-les. Tordez le cordon en faisant pivoter cette pince sur son axe, perpendiculairement

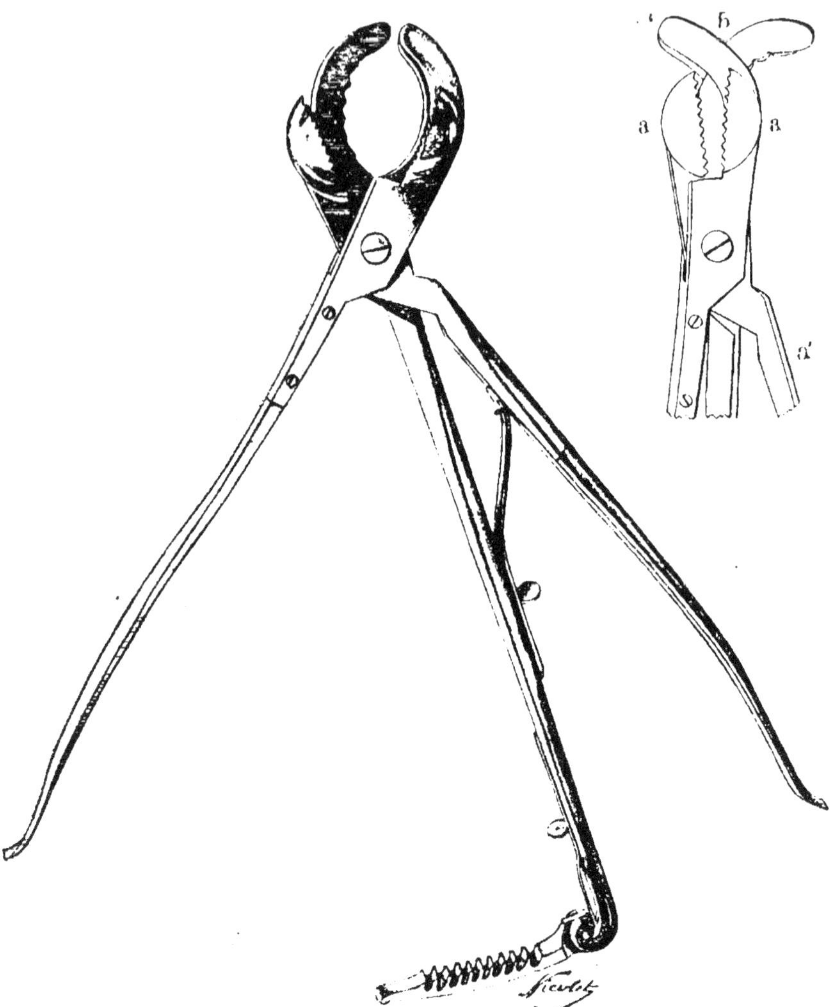


Fig. 138. — Pince de Cinotti.

à la pince limitative, manœuvre qui doit être effectuée lentement pour les premiers tours, un peu plus vite pour les autres.

Dix à quinze tours suffisent pour le rupturer. — Enlevez vous-même la pince fixe. — Si la torsion a été effectuée avec la lenteur voulue, généralement il n'y a pas d'hémorragie notable. — Dans les cas où celle-ci nécessite une intervention, appliquez une pince hémostatique sur l'artère testiculaire ou faites-en la ligature.

Mêmes manœuvres pour l'autre testicule.

A la pince fixe de Reynal, beaucoup préfèrent aujourd'hui les pinces de Sand ou de Cinotti, qui écrasent davantage le cordon et sont plus hémostatiques. La première est à mors courbes et dentés. L'autre, dont les deux parties principales sont analogues à celles de la précédente, porte une troisième branche pourvue d'une sorte de mâchoire courbe, semi-elliptique et finement dentée, qui s'affronte étroitement à une pièce semblable soudée sur le mors principal opposé.

### *b.* — Torsion par une seule incision. (Jacoulet.)

Technique. — *Premier temps : Préhension du testicule gauche.* — Saisi de la main gauche, le testicule est amené vers le milieu de la poche scrotale.

*Deuxième temps : Incision du scrotum et du dartos.* — Faites à ces membranes, sur la ligne médiane et plutôt dans la partie antérieure des bourses, une brève incision de 4 à 7 centimètres, suffisante pour permettre le passage du testicule.

*Troisième temps : Incision des enveloppes profondes.* — Divisez ces membranes en arrière, vers l'extrémité postérieure du testicule ; faites là une étroite incision ne correspondant pas à celle du scrotum et du dartos. Déposez le bistouri. Faites sortir le testicule en le comprimant avec la main gauche et saisissez-le de la main droite.

La *torsion* est exécutée sur le cordon complet ou sur sa partie vasculaire seulement.

Amenez ensuite dans l'incision scrotale le testicule droit recouvert de ses enveloppes profondes. Effectuez le *troisième* temps et la *torsion*.

Quand on n'a à châtrer que quelques chevaux ou un seul, la pince mobile n'est pas nécessaire. L'aide maintenant la pince fixe, on peut faire la torsion avec les mains, après avoir appliqué une serviette, un lambeau de gaze ou de toile sur le testicule, ce qui permet d'agir énergiquement sur celui-ci.

Pour conjurer plus sûrement l'hémorragie, on a recommandé d'appliquer la pince mobile à deux travers de doigt de la pince limitative, afin que le cordon ne se coupe pas au ras de celle-ci, de serrer entre le pouce et l'index gauches la partie du cordon située immédiatement au-dessous de la pince limitative, ou encore, après les quatre ou cinq premiers tours, d'appliquer sur cette partie du cordon, et contiguë à la pince limitative, une grosse pince hémostatique à mors nus ou caoutchoutés, au-dessous desquels, en continuant la torsion, le cordon se divise.

Toujours dans le but d'assurer l'hémostase, on a conseillé aussi, lorsqu'on châtre un sujet dont les cordons sont très développés, de ne pas serrer la pince fixe d'un seul coup, mais d'augmenter peu à peu la constriction du cordon au cours de la torsion, ou de malaxer celui-ci en relâchant et en resserrant à plusieurs reprises les branches de la pince.

### III. — Excision. — Écrasement. — Cautérisation.

*Instruments.* — Bistouri, écraseur, angiotripteur, émasculateur ou cautère et pince *ad hoc.*

L'*excision simple* consiste à trancher d'un coup de bistouri le cordon découvert, sans recourir à aucun moyen hémostatique. C'est un procédé dangereux : il expose à une hémorragie mortelle.

Dans le procédé par *écrasement*, on divise avec l'écraseur de Chassaignac le cordon couvert ou découvert. Il importe de le sectionner lentement, de ménager des intervalles de quinze à vingt secondes entre chaque mouvement imprimé aux tiges de l'instrument. La division d'un cordon couvert n'est complète qu'au bout de cinq à dix minutes. Faite rapidement, elle est presque toujours suivie d'une hémorragie assez abondante.

On peut aussi se servir de l'angiotripteur, que l'on applique sur le cordon découvert. Celui-ci écrasé, on le coupe immédiatement au-dessous de l'instrument, et l'on enlève ce dernier.

La castration par l'*émasculateur* — par la *pince* ou *écraseur à ciseaux* — est un procédé assez répandu en Alle-

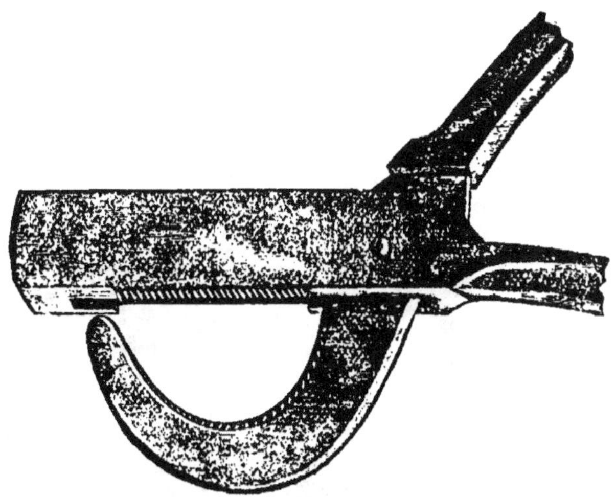

Fig. 139. — Émasculateur.

magne et en Amérique. — Le modèle primitif de l'émasculateur — la « pince américaine » — n'avait pas une action hémostatique suffisante. Pour prévenir l'hémorragie, il fallait, avant de couper le cordon, appliquer sur lui, immédiatement au-dessus de la ligne de section, une forte pince hémostatique. — Le modèle actuel diffère de l'ancien par sa force plus grande, par la réduction de la largeur du biseau crénelé que porte l'un de ses mors, et par la fermeture plus complète de ceux-ci lorsque les branches sont rapprochées.

On effectue les *premier* et *deuxième temps* comme dans les autres procédés à cordons couverts ou découverts.

*Troisième temps : Application de la pince et section du cordon.* — Le testicule tenu de la main gauche, dégagez la partie inférieure du cordon et appliquez sur elle, à quelques centimètres au-dessus de l'épididyme, les mors de l'émasculateur. Les deux mains agissant sur les branches de l'instrument, coupez le cordon par une pression régulière ou par petits à-coups.

Faites de même l'ablation du testicule droit.

Ainsi que dans le procédé par torsion, on peut exciser les deux testicules par une incision médiane.

On peut aussi couper les cordons sur l'animal assujetti debout.

Pour la castration par le *cautère cultellaire*, on opère également sur les cordons couverts ou découverts. Ce dernier mode est adopté par le plus grand nombre.

Les enveloppes relevées et le testicule tenu par un aide,

Fig. 140. — Pince pour la castration par le feu.

appliquez sur le cordon, à 3-4 centimètres au-dessus de l'épididyme, une pince en bois, formée de deux branches articulées en compas à l'une de leurs extrémités et recouvertes d'une plaque métallique sur celle de leurs faces que doit longer le cautère, ou une pince de même forme entièrement métallique (*fig.* 140). Protégez les lèvres du scrotum et la face interne des cuisses par des linges mouillés.

La pince tenue par l'aide, saisissez le testicule de la main droite et tendez modérément le cordon. Appliquez sur celui-ci, immédiatement au-dessous de la pince, le cautère chauffé au rouge, et imprimez-lui des mouvements de lente progression. Répétez cette manœuvre avec un ou plusieurs autres cautères, jusqu'à division complète de l'organe.

Escarrifiez le moignon en portant sur lui le plat d'un cautère chauffé au même degré que les premiers. La pince enlevée, si le cordon saigne, assurez l'hémostase en réitérant la cautérisation.

### IV. — Castration par les casseaux.

*Instruments.* — Bistouri, ciseaux, casseaux propres ou stérilisés par l'immersion dans l'eau bouillante et dont la face interne des branches est recouverte d'une préparation caustique assez consistante et adhérente. — Pince *ad hoc*, ficelle ou anneaux métalliques.

#### *a.* — Procédé a testicules couverts.

Incisez les enveloppes superficielles; énucléez le testicule et le cordon.

*Troisième temps : Application du casseau.* — La glande tenue de la main droite, pouce en dessus, et les enveloppes superficielles remontées, avec la main gauche placez le casseau d'avant en arrière, à cheval sur la partie inférieure du cordon, à quelques centimètres au-dessus de l'épididyme, puis

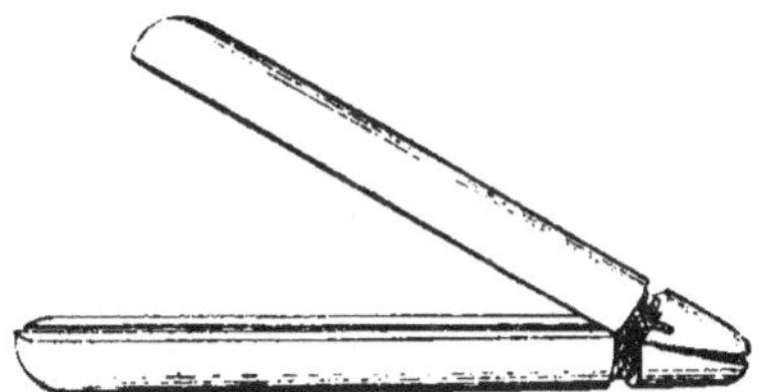

Fig. 141. — Casseau ordinaire.

rapprochez-en les branches avec cette main portée en arrière du cordon. Un aide glisse d'arrière en avant sur les branches du casseau une anse de ficelle disposée en nœud de saignée; la main droite en saisit les chefs. L'aide applique alors sur ces branches les mors de la pince et les rapproche avec force. Pour diriger ce mouvement et afin d'éviter le tiraillement du cordon, portez la main droite sur la pince; avec la gauche, serrez fortement la ficelle, puis réunissez les chefs par un nœud droit. La pince retirée, coupez les bouts de la ficelle à 1 centimètre du nœud (*fig.* 145).

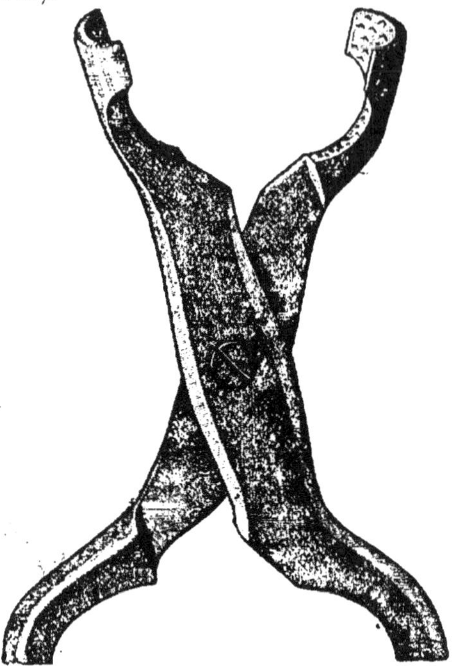

Fig. 142. — Pince pour rapprocher les branches des casseaux.

Si vous utilisez les casseaux coniques à anneaux, faites

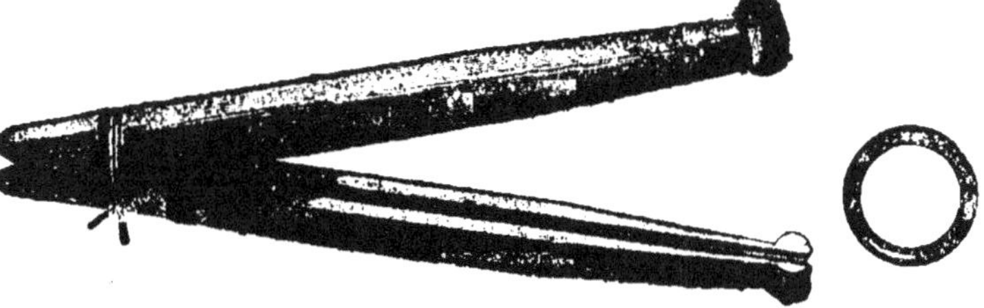

Fig. 143. — Casseau à anneau.

appliquer la pince le plus près possible du cordon perpendiculairement aux branches du casseau ; celles-ci rapprochées, glissez sur elles l'anneau métallique.

Mêmes manœuvres pour l'autre testicule.

Le praticien peut lui-même serrer les branches des cas-

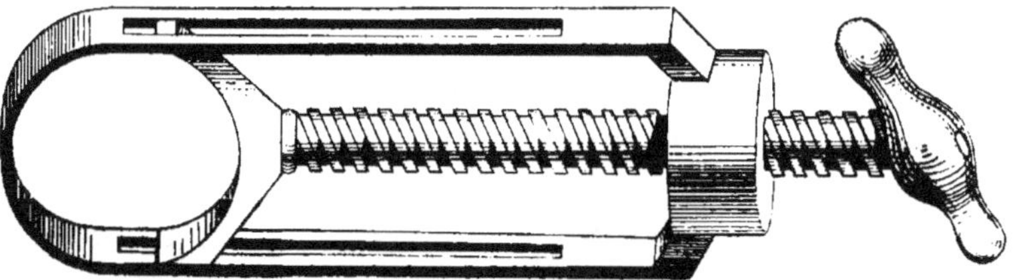

Fig. 144. — Étau pour serrer les casseaux.

seaux en se servant d'un petit étau dont il existe différents modèles.

### b. — Procédé a testicules et a cordons découverts.

Après avoir divisé largement toutes les enveloppes gauches et déposé le bistouri, la main droite tient le testicule, le pouce et l'index gauches saisissent la partie vasculaire du cordon en sa partie inférieure. La main droite, armée de nouveau du bistouri, en plonge la pointe dans le cordon, au niveau du muscle blanc, un peu au-dessus de l'épididyme, et en sectionne d'un coup la partie postérieure.

Placez le casseau un peu plus haut sur le cordon que dans le premier procédé.

Coupez le cordon à 2 centimètres au-dessous du casseau.

Mêmes manœuvres pour le testicule droit.

### c. — Procédé a testicules découverts et a cordons couverts. (Vander Elst, Degive.)

Pour l'incision, divisez d'abord le scrotum et le dartos dans l'étendue du tiers moyen ou du tiers postérieur du testicule. Faites ensuite aux enveloppes profondes une incision un peu moins longue.

L'énucléation s'opère en exerçant avec les doigts gauches, sur les deux faces de la glande, des pressions qui font peu à peu saillir le testicule entre les lèvres de l'incision, en même temps que les enveloppes remontent inégalement vers le cordon : — le scrotum et le dartos se détachent facilement des enveloppes profondes, surtout en avant et sur les faces latérales du testicule ; la tunique fibreuse, recouverte par le crémaster et quelques lamelles sous-dartosiennes, se « déchausse ». Continuez les pressions exercées avec la main gauche : bientôt l'incision de la tunique fibreuse et de la séreuse s'agrandit; le testicule sort.

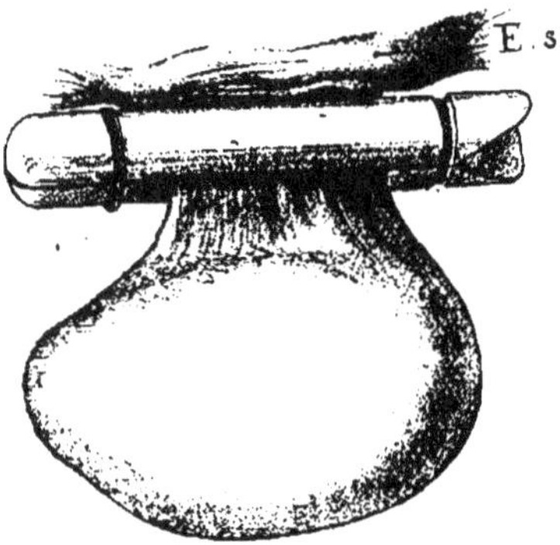


Fig. 145. — Castration à testicule couvert.

E. *s*, enveloppes superficielles.

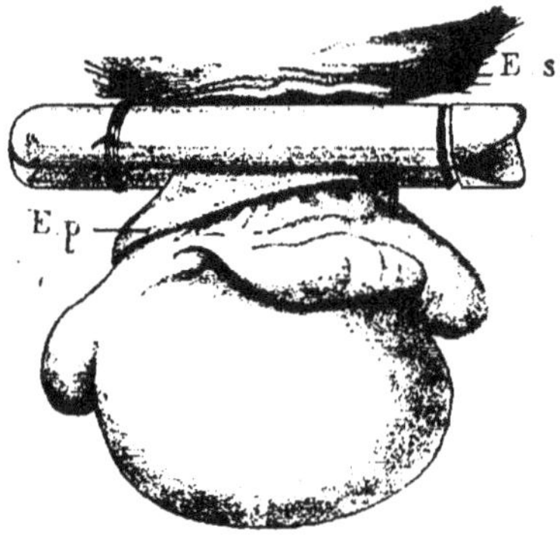

Fig. 146. — Castration à testicule découvert et à cordon couvert.

E. *s*, enveloppes superficielles ; E. *p*, enveloppes profondes.

Le casseau doit être placé sur le cordon recouvert par la partie inférieure des enveloppes profondes (séreuse, tunique fibreuse et crémaster). Le scrotum et le dartos refoulés haut, la main gauche saisit la queue de l'épididyme et exerceu ne traction en arrière sur les enveloppes profondes ; le pouce droit, porté dans le cul-de-sac vaginal antérieur, les tire en bas et les amène jusqu'auprès de l'épididyme. Un aide place le casseau d'avant en arrière sur le cordon ainsi recouvert (*fig.* 146).

Le casseau fixé, on coupe le cordon à 2 centimètres audessous.

### Castration du cheval debout.

*a.* — PAR LES CASSEAUX A TESTICULES COUVERTS.

*Assujettissement.* — On réunit les membres postérieurs en fixant les entravons sur le paturon ou au-dessus du boulet; lorsque l'on a affaire à un sujet vigoureux, pour le fatiguer, on l'incite à se déplacer, à s'agiter, puis on applique le tord-nez. Si l'on dispose du travail Vinsot ou d'un autre appareil similaire, le cheval y est entravé comme à l'ordinaire, soutenu par le tablier, et le membre postérieur gauche, porté en arrière, est fixé à la barre transversale.

*Instruments.* — Les mêmes que pour châtrer l'animal en position couchée. Pour serrer les casseaux, pince à mors courbes et cylindriques disposés dans le sens des branches.

Technique. — Placé au niveau du flanc gauche, les membres inférieurs fléchis, ou en position accroupie, on commence l'opération par le testicule droit. Celui-ci amené au fond de la bourse et immobilisé là par la main gauche qui enserre le cordon, avec la droite, tenant le bistouri en archet, on effectue le deuxième temps, — l'incision des enveloppes superficielles. Après avoir déposé l'instrument, la même main saisit le testicule, puis la gauche remonte les enveloppes, dégage la glande ainsi que la partie inférieure du cordon, glisse le casseau d'arrière en avant sur celui-ci et en rapproche les branches en avant du cordon. La ficelle posée, ces branches sont serrées avec la pince, et les bouts de la ligature réunis par un nœud droit. En se servant de casseaux à anneau, la fixation des branches est plus facile et plus rapide.

Mêmes manœuvres pour le testicule gauche.

Lorsque les cordons sont courts, pour faciliter l'exécution du deuxième temps on peut appliquer immédiatement au-dessus des testicules une ligature élastique, que l'on enlève après avoir incisé les enveloppes superficielles des deux bourses.

### b. — Par torsion.

Dans le *procédé ancien*, le cheval, garni de la capote et du tord-nez, était placé la face droite du corps contre un mur, la croupe près de l'extrémité de celui-ci ou au voisinage d'une ouverture qui y était pratiquée. Une plate-longe fixée sur le canon ou le paturon postérieur gauche était passée sur le bout du mur ou dans l'ouverture, et tirée de manière à porter le membre correspondant en arrière et un peu à droite, pour le contenir et rendre plus accessibles les régions scrotales.

Placé au niveau de la hanche gauche, l'opérateur saisissait de la main gauche, passée en avant du grasset, les deux testicules, et de la droite, armée du bistouri à serpette et glissée d'arrière en avant entre les cuisses, il incisait successivement toutes les enveloppes des deux testicules. — L'un des cordons était serré entre le pouce et l'index gauches, puis la main droite, devenue libre par le dépôt de l'instrument, effectuait la torsion jusqu'à rupture. — Le second cordon était ensuite divisé de la même manière.

Actuellement, quelques praticiens châtrent par torsion le cheval assujetti debout, les membres postérieurs entravés ainsi qu'il est dit plus haut pour la castration par les casseaux, ou fixé dans un travail. Les enveloppes incisées, le cordon est fixé de la main gauche comme dans le mode précédent, et la torsion opérée avec la main droite nue ou au moyen d'une petite pince à crémaillère.

∴

*Soins consécutifs.* — Dès que le cheval est relevé ou désentravé, on le fait bouchonner s'il y a lieu, on le garnit d'une couverture si le temps est froid, et l'on attache au surfaix la queue préalablement tressée, afin de prévenir la souillure des plaies par les crins.

On le placera dans un local propre, bien aéré, sans courant d'air; on l'y laissera en liberté si l'opération a été faite par exérèse des testicules; s'il a été châtré par les casseaux, on l'empêchera de porter la dent sur ceux-ci, en l'attachant au râtelier ou en lui appliquant un collier de bois et un bâton à surfaix. Souvent le cheval manifeste des signes de légères coliques, qui ne tardent guère à se dissiper; si elles provoquent une vive agitation, il convient de le promener ou de le surveiller pour l'empêcher de se coucher et de se débattre. Lorsque le temps est favorable, les chevaux châtrés par des procédés autres que les casseaux peuvent être mis au pré dès le lendemain.

Le jour même de l'intervention, l'opéré sera tenu à une demi-diète, ensuite on lui donnera la ration ordinaire d'entretien. — Il suffit de faire aux plaies de simples aspersions bi-quotidiennes avec un liquide chaud (eau bouillie ou solution antiseptique légère).

On enlève les casseaux au bout d'une semaine, en procédant de la manière suivante. Le cheval convenablement assujetti, un membre postérieur tenu en arrière ou porté en avant avec une plate-longe, on coupe le testicule au ras du bord inférieur de l'un des casseaux; on enlève l'anneau ou l'on sectionne l'une des ficelles qui en assujettissent les branches, et l'on détache celles-ci en les écartant avec les doigts, sans exercer de traction sur le cordon. — Mêmes manœuvres pour l'ablation de l'autre casseau.

Les procédés les plus pratiques, les plus avantageux et les plus répandus sont l'*opération par les casseaux à testicules ou à cordons couverts*, et l'ablation immédiate des testicules par la *torsion* ou *l'emploi de l'émasculateur*. Malgré les critiques qu'on lui prodigue depuis l'avènement de l'antisepsie, la castration par les casseaux aura sans doute longtemps encore la préférence de la majorité des vétérinaires, surtout dans les milieux ruraux, parce qu'elle n'expose ni à l'éventration, ni à la péritonite. Si elle est parfois suivie de « champignon », celui-ci est d'une exceptionnelle rareté quand, les casseaux étant bien préparés, on les applique assez haut sur les cordons après large division des enveloppes, et la complication n'est pas sans remède.

Bien que les réactions du cheval châtré debout soient, en général, beaucoup moins violentes qu'on ne serait porté à le croire, et moins grandes aussi les difficultés de l'opération, le procédé n'est pas sans danger pour le praticien ni pour le patient, sauf le cas où celui-ci est solidement assujetti dans un travail.

## VIII. — Castration du cheval cryptorchide.

*Indication.* — On la pratique pour modifier le caractère des chevaux cryptorchides, habituellement agressifs pour les autres sujets de même espèce et souvent dangereux au point d'être inutilisables.

*Préparation du sujet.* — Pendant une semaine, on nourrira le cheval de barbotage additionné quotidiennement, les trois ou quatre premiers jours, d'une petite dose de sulfate de soude. Pas d'aliments fibreux ni de litière.

L'animal sera tenu à jeun le jour de l'opération ou dès la veille. Avant de procéder à l'abatage, on provoquera par quelques lavements froids et une courte promenade l'expulsion des matières contenues dans le rectum.

### I. — Cryptorchidie abdominale.

Quatre procédés opératoires principaux permettent de découvrir et d'exciser par des voies différentes le testicule contenu dans l'abdomen. On peut l'atteindre : 1° en traversant la paroi abdominale à la partie inférieure de l'interstice inguinal (procédé danois) ; 2° en tunnellisant cet interstice dans toute sa hauteur (procédé belge) ; 3° par une incision faite dans la paroi abdominale inférieure entre l'anneau inguinal et le fourreau (procédé de Günther) ; 4° par incision du flanc.

#### *a.* — Procédé danois modifié. Procédé d'Alfort.

Il consiste à découvrir largement l'anneau inguinal inférieur, à débrider la couche aponévrotique de la commissure externe de cet anneau, à séparer le muscle petit oblique de l'arcade crurale, à perforer ce muscle en sa partie épaisse, loin de la ligne médiane, et à exciser le testicule sorti par cette ouverture.

*Remarques anatomiques.* — Chez le cheval cryptorchide, on perçoit facilement l'anneau inguinal inférieur. L'interstice inguinal est rempli de tissu conjonctif (*cryptorchidie abdominale*), ou il contient une petite gaine vaginale renfermant soit l'épididyme ou une partie du canal déférent (*cryptorchidie abdominale incomplète*), soit le testicule (*cryptorchidie inguinale*).

Envisagée sous le rapport de la superposition des couches qui la composent, la partie antérieure de la région inguinale a la même constitution que la paroi abdominale. Ces couches sont, en procédant de dehors en dedans :

1° La peau ;

2° Le dartos ;

3° La couche sous-dartoïque ;

4° Le grand oblique de l'abdomen (partie aponévrotique),

5° Le petit oblique ou ilio-abdominal (portions musculaire et aponévrotique) ;

6° Le transverse de l'abdomen (partie aponévrotique) ;

7° La couche conjonctive sous-péritonéale ;

8° Le péritoine.

Le *trajet* ou *interstice inguinal* est l'étroit espace limité par l'ilio-abdominal et l'arcade crurale. Oblique en bas, en dedans et en arrière, il offre à considérer : 1° une *paroi antérieure* ou antéro-interne constituée par le muscle petit oblique, dont l'épaisseur diminue graduellement vers la ligne médiane et la commissure interne, au voisinage de laquelle cette paroi est très mince et aponévrotique ; 2° une *paroi postérieure* ou postéro-externe formée par l'arcade crurale ; 3° une *commissure externe*, oblique en bas, en arrière et en dedans, constituée par l'accolement

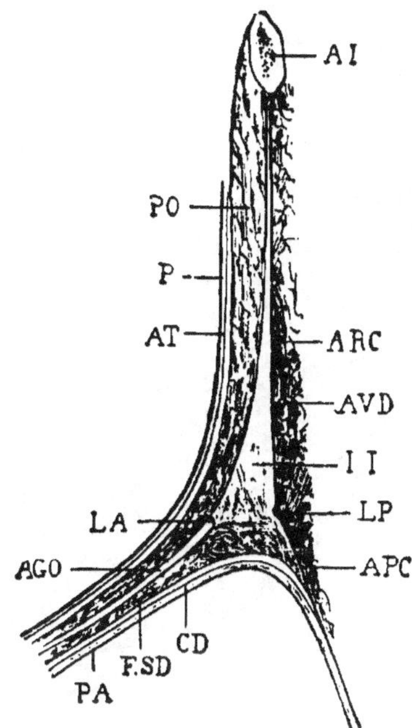


Fig. 147. — Coupe des parois de l'interstice inguinal gauche, faite suivant une ligne allant du centre de l'anneau inguinal inférieur à l'angle externe de l'ilium. Segment interne.

PA, peau ; CD, couche dartoïque ; FSD, fascia conjonctifs sous-dartoïques ; AGO, aponévrose du grand oblique ; LA, lèvre antérieure de l'anneau inguinal inférieur ; LP, lèvre postérieure de cet anneau ; II, interstice inguinal ; PO, muscle petit oblique ; AT, aponévrose du muscle transverse ; P, péritoine ; — ARC, arcade crurale ; APC, aponévrose crurale ; AI, angle externe de l'ilium ; AVD, coupe des muscles recouverts par l'arcade crurale

du muscle à l'arcade ; 4° une *commissure interne* formée par les mêmes parties, inclinée en bas et en dedans, suivant une ligne allant de l'insertion iliale du petit oblique au tendon prépubien ; elle est fragile : quand la perforation de l'interstice inguinal (procédé belge) est mal exécutée, lorsque les doigts font effort sur elle, elle se déchire facilement en tous les points de sa hauteur.

*L'entrée du trajet inguinal* est représentée par *l'anneau inguinal inférieur* ou *externe*. De forme ovalaire, à grand diamètre dirigé

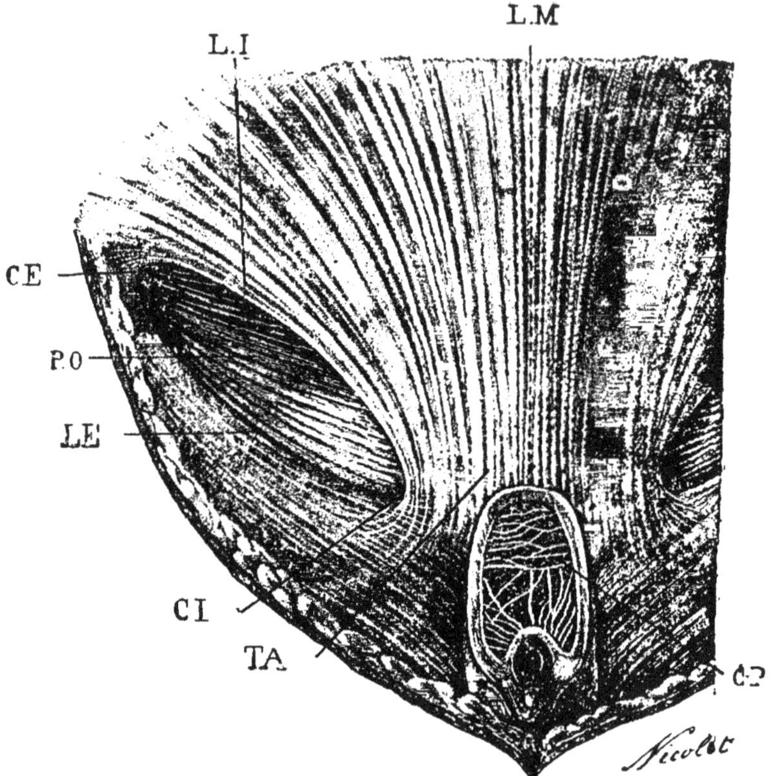


Fig. 148. — Régions prépubienne et inguinale vues par leur face inférieure. — Figure montrant l'anneau inguinal inférieur et l'entrée de l'interstice inguinal.

CI, commissure interne de cet anneau; CE, commissure externe; LI, lèvre interne; LE, lèvre externe; PO, muscle petit oblique de l'abdomen; TA, tendon commun des muscles abdominaux; CP, coupe du pénis; LM, ligne pointillée tracée sur la ligne médiane.

en arrière et en dedans, cet anneau est constitué par deux faisceaux de fibres appartenant à l'aponévrose du grand oblique. La lèvre antéro-interne est doublée profondément par le petit oblique, dont les fibres s'infléchissent en ce point, pour prendre une direction plus rapprochée de l'horizontale.

Le *fond* ou *sommet de l'interstice inguinal* est limité par la ligne d'insertion des fibres profondes du muscle petit oblique sur la portion iliale de l'aponévrose crurale. Il est situé bien au-dessus du point où existe normalement l'anneau inguinal supérieur. Tandis que ce dernier n'est distant de la ligne médiane que de 8 à 10 cen-

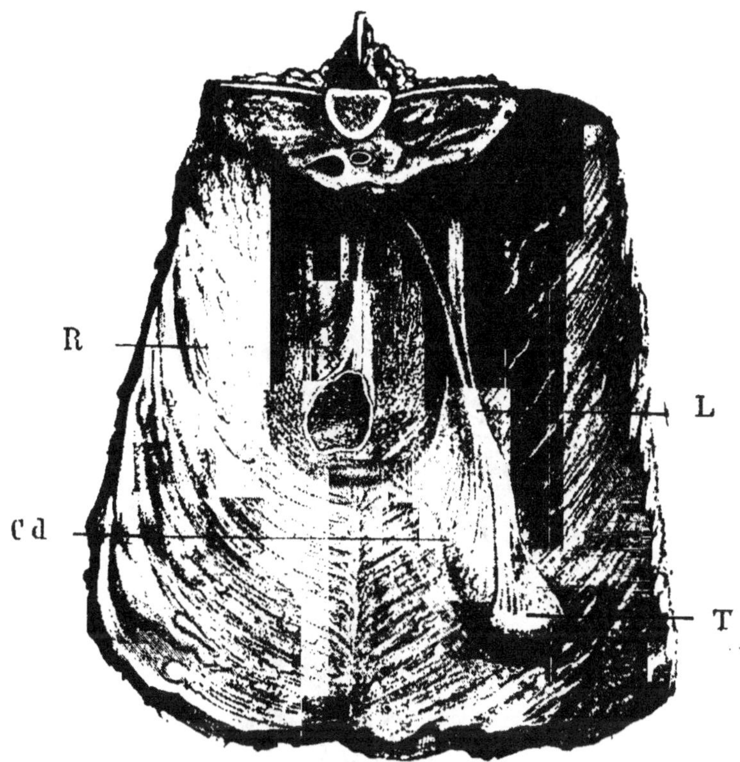


Fig. 149. — Cryptorchidie abdominale.

T, testicule ; L, ligament suspenseur ; C*d*, canal déférent ; R, rectum.

timètres, le sommet de l'interstice inguinal en est éloigné de 15 à 20 centimètres.

La région inguinale est traversée par les divisions de l'*artère prépubienne* ; — par l'*abdominale postérieure*, qui passe *en dedans* de l'anneau inguinal supérieur et s'engage entre le petit oblique et le grand droit de l'abdomen ; — par la *honteuse externe*, qui descend dans le trajet inguinal, sur la face antérieure de l'arcade crurale, en sort par l'anneau inférieur et donne ses deux branches terminales : — la *dorsale antérieure* de la verge et la *sous-cutanée abdominale*.

Dans la plupart des cas, l'ectopie testiculaire est unilatérale, plus fréquente à gauche qu'à droite. En général, le testicule est flasque, aplati; souvent il est rudimentaire, atrophié, pesant de 10 à 20 grammes; mais on en rencontre qui ont presque les dimensions du testicule ordinaire. Parfois il est volumineux, kystique ou cancéreux.

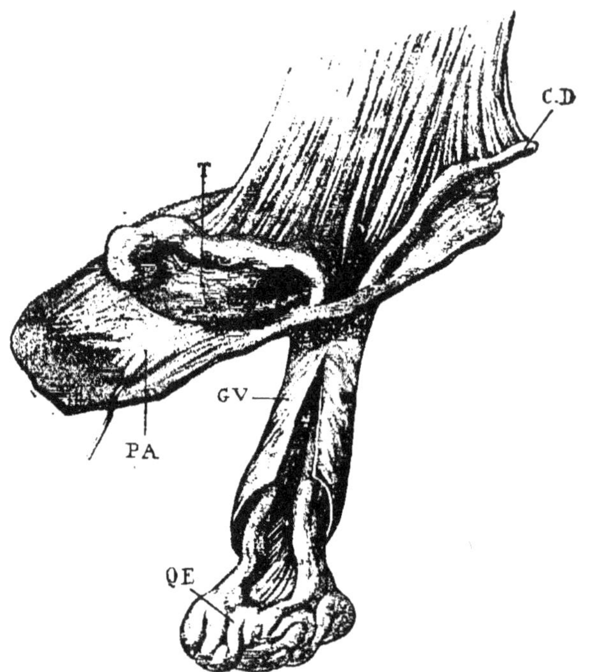


Fig. 150. — Cryptorchidie abdominale incomplète.

GV, gaine vaginale; QE, queue de l'épididyme; CD, canal déférent; T, testicule; PA, paroi abdominale.

Dans la *cryptorchidie abdominale*, le testicule est prolongé en arrière par l'épididyme déroulé, qui se présente sous l'aspect d'un cordon dur, flexueux, et dont la queue peut être à 10-15 centimètres de la glande. Il est appendu à un large frein séreux triangulaire (ligament suspenseur), tendu de la région sous-lombaire à la vessie, parallèlement à la ligne médiane (*fig.* 149). Inséré sur la voûte lombaire, ce ligament a deux bords libres : l'un, antérieur, parcouru par les vaisseaux testiculaires; l'autre, inférieur, bordé par le canal déférent. De sa face externe se détache une mince membrane dont le bord inférieur, libre, qui va de la fossette vaginale (anneau inguinal supérieur) à la queue de l'épididyme et au testicule, est renforcé par la portion abdominale du gubernaculum; souvent cette membrane est peu développée.

Presque toujours le testicule est libre, mobile; très généralement il repose sur la paroi abdominale, vers la partie inférieure du flanc, un peu en avant du bassin, plus ou moins près de la ligne médiane; parfois il est mêlé aux anses intestinales ; exceptionnellement il est situé vers la région lombaire ou sur la vessie.

*Instruments.* — Bistouri convexe, pinces hémostatiques, perforateur, écraseur ou émasculateur, aiguille à manche. — Fil de chanvre ou de soie. Objets de pansement.

*Assujettissement. — Soins préopératoires.* — Couchez le cheval sur le côté opposé à l'ectopie. Faites porter le membre postérieur superficiel dans l'abduction à l'aide de deux plates-longes, l'une tendue dans la direction de l'encolure, l'autre perpendiculaire à la colonne vertébrale.

Prenez les précautions indiquées pour les interventions aseptiques : désinfection des instruments, du champ opératoire, des mains. Afin d'éviter la souillure de la plaie par des poussières ou des poils, faites laver la face interne du membre postérieur levé ainsi que les environs de la région inguinale avec de l'eau bouillie ou un liquide antiseptique, et envelopper d'une serviette trempée dans ce liquide le pied du membre déplacé.

L'anesthésie est rarement nécessaire, même pour les pur sang.

TECHNIQUE. — *Premier temps : Incision du scrotum, du dartos, et dissection de la couche sous-dartoïque.* — La ligne d'incision est déterminée par le grand axe de l'anneau inguinal inférieur, dont on perçoit nettement les limites. Avec le bistouri, divisez d'avant en arrière, dans une étendue d'environ 15 centimètres, le tégument ainsi que la couche dartoïque. Arrivé sur les fascia conjonctifs sous-jacents, faites-y, vers le centre de l'anneau inguinal, une étroite incision; introduisez dans celle-ci les pouces opposés par leur face dorsale et agrandissez-la en les écartant.

L'anneau inguinal à découvert, dilacérez le tissu conjonctif dans la partie inférieure de l'interstice ; engagez vers son fond et un peu en dehors le médius et l'index étendus ; assu-

Fig. 151. — Castration du cheval cryptorchide. — Premier temps : incision des couches qui recouvrent l'anneau inguinal inférieur.

rez-vous que l'ectopie n'est pas inguinale. — S'il existe une gaine vaginale rudimentaire (cryptorchidie abdominale incomplète), incisez-la et appliquez une pince sur l'organe qu'elle renferme — sur la queue de l'épididyme ou le canal déférent. Le testicule sera facilement trouvé et sorti.

*Deuxième temps : Perforation de la paroi abdominale.* — Elle doit être faite dans la portion musculaire du petit oblique, près du bord postérieur de celui-ci et loin de la ligne médiane, à environ 6-8 centimètres au-dessus et un peu en avant de l'anneau inguinal supérieur. — Agrandissez l'anneau inférieur en incisant, en dehors, sa couche aponévrotique, sur une longueur de 5 à 8 centimètres, de façon à découvrir la zone où le petit oblique est épais. — La paroi abdominale peut être perforée soit avec l'index et le médius accolés, soit plutôt au moyen d'une sorte de coupe-papier métallique mince, à bords mousses, à extrémités arrondies (*fig.* 152). Vers la fin d'une inspiration, quand la paroi est soulevée, appliquez sur elle le perforateur tenu perpendiculairement, dans le sens des fibres du petit oblique, et traversez-la par une brusque poussée de la main. Si le péritoine a résisté, achevez la perforation avec le doigt.

Fig. 152. — Perforateur.

*Troisième temps : Recherche et sortie du testicule.* — A la faveur de cette ouverture, engagez l'index et le médius dans l'abdomen; ces doigts explorent les environs et ordinairement découvrent tout de suite le testicule, l'épididyme ou le cordon. — Dans les cas de cryptorchidie abdominale incomplète, toujours ils perçoivent immédiatement l'un de ces organes au niveau de l'anneau inguinal supérieur. Lors de cryptorchidie complète, si l'exploration est d'abord infructueuse, souvent une réaction de l'opéré déplace l'appareil testiculaire, et les doigts peuvent saisir une partie de celui-ci. Portés en bas et en arrière, ils trouvent un repère dans la dépression qui existe

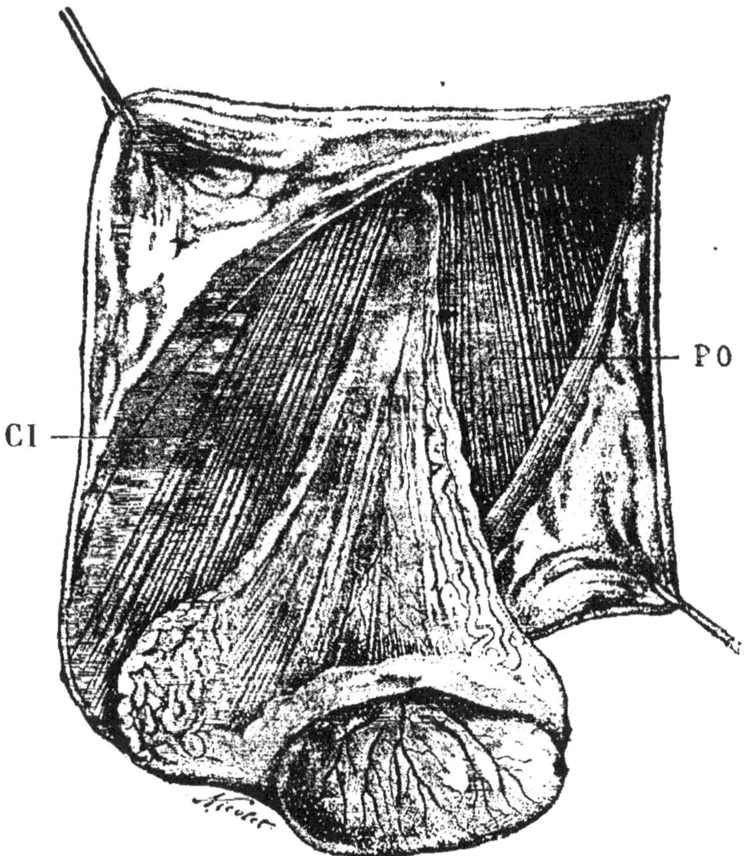


Fig. 153. — Castration du cheval cryptorchide. — L'anneau inguinal inférieur a été agrandi par débridement de la commissure externe. Le *troisième temps* est terminé.

PO, petit oblique ; CI, commissure interne de l'interstice inguinal.

au niveau du fond de l'interstice inguinal, et un guide dans la lame séreuse qui va de ce point au ligament suspenseur du testicule. On peut encore charger un aide d'explorer par la voie rectale la région prépubienne, et de faire là une sorte de battue, en poussant vers la plaie les organes qu'il rencontre successivement; mais cela est rarement nécessaire. — Saisissez de préférence l'épididyme, amenez-le au dehors et, par une traction exercée sur lui, sortez le testicule.

Dans les très rares cas où l'exploration digitale serait insuffisante pour découvrir la glande, on pourrait, après avoir anesthésié l'opéré, agrandir l'orifice dans la direction des fibres du petit oblique, introduire la main dans l'abdomen, en fouiller les régions postérieures ainsi que le bassin jusqu'à ce que l'on trouve le testicule.

*Quatrième temps : Ablation de la glande.* — Excisez lentement le testicule avec l'émasculateur ou l'écraseur de Chassaignac, après avoir appliqué au-dessus de la ligne de section une pince hémostatique à longs mors. Si le moignon a eu un contact suspect, purifiez-le avant de le rentrer.

*Suture de la plaie musculaire.* — Avec une aiguille courbe montée sur manche, appliquez un point de suture sur la couche superficielle des lèvres de la plaie. — Cette occlusion n'est pas nécessaire si l'ouverture a été faite assez haut et si elle n'est pas trop longue.

*Pansement.* — Détergez la plaie inguinale avec des tampons d'ouate ou par une irrigation à l'eau bouillie, et placez dans l'interstice un tampon de gaze chiffonnée. Réunissez la peau par trois points séparés. — Le plus souvent on peut laisser la plaie à nu.

Lorsque la cryptorchidie est double, une fois l'opération terminée d'un côté, retournez le sujet et procédez de même pour le second testicule.

*Soins consécutifs.* — Si l'on a appliqué un pansement, le lendemain on coupe les fils de la suture et l'on retire le tampon de gaze. Ensuite on déterge la plaie par une large aspersion avec de l'eau stérile ou une solution antiseptique chaudes. Les soins ultérieurs sont semblables à ceux qui ont été indiqués à propos de la castration.

Le jour même de l'intervention, on donne à l'opéré des aliments divers, en petite quantité à la fois. Dès le lendemain, on le remet à son régime ordinaire.

### *b.* — Procédé belge.
### (Van Seymortier-Degive.)

La préparation de l'animal, l'assujettissement et les précautions aseptiques sont les mêmes que pour l'opération précédente. Le membre postérieur superficiel est porté dans l'abduction (*fig.* 151) ou fixé comme pour la castration ordinaire.

*Instruments.* — Bistouri, pinces hémostatiques et écraseur ou émasculateur.

Technique. — *Premier temps : Incision de la peau, de la couche dartoïque et du tissu conjonctif sous-jacent.* — Même manuel que dans le procédé danois. L'interstice découvert, on l'explore avec l'index et le médius : on s'assure que l'ectopie n'est pas inguinale.

*Deuxième temps : Creusement du trajet inguinal et perforation du péritoine.* — C'est l'acte périlleux de l'opération. On peut l'effectuer avec la main dont on est le plus habile, mais il est plus correct et plus sûr de se servir de celle qui correspond au testicule ectopique, — de la main droite pour le testicule droit, de la gauche pour l'autre. — Les doigts disposés en cône, la main est portée à l'entrée du trajet, le bord cubital occupant la commissure pubienne, l'extrémité des doigts au contact de l'arcade crurale. La voie qu'elle doit suivre est rigoureusement tracée : en dehors et droit à la voûte lombaire ou très légèrement en arrière. Prenez pour repère l'angle externe de l'ilium et poussez la main dans le trajet ; faites-l'y progresser lentement, en associant au mouvement de propulsion quelques semi-rotations ou de légers écartements des doigts, évitant d'endommager la commissure interne du trajet : vous détachez ainsi le petit oblique de l'arcade jusqu'au fond de l'interstice ; là, après l'avoir séparé de celle-ci dans une étendue de quelques centimètres, vous percevez les anses intestinales à travers le péritoine. Avec l'extrémité de l'index et du médius étendus, traversez la séreuse par une brusque poussée.

Quand la main a suivi la bonne route, elle arrive sous le péritoine non loin de la région sous-lombaire, près du tendon terminal du petit psoas ; elle le perfore à une hauteur telle que l'intestin n'a aucune tendance à fuir. — Une fois l'animal relevé, la pression exercée sur la paroi abdominale a précisément pour effet d'appliquer le petit oblique sur l'arcade crurale, d'effacer la lumière du tunnel creusé dans l'interstice inguinal et d'en clore l'orifice péritonéal.

*Troisième temps : Recherche et sortie du testicule.* — Introduisez l'index et le médius dans cet orifice et explorez le territoire voisin. Dans la plupart des cas, le testicule est en avant et au-dessous de l'ouverture, non loin de la branche montante de l'ilium. On atteint rarement la glande elle-même ; plus souvent on rencontre l'épididyme ou le bord inférieur du ligament suspenseur. Saisissez la partie qui se présente et amenez-la dans le trajet.

Lorsque la recherche du testicule est laborieuse, qu'il faut agrandir l'ouverture péritonéale et pénétrer dans le ventre avec la main, on doit éviter les pressions du poignet ou de l'avant-bras sur le bord interne de la perforation : la commissure se déchirerait facilement, l'ouverture aurait bientôt des proportions inquiétantes. Très avantageuse en pareil cas est la collaboration d'un aide qui, par la voie rectale, explore la région prépubienne en ses différentes parties et refoule vers la main de l'opérateur les organes que la sienne rencontre.

*Quatrième temps : Ablation.* — On divise le cordon par écrasement, par torsion ou par section après ligature. Généralement le testicule peut être descendu jusqu'à l'anneau inguinal inférieur ; chez certains sujets on doit faire l'excision dans le trajet.

Quand on est sûr d'avoir ouvert le ventre assez haut pour que le trajet inguinal soit étroitement fermé à son sommet, on peut n'appliquer ni pansement, ni suture.

Si l'on craint la sortie de l'intestin, on introduit dans la partie inférieure du trajet inguinal un fort tampon de gaze aseptique, et l'on réunit les lèvres de la plaie cutanée par quelques points séparés.

Lorsque la cryptorchidie est double, on opère de la même manière du côté opposé.

Mêmes soins qu'après l'opération faite suivant le premier procédé.

### c. — Castration par la région prépubienne. (Günther.)

Dans ce procédé, l'incision est faite sur la paroi abdominale inférieure, un peu en avant du pubis et de l'anneau inguinal inférieur, près du fourreau.

L'opéré doit être anesthésié et placé en position dorsale.

Technique. — *Premier temps : Incision des couches superficielles et perforation des couches profondes de la paroi abdominale.* — Un peu en avant du pubis, sur le côté du fourreau, à 5 ou 6 centimètres de la ligne médiane et sur une longueur de 10 centimètres, on incise successivement la peau, le tissu conjonctif sous-cutané, la tunique abdominale, les aponévroses des muscles obliques et la couche superficielle du grand droit. Ensuite, avec l'index et le médius accolés, on perfore la couche profonde de ce muscle, l'aponévrose du transverse, le fascia sous-jacent, le péritoine, et l'on agrandit l'ouverture.

*Deuxième temps : Recherche et sortie du testicule.* — Engagée dans la plaie, la main est portée à l'entrée de la cavité pelvienne, où elle trouve d'ordinaire quelque partie de l'appareil testiculaire : glande, épididyme, canal déférent ou ligament suspenseur. Si elle ne perçoit pas l'un ou l'autre de ces organes, on la dirige sur la vessie, où elle saisit le canal déférent ; en le suivant d'arrière en avant, elle arrive sur l'épididyme et le testicule.

L'*excision du testicule* est faite par torsion ou par écrasement, puis le ligament est rentré dans l'abdomen.

On ferme la plaie par une double *suture.* Un premier rang de points à la soie réunit les bords de l'incision du grand droit ; un autre affronte les lèvres cutanées.

Dans le cas de cryptorchidie abdominale double, cette opération a l'avantage de permettre l'ablation des deux testicules par une seule incision. Mais elle est très inférieure aux procédés inguinaux.

### *d.* — Castration par le flanc.

Couché sur le côté opposé à l'ectopie, l'animal est anesthésié. Le champ opératoire préparé, on fait à un travers de main au-dessous de l'angle de la hanche une incision cutanée de 10 centimètres, oblique en avant et en bas, dans la direction des fibres de l'ilio-abdominal ; ensuite on perfore avec les doigts les couches musculaires et le péritoine. La main introduite dans le ventre, on la porte vers l'entrée du bassin, entre les anses intestinales et la paroi abdominale.

Le testicule trouvé et sorti, on en pratique l'excision par l'écrasement ou la torsion. Le cordon rentré dans l'abdomen, on ferme l'ouverture par une double suture : la première réunit la couche musculaire, et l'autre la peau.

On recouvre la couture d'un pansement ou simplement d'une couche de collodion iodoformé.

Ce procédé est peu usité. On lui préfère avec raison les procédés inguinaux.

## II. — Cryptorchidie inguinale.

L'ablation du testicule en ectopie inguinale n'est guère plus compliquée que la castration ordinaire.

L'assujettissement et les précautions préliminaires sont les mêmes que pour l'opération de la cryptorchidie abdominale faite par l'un des procédés inguinaux.

Technique. — Effectuez le *premier temps* comme pour le cheval atteint d'ectopie abdominale.

*Deuxième temps : Isolement des enveloppes.* — L'anneau inguinal découvert, pénétrez dans le trajet en déchirant le tissu conjonctif, comme au début du deuxième temps de l'opération de la cryptorchidie abdominale : vous y trouvez une petite masse ovoïde formée par le testicule et ses enveloppes. Isolez-la en dilacérant avec l'index et le médius le tissu conjonctif qui l'unit aux parois du trajet inguinal. Dans les cas où le testicule est arrêté plus haut, c'est encore par l'action de l'index qu'on libère les enveloppes.

*Troisième temps : Incision des enveloppes.* — Si le testicule occupe la partie inférieure du trajet, fixez-le d'une main et, avec la pointe du bistouri, ouvrez les enveloppes suivant son grand axe. — Lorsqu'il est arrêté plus haut, saisissez-le entre l'index et le médius, amenez-le près de l'anneau inguinal et divisez les membranes qui le recouvrent.

Dans les cas de *cryptorchidie abdominale incomplète* (*fig.* 150), après avoir ouvert la gaine vaginale, on réussit quelquefois, par des tractions effectuées sur l'épididyme ou le cordon, à sortir un testicule atrophié ; mais généralement il faut agrandir le passage en incisant la gaine dans toute sa hauteur, et l'anneau, en dehors, avec le bistouri boutonné. Mieux vaut d'ailleurs procéder comme pour la cryptorchidie abdominale complète.

*Quatrième temps : Ablation du testicule.* — Le cordon découvert est sectionné avec l'écraseur ou l'émasculateur.

Mêmes soins qu'après la castration ordinaire par excision des testicules.

## IX. — Opération du champignon. Résection du cordon.

*Indication.* — Existence d'une funiculite simple ou parasitaire (botryomycose) consécutive à la castration. On excisera sans délai les champignons extrascrotaux. Pour les funiculites ascendantes, on opérera à temps, sans trop se presser toutefois, car souvent les tuméfactions récentes des cordons rétrocèdent et disparaissent.

*Instruments.* — Ciseaux, bistouris, pinces ordinaire et hémostatiques, aiguille à bourdonnet, écraseur.

*Assujettissement.* — Couchez le cheval sur le côté opposé à la tumeur funiculaire. Faites porter dans l'abduction le membre postérieur superficiel. (V. *fig.* 131 et 151.)

TECHNIQUE. — *Premier temps : Incision.* — Faites à proximité de la fistule et parallèlement au fourreau deux incisions cutanées courbes qui se réunissent à leurs extrémités et circonscrivent la base de la tumeur, ou bien, avec le bistouri guidé sur la sonde, débridez largement la fistule en avant et en arrière, parallèlement à l'axe du corps.

*Deuxième temps : Énucléation.* — Avec le bistouri et les ciseaux, énucléez la tumeur ; détachez-la à petits coups des parties adjacentes, évitant de vous égarer vers la cuisse ou d'ouvrir le fourreau. Au besoin, faites exercer sur elle une légère traction à l'aide d'une ficelle passée en sa partie inférieure. Parfois l'hémorragie, assez abondante, nécessite l'application de quelques pinces. Dans la profondeur de la région, le tissu conjonctif est lâche ; il est facile d'achever l'énucléation avec les doigts.

*Troisième temps : Section du cordon.* — Faites-la sur la partie inaltérée de l'organe, immédiatement au-dessus de la tumeur. Employez de préférence l'écraseur; dès que la partie à diviser est bien étreinte, manœuvrez-le lentement, rétrécissant la chaîne d'un maillon chaque quinze ou vingt secondes. Vous pouvez associer la torsion à l'écrasement.

Pour les champignons peu volumineux ou limités à la partie inférieure du cordon, on peut faire la section avec l'émasculateur.

Si la tumeur se prolonge sur la portion abdominale du cordon, faites la section le plus haut possible et cautérisez la partie indurée du moignon en la pénétrant avec une tige de fer chauffée au rouge. Parfois on ouvre ainsi un foyer purulent.

On s'abstiendra de tout pansement, sauf le cas d'hémorragie abondante pouvant nécessiter l'application de pinces et le tamponnement de la plaie.

Mêmes soins qu'après la castration par excision des testicules.

## X. — Cathétérisme de l'urètre chez le cheval.

*Indications.* — L'opération est faite tantôt dans un but thérapeutique, pour donner issue à l'urine accumulée dans la vessie ou pour faire des injections médicamenteuses intravésicales ; tantôt pour préciser le diagnostic dans les cas de calcul, de blessure, de sténose de l'urètre ; quelquefois encore pour recueillir de l'urine aux fins d'analyse.

*Instrument.* — Long cathéter en gomme élastique ou en caoutchouc, muni d'un mandrin. L'aseptiser et l'enduire d'une substance lubrifiante stérilisée (vaseline ou huile d'olive).

*Assujettissement.* — Appliquez un tord-nez à la lèvre supérieure. Entravez les membres postérieurs, passez le lacs entre les membres antérieurs, croisez-le et faites-le tenir par un aide.

Technique. — Après avoir vidé le rectum, un aide placé au niveau du flanc droit engage la main dans le fourreau et saisit la tête du pénis ; par une traction légère et continue, il amène cet organe au dehors et l'y maintient. Faites désinfecter la tête du pénis. Si vous avez dû effectuer vous-même ces manœuvres, nettoyez-vous les mains dans une solution antiseptique chaude.

Prenez la sonde munie de son mandrin ; introduisez-en l'extrémité effilée dans l'urètre et poussez-la lentement dans le conduit jusqu'au niveau de la courbure ischiale ; pour lui faire franchir aisément celle-ci, retirez un peu le mandrin, sortez-le d'environ 15 centimètres : la canule s'incurve et s'engage dans la portion pelvienne ; repoussez le mandrin et continuez le cathétérisme jusqu'à ce que la sonde soit parvenue dans la vessie. — Si elle est trop rigide pour s'incurver d'elle-même à la courbure ischiale, exercez sur son extrémité de légères pressions, tandis qu'un aide la pousse ; au besoin, engagez la main dans le rectum et guidez le cathéter jusque dans la vessie. — Le mandrin retiré, l'urine s'écoule. Il est rarement nécessaire d'effectuer des pressions sur la vessie par la voie rectale.

Le retrait de la sonde n'offre aucune difficulté : il suffit d'exercer sur l'instrument une légère traction associée à quelques mouvements de semi-rotation. La réintroduction du mandrin est inutile.

## XI. — Ponction de la vessie.

*Indication.* — Rétention d'urine : — distension extrême de la vessie et danger de rupture de celle-ci, lorsqu'il est impossible de pratiquer le cathétérisme.

*Instruments.* — Trocart courbe ou droit. Aiguille creuse, droite ou courbe, bien affilée et sur la canule de laquelle on peut adapter un tube de caoutchouc durci ou de gutta-percha.

*Assujettissement.* — Tord-nez à la lèvre supérieure et membres postérieurs entravés. La queue est relevée sur le dos.

On vide le rectum et on le nettoie par un premier lavage à l'eau simple, puis par un autre avec une solution boriquée chaude.

Chez le cheval, on pratique cette ponction par la voie rectale. Si l'on avait à l'effectuer chez la jument, il va de soi que l'on opérerait par le vagin.

TECHNIQUE. — *Premier temps : Ponction.* — Le trocart saisi de la main droite, introduisez celle-ci dans le rectum, les doigts disposés en cône et masquant la pointe de l'instrument.

Arrivé au niveau de la saillie formée par la vessie distendue, dégagez la pointe du trocart et, celui-ci tenu dans une direction légèrement oblique en bas et en avant, poussez-le dans la partie postérieure de la vessie, en traversant le plancher du rectum.

*Deuxième temps : Évacuation de l'urine.* — Si vous opérez avec le trocart ordinaire, dès que la tige est retirée, l'urine s'épanche dans le rectum. Avec l'aiguille creuse sur laquelle est adapté un tube rigide, elle s'écoule sur le sol. Ce second dispositif, réalisant un véritable siphon, a l'avantage de permettre l'évacuation de la totalité du liquide contenu dans la vessie.

*Troisième temps : Retrait de l'instrument.* — L'écoulement de l'urine terminé, on retire la canule ou l'aiguille et on la sort, sa pointe masquée par les doigts. L'étroite perforation faite au rectum et à la vessie s'oblitère immédiatement par retrait de ses bords. En général, il ne survient aucun accident consécutif.

## XII. — Urétrotomie.

*Indications.* — On la pratique le plus souvent pour ouvrir une voie artificielle à l'urine dont l'écoulement peut être empêché par des obstacles divers (calcul, tumeur, sténose, corps étranger de l'urètre), quelquefois pour supprimer ces obstacles. Elle peut être le premier acte d'opérations complexes (lithotritie, cystotomie).

*Remarques anatomiques.* — Au lieu d'élection de l'opération, bien que le *canal de l'urètre* soit situé peu profondément, il est recouvert par les cinq couches suivantes : 1° la *peau* ; 2° la *double aponévrose du périnée* ; 3° les *ligaments suspenseurs de la verge* ; 4° le *muscle bulbo-caverneux* ; 5° l'*enveloppe érectile* ou *couche bulbeuse* du conduit.

Dans la profondeur de la région, à la surface du sphincter de l'anus et de l'ischio-caverneux, descendent, en convergeant, les *artères bulbeuses*, dont les divisions pénètrent dans le bulbe de l'urètre. L'une de ces artères peut être coupée quand la ponction du canal n'est pas faite exactement sur la ligne médiane.

La paroi inférieure du rectum est contiguë à la paroi supérieure de la portion pelvienne de l'urètre. La première peut être blessée au moment de la ponction de ce derniersi, le rectum étant distendu par les crottins, le bistouri est poussé trop loin et mal dirigé.

*Instruments.* — Bistouri droit, sonde cannelée, tenette, seringue munie d'une étroite canule.

*Assujettissement.* — Mêmes mesures préparatoires que pour le cathétérisme. Faites tenir la queue relevée sur la ligne médiane.

Technique. — Un aide vide le rectum et tire le pénis comme il a été dit pour le cathétérisme. Chargez la seringue d'eau bouillie et engagez la canule dans la partie inférieure de l'urètre ; prescrivez à l'aide qui tient le pénis d'en comprimer la tête sur la base de la canule, tout en laissant libre l'orifice de celle-ci.

Le lieu d'élection est la partie supérieure du périnée, au niveau de la courbure de l'urètre.

*Premier temps : Ponction large de l'urètre.* — Tandis

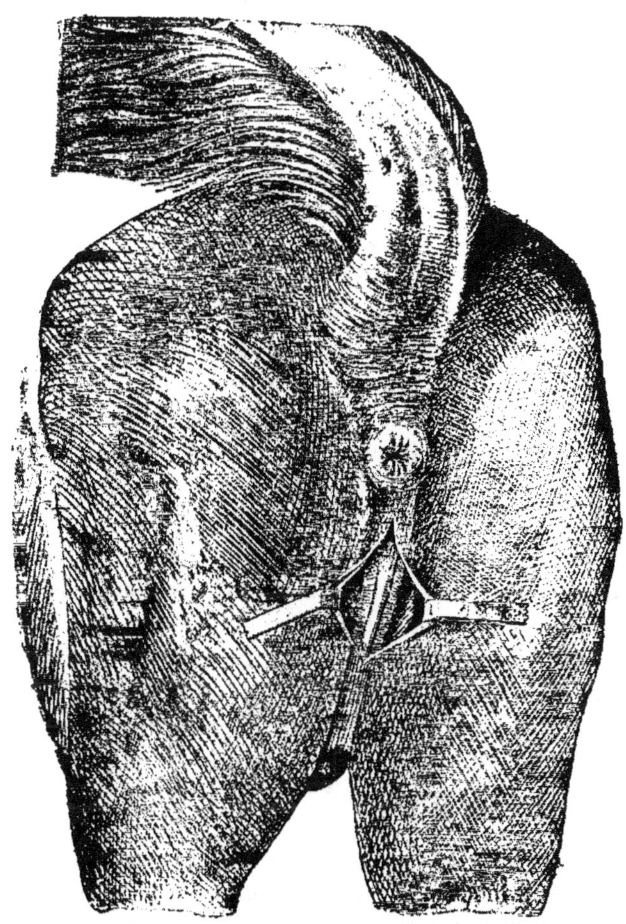

Fig. 154. — Région périnéale. La couche aponévrotique est incisée. Ligament suspenseur de la verge et muscle accélérateur.

qu'un aide injecte le liquide dans l'urètre, placez-vous en arrière du cheval et attendez que le canal soit distendu. Dès qu'il est bien en relief au point où vous devez l'ouvrir, faites cesser l'injection. L'aide qui tient le pénis continue à le comprimer et, par l'occlusion du conduit, empêche la sortie de l'eau.

Avec la main gauche, exercez une légère traction en bas sur la peau du périnée. Le bistouri droit tenu en archet renversé, la lame légèrement oblique en haut, enfoncez-la profondément sur la ligne médiane, immédiatement au-dessus de l'arcade ischiale, dans l'axe du renflement formé par l'urètre distendu. Sa pénétration dans celui-ci est dénoncée par un jet de liquide. Que l'animal réagisse ou non, ne retirez pas brusquement le bistouri dans la direction que vous lui avez donnée au moment de la ponction ; portez la main en haut, débridez sur une longueur d'environ 3 centimètres la paroi postérieure du conduit et les tissus qui le recouvrent. — Si la ponction est trop étroite, introduisez dans le canal, en la guidant sur l'index gauche, une sonde cannelée, rainure en haut, et débridez avec le bistouri droit. — L'hémorragie n'est abondante que dans le cas où l'une des bulbeuses est coupée. En ce cas, tamponnez ou faites la ligature médiate du bout supérieur.

*Deuxième temps : Introduction de la tenette dans l'urètre.* — Appliquez sur le périnée, immédiatement au-dessous de la ponction, le bord radial de la main gauche ouverte. La tenette tenue de la main droite, le bord concave des cuillers tourné en bas, introduisez-la dans la plaie en la glissant sur la face palmaire de la main gauche, puis engagez-la dans la portion intrapelvienne de l'urètre. — Vous pouvez aussi guider l'instrument sur l'index introduit dans le canal.

Laissée ouverte, la plaie urétrale se cicatrise d'ordinaire en trois semaines à un mois. On aura soin seulement d'enduire de vaseline ou de glycérine la peau du périnée et des fesses, pour la soustraire à l'action irritante de l'urine. — Si l'on recourait à la suture, celle-ci devrait réunir la muqueuse seulement ou les fils seraient passés dans la couche bulbeuse.

## XIII. — Lithotritie.

*Indication.* — Calculs vésicaux qui, en raison de leur volume, ne peuvent être extraits qu'après fragmentation. Chez le cheval, il faut pratiquer d'abord l'urétrotomie périnéale. Chez la jument, on peut extraire des calculs volumineux sans élargir l'urètre.

*Instruments.* — Tenette broyeuse et tenette simple à mors épais et mousses, seringue garnie d'une longue canule. Ces instruments doivent être aseptisés. — Eau boriquée bouillie pour les injections intravésicales.

*Assujettissement.* — L'urétrotomie pratiquée, l'animal est maintenu debout, ou abattu sur un lit de paille et fixé en position dorsale. L'attitude décubitale permet de recourir à l'anesthésie, avantageuse au point de vue de la rapidité et de l'innocuité des manœuvres.

TECHNIQUE. — *Premier temps : Introduction de la tenette broyeuse et préhension du calcul.* — Introduisez la tenette broyeuse dans la plaie urétrale, les branches rapprochées, la concavité des mors dirigée vers la courbure ischiale, et poussez-la lentement dans la portion intrapelvienne du canal ; elle progresse sans résistance jusqu'au col ; un léger effort la fait pénétrer dans la vessie. Tandis qu'un aide agissant sur celle-ci par la voie rectale facilite la préhension du calcul, et qu'un autre injecte dans le réservoir de l'eau boriquée tiède, qui en soulève les parois, écartez les branches de l'instrument et saisissez le calcul, évitant de blesser, surtout de pincer la paroi vésicale.

*Deuxième temps : Écrasement du calcul.* — Brisez le calcul en rapprochant les branches de la tenette au moyen de la vis. Parfois les fragments sont gros : il faut les diviser en répétant ces manœuvres pour chacun d'eux. Mais l'urètre est large en sa portion pelvienne, et des fragments relativement volumineux peuvent être extraits.

*Troisième temps : Évacuation des débris.* — Faites dans la vessie une large irrigation boriquée qui entraîne les débris du calcul. S'il est nécessaire, sortez les plus gros avec la tenette ordinaire. — En général, on peut se dispenser de dilater, par 'emploi du spéculum, la partie intrapelvienne de l'urètre et le col de la vessie.

Si la vessie n'a pas été blessée, les phénomènes consécutifs sont

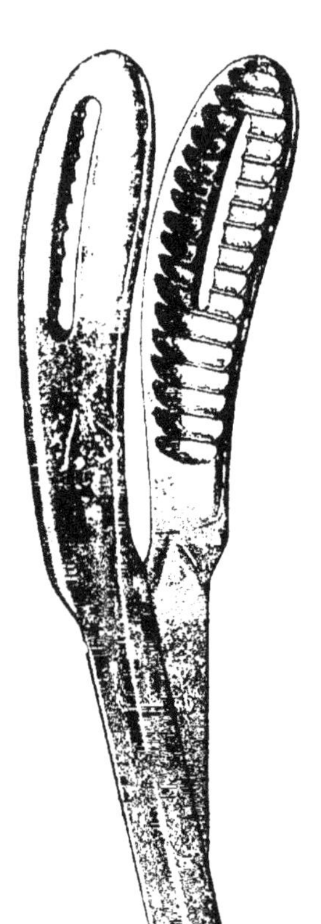
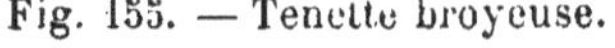

Fig. 155. — Tenette broyeuse.

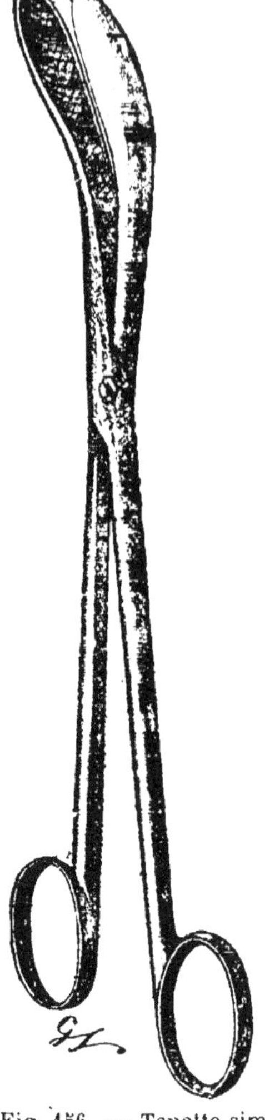

Fig. 156. — Tenette simple.

des plus simples. On peut se borner à additionner l'eau de boisson, pendant quelque temps, d'une dose moyenne de bicarbonate de soude.

## XIV. — Cystotomie.

*Indications.* — L'opération n'est pratiquée que très exceptionnellement soit pour extraire un calcul volumineux, soit pour effectuer la lithotritie lorsque, en cas de sténose du col, il est impossible d'introduire le brise-pierre dans la vessie, ou de retirer l'instrument après avoir saisi un fragment de calcul.

*Instruments.* — Ceux dont on se sert pour l'urétrotomie — et un bistouri boutonné.

L'animal est assujetti debout ou couché.

Technique. — Après avoir fait l'urétrotomie ischiale, on entr'ouvre largement la plaie urétrale, on engage dans l'urètre, jusqu'au col de la vessie, un bistouri boutonné que l'on guide avec l'index poussé loin dans le conduit ou la main introduite dans le rectum. Dès que l'extrémité de la lame a dépassé le col de la vessie, on en dirige le tranchant vers le rectum et, en retirant l'instrument, on débride le col sur la ligne médiane. Si cette première incision n'est pas suffisante, on en fait deux autres plus petites, sur les côtés. — A défaut de bistouri boutonné, on pourrait se servir d'un long bistouri droit que l'on engagerait jusqu'au col de la vessie, en le guidant sur la sonde cannelée.

Mêmes soins consécutifs que pour la *Lithotritie*.

## XV. — Ablation du pénis et du fourreau.

*Indications.* — Paralysie du pénis. Blessure grave avec perte de substance, gangrène ou néoplasme de sa partie libre.

*Remarques anatomiques.* — Le *corps caverneux*, qui forme la base du *pénis*, est une tige érectile déprimée d'un côté à l'autre, épaisse et arrondie à son bord supérieur, creusée à son bord inférieur d'une gouttière qui loge l'urètre. Dans la partie où il est accolé au corps caverneux, l'urètre est recouvert par les couches que nous avons indiquées à propos de l'*Urétrotomie* (V. p. 314). — Les tissus péniens sont irrigués par les *artères dorsales antérieures* de la verge, qui longent le bord supérieur du corps caverneux, et par les *bulbeuses*, qui se ramifient surtout dans les tissus péri-urétraux.

*Instruments.* — Sonde urétrale, bistouris, pinces ordinaire et hémostatiques, aiguille. — Lien de caoutchouc et fils de soie.

*Assujettissement.* — Couchez l'animal sur le côté gauche. Portez le membre postérieur droit au niveau de l'épaule correspondante, comme pour la castration, et faites-le tenir en cette position.

Technique. — Introduisez la sonde dans l'urètre et appliquez

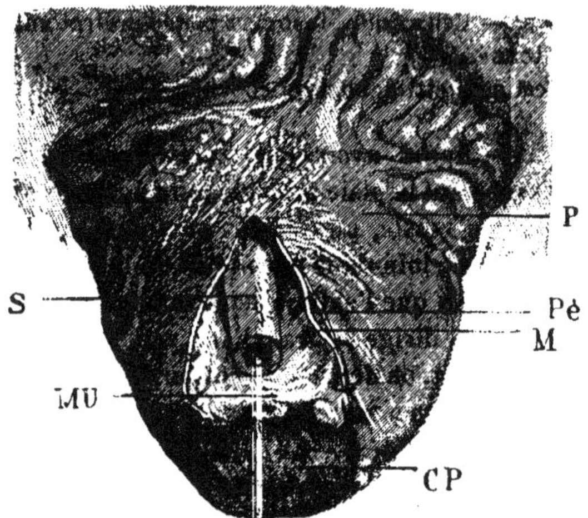


Fig. 157. — Ablation du pénis.

CP, coupe du pénis; P, corps caverneux; MU, muqueuse; M, Pe, muqueuse et peau suturées. — S, sonde introduite dans l'urètre.

un lien hémostatique sur la base du pénis. Un aide saisit la partie libre de l'organe, enveloppée d'une serviette, et la soulève en exerçant sur elle une traction modérée.

Tracez sur les faces supérieure et latérales de celle-ci une incision circulaire dont les extrémités s'arrêtent à la limite de la face inférieure. Cette première incision est complétée par deux autres qui, partant de ses extrémités, convergent en arrière e se réunissent sur la ligne médiane à 4-5 centimètres plus loin. Dans l'aire du lambeau triangulaire ainsi délimité, excisez les tissus qui recouvrent l'urètre. Découvrez celui-ci, disséquez-le un peu au delà de l'incision circulaire et coupez-le transversalement à 1-2 centimètres en avant de cette incision.

Engagez dans la partie découverte du conduit une sonde cannelée dont la rainure est dirigée vers la paroi inférieure; avec le bistouri guidé par la sonde, divisez cette paroi sur la ligne médiane, puis suturez chacune des lèvres de la muqueuse à la lèvre correspondante du tégument pénien. Vous pouvez ensuite couper transversalement le corps caverneux au niveau de l'incision circulaire, enlever le lien hémostatique, lier ou pincer les principaux vaisseaux qui donnent, rabattre la peau sur le moignon et en réunir les bords latéraux par quelques points de suture. Mais, en opérant ainsi, l'hémorragie est toujours abondante.

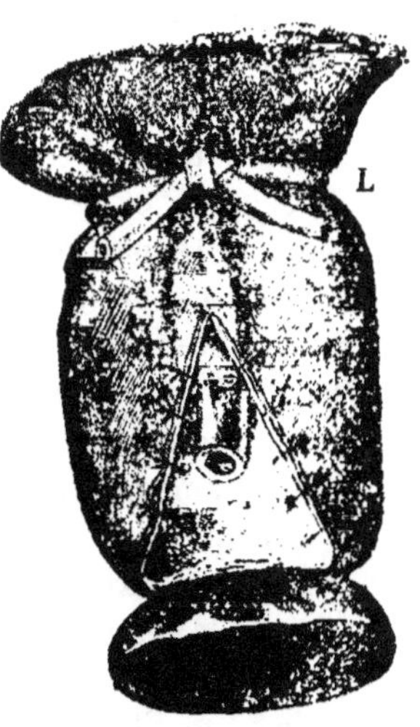


Fig. 158. — Ablation du pénis. — Une sonde est engagée dans l'urètre. — Le lien élastique est appliqué et le pénis coupé à 2 centimètres au-dessous.

L, ligature hémostatique provisoire.

Il est préférable d'appliquer une ligature élastique dans l'incision faite au tégument, et d'amputer à 2 centimètres au-dessous (*fig.* 158): ainsi l'hémorragie est presque nulle. Le lien élastique et la courte portion du pénis dont il provoque la mortification tombent au bout de six à dix jours.

Dans les cas où l'amputation doit être faite haut sur le pénis, et lors de symphyse pénienne lorsque le cheval pisse dans son fourreau, il est indiqué de pratiquer l'ablation de celui-ci. — L'animal est assujetti comme pour l'opération précédente.

La région préparée, — le fourreau nettoyé *extra et intus* par un savonnage à l'eau chaude, puis irrigué avec une solution antiseptique, saisissez sur la ligne médiane, avec la main gauche, le bord de l'orifice préputial, et tendez les parois inféro-latérales du fourreau par une traction en avant et en bas. Avec le bistouri convexe tenu de la main droite, faites une première incision inférieure (sur la partie gauche du fourreau) légèrement oblique en arrière et en dedans, partant du bord préputial, près de la paroi abdominale, pour aboutir au scrotum, où elle s'incurve vers la ligne médiane. Divisez successivement la peau, puis les couches sous-jacentes, y compris le tégument interne. — Faites une incision supérieure semblable (sur la partie droite du fourreau).

L'ablation porte ainsi sur les parois latérales et inférieure de celui-ci, et le sommet du large lambeau réséqué correspond à la partie antérieure des bourses. — On peut aussi diviser d'abord le prépuce sur la ligne médiane, puis enlever successivement les deux lambeaux en les coupant près de la paroi abdominale.

La section des vaisseaux du plexus préputial donne lieu à une hémorragie assez abondante.

L'hémostase obtenue, on réunit par des points séparés les téguments externe et interne du fourreau dans toute l'étendue de la plaie d'excision.

Que l'on ait fait la simple ablation du pénis ou cette opération et la résection du fourreau, il n'y a qu'à déterger le moignon pénien et la plaie scrotale avec de l'eau bouillie ou une solution antiseptique chaudes.

## XVI. — Rétrodéviation du pénis.

En vue de susciter le développement des chaleurs chez les juments destinées à la reproduction, principalement dans les élevages de pur sang, il est avantageux de laisser en liberté parmi elles un mâle que l'on a transformé en boute-en-train de tout repos par la *rétrodéviation du pénis*, — opération qui consiste à dévier celui-ci en arrière des bourses, et rend le sujet inapte à accomplir la saillie.

Au lieu d'élection, le pénis n'est recouvert que par la peau, une lame fibro-élastique et une couche conjonctive.

La *peau*, fine, onctueuse, couverte de duvet, adhère fortement à la *lame fibro-élastique* formée par l'expansion du dartos. — La *couche conjonctive* sous-aponévrotique est constituée par un tissu lâche, aisément dilacérable par les doigts dans toute la hauteur de la région, jusqu'au cul-de-sac préputial, ainsi que sur les faces latérales du pénis, lequel peut être isolé très facilement. Elle est sillonnée par des canaux veineux et par quelques fines divisions artérielles émanant de la honteuse externe et de la dorsale postérieure de la verge.

*Assujettissement.* — Le cheval est couché sur le côté gauche, et le membre postérieur droit porté sur l'épaule correspondante comme pour la castration.

*Instruments.* — Bistouri, pince et ciseaux.

TECHNIQUE. — *Premier temps : Incision des couches qui recouvrent le pénis.* — La région périnéale préparée, à un travers de main en arrière des bourses, faites sur la ligne médiane et d'avant en arrière une incision de 10 centimètres, divisant la peau et le fascia aponévrotique sous-jacent.

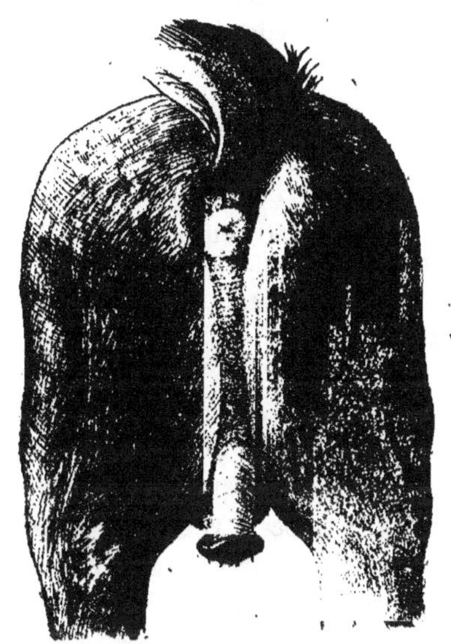

Fig. 159. — Rétrodéviation du pénis.

*Deuxième temps : Décollement du pénis.* — Le pénis à découvert, isolez-le dans toute l'étendue de l'incision par dilacération du tissu conjonctif adhérent à ses faces latérales et à son bord supérieur; puis, avec l'index disposé en crochet sur cette portion détachée des tissus adjacents, exercez une forte traction en arrière. La partie antérieure du pénis n'est retenue que par ses adhérences au fourreau.

*Troisième temps : Incision du cul-de-sac préputial et déviation du pénis.* — D'un coup de bistouri, ouvrez sur la ligne médiane le cul-de-sac préputial ; ensuite, avec la pointe des ciseaux, sectionnez à petits coups, sur toute la circonférence de la verge, le repli tégumentaire qui constitue ce cul-de-sac. Pour faciliter l'exécution de ce temps de l'opération, on peut prescrire à un aide d'introduire la main dans le fourreau et de pousser le cul-de-sac en arrière.

Toute la partie antérieure de la verge, sortie par la plaie, doit demeurer désormais plus ou moins pendante en arrière des bourses.

L'hémorragie est peu abondante. Elle nécessite rarement l'application de pinces hémostatiques.

Les soins consécutifs se réduisent à des détersions de la plaie avec de l'eau tiède simple ou une solution antiseptique faible.

## XVII. — Cathétérisme de l'urètre chez la jument.

*Instrument.* — Cathéter métallique ou en gomme élastique long d'environ 20 centimètres. Il doit être désinfecté et enduit de vaseline ou d'huile stérilisées.

*Assujettissement.* — Comme pour le cathétérisme de l'urètre chez le cheval.

TECHNIQUE. — L'orifice de l'urètre est situé à 10-15 centimètres de l'entrée de la vulve, au-dessous d'une large valvule tendue transversalement sur la paroi inférieure de cette cavité, à sa limite avec le vagin. — La zone génitale et la muqueuse désinfectées, écartez les bords de la vulve et portez l'index gauche dans le méat : glissez le cathéter sur le doigt, engagez-le dans le canal et poussez-le dans la vessie.

Chez la jument, il n'y a pas, comme chez la vache, de repli muqueux urétral qui arrête l'instrument.

## XVIII. — Castration de la jument.

*Remarques anatomiques.* — Chez la *jument*, le corps de l'utérus, légèrement déprimé de dessus en dessous, est en rapport : en haut avec le rectum, en bas avec la vessie et la courbure pelvienne du côlon, de chaque côté avec les parois latérales du bassin et du ventre, ainsi qu'avec les circonvolutions intestinales. Mêlées à celles-ci, les cornes ont une forme cylindro-conique et décrivent un arc de cercle à concavité supérieure.

Les *ovaires* sont situés assez loin du bassin, à environ 10 centimètres de la voûte lombaire. Appendus au bord antérieur des ligaments larges par une lame triangulaire qui limite en dedans le cul-de-sac ovarien, leur forme générale rappelle celle des testicules. Leur volume varie habituellement entre celui d'une noix

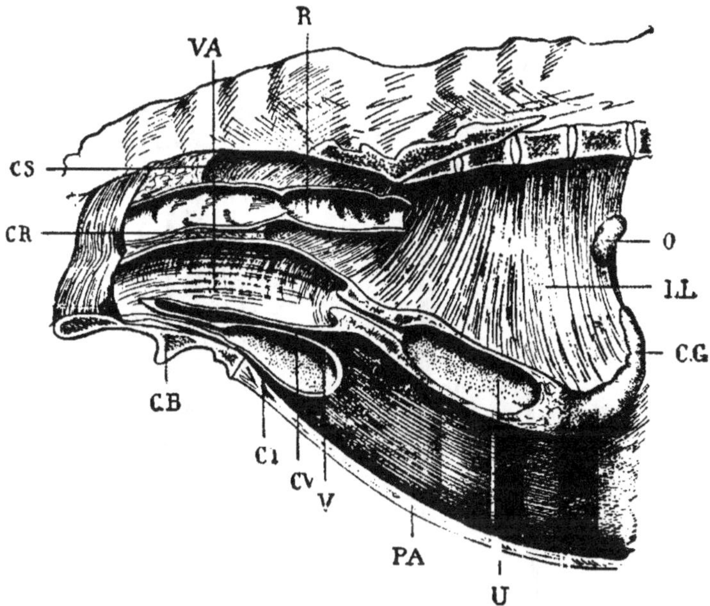


Fig. 160. — Coupe verticale médiane antéro-postérieure des organes génito-urinaires de la jument.

O, ovaire gauche ; CG, corne gauche ; U, utérus ; LL, ligament large ; VA, vagin ; V, vessie ; R, rectum ; CR, cul-de-sac recto-vaginal ; CV, cul-de-sac vésico-vaginal ; CS, cul-de-sac supérieur ; CI, cul-de-sac inférieur ; CB, coupe du bassin ; PA, paroi abdominale.

et celui d'un petit œuf de poule. Réguliers sur leurs faces ou bosselés par des vésicules ovigènes, ils présentent à leur bord inférieur une sorte de hile qui permet de les reconnaître immédiatement par le toucher. En tenant compte de ce caractère et de leur situation, on ne peut les confondre avec d'autres organes.

*Indications.* — Nymphomanie. Méchanceté pouvant relever d'excitations génésiques. Néoplasme de l'ovaire.

*Préparation de l'opérée.* — Demi-diète pendant une semaine.

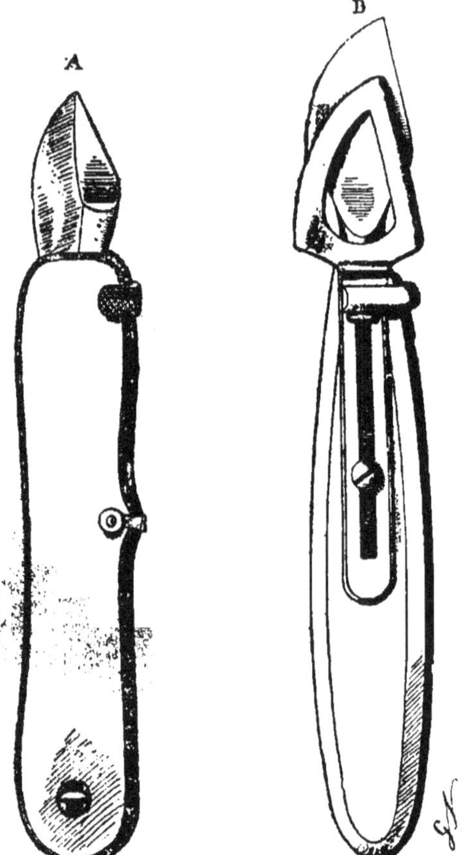


Fig. 161 et 162. — A, bistouri à lame mobile.
B, bistouri à curseur.

Les trois derniers jours, ne donner que du barbotage et enlever la litière.

*Instruments.* — Bistouri à lame cachée et écraseur. Désinfectez par l'immersion dans l'eau bouillante le bistouri et la partie de l'écraseur qui doit être introduite dans l'abdomen.

Assujettissez la bête debout, au travail, les membres postérieurs fixés aux poteaux ou aux anneaux par des plates-longes, la

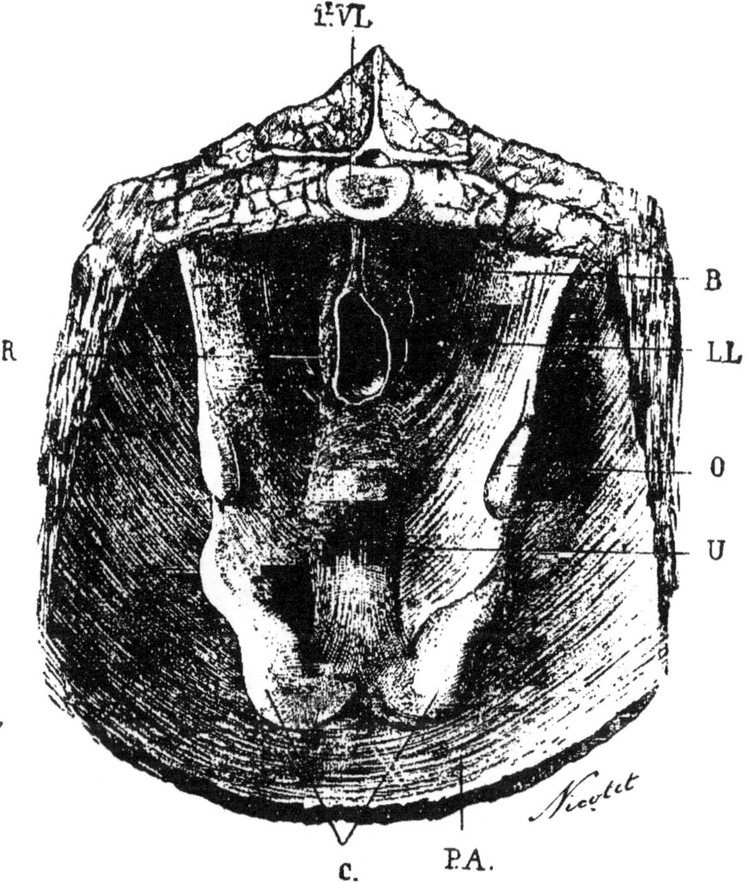


Fig. 163. — Coupe transversale verticale de la région abdominale postérieure, faite en avant de la première vertèbre lombaire, montrant la disposition de l'utérus vu par sa face supérieure et l'insertion des ovaires sur les ligaments larges, chez la jument.

O, ovaire; C, cornes; U, utérus; LL, ligament large; — R, coupe du rectum; B, bassin; PA, paroi abdominale; 1° VL, première vertèbre lombaire.

queue tenue relevée sur la ligne médiane ou garnie d'une platelonge qui passe sur la traverse du travail et soutient le train de derrière.

Si vous avez dû coucher la jument, laissez les membres dans les entravons.

Opérez aseptiquement. Désinfectez la zone génitale et le vagin. Après avoir irrigué celui-ci, essuyez la muqueuse avec une compresse ou un tampon d'ouate aseptiques.

Technique. — *Premier temps : Ponction du vagin et agran-*

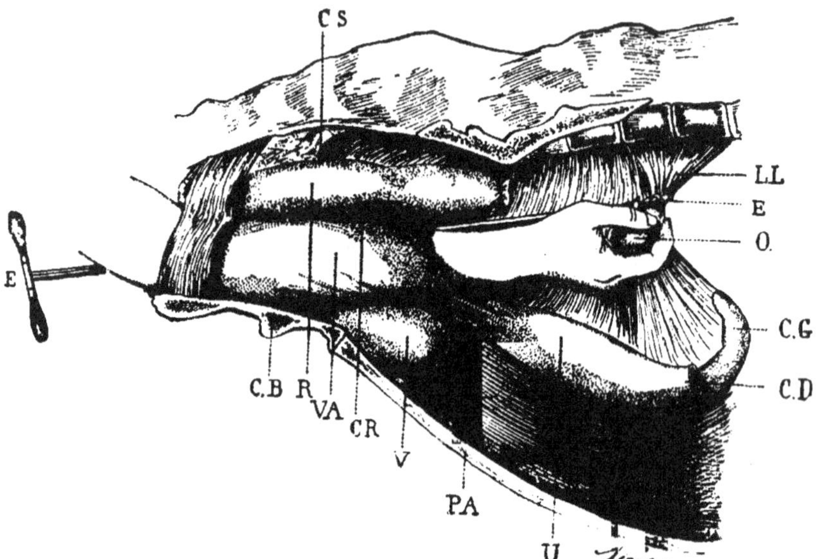


Fig. 164. — Coupe antéro-postérieure de la cavité abdominale et du bassin, faite un peu à droite de la ligne du corps, montrant les organes génitaux de la jument. — Ovariectomie. Deuxième temps : Ablation de l'ovaire gauche. — L'instrument est placé ; la chaîne enserre le ligament ovarien. La glande est tenue de la main droite.

O, ovaire ; U, utérus ; VA, vagin ; CD, corne droite coupée ; CG, corne gauche ; LL, ligament large ; E, écraseur ; — R, rectum ; V, vessie ; CR, cul-de-sac recto-vaginal ; CS, cul-de-sac supérieur ; PA, paroi abdominale ; CB, coupe du bassin.

*dissement de l'ouverture.* — Explorez le vagin et provoquez-en la dilatation. Dès que ses parois se tendent, retirez la main ; armée du bistouri dont la lame est rentrée, portez-la de nouveau au fond du vagin.

A un ou deux travers de doigt au-dessus du col, faites dans la paroi vaginale, sur la ligne médiane, une simple ponction. Pour cela, tenez à pleine main le bistouri dans une direction horizontale ou *très légèrement* oblique en haut; avec le pouce, dégagez la lame dans toute sa longueur; ensuite, portant l'instrument *en avant* par une brusque poussée du bras, ponctionnez le vagin. Rentrez la lame et explorez la plaie : si la perforation est complète, retirez l'instrument; si le péritoine n'est pas traversé, donnez un second coup de bistouri.

Après avoir déposé l'instrument, réintroduisez l'avant-bras dans le vagin et agrandissez la plaie avec les doigts jusqu'à ce qu'elle permette l'entrée de la main dans la cavité péritonéale. Pour arriver à l'ovaire, d'un côté ou de l'autre, suivez le corps de la matrice et la corne correspondante ; à l'extrémité de celle-ci, vous trouverez la glande.

*Deuxième temps : Préhension et ablation de l'ovaire.* — La main ramenée au niveau de la perforation vaginale, engagez le long de l'avant-bras l'écraseur, dont la poignée est tenue par un aide; poussez-le, guidé par la main, jusqu'à l'ovaire. Avec les doigts, ouvrez la chaîne, disposez-la en anse, faites-y pénétrer l'ovaire et saisissez celui-ci en dessous de la chaîne (*fig.* 164). L'aide coupe le pédicule en faisant fonctionner lentement l'écraseur. Retirez ce dernier et sortez la glande avec la main.

Mêmes manœuvres pour l'autre ovaire.

On remettra graduellement l'opérée à son habituel régime alimentaire. Les détersions désinfectantes de la vulve et du vagin — qui ne pourraient d'ailleurs être faites que chez certaines bêtes — sont superflues. L'heure de l'antisepsie utile est passée.

## XIX. — Clitoridectomie.

*Indications.* — Nymphomanie et néoplasmes du clitoris.

D'une exécution très simple et n'entraînant aucun chômage, elle mérite d'être essayée pour les juments nymphomanes avant de recourir à la castration.

*Instruments.* — Bistouris, ciseaux, pince, écarteurs.

*Assujettissement.* — Tord-nez. Entravez les membres postérieurs ou fixez la jument dans le travail.

Technique. — La queue tenue relevée par un aide, deux écarteurs appliqués sur les lèvres de la vulve et tirés par des aides mettent le clitoris à découvert. Deux pinces mordant la commissure inférieure et le repli muqueux sus-clitoridien facilitent les manœuvres.

Saisissez le sommet du clitoris avec une pince ; délimitez-le par deux incisions courbes qui divisent la muqueuse. Avec des ciseaux bien tranchants, agissant par leur pointe, isolez le corps clitoridien jusqu'à sa base, et là, coupez-le d'un coup de bistouri. Au besoin, tarissez l'hémorragie en passant le fer rouge sur les parois de la plaie.

Si l'on dispose d'une large pince-gouge (V. *fig.* 118), l'ablation du clitoris peut être faite d'un coup, après simple écartement des lèvres de la vulve avec les doigts.

La jument peut être attelée immédiatement après l'opération, et celle-ci ne comporte aucun soin consécutif.

## V. — OPÉRATIONS PRATIQUÉES SUR LA QUEUE.

### I. — Amputation.

*Indication.* — On la fait très généralement comme opération de convenance, soit pour diminuer le poids de l'organe et assurer un port de queue plus élégant, soit pour éviter, chez les chevaux d'attelage, les inconvénients d'un appendice trop long. Elle peut être nécessitée par des lésions diverses (néoplasme, botryomycome, fracture, gangrène, carie) ou par une déviation de la queue. On la pratique encore dans les cas de tétanos consécutif à une plaie caudale, pour supprimer le foyer toxi-infectieux, quelquefois aussi en guise de saignée.

*Remarques anatomiques.* — Épaisse et très adhérente en ses parties recouvertes de crins, la *peau* est mince et mobile sur la face inférieure de la base de l'organe. L'*aponévrose coccygienne*, sous-cutanée, forme une gaine spéciale aux différents muscles. Ceux-ci, — les *sacro-coccygiens*, — disposés sur les vertèbres caudales, sont pairs et distingués en *supérieurs*, *latéraux* et *inférieurs*. — Les *ischio-coccygiens* n'existent qu'à la base de l'appendice ;

ils s'attachent sur les côtés des premières vertèbres coccygiennes et se dessinent en relief lorsque la queue est relevée. — Les vertèbres coccygiennes, dont les dimensions diminuent graduellement d'avant en arrière, sont articulées entre elles au moyen de fibro-cartilages biconcaves et réunies par des faisceaux fibreux. — Les trois artères coccygiennes sont situées à la face inférieure

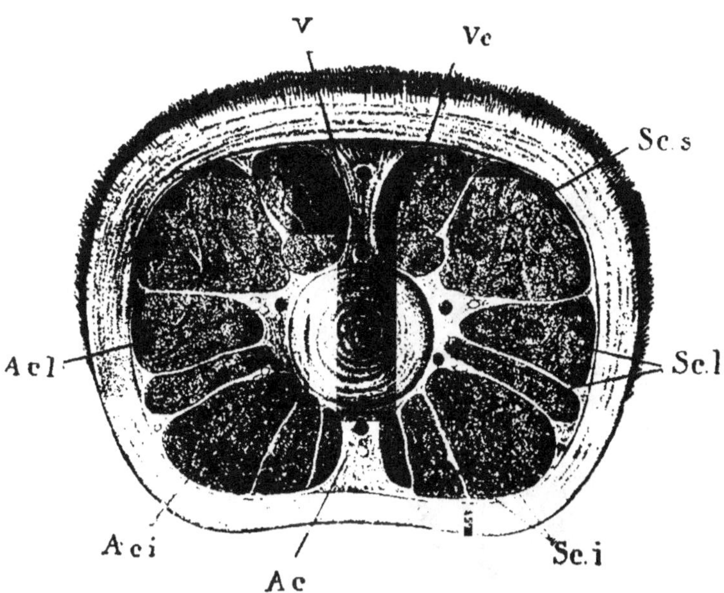


Fig. 165. — Coupe transversale de la queue faite entre les 4e et 5e vertèbres caudales. Segment postérieur.

Vc, cinquième vertèbre coccygienne ; *Sc.i*, *Sc.l*, *Sc.s*, muscles sacro-coccygiens inférieur, latéral et supérieur ; *Ac*, artère et veine coccygiennes médianes ; *Aci*, artère coccygienne latérale inférieure, veine et nerf correspondants ; *Acl*, artère et veine coccygiennes latérales ; V, veine coccygienne supérieure.

de la queue, l'une sur la ligne médiane, les deux autres (*artères coccygiennes latérales*) sous les muscles abaisseurs, avec leur veine satellite et le *nerf coccygien* correspondant. Ce dernier est en général situé un peu moins près de la ligne médiane que l'artère et la veine.

*Instruments.* — Coupe-queue ou rogne-pied bien affilé, billot et maillet, cautère.

*Assujettissement.* — Tord-nez à la lèvre supérieure. Entravez les membres postérieurs ; le lacs passé en sautoir entre les membres antérieurs, sur le garrot et la côte, est croisé, puis tenu par un aide.

Technique. — On sectionne ordinairement la queue à 10-15 centimètres de son extrémité libre. Les crins peignés,

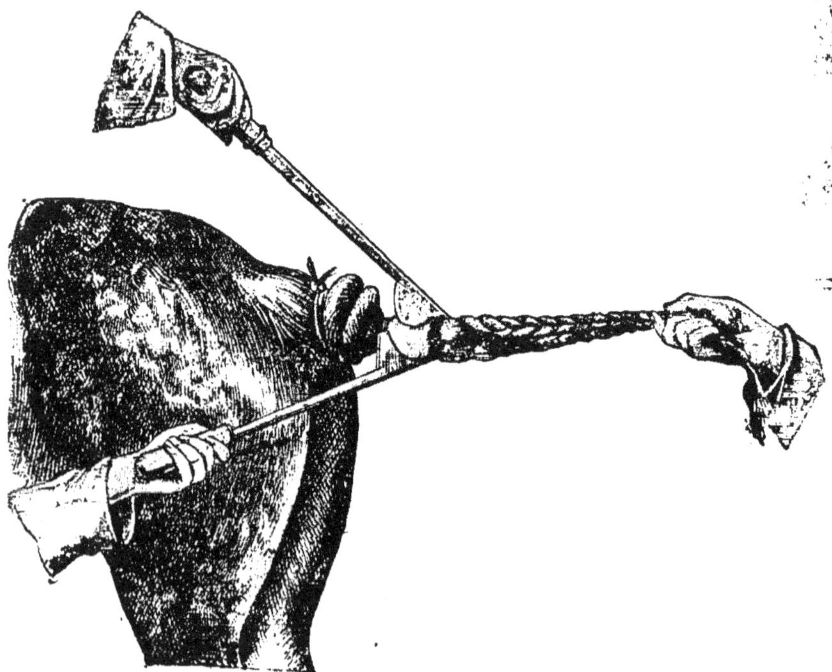

Fig. 166. — Amputation de la queue.

coupez-les circulairement sur une longueur de 5 centimètres, au point où vous voulez faire la section ; réunissez en deux nattes latérales ceux de la partie supérieure et fixez-les sur la base de l'organe ; nattez également ou nouez près de leur extrémité ceux de la partie inférieure.

Placez-vous à gauche du sujet, un peu en arrière du membre postérieur correspondant. Un aide tend la queue horizontale. Si vous vous servez du coupe-queue, tenez la branche femelle de la main gauche et placez-la de manière que la partie tonsurée de l'appendice vienne reposer dans la concavité de l'armature. Coupez celui-ci d'un coup, en rapprochant brusquement et avec force les deux branches de l'instrument.

A défaut de coupe-queue, faites placer sur un billot la partie de la queue où vous voulez faire la section ; appliquez sur l'organe le tranchant d'un rogne-pied ou d'un instrument coupant analogue, et divisez-le d'un coup de maillet.

Le sang s'échappe en jets des artères coccygiennes. Arrêtez

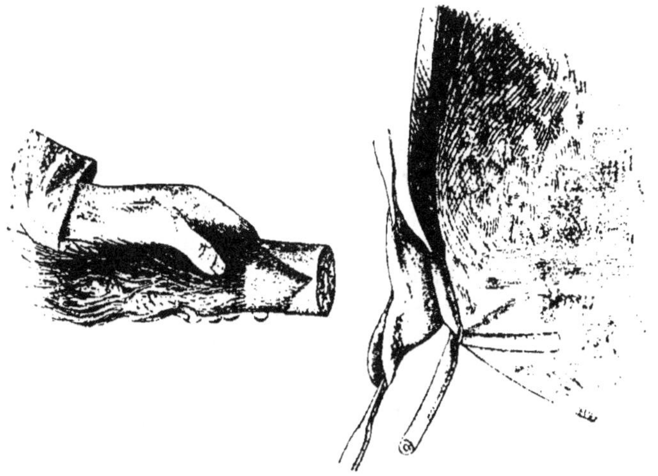

Fig. 167. — Amputation de la queue. Procédé à lambeaux. (Bayer.)

l'hémorragie avec le cautère chauffé au rouge-cerise : Tenez le moignon caudal de la main gauche et appliquez le brûle-queue sur la plaie, faisant correspondre la vertèbre à la bouche du cautère et imprimant à celui-ci quelques mouvements de semi-rotation. Le brûle-queue peut être remplacé par un cautère quelconque.

Dans les cas où l'hémorragie est difficile à arrêter, à la cautérisation excessive on préférera l'application d'une ligature temporaire (bande, lien de caoutchouc) au voisinage de la plaie ou d'un pansement.

L'escarre provoquée par la cautérisation se détache par petites portions et la cicatrisation n'est d'ordinaire complète qu'au bout de cinq à six semaines. La nécrose de la vertèbre caudale sectionnée ou comprise dans la plaie sera traitée par des applications de teinture d'iode ou de liqueur de Villate. Pendant la saison froide, tant que la suppuration persiste, il convient de répéter les injections de sérum antitétanique.

Lorsque l'ablation de la queue doit être pratiquée haut, vers la base même de l'appendice, employez de préférence le procédé à lambeaux. — Après avoir rasé et aseptisé le tégument, appliquez une ligature hémostatique sur la racine de l'appendice. Taillez de dehors en dedans deux lambeaux cutanés semi-elliptiques de longueur convenable, l'un supérieur, l'autre inférieur, et détachez-les des tissus sous-jacents. Très près de leur base, et, au besoin, après avoir prolongé quelque peu les incisions, divisez le tronçon caudal en désarticulant deux vertèbres (*fig.* 167). — Le lien hémostatique enlevé, liez les artères coccygiennes, détergez la plaie, affrontez les lambeaux, réunissez-en les bords par des points séparés, puis faites sur leur base une suture enchevillée qui les rapproche et efface l'espace mort. — Recouvrez le moignon d'un pansement ouaté.

## II. — Opération de la queue à l'anglaise.

*Indications.* — Opération de convenance qui a pour effet, en supprimant l'action des muscles abaisseurs, de modifier le port du tronçon caudal, lequel est porté plus ou moins relevé, ce qui donne au cheval un cachet d'élégance, et à des sujets médiocres une apparence d'énergie. Elle est quelquefois pratiquée pour remédier à la rétraction congénitale ou acquise des muscles abaisseurs.

*Assujettissement.* — Tord-nez et faites tenir la tête élevée. Entravez les membres postérieurs comme pour l'amputation, ou fixez l'opéré dans le travail.

Pour la *myectomie* et la *myotomie*, opérez aseptiquement.

### I. — **Myectomie.**

*Instruments.* — Bistouri convexe et pince. — Objets de pansement.

Technique. — *Premier temps : Incision.* — Faites tenir la queue relevée sur la ligne médiane ou un peu renversée sur la croupe. Placez-vous en arrière du sujet. Sur la face inférieure de la queue se dessinent deux saillies longitudinales formées par les muscles abaisseurs. Avec le bistouri convexe, faites de haut en bas, suivant le grand axe de ces derniers,

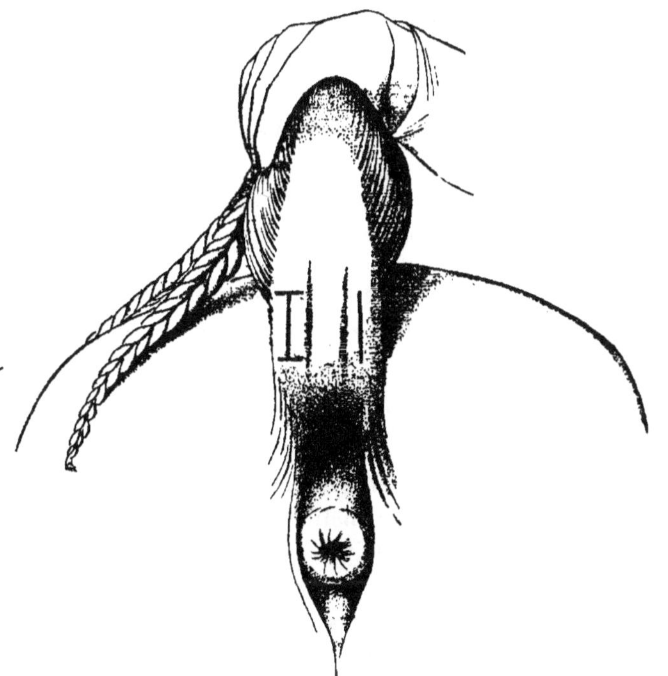

Fig. 168. — Myectomie coccygienne. — Procédé de Vatel et procédé ancien.

une incision de 6 à 8 centimètres, ayant soin de la commencer assez haut pour laisser entre son extrémité inférieure et la base de l'appendice un intervalle de trois travers de doigt. — Vous pouvez aussi faire tout d'abord, au niveau des limites de la portion musculaire à exciser, deux courtes sections transversales que vous réunissez ensuite par une incision longitudinale (*fig.* 168). — La peau et l'aponévrose coccygienne divisées, les deux muscles abaisseurs saillent entre les bords des incisions.

*Deuxième temps : Ablation.* — L'un des muscles saisi avec la pince, détachez en dehors sa couche profonde avec le bistouri convexe, coupez-le ensuite transversalement près de l'angle inférieur de l'incision, désinsérez-le du côté interne, évitant ici de blesser l'artère coccygienne médiane, et achevez l'ablation en le sectionnant à l'angle supérieur de l'incision.

Pratiquez de la même manière l'excision de l'autre muscle.

Appliquez un pansement ouaté peu compressif.

### II. — Myotomie.

Elle consiste à sectionner les muscles abaisseurs à la faveur d'étroites ponctions faites sur l'un des bords de ces muscles. Le lieu d'élection est à deux ou trois travers de doigt de la base de la queue.

Ordinairement, on se sert des ténotomes ou d'un bistouri étroit et d'une lame boutonnée. La queue est tenue relevée comme il a été dit précédemment.

Technique. — *Premier temps : Ponction.* — Pour la section de l'abaisseur droit, avec le ténotome droit, dont la pointe est appliquée sur le côté de la queue, à la limite du relief formé par le muscle, ponctionnez la peau ainsi que l'aponévrose coccygienne et faites pénétrer la lame à plat sous le muscle.

*Deuxième temps : Section du muscle.* — Retirez l'instrument tout en introduisant dans la plaie le ténotome courbe, que vous poussez sous le muscle jusqu'à ce que son extrémité vienne soulever le tégument près de la ligne médiane; tournez-en le tranchant vers le muscle, saisissez le manche à pleine main, appliquez le pouce sur la saillie formée par l'abaisseur, et coupez celui-ci en épargnant la peau.

Pour la section de l'abaisseur gauche, opérez de la main gauche.

Recouvrez simplement les plaies d'une couche de collodion ou appliquez un pansement ouaté.

Avec l'anesthésie locale, l'opération peut être faite sans entraver les membres postérieurs. Après application du tord-nez à la lèvre supérieure, placez-vous un peu en arrière du membre postérieur gauche, en dehors de son champ de mouvement, et, avec une seringue dont l'aiguille est enfoncée près de la ligne médiane, injectez de chaque côté de la queue, d'abord sous la peau, puis sous le muscle abaisseur, 3 à 4 cen-

Fig. 169. — Myotomie coccygienne.

timètres cubes d'une solution de cocaïne à 1 p. 100. Au bout d'un quart d'heure à vingt minutes, vous pouvez, sans provoquer de fortes réactions, couper les muscles abaisseurs avec un bistouri convexe à lame courte, en introduisant celle-ci près de la ligne médiane et en l'engageant sous le muscle.

Que l'on ait fait la myotomie ou la myectomie, la vieille pratique qui consistait à mettre la queue à la poulie afin de la tenir plus ou moins relevée pendant un laps de temps variable, est à peu près abandonnée.

On se borne à relever l'appendice sur la croupe cinq ou six fois de suite, deux fois par jour, pendant une semaine, ou encore à introduire matin et soir dans le rectum un morceau de gingembre pour provoquer des mouvements d'extension de la queue.

On enlève le pansement au bout de vingt-quatre heures, plus tôt s'il exerce une forte compression. Les plaies de la myotomie se cicatrisent par réunion adhésive. Celles de la myectomie sont assez souvent infectées et suppurent; néanmoins, à la condition de les déterger deux fois par jour avec un liquide antiseptique et de les recouvrir d'un pansement ou d'un topique adhésif (vaseline ou glycérine), elles se ferment en 8-15 jours. Les complications sont rares.

## III. — Névrectomie coccygienne.

Elle peut être pratiquée dans les mêmes circonstances que les deux opérations précédentes. On lui préfère généralement celles-ci.

*Instruments.* — Les mêmes que pour les autres névrectomies (V. p. 357).

*Assujettissement.* — Couchez le cheval. Appliquez un lien de caoutchouc sur la base de la queue et faites tenir celle-ci dans l'extension par un aide.

Opérez aseptiquement.

TECHNIQUE. — *Premier temps : Incision.* — De chaque côté de la queue, le nerf coccygien inférieur est assez profondément situé entre le muscle coccygien inférieur et les vertèbres caudales. La région préparée, faites à trois travers de doigt de la base de l'organe et sur le muscle sacro-coccygien inférieur, près de son bord externe, une incision cutanée de 4 à 5 centimètres. Divisez ensuite, sur la même ligne et dans une égale étendue, l'aponévrose coccygienne.

*Deuxième temps : Désinsertion du muscle et isolement du nerf.* — Les lèvres de la peau et de l'aponévrose écartées à l'aide d'érignes plates, saisissez le muscle avec la pince près de son bord externe ; au moyen du bistouri ou de la spatule d'une sonde, détachez-le des vertèbres caudales jusque vers sa partie moyenne, et placez-le dans la gorge de l'érigne inférieure. Le nerf apparaît, recouvert d'une enveloppe conjonctive et accolé à la face profonde du muscle. Incisez cette enveloppe dans le sens de la plaie avec la pointe du bistouri.

*Troisième temps : Résection.* — Pincez le nerf et coupez-le à l'angle antérieur de la plaie. Enlevez-en un bout long de 3 à 4 centimètres.

Réunissez les lèvres de la plaie par deux ou trois points séparés, avec ou sans drainage.

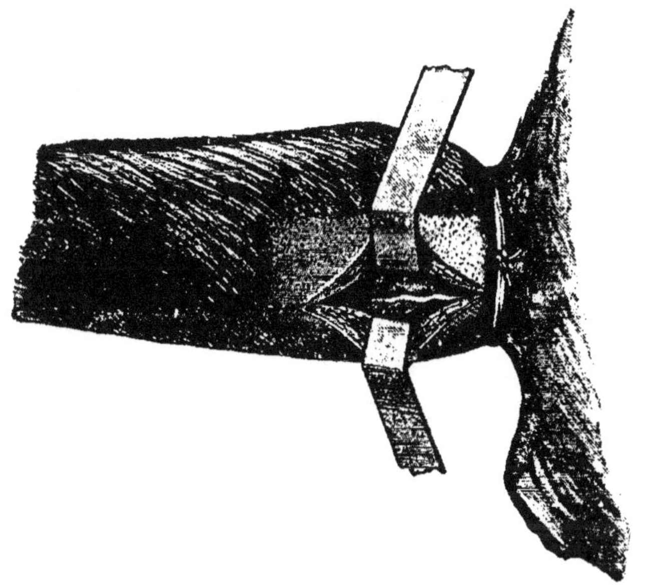

Fig. 170. — Névrectomie coccygienne.

Retournez le cheval et procédez de même pour l'autre nerf. Appliquez un pansement ouaté.

Mêmes soins consécutifs que pour la myectomie.

## VI. — OPÉRATIONS PRATIQUÉES SUR LES MEMBRES.

### I. — Anesthésie des nerfs.

Les injections anesthésiques sont faites principalement sur les nerfs plantaires, plus rarement sur le médian, le sciatique ou le tibial antérieur. Elles permettent de préciser le diagnostic des boiteries et de pratiquer sans douleur nombre d'opérations (V. p. 46). L'anesthésie du nerf cubital ne saurait fournir aucune indication diagnostique.

On opère sur l'animal debout, la région préparée par la section des poils et la désinfection de la peau : savonnage et lavage à l'alcool, — ou par une simple friction suivie du lissage des poils avec une boulette d'ouate imbibée d'alcool.

*Instruments.* — Ciseaux, seringue graduée de 10-20 centimètres cubes. Aiguille bien acérée.

## I. — Anesthésie des nerfs plantaires.

Pour les chevaux irritables, il convient de faire couvrir l'œil du côté où l'on opère et parfois de recourir au tord-nez.

Le lieu d'élection est celui de la névrectomie plantaire au-dessus du boulet : la partie inférieure du canon, au point où l'on perçoit le cordon nerveux à travers la peau.

Technique. — Le pied tenu comme pour la ferrure ou porté

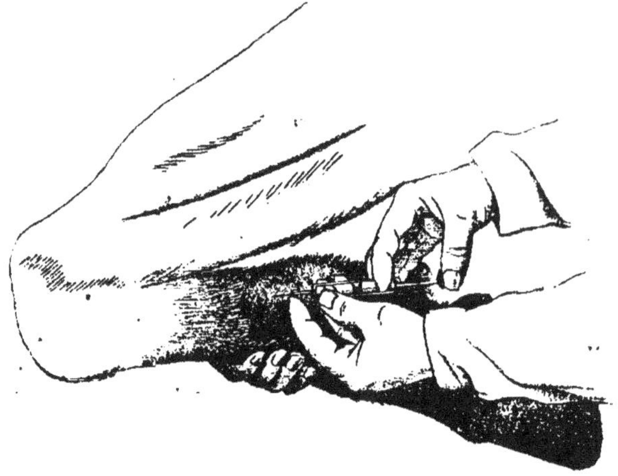

Fig. 171. — Anesthésie des nerfs plantaires.

en avant sur un billot, soulevez la peau au lieu d'élection en y faisant un pli légèrement oblique à l'axe du canon ou dans le sens de la région phalangienne, et implantez l'aiguille à la base de ce pli. Lorsque la peau, épaissie, ne peut être plissée, enfoncez lentement, suivant la direction du nerf, l'aiguille tenue très inclinée sur la région. Cette seconde manière expose davantage à une petite hémorragie qui peut obliger à différer l'injection. L'aiguille enfoncée au degré voulu, si aucun vaisseau n'a été atteint, adaptez la seringue sur la canule, celle-ci tenue de la main gauche, et poussez sous la peau la quantité de liquide qui doit être injectée. L'aiguille retirée, appliquez la pulpe de l'index sur le point d'injection et étalez le liquide dans l'hypoderme.

Même manuel pour l'autre nerf.

Recouvrez les piqûres d'une couche de collodion. Il y a rarement lieu d'appliquer un pansement.

Les jours suivants, il survient parfois au point d'injection et sur les faces latérales du boulet une légère tuméfaction œdémateuse dont on active la résolution par les bains chauds et le massage.

### II. — Anesthésie du nerf médian.

Faites tenir le cheval en main et couvrir l'œil du côté où vous opérez. Si le sujet est irritable ou méchant, appliquez un tord-nez.

Même lieu d'élection que pour la névrectomie du médian.

Technique. — Si vous injectez le médian droit, placez-vous contre le membre correspondant, les genoux légèrement fléchis, la tête au niveau de l'angle scapulo-huméral. La main gauche passée en arrière du membre, le pouce appliqué sur la partie postérieure du coude, les autres doigts effaçant les plis cutanés de l'ars en tirant la peau en bas et un peu en arrière, avec les doigts de la main libre vous percevrez facilement le cordon vasculo-nerveux. La veine de l'ars, plus saillante que sur l'animal couché, est située à 2-3 centimètres en avant du nerf.

Au lieu d'élection, un peu en arrière du relief formé par la veine, enfoncez l'aiguille obliquement en haut et un peu en arrière, jusque dans le tissu conjonctif sous-aponévrotique, c'est-à-dire à une profondeur de 1-2 centimètres. Procédez avec précaution afin d'éviter la piqûre du nerf ou de la veine radiale. Si l'aiguille pénètre dans celle-ci, du sang s'écoule par la canule : il suffit de la retirer légèrement sans la sortir de l'aponévrose. L'injection ne doit provoquer aucune tuméfac-

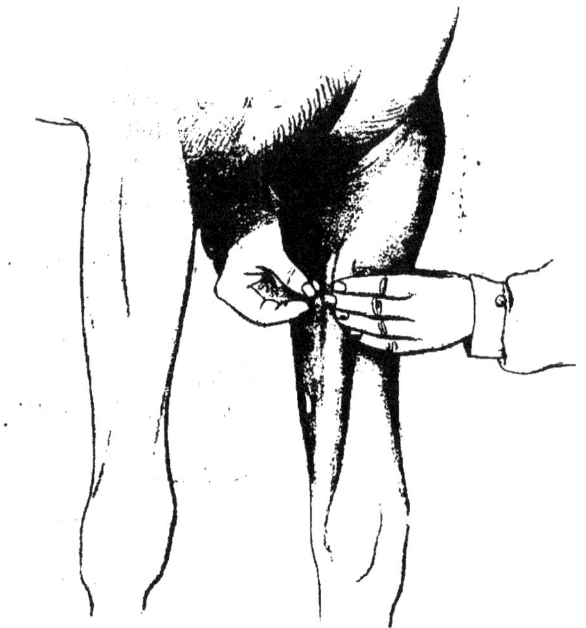

Fig. 172. — Anesthésie du médian.

tion, le liquide s'étalant sous cette aponévrose. L'aiguille enlevée, appliquez une couche de collodion sur la piqûre.

Pour le membre gauche, les manœuvres sont les mêmes, en intervertissant le rôle des mains.

### III. — Anesthésie du nerf sciatique.

Faite sur l'animal debout, cette opération n'est pas sans danger pour le praticien. Le cheval doit être étroitement assujetti : — tord-nez; membre antérieur levé et contention à la plate-longe du membre opéré ou application des entravons aux deux pieds de derrière.

Même lieu d'élection que pour la névrectomie. Lorsque l'aponévrose jambière est relâchée, le tendon d'Achille et le fléchisseur des phalanges limitent une gouttière bien accusée dont la partie antérieure correspond au nerf.

Technique. — Placez-vous près du membre sur lequel vous

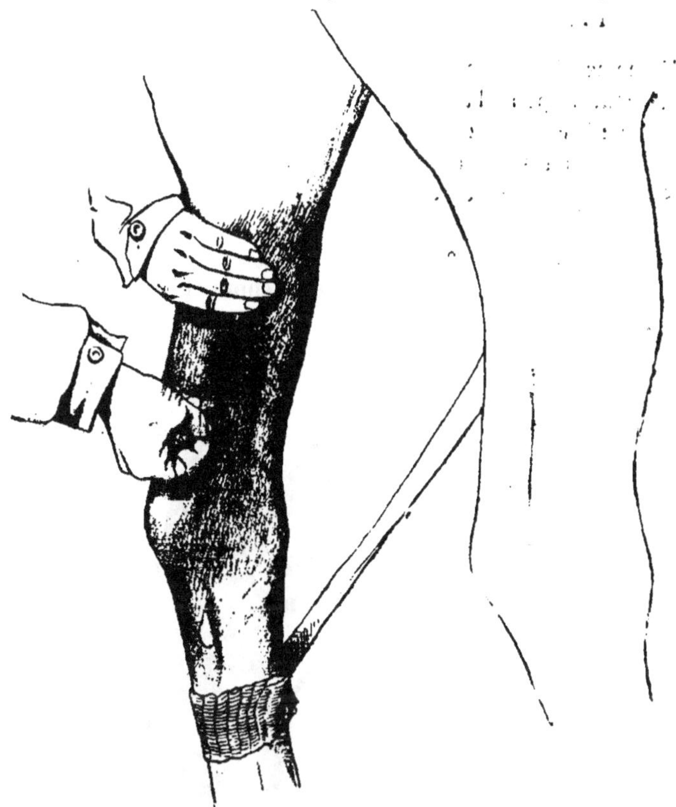

Fig. 173 - Anesthésie du sciatique.

devez opérer, le dos tourné vers la tête de l'animal, la main gauche appliquée — en prenant les précautions requises — sur le tendon d'Achille. L'aiguille tenue de la main droite, implantez-la en la dirigeant en haut et un peu en avant si vous injectez le sciatique gauche, en bas et en arrière s'il s'agit du nerf droit. Poussez-la sous l'aponévrose jambière, dans la couche conjonctive qui entoure le nerf, soit à une profondeur de 1 à 2 centimètres. Il y a peu de danger d'hémorragie.

Faites l'injection et terminez ainsi qu'il a été dit pour le nerf médian.

### IV. — Anesthésie du nerf tibial antérieur.

Même assujettissement que pour l'opération précédente, ou faites tenir comme pour la ferrure le membre sur lequel vous opérez.

Le nerf est assez profondément situé. On l'atteint le plus facilement au niveau de la légère dépression limitée par les tendons des muscles extenseurs antérieur et latéral des phalanges.

TECHNIQUE. — Placez-vous en dehors et un peu en avant du membre. Tenez l'aiguille de la main droite si vous injectez le nerf tibial droit, de la main gauche si vous anesthésiez l'autre, la main libre prenant appui sur la partie supérieure de la cuisse. Dans la dépression susmentionnée, vers la limite du tiers moyen et du tiers inférieur de la jambe, implantez l'aiguille un peu obliquement en haut : faites-la pénétrer sous

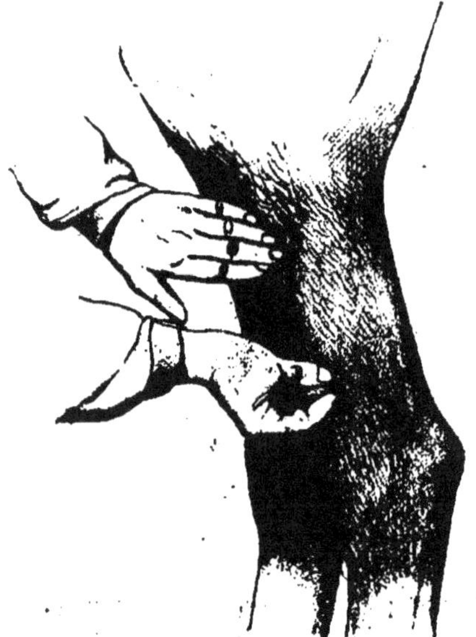

Fig. 174. — Anesthésie du tibial.

l'aponévrose jambière entre les deux muscles susmentionnés ; poussez-la à une profondeur d'au moins 2 centimètres et injectez le liquide.

L'aiguille sortie, recouvrez la piqûre d'une couche de collodion.

On peut aussi faire l'injection à la partie supérieure de la jambe, là où le nerf est recouvert seulement par la peau et le fascia aponévrotique sous-cutané. Au niveau de la tubérosité du péroné, l'aiguille, tenue dans une direction très oblique, est poussée jusqu'à la couche tendino-osseuse. La blessure du nerf en ce point peut entraîner une paralysie passagère des extenseurs du doigt.

## II. — Ténotomies et aponévrotomies.

*Règles générales.* — Faites ces opérations sur l'animal couché. Placez le membre dans l'attitude la plus favorable pour la section rapide du tendon ou de l'aponévrose à couper. Si vous devez le porter dans l'extension, servez-vous de plates-longes. Sauf pour la section de la branche cunéenne, employez le procédé sous-cutané.

Les *ténotomies*, les *aponévrotomies* et les *desmotomies* doivent être pratiquées aseptiquement.

### I. — Ténotomie sus-carpienne.

*Indication.* — Elle est faite pour remédier à l'arqûre par rétraction des muscles fléchisseurs du métacarpe, plus spécialement du fléchisseur oblique. — Ordinairement il suffit de couper ce dernier (ténotomie simple); quelquefois il est nécessaire de sectionner également le tendon du fléchisseur externe (ténotomie double).

*Remarques anatomiques.* — Les *tendons des muscles fléchisseurs externe et oblique du métacarpe* se confondent à leur insertion sur l'os sus-carpien. A quelques centimètres au-dessus de cet os, au point où l'on doit les sectionner, ils ne sont séparés de la peau que par une couche conjonctive et l'aponévrose antibrachiale. L'*artère cubitale* et le *nerf cubito-cutané* sont situés dans l'interstice des deux tendons.

*Instruments.* — Ciseaux, rasoir et ténotomes. — Objets de pansement.

*Assujettissement.* — Couchez le cheval sur le côté opposé à celui où vous devez opérer. Appliquez un tord-nez à la lèvre supérieure. Tendez le membre au moyen de deux plates-longes : l'une, placée à la partie supérieure de l'avant-bras, est tirée en arrière ; l'autre, serrée sur le sabot, est tirée en avant.

TECHNIQUE. — 1° SECTION DU TENDON DU FLÉCHISSEUR OBLIQUE. — Placez-vous, un genou en terre, en avant du membre, au niveau de l'avant-bras. Le tendon est bien apparent vers son extrémité inférieure, un peu au-dessus du genou. — La région préparée, avec le ténotome droit faites au niveau du bord antérieur du tendon, à 4-5 centimètres de l'os sus-carpien, une étroite ponction portant sur la peau et l'aponévrose sous-jacente. Par cette plaie, engagez à plat, sous le tendon, le ténotome courbe dont l'extrémité boutonnée sera poussée jusqu'au niveau du bord postérieur de la corde. Faites exécuter à l'instrument un quart de tour sur son axe, de manière à en porter le tranchant contre la face profonde du tendon ; saisissez-le à pleine main, prenez avec le pouce un point d'appui et faites tirer sur les longes. Par un double mouvement de bascule et de scie, coupez le tendon et l'aponévrose antibrachiale, en respectant la peau.

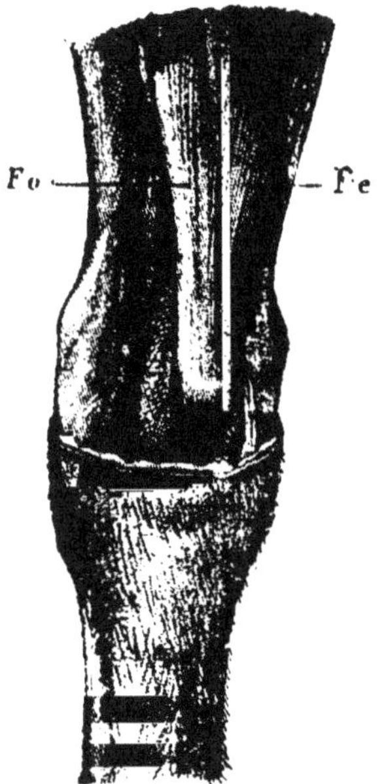

Fig. 175. — Partie inférieure de l'avant-bras, genou et partie supérieure du métacarpe (face postérieure).

*Fo*, fléchisseur oblique du métacarpe ; *Fe*, fléchisseur externe.

2° SECTION DU TENDON DU FLÉCHISSEUR EXTERNE. — A 4-5 centimètres au-dessus de l'os sus-carpien, immédiatement en avant du tendon, faites à la peau et à l'aponévrose sous-jacente, avec le ténotome droit, une simple ponction. A la faveur de celle-ci, engagez le ténotome courbe à plat, sous le tendon ; faites tirer sur les plates-longes, coupez ensuite le tendon ainsi que l'aponévrose, en procédant comme pour la section du fléchisseur oblique.

### APONÉVROTOMIE DU CORACO-RADIAL.

Dans les cas où les ténotomies précédentes n'ont pas donné le résultat poursuivi, on peut faire la *section de la bride du coraco-radial*, dans le pli de l'ars.

L'*assujettissement* et les *instruments* nécessaires sont les mêmes que pour l'opération précédente. Une plate-longe est fixée au-dessus du genou et tirée en arrière.

Technique. — Placez-vous en avant des membres antérieurs, au niveau du bras. Dans la dépression de l'ars, au point où le relief de la bride est le plus accusé et sur son bord antérieur, plissez la peau dans le sens de l'axe du membre ; à la base du pli, faites une étroite incision cutanée avec le ténotome droit, en évitant de blesser la veine de l'ars.

Engagez ensuite le ténotome courbe à plat entre la veine et la bride, dans une direction perpendiculaire au bord antérieur de cette dernière; tournez contre elle le tranchant et coupez-la par un léger mouvement de scie, en portant l'instrument en arrière et un peu en dehors.

La section de quelques veinules donne généralement lieu à une hémorragie pouvant nécessiter l'application d'un point de suture entortillée, que l'on enlève au bout de trois ou quatre jours.

## II. — Ténotomie plantaire.

*Indication.* — Bouleture au deuxième ou au troisième degré produite par la rétraction des tendons fléchisseurs des phalanges ou de l'un d'eux. On s'attachera à préciser le diagnostic anatomique, certaines déviations du rayon digital étant dues surtout à des lésions du perforé ou du ligament suspenseur du boulet.

*Remarques anatomiques.* — Accolés l'un à l'autre dans toute la hauteur du canon, les tendons perforé et perforant, bien distincts à l'état normal, sont souvent confondus, gonflés ou entourés d'une néoformation fibreuse dans le cas de nerf-férure. Vers la partie moyenne de la région, le *perforant* est renforcé par une forte bride fibreuse — la *bride carpienne* ou *tarsienne*.

Séparés de la peau par une lame aponévrotique et la couche conjonctive sous-cutanée, les tendons, dans le membre antérieur, sont en rapport : en avant, avec le *ligament suspenseur du boulet* ; en dedans et d'arrière en avant, avec le *nerf plantaire interne*, l'*artère collatérale du canon* et la *veine métacarpienne interne* ; en dehors, avec le *nerf plantaire externe* et une petite branche artérielle. — La *gaine carpienne*, vaginale pour le perforant, simple pour le perforé, occupe plus du tiers supérieur de la région; son cul-de-sac inférieur descend parfois très près de la partie moyenne des tendons. La *gaine grande sésamoïdienne*, disposée comme la précédente pour les deux tendons, remonte jusqu'au niveau de la partie terminale des métacarpiens latéraux.

Aux membres postérieurs, l'*artère collatérale du canon* est située, dans les deux tiers supérieurs de son trajet, sur la face antéro-externe du métatarse, immédiatement en avant du métatarsien rudimentaire externe, et la *gaine tarsienne* ne descend pas au-dessous du tiers supérieur des tendons.

Que l'on pratique la section du perforant, celle du perforé ou la ténotomie double, le lieu d'élection aux membres antérieurs est à 1-2 centimètres au-dessous de la partie moyenne du canon; pour les membres postérieurs, il est exactement au milieu de cette région.

Au pied du membre à opérer, on appliquera un fer spécial : — pour la ténotomie simple, un fer à pince prolongée, qui surchargera les tendons et accentuera l'écartement des bouts de la corde coupée; — pour la ténotomie double, un fer à éponges prolongées, ou l'un des ferrements préconisés pour prévenir l'affaissement du boulet.

*Instruments.* — Ciseaux, rasoir et ténotomes. — Objets de pansement.

*Assujettissement.* — Couchez l'animal sur le côté opposé au membre affecté. Laissez celui-ci dans l'entravon; fixez-y deux plates-longes, l'une à la partie inférieure de l'avant-bras ou de la jambe, l'autre sur le sabot; la première sera tirée en arrière, la seconde en avant.

Technique. — 1° Section du perforant. — *Premier temps : Ponction.* — Placez-vous, un genou à terre, en avant des membres antérieurs et au niveau de l'avant-bras, ou en arrière des membres postérieurs, au niveau du jarret. La région préparée, implantez entre les deux tendons, ou, s'ils sont altérés et confondus, au tiers postérieur de la masse indurée qu'ils constituent, la lame du ténotome droit, en évitant de perforer la peau du côté opposé.

*Deuxième temps : Section.* — Retirez le ténotome droit en glissant sur sa lame celle du ténotome courbe, qui se trouve ainsi engagée. Faites exécuter à l'instrument un quart de cercle sur son axe pour en tourner le tranchant contre le perforant ; saisissez-le ensuite à pleine main ; prenez avec le pouce un point d'appui sur l'os du canon ; faites tirer sur les plates-longes, et coupez le tendon d'arrière en avant par un double mouvement de bascule et de scie. Un léger bruit et l'écartement des bouts indiquent que la section est complète.

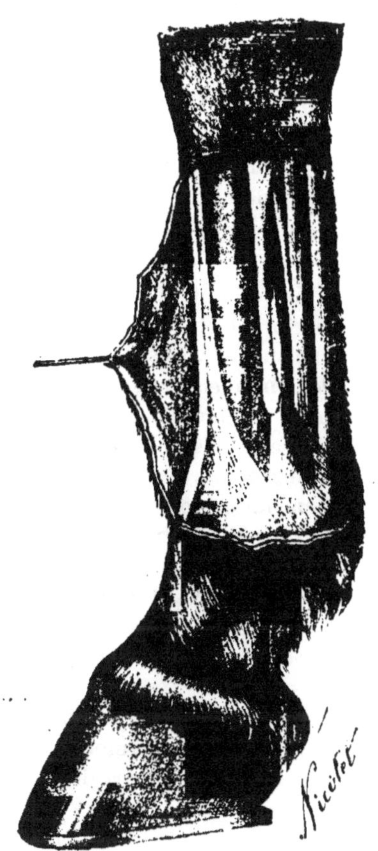

Fig. 176. — Région métacarpienne.
Ligament suspenseur du boulet, bride carpienne, perforant et perforé.

2° Section du perforé. — Au même point que pour la section du perforant, faites à la peau une étroite ponction. Introduisez le ténotome courbe à plat en arrière du tendon, dans le tissu conjonctif sous-cutané; dirigez le tranchant contre le tendon et coupez-le d'arrière en avant.

Si vous faites la ténotomie double, coupez d'abord le perforant, ensuite le perforé, en procédant comme il vient d'être dit.

Essuyez la région avec un tampon d'ouate, fermez la plaie au collodion et appliquez sur le canon un pansement peu compressif.

On ne fait plus guère que la *ténotomie plantaire simple* — du perforant ou du perforé, — opération dont les suites sont habituellement très simples. Au bout de vingt-quatre heures, on lève le pansement, et souvent on ne le renouvelle pas. Un caillot sanguin comble d'abord l'intervalle qui sépare les extrémités tendineuses, mais celles-ci sont bientôt réunies par une pièce de tissu embryonnaire. La tuméfaction locale, chaude et douloureuse pendant quelque temps, diminue ensuite peu à peu en s'indurant; parfois elle persiste volumineuse et peut nécessiter l'application du feu. Vers la fin du deuxième mois, le tissu néoformé est d'ordinaire assez résistant pour permettre la reprise du travail.

Si l'on devait pratiquer la ténotomie double, on prendrait les précautions nécessaires pour prévenir l'affaissement du boulet.

Dans nombre de cas, il est avantageux d'adjoindre à la ténotomie simple la névrotomie du médian, qui supprime ou atténue la sensibilité dans les régions endolories.

### III. — Ténotomie cunéenne.

*Indication.* — On la fait pour remédier à la boiterie de l'éparvin, lorsque la tumeur d'ankylose est ancienne ou volumineuse. En général, on lui associe la cautérisation.

*Remarques anatomiques.* — Le *tendon cunéen de la portion charnue du fléchisseur du métatarse*, disposé transversalement sur la face interne de la base du jarret, glisse sur le ligament interne de cette jointure à la faveur d'une capsule synoviale, pour aller s'insérer sur le second cunéiforme. Il n'est séparé du tégument que par une couche conjonctive et le mince fascia qui prolonge l'aponévrose jambière. On le perçoit facilement en explorant la région avec la pulpe des doigts.

*Instruments.* — Ciseaux courbes ou rasoir, bistouri, pince et aiguille à suture, ou ténotome à tranchant convexe.

*Assujettissement.* — Couchez le cheval sur le côté du membre où vous opérez. Fixez le membre postérieur superficiel sur l'antérieur correspondant, au-dessus ou au-dessous du genou.

Technique. — La région préparée, faites à la peau, vers le milieu de la face interne du jarret, une incision de 3 centimètres, perpendiculaire au tendon ; divisez ensuite la couche conjonctive sous-cutanée. Introduisez l'extrémité des ciseaux (à plat, face concave en dehors) sous le tendon, qui se trouve ainsi chargé, et coupez-le avec le bistouri.

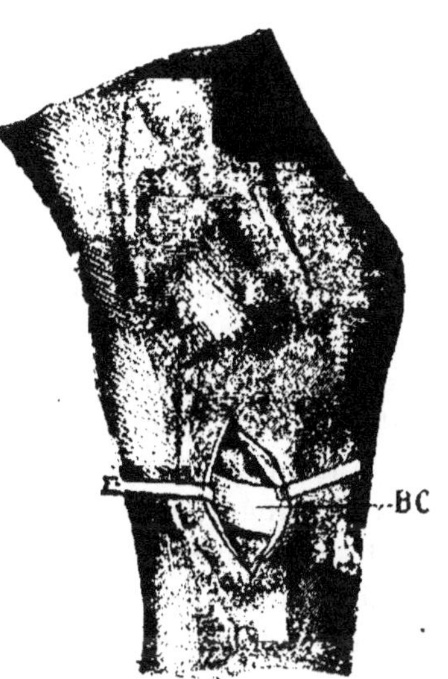

Fig. 177. — Face interne du jarret.
BC, branche cunéenne.

Laissez la plaie à découvert, ou réunissez-en les bords par deux points de suture après avoir placé une lanière de gaze en sa partie inférieure.

Vous pouvez aussi faire à la peau, au lieu d'élection et le long du bord inférieur du tendon, une courte incision transversale ; ensuite, à la faveur de celle-ci, engager à plat, entre la peau et le tendon, la lame d'un ténotome à tranchant convexe, tourner celui-ci contre le tendon et le couper de dehors en dedans.

### IV. — Ténotomie de l'extenseur latéral des phalanges.

*Indication.* — On la pratique dans les cas de *harper* pour supprimer l'une des actions musculaires qui concourent à la flexion du jarret. Elle n'expose à aucun accident, et le cheval peut travailler immédiatement après l'opération.

*Instruments.* — Ciseaux ou rasoir et ténotomes.

*Assujettissement.* — Couchez l'animal sur le côté opposé au membre où vous devez opérer. Laissez ce dernier dans l'entravon.

*Remarques anatomiques.* — Situé sur la partie externe de la face antérieure du jarret, le *tendon de l'extenseur latéral des phalanges* traverse là une gaine allongée qui en facilite le glissement ; il s'infléchit en avant et en dedans, pour se joindre, sur le milieu du canon, au *tendon de l'extenseur antérieur*. Sorti de sa gaine, il n'est séparé du tégument que par une couche de tissu conjonctif et le fascia terminal de l'aponévrose jambière. — Dans la moitié supérieure du métatarse, on perçoit nettement les deux cordes à travers la peau.

Technique. — Faites l'opération à quelques centimètres de la jonction des tendons, à environ trois travers de doigt de la partie moyenne du canon. Avec le ténotome droit, ponctionnez la peau au niveau du bord postérieur du tendon de l'extenseur latéral et engagez sa lame, à plat, sous la corde. Introduisez le ténotome courbe dans le trajet creusé, dirigez-en le tranchant contre le tendon et coupez celui-ci. La flexion des phalanges, provoquée par la traction, en arrière, d'une plate-longe fixée sur le sabot, facilite la section.

Si l'épaisseur de la peau ou l'induration du tissu conjonctif empêche de percevoir le tendon, il convient de découvrir ce dernier par une petite incision.

Pas de pansement. Aucun soin consécutif. — Il faut être averti que le résultat de l'intervention ne se manifeste souvent qu'au bout de plusieurs semaines.

### APONÉVROTOMIE DU FASCIA LATA.

Pour les cas de *harper* très accusé ou ancien, en même temps que la précédente ténotomie, ou ultérieurement, lorsqu'elle n'a pas donné de résultat, on peut faire la *section de l'aponévrose du fascia lata*.

L'assujettissement est le même que pour cette ténotomie. La lame du ténotome courbe étant trop courte, on se servira d'un bistouri boutonné (herniotome) ou de l'aponévrotome de Hertwig.

Technique. — Placez-vous en arrière de l'opéré, à la hauteur du grasset. A un travers de main au-dessus de la rotule, sur une ligne parallèle au fémur et partant de la tubérosité externe de cet os, faites avec le ténotome droit ou le bistouri une brève incision intéressant la peau et l'aponévrose sous-jacente. Engagez à plat sous celle-ci la lame du bistouri boutonné, poussez-la en avant et en haut, dans une direction perpendiculaire au fémur, jusqu'à ce qu'elle ait dépassé le bord antérieur de la cuisse, point où l'aponévrose n'est plus constituée que par un mince fascia cellulo-fibreux. Tournez le tranchant du bistouri en dehors, vers l'aponévrose et la peau ; tout en le retirant, manœuvrez de manière à diviser la première sans entamer la seconde.

Si l'on dispose de l'aponévrotome de Hertwig, l'instrument est engagé à plat, dans la direction et jusqu'au point susdits, où on lui fait traverser le fascia cellulo-aponévrotique. On le redresse alors en lui imprimant un mouvement d'un quart de tour sur son axe, ce qui permet, en le retirant, d'accrocher l'aponévrose et de la sectionner d'avant en arrière, sans danger de couper la peau.

## III. — Desmotomies.

### I. — Desmotomie rotulienne.

*Indication.* — Accrochement de la rotule sur l'entablement de la trochlée fémorale. L'opération donne la guérison immédiate et définitive.

*Remarques anatomiques.* — Le *ligament tibio-rotulien interne* n'est séparé de la peau que par la couche conjonctive sous-cutanée et par la forte aponévrose qui associe les trois ligaments rotuliens. Un épais coussinet adipeux est interposé entre ce ligament et la synoviale fémoro-rotulienne.

*Instruments.* — Ciseaux ou rasoir, ténotomes.

*Assujettissement.* — On pourrait opérer debout les sujets peu irritables, mais il est toujours préférable de coucher le patient. — Si la pseudo-luxation est irréductible, couchez-le sur le côté opposé à celle-ci, ensuite retournez-le.

Découvrez la face interne du grasset en portant en avant le

membre postérieur superficiel, comme pour la castration, ou en l'entravant sur l'antérieur correspondant, au-dessus du genou, et en faisant tirer l'autre en arrière au moyen d'une plate-longe fixée sur le canon.

Technique. — Placez-vous en arrière du membre, au niveau

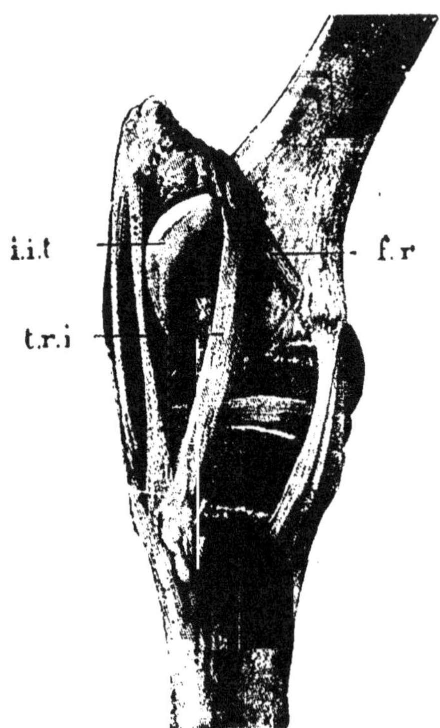


Fig. 178. — Articulation fémoro-tibio-rotulienne.

*l.i.t*, lèvre interne de la trochlée fémorale; *t.r.i*, ligament tibio-rotulien interne; *f.r*, ligament fémoro-rotulien.

du grasset. Immédiatement en arrière du ligament tibio-rotulien interne, à environ 1 centimètre au-dessus de l'extrémité du tibia, implantez le ténotome droit tenu dans une direction oblique en avant et en bas; faites pénétrer sa lame sous le ligament en évitant de blesser la synoviale. Cet instrument retiré, après avoir engagé le ténotome courbe à plat, dirigez le tranchant contre le ligament, et sectionnez-le par un mouvement de bascule et de scie. — Étanchez le peu de sang qui s'écoule et occluez la plaie avec du collodion. — Le coussinet adipeux situé sous les ligaments tibio-rotuliens met la synoviale à l'abri de l'instrument si l'on coupe le ligament très peu au-dessus de l'extrémité supérieure du tibia, là où le tissu graisseux est abondant.

On peut aussi, au lieu d'élection et près du bord postérieur du ligament, faire une incision à la peau et à

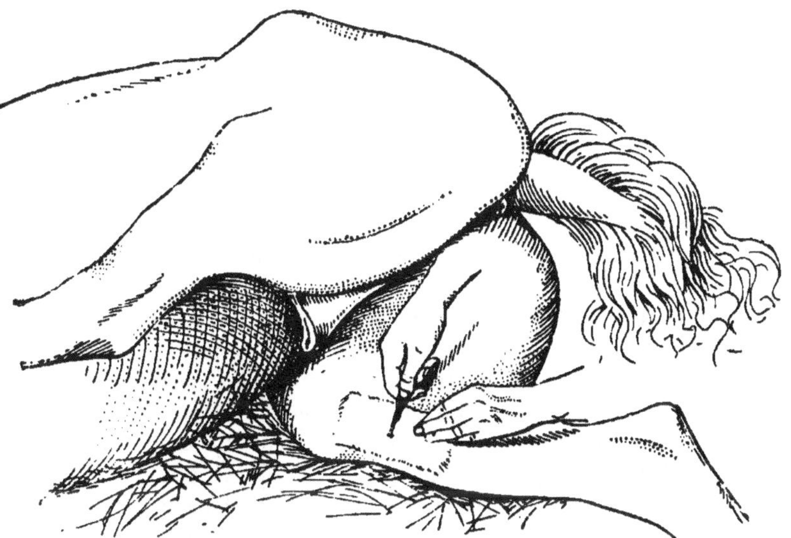

Fig. 179. — Section du ligament tibio-rotulien interne. (Bassi).

l'aponévrose, puis engager le ténotome courbe sous le ligament et le couper.

Généralement la plaie se cicatrise en quelques jours. Si elle suppure, il n'y a qu'à la débrider en bas et à la déterger avec une solution antiseptique.

## II. — Desmotomie du suspenseur du boulet.

*Indications.* — La *desmotomie du suspenseur du boulet* — de l'organe de Ruini — peut être pratiquée dans les cas où la bouleture est due surtout à la rétraction de cet organe, ou lorsque la ténotomie n'a donné qu'un résultat insuffisant.

*Instruments.* — Ciseaux, ténotome droit ou bistouri à lame étroite, ténotome boutonné à tranchant droit ou légèrement convexe.

*Assujettissement.* — Comme pour la ténotomie des fléchisseurs des phalanges. Le lieu d'élection est celui de la ténotomie ou un peu au-dessus du bouton terminal du métacarpien rudimentaire.

Technique. — La région préparée, implantez le ténotome droit ou le bistouri entre le perforant et le ligament suspenseur, la lame disposée comme il a été dit à propos de la ténotomie. Le ténotome courbe engagé dans la plaie, tournez-en le tranchant contre le ligament suspenseur et sectionnez-le d'arrière en avant, en procédant comme pour la division des tendons. — Versez sur la plaie quelques gouttes de collodion et appliquez un pansement.

La section de l'une des brides de prolongement du suspenseur du boulet sur la face antéro-latérale de la première phalange est encore quelquefois faite sur les chevaux *panards* ou *cagneux*, dans le but d'atténuer ces vices d'aplomb. Pour les premiers, on coupe la bride externe; pour les autres, la bride interne. Ces prolongements du ligament suspenseur, qui partent des faces latérales du boulet, se dirigent en bas et en avant, croisant l'axe de la première phalange, et s'unissent, de chaque côté, au tendon de l'extenseur antérieur, près de la première articulation interphalangienne. Ils ne sont séparés de la peau que par un mince fascia aponévrotique et l'hypoderme.

Vers le milieu de la première phalange, l'*artère perpendiculaire* se détache de la digitale et se porte vers la face antérieure du paturon, où elle se ramifie.

*Instruments.* — Ciseaux et ténotomes.

*Contention.* — Couchez le cheval sur le membre à opérer si vous voulez sectionner la bride interne; — du côté opposé si l'opération doit porter sur l'externe. Fixez le membre comme pour la névrotomie plantaire.

Technique. — Le lieu d'élection est à la limite des faces antérieure et latérale du paturon, à environ 5 centimètres au-dessous de l'articulation du boulet, assez haut pour épargner l'artère perpendiculaire. La région préparée, avec le ténotome droit faites sur le bord inférieur de la bride une petite incision portant sur la peau et l'aponévrose. Engagez le ténotome courbe à plat entre l'os et la bride, dirigez-en le tranchant contre celle-ci et sectionnez-la en évitant de couper la peau.

Traitez la plaie comme celles des ténotomies.

## IV. — Névrectomies.

Les névrectomies exposant à des accidents trophiques et à des complications aiguës très graves (gangrène des tissus du pied), on n'y doit recourir qu'après avoir mis en œuvre tous les autres moyens.

*Règles générales.* — On pratique les diverses névrectomies sur l'animal assujetti en position décubitale. Si l'opération est bilatérale, on fera d'abord la névrotomie interne.

On prendra les mesures que comporte l'asepsie.

*Instruments.* — Ciseaux, bistouris, pinces ordinaire et hémostatiques, écarteurs ou érignes plates, sonde cannelée, aiguille. — Fils de chanvre ou de soie et objets de pansement.

### I. — Névrectomie du médian.

*Indications.* — Boiteries dues à des lésions chroniques des tendons fléchisseurs des phalanges ou de leurs brides, du genou ou de l'une des régions sous-carpiennes.

*Remarques anatomiques.* — Au niveau du coude et de la partie supérieure de l'avant-bras, le nerf médian, bien que peu profond, est recouvert par plusieurs couches de tissus. Sous la peau, on trouve successivement : 1° une couche de tissu conjonctif assez dense ; 2° le sterno-aponévrotique, dont la partie musculaire diminue graduellement d'épaisseur de haut en bas et se continue à 5-10 centimètres au-dessous de l'articulation par une mince aponévrose ; 3° l'aponévrose antibrachiale, épaisse, fixée en avant sur le bord interne du radius. — L'incision de cette aponévrose met à découvert, au niveau du ligament interne de l'articulation du coude : l'artère radiale postérieure, le *nerf médian* et une ou plusieurs veines radiales.

Vaisseaux et nerf se dirigent vers la face postérieure du radius et disparaissent sous le fléchisseur interne du métacarpe, le nerf conservant en général une situation plus superficielle que l'artère et les veines, et souvent accolé à l'une de celles-ci (*fig.* 180). Le lieu le plus favorable pour pratiquer l'opération est celui où le nerf disparaît sous le fléchisseur interne.

*Assujettissement.* — Couchez le cheval sur le côté du membre à opérer. Faites porter celui-ci en avant, à l'aide d'une plate-longe fixée sur le canon. Vous pouvez aussi entraver l'autre membre antérieur sur le postérieur correspondant.

TECHNIQUE. — Vous percevrez facilement le nerf médian à la face interne de l'articulation du coude. Faites l'opération au niveau de la partie inférieure de cette jointure ou immédiatement en arrière de l'extrémité supérieure du radius, dans l'interstice qui sépare cet os des muscles fléchisseurs de l'avant-bras.

*Premier temps : Incision.* — La région préparée, divisez successivement, sur une longueur de 5 centimètres, la peau, le tissu conjonctif sous-cutané et la partie inférieure du sterno-aponévrotique. Vers l'angle inférieur de la plaie, faites une étroite incision à l'aponévrose antibrachiale ; engagez sous cette dernière, de bas en haut, parallèlement au nerf, la sonde cannelée, rainure en dehors, et, avec le bistouri ainsi guidé, incisez-la de dedans en dehors. — Faites écarter les bords de la plaie par une ou deux érignes plates.

*Deuxième temps : Dissection de la couche sous-aponévrotique et isolement du nerf.* — Ce temps de l'opération est parfois assez délicat. Évitez de blesser les veines radiales. Si, sous l'influence des réactions, le nerf se déplace, il sera ramené sur la ligne d'incision en modifiant légèrement l'attitude du membre, en portant celui-ci un peu en avant ou en arrière. Isolez-le avec la sonde cannelée, et chargez-le.

*Troisième temps : Résection.* — Coupez le nerf avec le bistouri à l'angle supérieur de la plaie et réséquez-en 3 à 4 centimètres sur le bout inférieur.

La plaie lavée à l'eau bouillie, réunissez-en les lèvres par deux ou trois points de suture et recouvrez la couture d'une

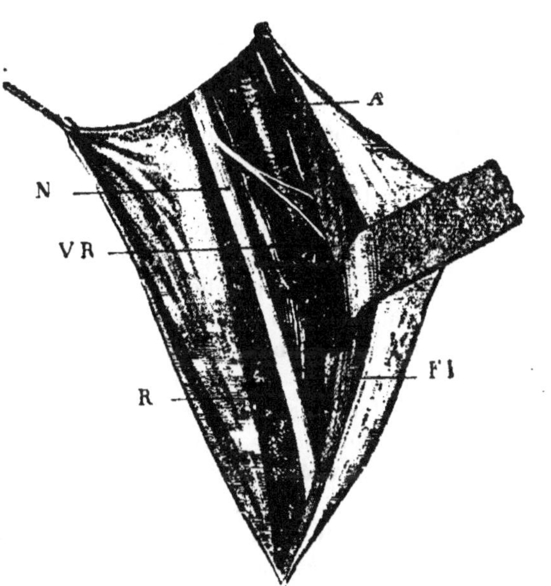


Fig. 180. — Névrectomie du médian.

N, médian ; A, artère radiale ; VR, veine radiale ; FI, fléchisseur interne du métacarpe ; R, radius. — (Le nerf est plus volumineux, plus large que ne l'indique la figure.)

couche de collodion, si vous voulez la réunion immédiate. Dans le cas contraire, laissez la plaie ouverte.

A la condition d'opérer aseptiquement, on peut obtenir la cicatrisation adhésive. Mais le plus souvent la plaie suppure. Les points de suture enlevés, on la déterge matin et soir avec de l'eau bouillie ou une solution antiseptique légère quelconque, et, après essuyage avec de la ouate, on la recouvre de vaseline boriquée. Elle se cicatrise en deux à trois semaines.

Même résultat lorsque la plaie est laissée exposée immédiatement après l'opération, sans suture ni pansement.

Les complications sont très rares.

## II. — Névrectomie du cubital.

*Indications.* — Boiteries produites par des lésions chroniques de la face externe du genou ou des régions sous-carpiennes. — On peut la pratiquer après la section du médian, en cas d'insuccès de celle-ci.

*Remarques anatomiques.* — Dans toute la hauteur de l'avant-bras, le nerf cubito-cutané, accompagné de l'artère et de la veine cubitales, est situé entre les muscles fléchisseur oblique et fléchisseur externe du métacarpe, immédiatement sous le fascia aponévrotique qui unit ces muscles. La main perçoit facilement l'interstice qui fixe la ligne d'opération.

Au lieu d'élection, à 10-15 centimètres au-dessus du genou, on trouve sous la peau : 1° une couche de tissu conjonctif; 2° l'aponévrose antibrachiale ; 3° une couche fibreuse commune aux deux muscles et dont l'incision découvre le faisceau formé par l'artère, la veine et le nerf cubital, faisceau accolé au bord postérieur du fléchisseur oblique, — la veine et l'artère ordinairement situées un peu plus profondément que le nerf.

*Assujettisesment.* — Couchez le cheval sur le côté opposé au membre où vous devez opérer. Laissez ce dernier dans l'entravon.

Faites tendre la région par deux plates-longes : l'une, fixée sur le canon, est tirée en arrière; l'autre, serrée sur le paturon, est tirée en avant.

TECHNIQUE. — *Premier temps : Incision.* — Placez-vous en avant de la partie supérieure de la région antibrachiale. Le champ préparé, faites au lieu d'élection une incision cutanée de 4 à 5 centimètres ; divisez ensuite la couche cellulaire sous-cutanée, l'aponévrose antibrachiale et le fascia qui réunit la couche aponévrotique des deux muscles.

*Deuxième temps : Dissection et isolement du nerf.* — Avec la pince et le bistouri, divisez parallèlement à l'incision

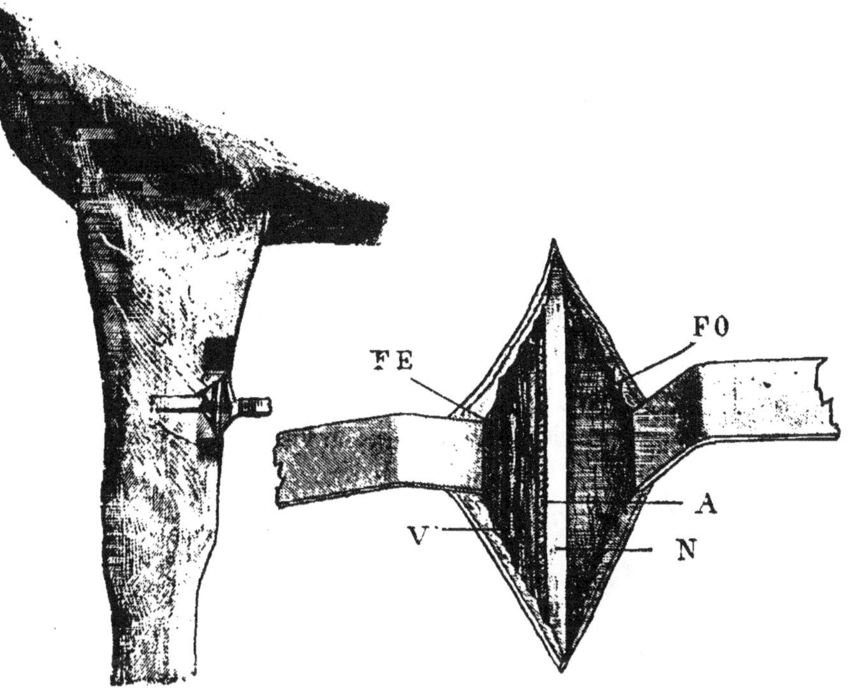


Fig. 181. — Névrectomie du cubital.

FE, fléchisseur externe du métacarpe; FO, fléchisseur oblique; N, nerf cubital; A, V, artère et veine cubitales. — (Le nerf est plus grêle que ne le montre la figure.)

la couche conjonctive qui enveloppe le nerf, prenant soin de ne pas blesser la veine et l'artère cubitales. Pour éviter sûrement l'atteinte de ces vaisseaux, vous pouvez faire l'énucléation avec la sonde cannelée.

*Troisième temps* et *suture*. — Comme pour la névrectomie du médian.

Mêmes soins consécutifs que pour cette dernière.

### III. — Névrectomie du sciatique.

*Indications.* — Boiteries dues à des lésions chroniques des tendons, du canon, du boulet, des phalanges et du pied. Harper. — Pour les claudications de l'éparvin incurable et des autres lésions chroniques du jarret, il faut lui associer la section du nerf tibial antérieur.

*Remarques anatomiques.* — Dans la moitié inférieure de la jambe, le nerf sciatique est situé à la face interne de la région et à environ 2-3 centimètres en avant de la corde du jarret. Sous la peau, on trouve : 1° une couche de tissu conjonctif dense ; 2° l'aponévrose jambière, qui, vers la partie postérieure de la face interne de la région, forme une sorte de lanière renforçant la corde du jarret. — L'incision de l'aponévrose met parfois à découvert le nerf sciatique, mais celui-ci est assez souvent accompagné de grosses branches veineuses (veines tibiales postérieures) dont la disposition est variable. Quant à l'artère tibiale postérieure, bien qu'elle se rapproche du nerf dans le creux du jarret, elle est plus profondément située.

*Assujettissement.* — Couchez le cheval sur le côté du membre à opérer : laissez celui-ci dans l'entravon. Fixez son congénère sur le membre antérieur correspondant.

TECHNIQUE. — *Premier temps : Incision.* — La région préparée, à un travers de main au-dessus de la pointe du jarret et à 2-3 centimètres en avant de la corde, divisez parallèlement à celle-ci la peau, puis l'aponévrose jambière dans une étendue de 4 à 5 centimètres.

Fig. 182. — Névrectomie du sciatique.

A, aponévrose jambière ; C, couche cellulo-adipeuse sous-aponévrotique ; N, nerf sciatique.

*Deuxième temps : Dissection de la couche sous-aponévrotique et isolement du nerf.* — Placez les écarteurs et faites entr'ouvrir largement la plaie. Avec la pince et le bistouri, disséquez le tissu cellulo-adipeux qui entoure le nerf ; servez-vous du bec de la sonde si une ou plusieurs veines de fort calibre recouvrent le nerf. Celui-ci dégagé, chargez-le sur la sonde.

*Troisième temps* et *suture*. — Comme pour la névrectomie du médian.

Les soins consécutifs sont également les mêmes que pour celle-ci.

### IV. — Névrectomie du tibial antérieur.

*Indications*. — Boiteries dues à l'éparvin ou à d'autres lésions incurables du jarret. On doit faire en même temps la résection du nerf sciatique.

*Remarques anatomiques*. — Le nerf tibial est situé à la face profonde de l'extenseur antérieur des phalanges, entre celui-ci et la mince portion musculaire du fléchisseur du métatarse, laquelle le sépare de l'artère tibiale et de sa volumineuse veine satellite, vaisseaux qui reposent directement sur la face antérieure du tibia où ils sont enveloppés d'une épaisse couche de tissu conjonctif.

Le lieu d'élection est au côté externe de la partie inférieure de la jambe, à peu près à la même hauteur que celui de la névrectomie du sciatique.

En ce point, au-dessous du tiers moyen de la jambe, on trouve sous la peau : 1° une couche de *tissu conjonctif*, quelques artérioles et des filets nerveux (musculo-cutané) ; 2° l'*aponévrose jambière* ; 3° les *muscles extenseur antérieur* et *extenseur latéral des phalanges*. Si l'on écarte l'un de l'autre ces muscles, on aperçoit la portion charnue du *fléchisseur du métatarse*, et, soulevant l'extenseur antérieur par une traction effectuée en avant au moyen d'un écarteur, on découvre bientôt un mince filet nerveux — le *nerf tibial* — sur la face antérieure du fléchisseur du métatarse, à une profondeur de 2 à 3 centimètres.

*Assujettissement*. — Couchez le cheval sur le côté opposé au membre boiteux. Laissez celui-ci dans l'entravon.

Technique. — La région préparée, incisez la peau et l'aponévrose jambière dans une étendue de 6 à 7 centimètres, au niveau du bord externe du muscle extenseur antérieur des phalanges. Écartez ce muscle de l'extenseur latéral, puis du fléchisseur du métatarse, sur la face antérieure duquel vous trouverez le nerf tibial.

Isolez celui-ci, coupez-le à l'angle supérieur de la plaie et enlevez-en 3 à 4 centimètres sur le bout inférieur. Prenez les précautions nécessaires pour ne pas blesser la veine tibiale, qui soulève fortement la couche musculaire du fléchisseur

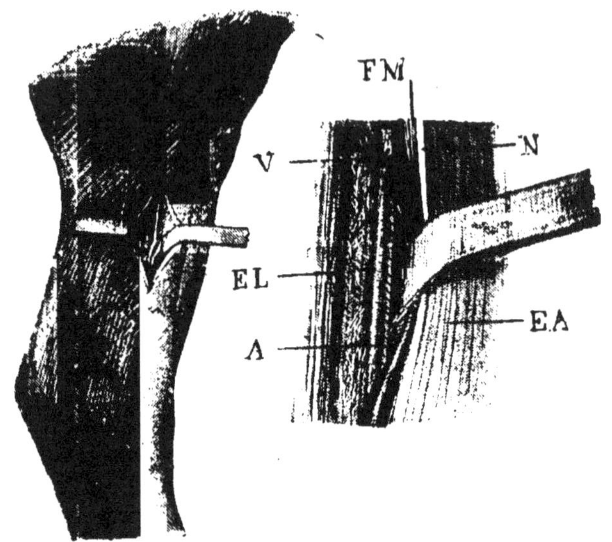


Fig. 183. — Névrectomie du tibial antérieur.

EA, extenseur antérieur des phalanges ; EL, extenseur latéral ; FM, portion musculaire du fléchisseur du métatarse ; N, nerf tibial ; V, veine tibiale. — (L'opération doit être faite un peu plus près du jarret que ne l'indique la figure.)

du métatarse dès que l'extenseur antérieur des phalanges est porté en avant.

Réunissez la peau par trois points isolés avec ou sans drainage. On obtient rarement la réunion adhésive.

Mêmes soins consécutifs que pour la névrectomie du médian.

## V. — Névrectomie plantaire.

### a. — Névrectomie au-dessus du boulet.

*Indications.* — Boiteries liées à des affections chroniques de la région phalangienne, aux formes cartilagineuses ou à des lésions anciennes des tissus constituant les parties antérieures du pied.

*Remarques anatomiques.* — Situés sur les côtés des tendons fléchisseurs, les nerfs plantaires, au-dessus du boulet, ne sont séparés de la peau que par la couche conjonctive sous-cutanée et par un mince fascia provenant de l'arcade carpienne. Quand le boulet et la partie inférieure du canon sont indemnes, on perçoit aisément le nerf en explorant, avec la pulpe du pouce, la face latérale des tendons : il longe le bord du perforant. — Dans le membre antérieur, du côté interne, l'artère collatérale du canon, continuée par les digitales, est un peu plus profondément située ; au côté externe, la digitale n'arrive au voisinage du nerf qu'immédiatement au-dessus du boulet. — Dans le membre postérieur, les artères digitales naissent de la collatérale du canon entre les deux branches du ligament suspenseur du boulet et gagnent les faces latérales de celui-ci, où, comme dans le membre antérieur, elles sont longées en arrière par les nerfs plantaires, qui les recouvrent en partie.

Si l'engorgement de la région ne permet pas de percevoir le nerf, la ligne d'incision sera déterminée par le bord de la masse cylindrique que forment les tendons. Quand le nerf n'est pas perçu, souvent l'incision est faite trop en avant.

Lorsque la gaine grande sésamoïdienne est hydropique, généralement le nerf est déplacé ; il est indiqué d'opérer au-dessus ou au-dessous du cul-de-sac distendu.

*Assujettissement.* — Si l'opération doit être faite sur les deux nerfs plantaires, commencez par l'interne. Couchez le cheval sur le côté du membre boiteux. S'agit-il d'un membre antérieur ? Fixez-le sur le postérieur superficiel, au-dessus du jarret. Si vous opérez à un membre postérieur, portez-le sur l'antérieur opposé, au-dessus du genou. Serrez l'anse de la plate-longe assez haut sur le canon pour que la partie inférieure de cette région reste à découvert.

On peut aussi réunir en **8** le membre à opérer et son congénère, désentraver ensuite le premier et le faire porter en avant (membre antérieur) ou en arrière (membre postérieur) à l'aide d'une plate-longe, le lacs étant tiré en sens contraire ; mais la première manière est préférable.

Technique. — *Premier temps : Incision.* — La région préparée, faites au niveau du nerf et dans sa direction une incision cutanée de 3 à 4 centimètres.

*Deuxième temps : Dissection et isolement du nerf.* —

Pincez la couche conjonctive qui recouvre le nerf et incisez-la dans le sens de ce dernier. Isolez le nerf avec le bistouri si vous avez la main sûre, avec la sonde cannelée si vous craignez de blesser les vaisseaux. L'exécution de ce temps est facilitée par l'application d'un écarteur ou d'une érigne.

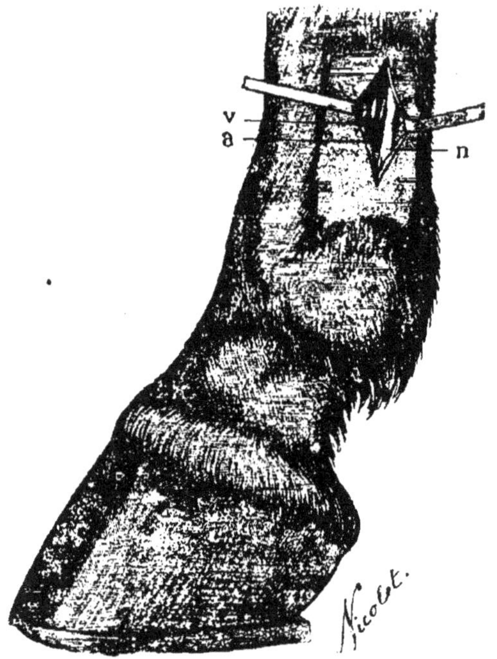


Fig. 184. — Névrectomie plantaire au-dessus du boulet.

*Troisième temps : Resection.* — Le nerf saisi avec la pince ou chargé sur la sonde cannelée, glissez sous lui, à plat, la lame du bistouri droit, tranchant en haut, et sectionnez-le à l'angle supérieur de la plaie. Coupez ensuite le bout inférieur à l'autre angle de celle-ci.

Suivant l'étendue de l'incision, réunissez-en les lèvres par une suture en anse ou par plusieurs points séparés, et recouvrez la couture d'une couche de collodion.

Si vous faites la névrotomie double, protégez la plaie par

un pansement provisoire, replacez le membre dans l'entravon et retournez l'animal. Après avoir de nouveau fixé le membre en position convenable, opérez comme il vient d'être dit.

Le cheval relevé, appliquez un pansement ouaté.

Le lendemain, on retire les fils de la suture, on touche la plaie avec une boulette d'ouate trempée dans l'alcool et l'on applique un nouveau pansement. La cicatrisation s'opère rapidement, et avec l'asepsie on obtient facilement la réunion immédiate.

### b. — Névrectomie au-dessous du boulet.

*Indications.* — Boiteries provoquées par la maladie naviculaire ou par une autre affection chronique des tissus constituant les parties postéro-inférieures du pied.

*Notions anatomiques.* — Situés comme au-dessus du boulet, le long des tendons, les nerfs plantaires, dans la plus grande partie de la région phalangienne, sont séparés de la peau par une couche conjonctive et par l'aponévrose du coussinet plantaire, bordée, sur les faces latérales du paturon, d'un petit cordon blanchâtre qui croise très obliquement le nerf plantaire et l'artère digitale. Ceux-ci sont enveloppés d'une couche conjonctive qui leur forme une sorte de gaine.

Lorsque la région phalangienne n'est ni indurée, ni infiltrée, il suffit d'en explorer la face latérale, avec la pulpe du pouce, pour trouver, en arrière, la bride du coussinet plantaire et le cordon vasculo-nerveux sous-jacent. Celui-ci fixe la ligne d'incision. S'il y a de l'infiltration ou de l'induration et que ces organes ne puissent être perçus, l'incision sera faite à la limite des faces latérale et postérieure du paturon, suivant l'axe de la première phalange et au tiers supérieur de cet os (au-dessus de la bride) ou au tiers inférieur (au-dessous de la bride).

*Assujettissement.* — L'opération doit toujours être pratiquée sur les deux nerfs plantaires, en commençant par l'interne. Le membre sera entravé comme pour l'opération précédente, sur le postérieur ou l'antérieur superficiels, au-dessus du jarret ou du genou.

Technique. — *Premier temps : Incision.* — Faites l'incision de la peau comme pour la névrectomie au-dessus du boulet.

*Deuxième temps : Dissection et isolement du nerf.* — Divisez la couche cellulaire sous-cutanée et la mince aponévrose du coussinet plantaire si l'opération est faite en la partie inférieure du paturon. Si vous rencontrez la bride, coupez-la ou prolongez un peu l'incision. Pincez la couche conjonctive qui forme une gaine commune à l'artère digitale

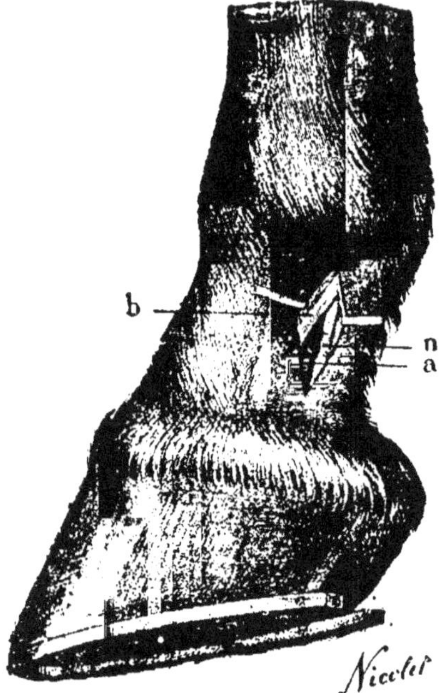


Fig. 185. — Névrectomie plantaire au-dessous du boulet.

*b*, bride du coussinet plantaire ; *a*, artère digitale ; *n*, nerf plantaire.

et au nerf plantaire; faites-y un pli disposé transversalement à ces organes et divisez-la avec la pointe du bistouri, prenant soin de ne pas blesser les vaisseaux, ou faites l'énucléation avec la sonde cannelée. L'artère est située immédiatement en avant du nerf, et la veine à 1 centimètre environ en avant de l'artère. On n'est exposé à blesser la veine que si l'incision est faite beaucoup trop en avant, faute fréquemment commise par les débutants.

Effectuez le *troisième temps* et la *suture* comme pour la névrectomie au-dessus du boulet.

Après avoir recouvert la plaie et le paturon d'une couche d'ouate maintenue par une flanelle ou une bande de toile, refixez le membre dans l'entravon, retournez le sujet et faites l'opération du côté opposé.

Appliquez de nouveau un pansement provisoire et relevez le cheval.

Mêmes soins consécutifs que pour la névrectomie au-dessus du boulet.

## V. — Ligatures artérielles.

### I. — Ligature de l'artère saphène.

Très superficielle, cette artère peut être blessée en pratiquant la saignée à la saphène.

*Assujettissement.* — Comme pour la saignée à la veine saphène.

TECHNIQUE. — D'un coup de bistouri, divisez la peau parallèlement à la veine saphène. Isolez l'artère avec la sonde cannelée; glissez en dessous d'elle un fil et liez-la. Si elle est sectionnée, prolongez l'incision en haut, serrez le bout central entre les mors d'une pince, puis faites-en la ligature.

### II. — Ligature de l'artère fémorale.

Bien que située superficiellement à la partie supérieure de la face interne de la cuisse, l'artère fémorale est très rarement blessée en cette région. Peu de praticiens ont dû intervenir pour remédier à sa piqûre.

*Assujettissement.* — Couchez le cheval sur le côté correspondant à l'artère blessée. Faites porter sur l'épaule le membre postérieur opposé, comme pour la castration.

TECHNIQUE. — Au niveau du bord antérieur du court adducteur de la jambe, divisez la peau et l'aponévrose sous-cutanée sur une longueur de 8 à 10 centimètres. Séparez ce muscle du long adducteur. En portant l'index dans la plaie et en vous aidant d'écarteurs, vous découvrirez facilement l'artère en avant du pectiné. Isolez-la et appliquez une double ligature.

### III. — Ligature de l'artère plantaire.

Mêmes repères que pour les névrectomies plantaires haute ou basse, selon que la ligature est pratiquée au-dessus ou au-dessous du boulet (V. *fig.* 184 et 185).

Technique. — Faites à la peau, sur la ligne du vaisseau, une incision de 3 centimètres.

Divisez avec précaution le tissu conjonctif sous-cutané, la bride ou l'aponévrose du coussinet plantaire, suivant le point où vous opérez. L'artère découverte, isolez-la avec la sonde cannelée et faites une double ligature.

Si elle est complètement divisée, pincez les deux bouts et liez-les en commençant par le supérieur.

## VI. — Autoplastie du genou.

(Cherry-Vinsot.)

*Indication.* — Pour les chevaux de prix « couronnés », — marqués, sur la face antérieure des genoux, de cicatrices généralement consécutives à des chutes.

*Instruments.* — Ciseaux, rasoir, bistouris, pince et aiguille. — Crin de Florence ou soie tressée (n° 3), eau chaude stérilisée ou solution antiseptique légère et objets de pansement. Béquille ou ferrement *ad hoc.*

On fera préparer un fer spécial à éponges prolongées, épaisses et forées transversalement pour recevoir un boulon qui traverse l'extrémité inférieure de la béquille. Une fois ce fer appliqué au pied, on dispose celle-ci verticalement en arrière du membre, on passe le boulon dans l'une des éponges du fer, dans l'extrémité inférieure de la béquille, puis dans l'autre éponge, et l'on visse l'écrou. On serre ensuite les courroies, l'une au-dessus du genou, l'autre sur la partie inférieure du canon.

On devra habituer le cheval à supporter ce ferrement, l'exercer à marcher lentement avec celui-ci, et l'immobiliser sur l'appareil de soutien.

Cette préparation peut durer de quelques jours à une semaine, selon le degré d'irritabilité des sujets.

*Assujettissement.* — La contention dans le travail-bascule est avantageuse au double point de vue de l'immobilisation du membre et de l'asepsie. — Après avoir enlevé la béquille, couchez le cheval sur le côté opposé au membre à opérer; portez celui-ci dans l'extension et immobilisez-le en réappliquant la béquille.

Technique. — La face antérieure du genou rasée, cette région et les parties voisines, soigneusement désinfectées,

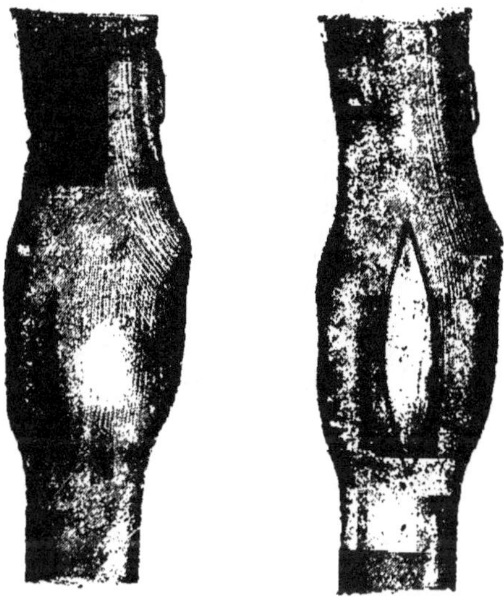

Fig. 186 et 187. — Autoplastie du genou. Cicatrice et plaie d'excision.

sont enveloppées d'un linge stérilisé par l'immersion dans l'eau bouillante. Avec des ciseaux, faites à l'enveloppement, sur la face antérieure du genou, au niveau de la cicatrice, une fenêtre allongée dans le sens du membre.

Par deux incisions curvilignes se réunissant à leurs extré mités, délimitez le lambeau à enlever, lequel doit être auss étroit que possible; son grand axe est le plus souvent parallèle à la direction du membre (*fig.* 187).

Disséquez ce lambeau en excisant le tissu induré sous jacent,.prenant soin de ne pas blesser les synoviales; mobilisez ensuite les lèvres de la plaie sur une largeur suffisante pour permettre leur parfait affrontement. Arrêtez l'hémorragie par le tamponnement à l'eau bouillie chaude, simple

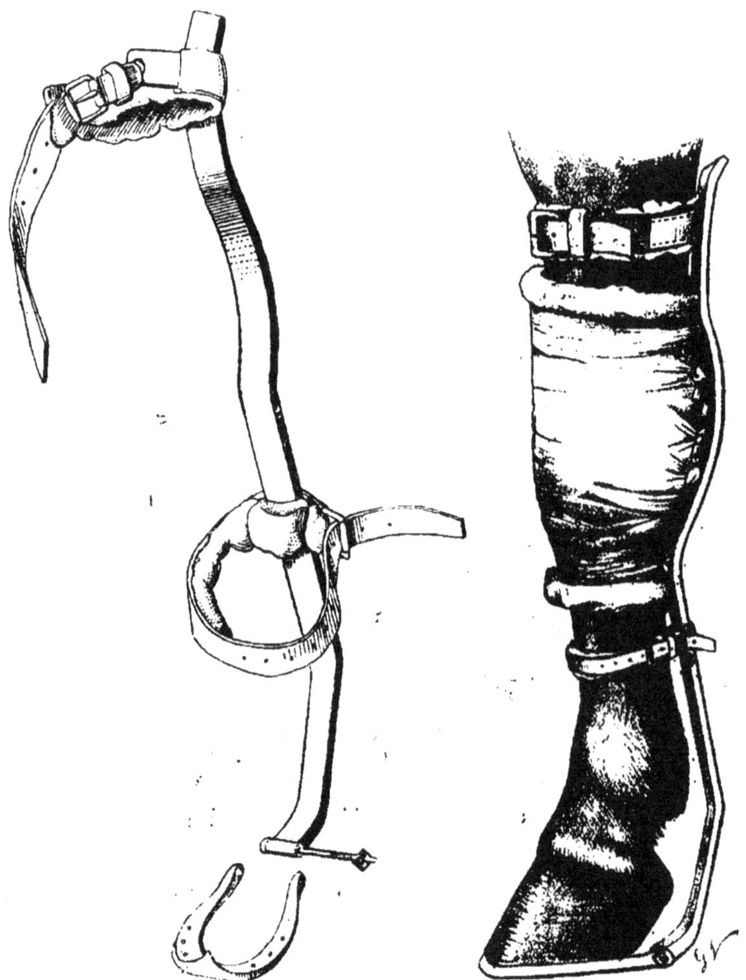

Fig. 188. — Fer et béquille.

Fig. 189. — Béquille appliquée et pansement.

ou salée, au besoin par la forcipressure, et asséchez la plaie avec des tampons aseptiques.

Réunissez les bords de la plaie par des points séparés;

commencez vers l'un des angles ou au milieu, et espacez les points de 7 à 8 millimètres.

Lorsque la perte de substance est très large, avant de suturer il peut être nécessaire de faire une double incision libératrice sur les faces latérales du genou.

Recouvrez la face antérieure du genou d'une compresse de gaze iodoformée ou d'une feuille de taffetas d'Angleterre au préalable ramollie dans l'eau stérilisée ou une solution de sublimé chaudes, puis disposez par-dessus des lames d'ouate enveloppant toute la région et fixées par une bande de tarlatan modérément serrée.

*Soins consécutifs.* — Les suites de l'intervention sont généralement très simples. Parfois il survient aux régions inférieures du membre un peu d'engorgement qui oblige à lever le pansement. Dans les cas où tout indique que le processus réparateur est celui de la réunion adhésive, il convient de laisser le premier pansement à demeure huit à dix jours.

Lorsqu'on le renouvellera, les points de suture pourront être enlevés et la plaie sera simplement touchée avec un tampon d'ouate imbibé d'alcool ; toutefois, si la suppuration avait désuni les lèvres en quelque point, celui-ci serait au préalable soigneusement désinfecté.

Le cheval sera maintenu sur l'appareil de soutien durant au moins deux semaines, laps nécessaire à la production d'une cicatrice solide. Pendant ce temps, on surveillera le boulon qui fixe la béquille au fer, ainsi que les courroies, qui peuvent blesser la peau des parties sur lesquelles elles sont appliquées.

La béquille et le pansement enlevés, le cheval sera laissé en liberté dans son box et promené ou exercé au petit trot.

On peut remplacer le ferrement par des gouttières métalliques ou par des attelles, que l'on fixe sur le pansement comme il a été dit à propos des *Bandages*. On peut même opérer sur le lit de paille et se borner à faire ensuite un long et épais pansement ouaté. Mais en procédant ainsi les chances de succès sont assez réduites.

## VII. — OPÉRATIONS PRATIQUÉES SUR LE PIED.

*Notions anatomiques.* — Dans la *partie antérieure du pied* (pince et mamelles), on trouve, en procédant de dehors en dedans : 1° *au*

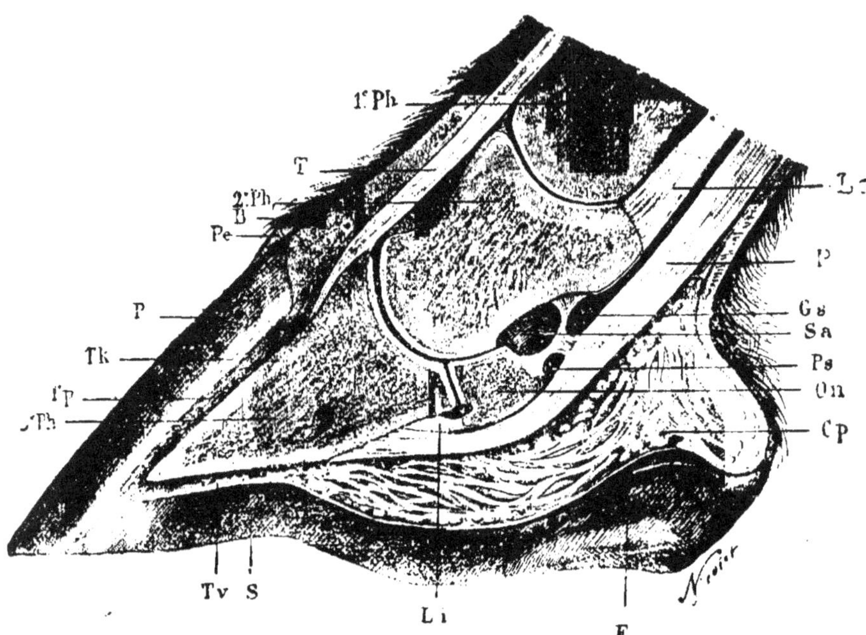


Fig. 190. — Coupe médiane antéro-postérieure du pied.

1re *Ph*, première phalange ; 2e *Ph*, deuxième phalange ; 3e *Ph*, troisième phalange ; O*n*, os naviculaire ; Li, ligament interosseux ; G*s*, cul-de-sac inférieur de la grande sésamoïdienne ; P*s*, cul-de-sac supérieur de la petite sésamoïdienne ; S*a*, cul-de-sac postérieur de la synoviale articulaire du pied ; T, tendon de l'extenseur ; P, tendon du perforant ; L*s*, ligaments sésamoïdiens ; B, bourrelet ; T*p*, tissu podophylleux ; T*v*, tissu velouté ; C*p*, coussinet plantaire ; P*e*, périople ; P, paroi ; T*k*, tissu kéraphylleux ; S, sole ; F, fourchette.

*niveau de l'origine de l'ongle* : *a*) la *peau de la couronne*, le *périople* et la *muraille* ; *b*) la *cutidure* et le *podophylle* ; *c*) l'*expansion du tendon extenseur antérieur des phalanges* et le *reticulum processigerum* ; *d*) la *seconde phalange*, le *cul-de-sac antérieur de la synoviale articulaire du pied* et la *troisième phalange* ; — 2° plus bas, entre cette première zone et le point de jonction de la muraille et de la sole : *a*) la *muraille* ; *b*) le *tissu podophylleux* ; *c*) le *reticulum processigerum* ; *d*) la *phalange*.] —[Remarquons qu'en pince et en mamelles, la synoviale articulaire du pied n'est protégée que par le tendon de l'extenseur, la couche fibro-conjonctive sous-cutidurale, le bourrelet et la partie supérieure du biseau ; qu'à sa limite supé-

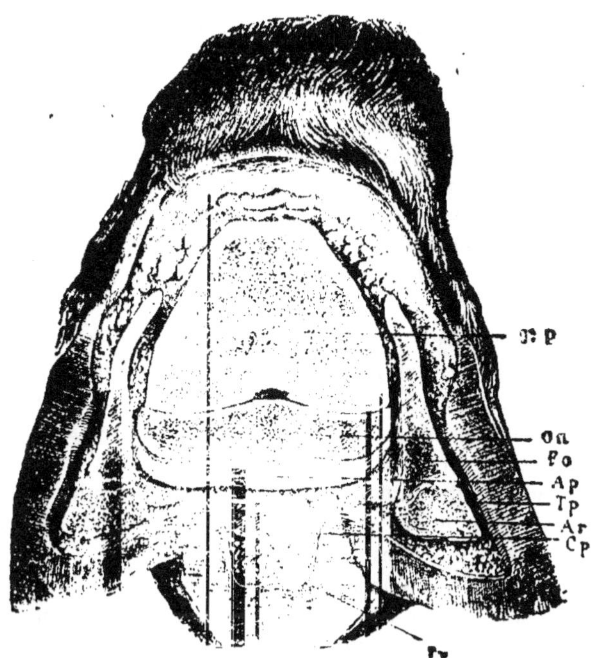


Fig. 191. — Coupe transversale verticale du pied, faite au niveau de l'extrémité antérieure de la lacune médiane de la fourchette. Segment postérieur.

2e P, deuxième phalange ; *On*, os naviculaire ; *Ar*, apophyse rétrossale ; Fc, fibro-cartilage (sa base est ossifiée) ; *Ap*, aponévrose plantaire ; *Cp*, coussinet plantaire *Tp*, tissu podophylleux ; *Tv*, tissu velouté.

rieure, en avant de la marge de l'os coronaire, son cul-de-sac est recouvert seulement par le tendon de l'extenseur, la couche sous-cutanée et la peau.

Sur les *faces latérales*, dans la région du *quartier*, il y a, comme dans la partie antérieure du pied, une première couche formée par la *peau de la couronne*, le *périople* et la *muraille*, et une deuxième constituée par le *bourrelet* et le *tissu podophylleux*. Au-dessous, on trouve, dans la plus grande partie de ladite région : *c*) le *fibro-cartilage* ; puis, en avant, *d*) les *ligaments latéraux de l'articulation du pied* et le *cul-de-sac latéral de la synoviale* ; *e*) la *partie inférieure de la seconde phalange*, la *marge supérieure de la troisième* et l'*os naviculaire*; en arrière, le *coussinet plantaire*, — et dans la moitié inférieure, *c*) le *reticulum processigerum*; *d*) l'*aile de l'os du pied*; *e*) le *coussinet plantaire*, l'*aponévrose plantaire* et la *petite gaine sésamoïdienne*.

Dans la *région postérieure*, on trouve, immédiatement au-dessus de la corne furcale : *a*) la *peau*; *b*) le *coussinet plantaire*; *c*) l'*aponévrose plantaire*; *d*) les *culs-de-sac synoviaux du creux du paturon*; *e*) la *deuxième phalange* et l'*os naviculaire*; — de chaque côté, en talon, *b*) la *plaque scutiforme*; — et dans la partie recouverte par la base de la fourchette : *b*) le *tissu velouté*; *c*) le *coussinet plantaire*; *d*) l'*aponévrose plantaire*; *e*) la *gaine sésamoïdienne* et l'*os naviculaire*.

La *région inférieure* du pied est conventionnellement divisée en trois zones : 1° l'*antérieure*, circonscrite en avant par la commissure pariéto-solaire, en arrière par une ligne perpendiculaire à l'axe du pied et tangente à la pointe de la fourchette; 2° la *postérieure*, limitée en arrière par les angles d'inflexion et la base de la fourchette, en avant par une ligne transversale tangente à l'angle antérieur de la lacune médiane de la fourchette; 3° la *moyenne*, comprise entre les deux précédentes.

En ces trois zones, la couche cornée est partout doublée par le tissu velouté. Les autres plans sont, dans la zone antérieure : *c*) le *reticulum plantaire*; *d*) la *phalange*; — dans la zone postérieure : *c*) le *coussinet plantaire*; *d*) l'*aponévrose plantaire*; *e*) la *petite gaine sésamoïdienne* et le *bord postérieur de l'os naviculaire*; — dans la zone moyenne : 1° en sa partie médiane : *c*) le *coussinet plantaire*; *d*) l'*aponévrose plantaire*; *e*) la *petite gaine sésamoïdienne*; *f*) la *partie postérieure de la face plantaire de la phalange*, le *ligament interosseux* et l'*os naviculaire*; 2° sur les côtés, les *ailes de la phalange* et les *plaques scutiformes*.

## I. — Amincissement et avulsion d'une partie du sabot.

Toute opération portant sur les tissus sous-unguéaux doit être précédée de la *préparation du pied*. Il convient toujours de couper les longs poils de la couronne et de nettoyer soigneusement le sabot par un savonnage à l'eau chaude. Pour une correcte asepsie préopératoire, il faut couper les poils sur toute la région digitée, immerger la partie inférieure du membre dans un bain antiseptique chaud, et, si l'intervention est remise au lendemain, faire l'emmaillotement humide de l'extrémité.

La plupart des affections traumatiques graves du pied nécessitent des opérations spéciales, qui comportent tout d'abord l'*amincissement* d'une partie plus ou moins étendue de l'ongle, l'*arrachement* d'un lambeau de muraille ou la *dessolure*.

En général, on pratique l'amincissement de la muraille ou de la sole et les rainures sur l'animal assujetti debout. Pour l'ablation de la sole ou d'une partie de la paroi, le cheval doit être fixé en position décubitale.

Selon le siège du mal, on couche le cheval sur le côté du pied malade ou sur le côté opposé ; on entrave le membre en position simple ou croisée, au-dessus ou au-dessous du genou (membre postérieur) ou du jarret (membre antérieur), et l'on applique sur la partie supérieure du canon un lien hémostatique, que l'on enlève lorsque le pansement est terminé.

Pour les opérations qui doivent s'accompagner de vives douleurs, on fera une injection anesthésique sur les nerfs plantaires ou le médian. (V. p. 46 et 340.)

### I. — Amincissement d'une partie du sabot.

L'amincissement d'une partie de la *muraille* est souvent pratiqué à la rénette, mais il est avantageux de le commencer avec la râpe à gros grains : on va plus vite et la main se fatigue moins. La corne dure enlevée, continuez l'amincissement avec la rénette jusqu'à ce que la couche laissée sur les tissus malades cède sous la pression de l'ongle. En général, on creuse la brèche un peu plus large en haut qu'en bas (*fig.* 192). Les bords doivent être taillés en biseau, et il importe, à leur voisinage surtout, d'éviter les *échappées*. Au niveau de la cutidure, la section des longues papilles engainées dans les tubes pariétaires donne des gouttelettes de sang alors que le tégument est encore recouvert d'une couche cornée épaisse d'un demi-centimètre. Là, comme dans le champ podophylleux, l'amincissement doit être fait « à pellicule ».

L'amincissement de la *sole*, des *barres* et de la *fourchette* est commencé avec le rogne-pied, continué avec le boutoir et achevé à la rénette, avec la gorge de l'instrument dans les lacunes, avec le plat sur la sole et les branches de la fourchette.

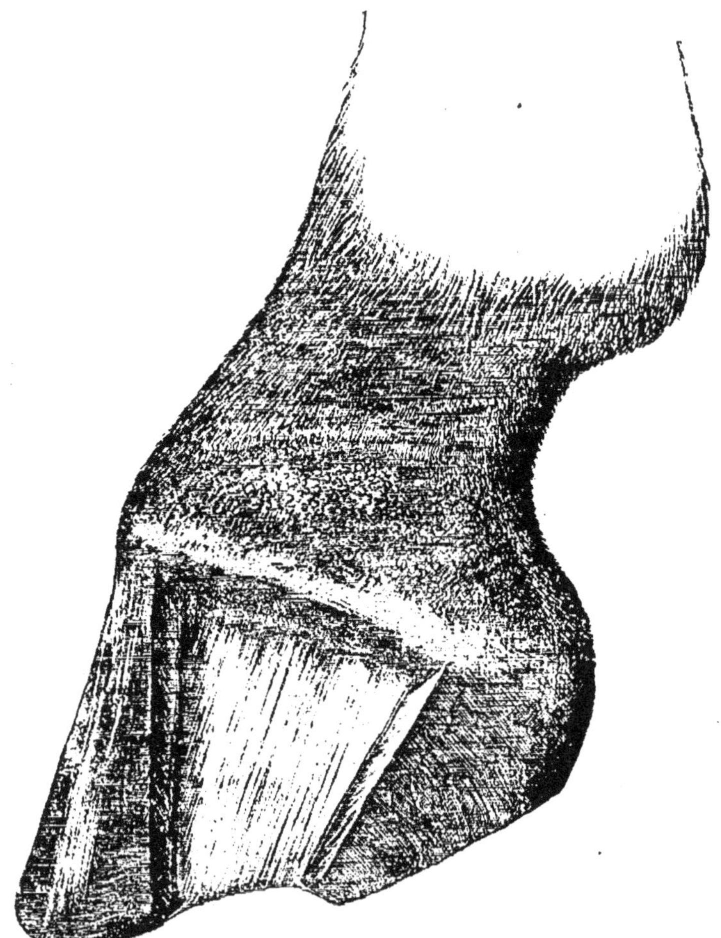

Fig. 192. — Amincissement d'une partie de la muraille.

Bien souvent, au cours des opérations pratiquées pour remédier à des lésions traumatiques compliquées de nécrose de la membrane tégumentaire, on est obligé d'étendre au delà de leurs limites premières les brèches faites dans l'ongle.

### II. — Avulsion d'un lambeau de muraille.

*Indications.* — Seime, enclouure, kéraphyllocèle compliqués de suppuration ou de nécrose des tissus sous-cornés.

Technique. — *Premier temps : Creusement des rainures.*

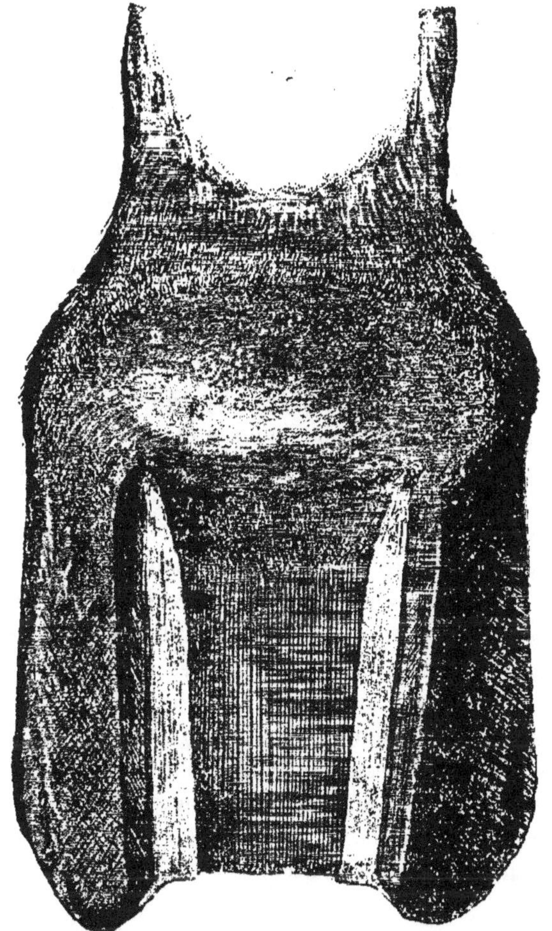

Fig. 193. — Avulsion d'un lambeau de muraille.

— Le pied paré à fond dans toute sa surface plantaire, ou seulement en ses régions antérieures si l'avulsion doit porter sur la pince ou la mamelle, tracez deux rainures pariétaires légèrement convergentes en bas, qui circonscrivent la partie de la corne à enlever. Creusez-les larges d'un centimètre et demi au moins, sans échappée, et taillez en biseau leur bord externe. Réunissez à leur partie inférieure ces deux rainures pariétaires par une troisième, commissurale. La partie de la muraille ainsi délimitée reste fixée par la mince couche cornée du fond des sillons et par ses adhérences avec le tissu sous-jacent. Souvent celles-ci sont très affaiblies ou détruites par l'inflammation du podophylle.

*Deuxième temps : Incision de la corne kéraphylleuse.* — Avec la feuille de sauge tenue à pleine main, le pouce prenant un point d'appui sur la muraille, incisez la corne au fond des rainures, en longeant les bords du lambeau à extirper, afin de ménager les bandes d'amincissement ; faites cette incision avec la pointe de la feuille de sauge, évitant d'entamer profondément la membrane tégumentaire.

*Troisième temps : Extirpation.* — Tenez le rogne-pied à pleine main par son extrémité mousse et dans une direction transversale à l'axe du pied ; portez l'autre extrémité en la partie inférieure de l'une des rainures et engagez-la sous le lambeau à arracher, l'instrument prenant un point d'appui sur la corne, de l'autre côté du sillon ; soulevez ce lambeau et détachez-le de bas en haut par des pressions exercées sur l'extrémité libre du rogne-pied. Dès qu'il est partiellement avulsé, un aide le saisit avec les tricoises et, par un mouvement de bascule en haut imprimé à celles-ci, achève de le détacher du tissu podophylleux ; un second mouvement effectué dans le sens latéral le désinsère de la cutidure, d'une rainure à l'autre. Pendant l'exécution de cette dernière manœuvre, l'opérateur exerce, avec les doigts, une pression au niveau du bourrelet pour en éviter la déchirure.

## III. — Avulsion de la sole. Dessolure.

*Indications.* — Opération préliminaire pour les interventions nécessitées par des lésions traumatiques compliquées de la région plantaire. — On doit lui préférer l'amincissement à pellicule de la sole et de la fourchette.

Technique. — *Premier temps : Creusement de la rainure.*

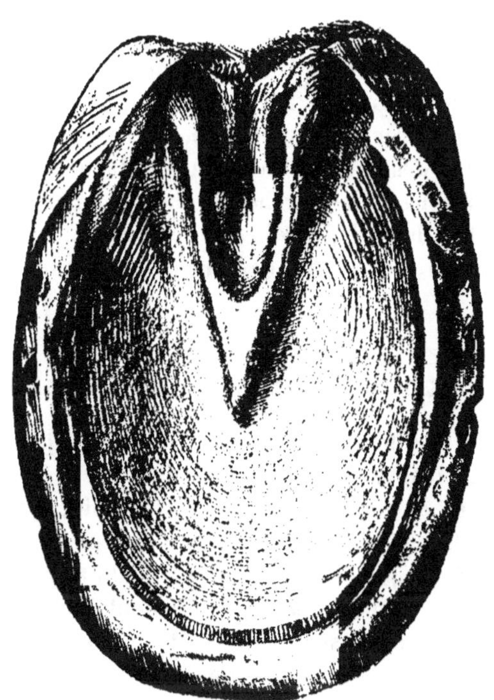

Fig. 194. — Dessolure.

— Parez le pied en laissant à la sole et à la fourchette une épaisseur d'un demi-centimètre, afin qu'elles ne se déchirent pas par les tractions qui doivent être effectuées avec les tricoises. Immédiatement en dedans de la ligne blanche, à la périphérie de la sole, creusez, en empiétant sur celle-ci, une rainure circulaire large de 10 à 15 millimètres, qui divise en arrière les arcs-boutants et au fond de laquelle la corne doit être amincie à pellicule.

*Deuxième temps : Incision de la corne.* — Avec la pointe de la feuille de sauge tenue de la main droite, le pouce prenant un point d'appui sur la sole, incisez la mince couche de corne qui reste au fond de la tranchée ; commencez cette incision par le talon inférieur et évitez les échappées dans le tissu velouté.

*Troisième temps* : *Ablation*. — Avec le rogne-pied ou un élévatoire, détachez la partie antérieure de la sole, prenant un point d'appui sur le bord inférieur de la muraille et évitant de déchirer le tissu velouté. Un aide doit alors saisir entre les mors des tricoises la portion détachée de la sole et l'arracher, ainsi que la fourchette, d'avant en arrière, par un mouvement de bascule, tandis que vous continuez à soulever ces parties en des points de plus en plus rapprochés des talons.

## II. — Ablation des tissus nécrosés. — Pansement.

Dans la plupart des opérations pratiquées sur le pied, les tissus lésés mis à découvert sont le siège d'un foyer de gangrène, de nécrose ou de carie. C'est une règle absolue d'en pratiquer l'ablation totale et d'empiéter quelque peu sur la couche saine adjacente. Tant que l'instrument enlève du tissu nécrosé, les coupes sont exsangues, souillées seulement d'ichor ou de pus ; dès qu'il entame les tissus vivants — membrane tégumentaire, couche sous-jacente ou os — une fine rosée suinte de leur trame. On ne laissera aucun foyer infectieux : ménager une parcelle de tissu douteux, c'est s'exposer à la nécessité d'intervenir à nouveau, et parfois les désordres alors produits sont irrémédiables. — Quand des lésions nécrotiques existent sous la membrane tégumentaire intacte ou seulement traversée par un trajet fistuleux, incisez cette membrane et disséquez-la sur une certaine surface, ou faites une excision qui découvre les parties mortifiées. Évitez les incisions transversales et les pertes de substance du bourrelet : ces accidents sont ordinairement suivis de seime ou de faux quartier.

L'opération terminée, il faut appliquer un *pansement* qui assure l'hémostase, protège le trauma et en favorise la cicatrisation. — Détergez celui-ci, débarrassez-le des caillots sanguins, des débris de tissus, des corps étrangers qu'il peut recéler. Pour cela, employez un liquide stérile et chaud : — de l'eau bouillie ou une solution antiseptique légère. Asséchez la

Fig. 195. — Emmaillotement du pied.

plaie, saupoudrez-la d'acide borique ou d'iodoforme, et recouvrez-la de gaze ou d'ouate. — Si vous apercevez des points suspects, en tissu fibreux ou osseux, commencez le pansement en les écouvillonnant avec l'eau oxygénée ou la teinture d'iode.

Quand vous appliquez un pansement ordinaire avec fer spécial, fixez celui-ci au moyen de quatre ou cinq clous à lame mince, brochés à petits coups, afin d'éviter des ébranlements douloureux; un aide soutient la compresse qui recouvre la plaie. Placez ensuite des coussins d'ouate ou d'étoupe de dimensions graduellement plus grandes, jusqu'à ce que le pansement ait une suffisante épaisseur. Sur la région plantaire, il est maintenu par une plaque ou par des éclisses; sur les faces antérieure, latérales ou postérieure du pied, il est fixé par de la bande. En raison de l'obliquité de la paroi et de la forme hémisphérique que l'on donne à ce dernier pansement, si la bande n'est pas méthodiquement appliquée, elle bâille par l'un de ses bords et tend à glisser vers la couronne ou la région plantaire. On y obvie en associant des renversés aux circulaires et aux doloires. — Si vous faites l'emmaillotement, recouvrez le pied, la couronne et le paturon de larges lames d'ouate hydrophile ou d'ouate de tourbe, que vous assujettissez avec de la bande dont les tours sont, les uns disposés circulairement autour des phalanges, et les autres, par l'artifice du renversé, passés sur la face inférieure du pied. Enveloppez le pansement d'une lame de toile pliée en deux ou en quatre et garnissez-le d'une double tresse de paille (*fig.* 195).

*Soins consécutifs.* — Les jours suivants, lorsque la douleur et la réaction fébrile sont modérées, la cicatrisation est en bonne voie; il n'y a qu'à consolider le pansement, que l'on renouvelle au bout de six à huit jours, et dans la suite une fois par semaine. Au contraire, si la fièvre et la douleur sont vives, si le membre est agité par des douleurs lancinantes, si surtout l'opéré conserve la position décubitale et fait entendre des plaintes, il faut lever le pansement. On détachera les couches profondes de celui-ci en immergeant le pied quelques instants dans de l'eau bouillie ou une solution antiseptique chaude.

La réparation des plaies opératoires du pied s'effectue en général assez rapidement, et la cicatrice est bientôt recouverte de corne. Mais, même quand la restauration est aussi parfaite que possible, les adhérences sont toujours faibles entre l'îlot cicatriciel et la couche cornée qui le recouvre. Souvent il persiste un décollement partiel de la muraille. Au niveau des sections transversales du bourrelet, la paroi est ordinairement affaiblie ou marquée d'une seime, et lorsque cet organe est détruit dans une certaine étendue, la muraille ne s'y reproduit pas : la brèche pariétaire n'est comblée que par de la corne kéraphylleuse (faux quartier).

Après les opérations graves pratiquées sur le pied, la guérison est loin d'être toujours complète. Parfois les animaux restent affectés d'une claudication continue ou intermittente. On peut l'atténuer par des amincissements réitérés de la muraille ou de la sole au niveau des altérations qu'ont subies les tissus sous-cornés, par l'application de pansements et de fers spéciaux. Et dans les cas où, malgré ces moyens, la boiterie persiste assez accusée pour empêcher l'utilisation du sujet, il faut recourir à la névrectomie.

## III. — Opération de la seime.

*Indications.* — Seimes compliquées de nécrose ou de carie des tissus sous-cornés.

*Instruments.* — Râpe, rénettes, feuilles de sauge, pince, rogne-pied, tricoises. — Fer spécial et objets de pansement.

*Assujettissement.* — Pour la seime en pince, couchez l'animal sur le côté opposé à celui où vous devez opérer. Entravez le membre postérieur sur l'antérieur correspondant, au-dessus du genou, ou le membre antérieur sur le postérieur au-dessus du jarret. — Pour la seime quarte, selon que l'accident siège au quartier interne ou à l'externe, couchez le sujet sur le côté du membre à opérer ou sur le côté opposé, et entravez comme il vient d'être indiqué.

TECHNIQUE. — A. PROCÉDÉ PAR EXTIRPATION. — *Premier, deuxième et troisième temps* : *Creusement des rainures et avulsion.* — Le pied paré à fond en sa région antérieure, avec la rénette à large gorge creusez dans la muraille, à 5 ou 6 centimètres de la seime, deux rainures parallèles ou légèrement convergentes vers le bord plantaire ; délimitez ainsi un lambeau de paroi dont la fissure occupe la partie moyenne, et procédez à l'avulsion comme il a été dit précédemment (V. p. 379).

*Quatrième temps* : *Ablation des tissus mortifiés.* — Les parties sous-cornées mises à nu, on constate de la gangrène limitée ou diffuse du podophylle, de la nécrose du *reticulum processigerum* et de la phalange ou de la carie de cet os, quelquefois une collection purulente sous le bourrelet ou de la nécrose du tendon de l'extenseur antérieur. — Avec la pince et une feuille de sauge, excisez les tissus sphacélés ; souvent un îlot de nécrose ou de carie oblige à cureter la phalange. L'aspect des coupes faites dans le tissu podophylleux et dans l'os suffit à reconnaître les limites du foyer morbide (V. p. 382). Au cas où un abcès existe sous le bourrelet, évacuez-en le contenu et détergez la cavité ; si quelques fibres tendineuses sont frappées de nécrose, faites-en l'ablation.

Aux *Exercices de chirurgie*, enlevez dans toute la hauteur du tissu podophylleux une bande de 1 à 2 centimètres et ruginez la phalange sur cette surface.

B. Procédé par amincissement. — *Premier temps : Amincissement d'un lambeau de muraille.* — Tracez sur la muraille deux rainures convergentes en bas, comme si vous aviez à pratiquer l'extirpation. Amincissez à la rénette le lambeau de muraille compris entre ces rainures, jusqu'à ce que la corne cède en tous les points sous la pression de l'ongle.

*Deuxième temps : Excision des tissus mortifiés.* — Enlevez avec une feuille de sauge la corne et le tissu podophylleux nécrosé. Curetez ensuite la phalange.

Aux *Exercices de chirurgie*, enlevez la corne et le podophylle sur une largeur de 1 à 2 centimètres dans toute la hauteur de l'amincissement, puis ruginez la phalange.

*Pansement.* — Irriguez la plaie avec de l'eau bouillie ou une solution antiseptique chaudes, saupoudrez-la d'acide borique ou d'iodoforme, recouvrez-la de gaze iodoformée et d'ouate hydrophile, et faites l'emmaillotement du pied avec une suffisante compression pour assurer l'hémostase. Le pansement est enveloppé d'une lame de toile et garni d'une double tresse de paille (*fig.* 195).

Si vous vous servez du *fer à seime*, recouvrez la plaie de

plumasseaux superposés qui débordent sur les côtés et en haut les limites de la brèche. Fixez-les avec de la bande : passez le premier tour au milieu, le second en haut, le troi-

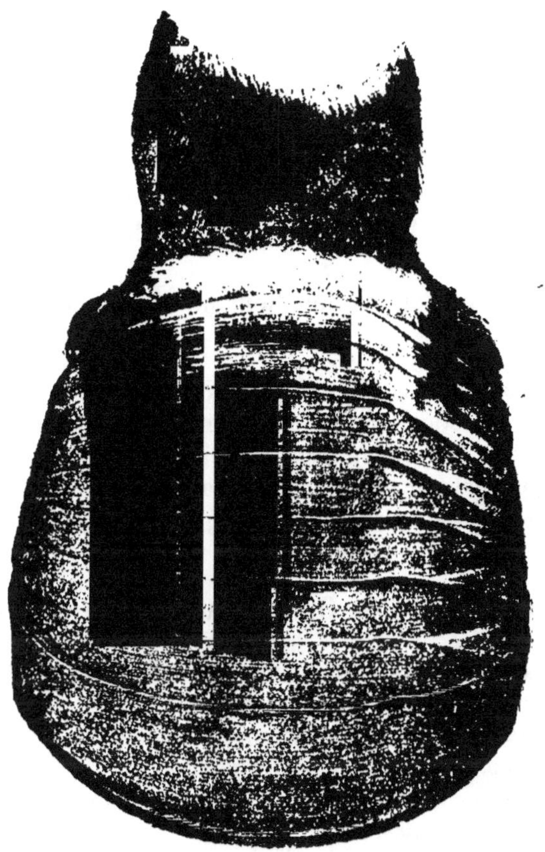

Fig. 196. — Pansement avec fer. Face antérieure du pied.

sième en bas, et les autres successivement de haut en bas, faisant autant de renversés qu'il est nécessaire, ayant soin aussi que chacun de ces tours recouvre les deux tiers inférieurs de celui qui le précède et soit recouvert dans ses deux tiers inférieurs par le tour suivant. Faites tenir le chef sur la ligne médiane, entre les deux éponges du fer, perpendiculaire à la région plantaire. Tous les tours de bande doivent être passés, en arrière, entre le chef et les éponges.

Pour l'*opération de la seime quarte*, comme pour celle de la seime en pince, faites une brèche par extirpation ou par amincissement. Enlevez les parties mortifiées (gangrène du tissu podophylleux, nécrose ou carie de l'os, nécrose du fibro-cartilage). — Dans les cas où il existe des lésions complexes, l'ablation totale exige des délabrements trop étendus; il est préférable de faire d'abord l'opération la plus urgente, et de pratiquer l'autre quand la plaie est partiellement comblée.

Faites l'emmaillotement ou appliquez un pansement avec fer.

*Soins consécutifs.* — S'il n'y a ni douleurs lancinantes, ni signes de forte réaction fébrile, on ne lèvera le pansement qu'au bout d'une semaine. Lorsque la plaie sera cicatrisée et recouverte de corne, on appliquera un fer approprié, puis un pansement au goudron ou à l'onguent de pied, et l'animal pourra être remis en service.

## IV. — Opération du kéraphyllocèle.

*Indications.* — Décollement de la paroi et boiterie rebelle. Nécrose ou carie des tissus sous-cornés.

Selon que la tumeur cornée est adhérente ou décollée, on opère par *amincissement* ou *par extirpation.*

Mêmes *instruments* et même *assujettissement* que pour l'opération de la *Seime.*

A. — Si l'opération est faite *par amincissement*, une fois le pied paré à fond en pince et désinfecté, tracez sur la muraille deux rainures parallèles ou un peu divergentes en bas, qui encadrent le kéraphyllocèle, et amincissez à pellicule le lambeau de corne qu'elles circonscrivent. Ensuite délimitez la tumeur par deux coups de feuille de sauge, un de chaque côté, s'étendant du biseau au bord plantaire ; puis, tenant l'instrument à pleine main, le pouce prenant appui sur la muraille, enlevez la tumeur en contournant sa face profonde.

B. — Dans la plupart des cas, le kéraphyllocèle est partiellement décollé ; il est préférable d'opérer *par extirpation*. Creusez d'abord sur la paroi deux rainures parallèles ou légèrement divergentes en bas ; pour leur donner l'écartement nécessaire, guidez-vous sur les extrémités de la courbe rentrante qui inscrit la base de la tumeur cornée. Réunissez ces rainures par une troisième, faite sur la ligne commissurale déviée. Incisez la pellicule de corne conservée au fond de ces sillons. Avec les tricoises, saisissez par son bord inférieur le lambeau ainsi délimité et effectuez-en l'ablation.

Dans l'un et l'autre procédé, quand le kéraphyllocèle est de petites dimensions, l'opération est terminée. Mais lorsque la colonne cornée, de fort volume, a provoqué des altérations atrophiques, pratiquez l'excision du tissu lamelleux altéré et ruginez la phalange dans tout le champ de la dépression.

Au cas où il existe des lésions de nécrose du podophylle avec ou sans carie de l'os, procédez comme il a été dit à propos de la *Seime*.

*Pansement*. — Irriguez la plaie et recouvrez-la d'un pansement avec ou sans fer. (V. *Opération de la Seime.*)

Mêmes soins consécutifs que pour celle-ci.

## V. — Opération de l'enclouure.

*Indications*. — Nécrose de la membrane sous-cornée ou du fibro-cartilage. Nécrose ou carie de la phalange.

Mêmes *instruments* et même *assujettissement* que pour l'opération de la *Seime*.

Technique. — Faites à la muraille, par amincissement ou par arrachement, une brèche, comme pour l'opération de la seime. Le plus souvent, la paroi étant décollée sur une large surface, on choisit l'extirpation : les tissus mortifiés sont ainsi à découvert. — En général, les temps essentiels de l'opération consistent à exciser le tissu podophylleux nécrosé, à ruginer la couche superficielle de la phalange ou à la cureter plus ou moins profondément si elle est cariée, observant toujours la règle d'empiéter quelque peu sur les parties adjacentes, de façon à ne laisser aucun foyer infectieux.

Même pansement que pour la seime et mêmes soins consécutifs.

L'enclouure a ordinairement son siège en quartier : la nécrose du fibro-cartilage est une complication fréquente. Si cette lésion est peu étendue, après avoir enlevé la partie mortifiée de la membrane tégumentaire, excisez l'îlot cartilagineux nécrosé et appliquez un pansement. Avec l'antisepsie, on obtient assez fréquemment la guérison.

## VI. — Opération du javart cartilagineux.

*Indications.* — Cas où la nécrose du fibro-cartilage intéresse les parties antérieure ou inférieure de celui-ci, et ceux où elle est compliquée de lésions de la phalange ou du ligament antérieur de la jointure du pied. — Collection purulente sous le fibro-cartilage.

### I. — Procédé classique.
### (Lafosse. Renault. Bouley.)

*Instruments.* — Râpe, rénettes, feuilles de sauge, pince, érigne plate. — Fer spécial et objets de pansement. — Si l'opération est faite par extirpation, préparez en outre les instruments nécessaires pour détacher une partie de la muraille.

*Assujettissement.* — L'animal couché, fixez le membre en position simple ou croisée, au-dessus ou au-dessous du genou s'il s'agit d'un pied postérieur; au-dessus ou au-dessous du jarret pour un pied antérieur.

Technique. — A. Procédé par amincissement. — *Premier temps : Amincissement du quartier.* — Le pied paré, amincissez à fond, sur le quartier où vous devez opérer, la barre et la branche correspondante de la sole. Tracez ensuite sur la muraille une rainure oblique en bas et en arrière, partant du biseau au niveau de l'extrémité antérieure du cartilage et délimitant un lambeau de paroi deux fois plus étendu à son bord supérieur qu'à l'autre. Amincissez la corne à pellicule dans toute l'étendue de ce lambeau, surtout à la surface et au voisinage du bourrelet.

*Deuxième temps : Incision de la membrane kératogène.* — Séparez le bourrelet du tissu podophylleux en incisant le tégument entre ces deux parties de la membrane kératogène, le long de la zone coronaire inférieure. Faites cette incision avec la feuille de sauge tenue à pleine main, le pouce prenant un point d'appui sur le quartier aminci; commencez-la à la limite antérieure de l'amincissement, pour la prolonger en arrière jusque dans la lacune latérale, en contournant le talon entre le cercle cutidural et les lames podophylleuses. Ne divisez que la pellicule cornée et le tégument sous-jacent. Évitez d'entamer profondément le cartilage, surtout en sa partie antérieure.

*Troisième temps : Décollement du bourrelet et de la peau.* — Saisissez avec la pince le bord inférieur du bourrelet ; avec la feuille de sauge, détachez partiellement cet organe du cartilage dans toute l'étendue de l'incision ; décollez-le sur une largeur d'environ 1 centimètre. Vers le milieu de l'incision, introduisez ensuite entre le bourrelet et le cartilage, jusqu'au-dessus du bord supérieur de celui-ci, la feuille de sauge double, face convexe en dehors. Décollez la cutidure et la peau en arrière d'abord : tenez l'instrument à pleine main, faites-le légèrement pivoter sur son axe, en arrière et en dedans, pour en rapprocher le tranchant de la surface du cartilage, et, par une série de légers mouvements exécutés d'avant en arrière, séparez le tégument du cartilage ; arrivé au niveau du bord postérieur de ce dernier, contournez-le en retirant légèrement la feuille de sauge, de manière que le bourrelet ne se trouve pas tendu sur le tranchant de l'instrument. Manœuvrez ensuite celui-ci d'arrière en avant pour achever le décollement au niveau de la partie antérieure de la plaque. — Pendant l'exécution des actes que comporte l'isolement de la face externe du cartilage, prenez un point d'appui sur le quartier aminci. Évitez d'entamer le bourrelet et la plaque cartilagineuse.

*Quatrième temps : Extirpation du cartilage.* — Introduisez sous le bourrelet la feuille de sauge simple (à droite ou à gauche selon le quartier où vous opérez), engagez-la à plat, le tranchant tourné en haut et en arrière ; contournez le bord postérieur de la plaque en faisant exécuter à l'instrument un demi-tour sur son axe, puis, d'un coup, extirpez le

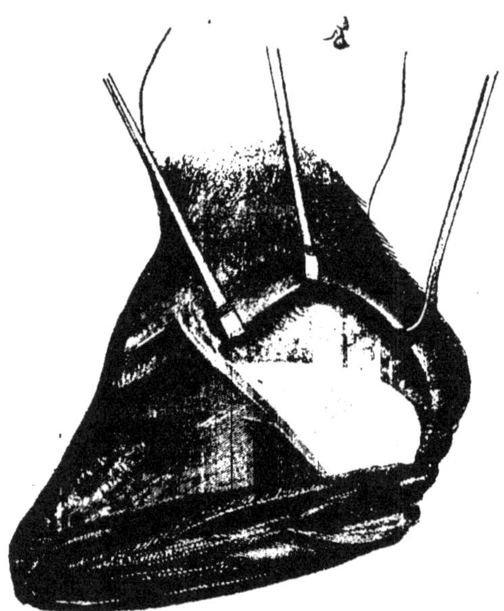

Fig. 197. — Opération complète du javart cartilagineux (procédé par amincissement). La couche cartilagineuse de la plaque scutiforme est enlevée.

tiers ou la moitié postérieure du cartilage, en épargnant le tissu podophylleux.

Pour enlever le reste de la plaque scutiforme, le pied doit être tenu dans l'extension et le bourrelet soulevé avec une érigne. Par des dédolations successives, excisez d'abord la moitié inférieure, faisant des coupes d'autant plus minces que vous approchez davantage de la couche fibreuse, laquelle doit être conservée. Bientôt la teinte blanchâtre et la consistance du tissu cartilagineux font place à la nuance gris jaunâtre et à la souplesse de la trame fibreuse. Pour extirper la moitié supérieure, prenez l'autre feuille de sauge et manœuvrez-la de bas en haut ; enlevez complètement l'angle antéro-supérieur de la plaque, où, souvent, la couche cartilagineuse est assez épaisse. Pour l'excision de l'angle antéro-inférieur, qui comble la dépression située en avant de l'apophyse basilaire, servez-vous d'une petite rénette.

Si le cartilage a subi une ossification partielle au voisinage de l'apophyse basilaire, enlevez cette néoformation osseuse avec la rénette à petite gorge. Lorsque l'ossification de la plaque est étendue, pratiquez l'ablation de la *forme*. Isolez-la d'abord de la phalange : creusez à la rénette un sillon à sa base, puis achevez la séparation avec le rogne-pied et le brochoir. Soulevez-la ensuite à l'aide du rogne-pied et, avec la feuille de sauge, détachez-la des tissus adjacents. Toutes ces manœuvres doivent être exécutées en prenant les précautions nécessaires pour ne blesser ni la synoviale, ni les ligaments latéraux de la jointure du pied. Presque toujours, en avant de la forme, il reste une partie cartilagineuse de la plaque scutiforme. Enlevez-la par minces couches, comme dans l'opération classique.

B. Procédé par extirpation. — *Premier temps : Creusement des rainures.* — Le pied paré et la face inférieure du talon amincie, creusez sur la muraille, du bord coronaire au bord plantaire, une rainure d'un centimètre et demi, oblique en bas et en arrière, partant de l'extrémité antérieure du cartilage et limitant un lambeau pariétaire dont le bord supérieur doit avoir une longueur environ double de l'inférieur. Faites sur la région plantaire une autre rainure allant de l'extrémité inférieure de la première jusqu'au talon.

*Deuxième temps : Arrachement du lambeau de muraille.* — Incisez la pellicule cornée ménagée au fond des rainures, en longeant les bords de la partie à enlever, de manière à conserver en avant du podophylle une bande d'amincissement d'un centimètre. Détachez ensuite cette portion de muraille (V. p. 379).

Au *troisième temps*, prolongez sur la bande d'amincissement l'incision de la membrane kératogène.

Effectuez ensuite le *décollement* et l'*extirpation* comme dans le premier procédé.

*Pansement.* — Faites l'emmaillotement ou appliquez un *pansement avec fer.* — Le fer fixé, placez dans la dépression sous-podophylleuse et sous le bourrelet un tampon de gaze afin de conserver la disposition en relief de la région

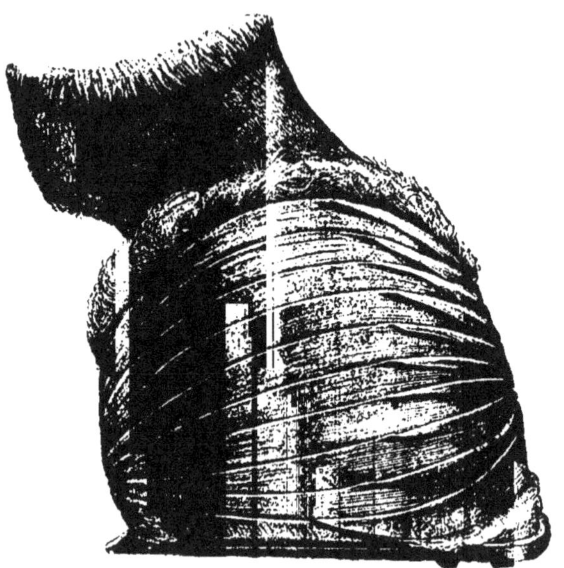

Fig. 198. — Opération du javart. — Pansement.

cutidurale : comblez la brèche pariétaire; disposez ensuite sur le quartier de larges couches d'ouate et fixez-les avec de la bande. Passez le premier tour circulaire au milieu du pansement, croisez la bande au niveau de l'éponge du côté opposé et faites tenir le chef perpendiculaire à la région plantaire; appliquez le deuxième tour en haut et le troisième en bas. Fixez ensuite solidement le pansement en associant des renversés aux tours circulaires, tous passés entre l'éponge et le chef et se recouvrant en partie comme dans le pansement de la seime. Arrêtez les chefs par un nœud droit.

*Soins consécutifs.* — La plaie consécutive à l'ablation du fibro-cartilage se répare par adhésion dans sa partie supérieure; en sa partie inférieure, elle se comble par bourgeonnement. La cicatrice est recouverte par la nouvelle paroi qui descend du bourrelet.

On doit amincir la corne cutidurale tant que la plaie opératoire n'est pas entièrement comblée et l'inflammation éteinte. Si on laisse trop tôt la corne descendre sur le podophylle, souvent la claudication s'accentue et une forte tuméfaction coronaire se développe : un abcès se forme à la couronne. — Dès que la plaie est cicatrisée, on comble la brèche cornée par un pansement au goudron, et l'animal est remis au travail au bout de cinq à six semaines.

* * *

Afin de diminuer l'étendue de la plaie opératoire, on peut limiter l'extirpation à la partie antérieure du fibro-cartilage, à la portion de cet organe située en avant du point nécrosé. Pour cette *opération partielle*, il suffit d'amincir le quartier sans toucher à la muraille calcienne. Mais la corne pariétaire qui reste en talon gêne l'opérateur et l'expose davantage à blesser la synoviale ou à entamer le ligament. Mieux vaut amincir aussi l'arc-boutant et n'inciser la membrane tégumentaire que dans une étendue de quelques centimètres.

Une autre opération partielle consiste, après amincissement du quartier, incision et décollement du tégument au niveau du foyer de nécrose, à enlever la portion cartilagineuse nécrosée et la zone qui l'entoure. Si la guérison rapide est possible par cette intervention, quel que soit le siège de la nécrose, l'opération est d'une exécution délicate ; elle exige une rigoureuse antisepsie ; et pour découvrir l'îlot nécrosé, il faut ordinairement diviser le bourrelet. Ce procédé est d'ailleurs moins sûr que le précédent ; il expose à la réapparition de la nécrose.

Sous le couvert de l'antisepsie, on peut obtenir la réunion *per primam* de la plaie d'excision, en opérant de la manière suivante. La veille de l'intervention, le pied est paré, puis nettoyé dans un bain antiseptique. Après avoir coupé les poils

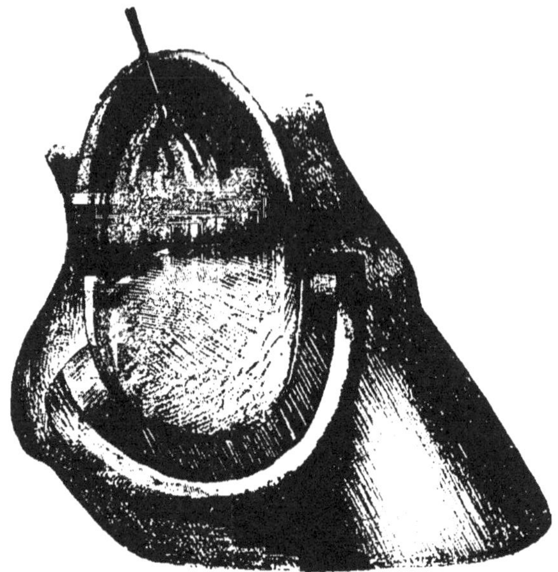

Fig. 199. — Opération du javart. Procédé de Bayer. — Incision de la peau, du bourrelet et du tissu podophylleux. Le lambeau est disséqué et relevé. Le fibro-cartilage est à découvert.

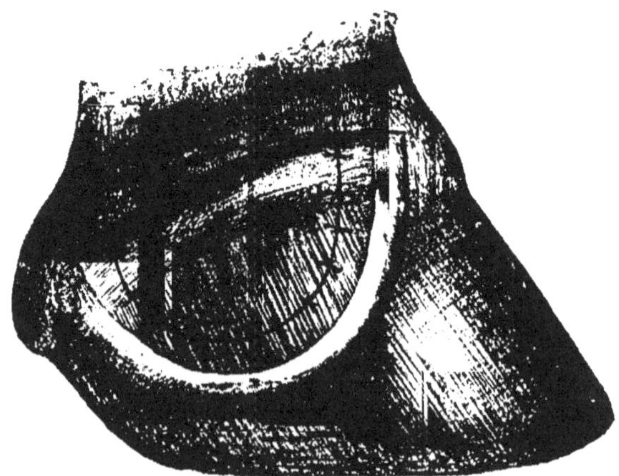

Fig. 200. — Suture.

sur la couronne et le paturon, on l'enveloppe d'ouate ou de

tarlatane imbibées d'un liquide antiseptique. — L'animal couché, la peau rasée et aseptisée, la fistule désinfectée et curetée, enlevez en quartier un lambeau demi-circulaire de corne pariétaire, en ménageant une bande d'amincissement. Faites ensuite, à quelques millimètres de celle-ci, le long des bords antérieur, inférieur et postérieur du cartilage, une incision portant sur la peau de la couronne, le bourrelet et le tissu podophylleux. Détachez du fibro-cartilage le lambeau tégumentaire semi-elliptique ainsi délimité (*fig.* 199). Extirpez ensuite tout le fibro-cartilage. — L'hémostase peut nécessiter quelques ligatures.

Faites la toilette de la plaie; saupoudrez-la d'iodoforme, rabattez le lambeau décollé et réunissez-en les bords au tégument adjacent (*fig.* 200). Terminez par l'emmaillotement du pied.

Quand la cicatrisation s'opère régulièrement, laissez le pansement à demeure dix à quinze jours.

### II. — Procédé par accession plantaire.
(Cocr.)

*Préparation du pied.* — Elle comporte l'amincissement à pellicule de la paroi, de la sole, de la barre et de la fourchette, comme dans le procédé classique.

La brèche plantaire qui va être pratiquée doit être longue de 30 à 35 millimètres et large de 12 à 15. Sur des pieds exempts de formes, elle s'étend du podophylle de l'arc-boutant aux apophyses basilaire et rétrossale.

*Assujettissement.* — Le cheval est couché sur le côté opposé au membre malade, et celui-ci fixé au-dessus du genou ou du jarret sur l'antérieur ou le postérieur correspondant. Même lorsqu'il s'agit d'un javart affectant un cartilage interne, si l'amincissement préalable a été fait sur l'animal debout, il n'est pas nécessaire de fixer le membre en position croisée.

*Instruments.* — Rénettes à clou de rue, rénette à lame longue et à gorge étroite, ou rénette spéciale à gorge fermée (*fig.* 201).

Manuel opératoire. — *Premier temps : Mise à nu de la base*

*du fibro-cartilage.* — Tenant à pleine main la rénette à clou de rue, on la plonge vigoureusement dans le sommet de l'angle de la sole, limité par la paroi et l'arc-boutant, de manière à enlever d'un coup la couche de corne solaire qui

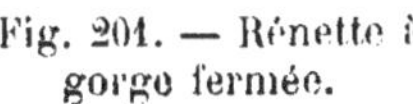

Fig. 201. — Rénette à gorge fermée.

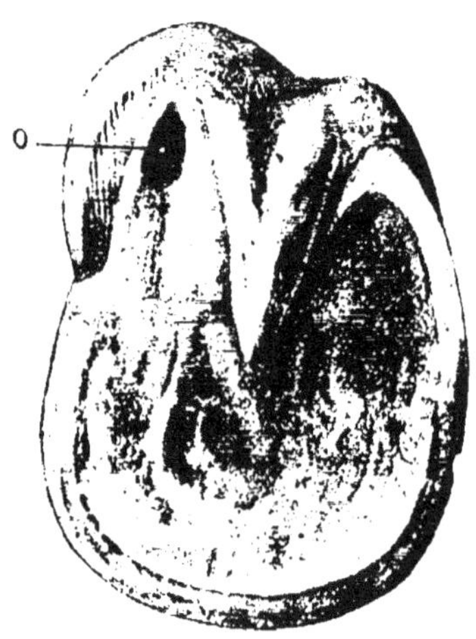


Fig. 202. — Opération du javart. — O, ouverture ou brèche plantaire.

reste, ainsi que le tissu velouté, et à découvrir ainsi la base du cartilage.

*Deuxième temps : Ablation du fibro-cartilage.*— Avec la rénette à gorge étroite ou la rénette spéciale à gorge fermée, on procède à l'extirpation du fibro-cartilage par tranches successives, en manœuvrant l'instrument tantôt d'avant en arrière, tantôt en sens inverse. L'opération est facilitée par la différence de consistance des tissus : tandis que le cartilage s'offre pour ainsi dire au tranchant de l'instrument, les tissus adjacents, plus mous, se dérobent.

L'extrémité antérieure du cartilage est bientôt atteinte. Quelques minutes suffisent à l'extraction complète de la plaque.

On s'assure, par le toucher digital, qu'il ne reste plus de parcelles cartilagineuses, puis on termine en ruginant le bord supérieur de l'apophyse basilaire.

Dans certains pieds, le développement exagéré des apophyses basilaire et rétrossale peut gêner au début de l'opération. Il faut alors réséquer une partie de ces apophyses en se servant de la rénette.

*Pansement.* — On déterge la plaie avec de l'eau bouillie ou une solution antiseptique, puis on la tamponne à l'ouate hydrophile ou à la gaze. On garnit le pied d'un fer à javart ordinaire ou d'un fer à planche, et l'on applique un pansement protecteur semblable à celui qui se fait habituellement.

*Soins consécutifs.* — Tous les trois ou quatre jours, on lève le pansement, on déterge la plaie, et l'on y réintroduit un tampon de moins en moins volumineux, afin qu'elle se comble sans entrave. — Vers le quinzième jour, plus tôt s'il est nécessaire, on enlève à la rénette la mince couche de corne blanchâtre qui tend à envahir le pourtour de la brèche plantaire avant que la plaie opératoire ne soit comblée.

Sauf d'assez rares exceptions (cartilage volumineux, forme), les animaux peuvent être remis en service du vingtième au vingt-cinquième jour.

Suppression possible de la position croisée dans l'assujettissement du blessé ; déclivité de la brèche opératoire et écoulement facile des sécrétions, exécution rapide des actes opératoires, réduction de la plaie au strict minimum, conservation de la continuité du bourrelet et de la paroi, durée moindre du chômage : tels sont les avantages de ce procédé.

## VII. — Opération du clou de rue.

*Indications.* — Nécrose du tissu velouté ou de l'os du pied ; — nécrose de l'aponévrose plantaire rebelle aux antiseptiques et aux escarrotiques. Synovite purulente de la petite gaine sésamoïdienne.

*Instruments.* — Rénettes, feuilles de sauge, pince, érigne aiguë, rugine ou curette. — Fer spécial et objets de pansement. — Si vous faites la dessolure, préparez les instruments nécessaires pour cette opération.

*Assujettissement.* — Fixez le pied comme pour l'ablation de la sole. Placez sous les membres une botte de paille ou entravez en position croisée pour l'exécution des temps essentiels.

TECHNIQUE. — A. OPÉRATION PARTIELLE. — L'*opération partielle du clou de rue* consiste à faire une brèche limitée qui découvre le foyer traumatique, et à pratiquer l'ablation de la partie mortifiée de l'aponévrose.

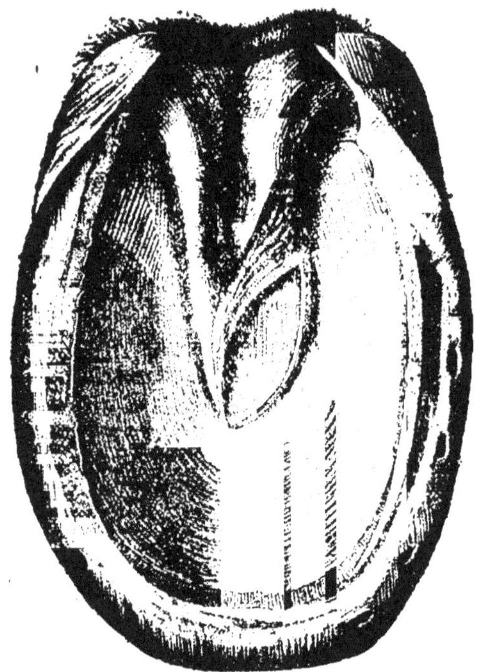

Fig. 203. — Opération partielle du clou de rue. — Au fond de la plaie d'excision, on voit un point de l'os naviculaire, une partie du ligament sésamoïdo-phalangien et de la crête semi-lunaire.

Le pied préparé, extirpez ou amincissez à pellicule le plancher du sabot, — la sole, la fourchette et les barres. Débridez la fistule, puis, avec la pince et la feuille de sauge, excisez en côte de melon, de chaque côté de l'incision, le coussinet plantaire, de façon à mettre à nu l'expansion du perforant. Si les fibres tendineuses superficielles sont seules nécrosées, bornez-vous à les exciser. Le plus souvent, on est obligé d'enlever, dans toute son épaisseur, la partie nécrosée de l'aponévrose.

Ruginez la partie de l'os naviculaire ou de la phalange correspondant au fond de la plaie (*fig.* 203).

Détergez celle-ci, lavez la gaine et appliquez un pansement boriqué ou iodoformé.

Cette opération partielle est souvent suivie de synovite suppurée avec décortication du sésamoïde et d'abcès du creux du paturon, quelquefois de récidive de la nécrose.

B. Opération complète. — Effectuez le *premier temps* comme pour l'opération partielle.

*Deuxième temps : Ablation du coussinet plantaire.* — Le pied tenu dans l'extension par un aide, sectionnez transversalement le coussinet plantaire près de sa base, avec la feuille de sauge double ; faites la section oblique d'arrière en avant, de la surface du coussinet vers l'aponévrose, en un point tel que cette incision prolongée dans l'aponévrose aboutisse sur le bord postérieur de l'os naviculaire. Saisissez avec la pince ou avec une érigne aiguë la portion antérieure du coussinet et détachez-la en donnant, à plat, deux coups de feuille de sauge dans les lacunes du pied.

*Troisième temps : Ablation de l'aponévrose plantaire.* — Avec une feuille de sauge et en prenant un ferme point d'appui, sectionnez transversalement l'aponévrose plantaire d'une lacune latérale à l'autre : l'instrument s'arrête sur l'os naviculaire, près de son bord postérieur. — Divisez ensuite sur la ligne médiane, au niveau du sésamoïde, ce lambeau de l'aponévrose, et extirpez successivement les deux parties, en les soulevant avec l'érigne aiguë ou la pince et en les coupant avec la feuille de sauge. Achevez d'abord d'un côté la section transversale de l'aponévrose, en y faisant, vers la crête semi-lunaire, une incision curviligne, puis détachez-la de la phalange en rasant ladite crête, prenant grand soin de ne pas blesser le ligament interosseux. — Mêmes manœuvres pour l'ablation de l'autre partie de l'aponévrose.

*Quatrième temps : Rugination des surfaces osseuses.* — Avec la curette ou une rénette à gorge étroite manœuvrée à plat, enlevez la couche cartilagineuse qui garnit la face inférieure de l'os naviculaire. — Ne ratissez pas la crête semilunaire, à moins que les fibres tendineuses qui s'y insèrent ne soient frappées de nécrose, et, en ce cas, bornez-vous à l'exci-

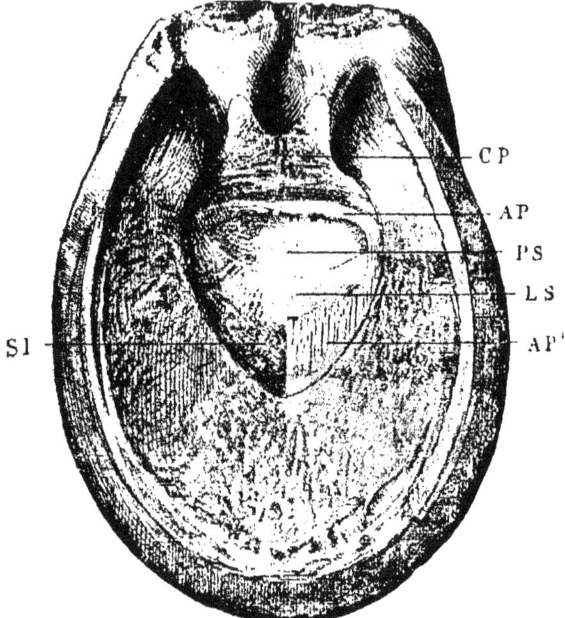


Fig. 204. — Opération complète du clou de rue. (André. Nocard.)

CP, coussinet plantaire ; AP, coupe transversale de l'aponévrose plantaire ; PS, petit sésamoïde ; LS, ligament sésamoïdo-phalangien ; AP', coupe de l'aponévrose plantaire près de son insertion ; SI, surface d'insertion de cette aponévrose.

sion large de la partie nécrosée avec rugination de la surface osseuse correspondante (*fig.* 204).

*Pansement.* — Détergez la plaie, saupoudrez-la d'acide borique ou d'iodoforme et tamponnez-la à la gaze. Recouvrez la région plantaire de couches d'ouate, puis faites l'emmaillotement du pied, ou appliquez un pansement avec fer, comme pour la dessolure. Si vous vous servez d'éclisses, assujettissez-les par un petit pansement de talons, fixé avec de la bande dont les tours sont maintenus par les éponges du fer.

*Soins consécutifs.* — En général, on renouvelle le pansement une fois par semaine. Vers le quinzième jour, les parois de la plaie sont partout tapissées de granulations.

Celle-ci est comblée de la cinquième à la sixième semaine ; le

Fig. 205. — Pansement avec fer.

tissu de cicatrice se recouvre de corne de la périphérie au centre, et souvent alors les animaux de gros trait peuvent recommencer leur service. Les chevaux de selle ou de trait léger ne sont utilisables qu'au bout d'un temps plus long, car souvent il persiste une boiterie qui ne s'atténue que lentement.

Avant de remettre les animaux au travail, on applique un pansement au goudron, et l'on garnit le pied d'un fer ordinaire ou un peu couvert muni d'une plaque.

## VIII. — Opération du crapaud.

*Indications.* — Lésions hypertrophiques diffuses du tissu velouté ou extension du mal au podophylle.

*Instruments.* — Rénettes, feuilles de sauge, curette, pince. — Fer spécial et objets de pansement.

*Assujettissement.* — Debout, dans le travail, ou en position décubitale, le membre fixé en position convenable sur l'avant-bras ou la jambe.

TECHNIQUE. — I. *Opération superficielle.* — Parez le pied à fond. Enlevez toute la corne décollée, puis faites à la périphérie du champ affecté un amincissement large de 1 centimètre au moins, qui permettra de traiter la zone suspecte et préviendra la compression des tissus. — L'adhérence de la corne à la membrane tégumentaire indique les limites du mal : on peut ainsi se rendre très exactement compte de l'étendue des altérations.— La dessolure est interdite ; toujours c'est l'amincissement qu'il faut pratiquer. — Si le crapaud a dépassé la surface plantaire, s'il s'est propagé sous la muraille, le long des cannelures podophylleuses, avec une rénette à gorge étroite creusez la couche profonde de la paroi; ici encore, poussez l'amincissement jusqu'au tissu sain.

Avec une feuille de sauge, coupez ensuite les végétations, les fics et les ergots ; partout vous devez mettre à nu la couche réticulaire de la membrane kératogène ; au niveau du coussinet plantaire, ménagez ses parties en relief tout en creusant les lacunes.

L'ablation terminée, détergez la plaie par une irrigation antiseptique ; saupoudrez-la d'iodoforme ou d'acide borique, et recouvrez-la d'une couche de gaze, puis d'un pansement ouaté.

On lève le pansement au bout de deux ou trois jours. La membrane tégumentaire malade est recouverte d'une matière blanchâtre, caséeuse, assez adhérente, que l'on détache par grattage avec une rénette à tranchant émoussé, afin de ne pas vulnérer ladite membrane, sur laquelle on applique ensuite le topique modificateur dont on a fait choix.

Cette intervention est répétée quotidiennement ou tous les deux

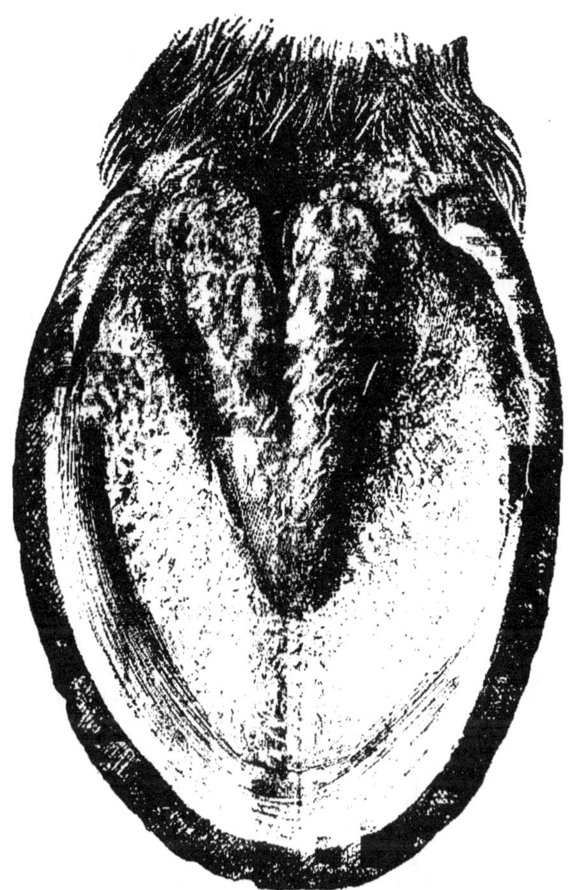

Fig. 206. — Opération du crapaud.

ou trois jours, selon les circonstances et l'agent thérapeutique employé.

Il est avantageux d'exercer le cheval, de l'utiliser à un travail modéré, surtout durant la belle saison et sur un sol sec, le pied malade garni d'un fer approprié, la région plantaire protégée par des éclisses métalliques ou une plaque mobile.

II. — *Opération profonde.* — Encore appelée *opération*

*radicale*, elle consiste à enlever non seulement les végétations, — papilles hypertrophiées et ergots, — mais la membrane tégumentaire elle-même, dans tout le territoire envahi.

Si celui-ci est très large, il convient d'anesthésier le cheval. Après avoir excisé les végétations avec la feuille de sauge et la curette, faites l'abrasion du tissu velouté et du podophylle malades.

Pansez comme pour la première opération.

Si les phénomènes consécutifs ne dénoncent aucune complication, on renouvelle le pansement tous les huit à dix jours. Dès la fin de la deuxième semaine, la plaie est partout granuleuse; sa périphérie est bordée d'une mince bande cornée qui peu à peu s'élargit, empiète sur la couche granuleuse. Quand on change le pansement, le plus souvent il n'y a à effectuer aucune manœuvre spéciale; il suffit de nettoyer la plaie et de la recouvrir de gaze ou d'ouate; si quelques végétations sont exubérantes, on les excise.

## IX. — Opération de la fourbure chronique.

Elle a pour but de remédier à la déformation du pied par l'ablation du coin de corne kéraphylleuse et de la portion de muraille qui le recouvre.

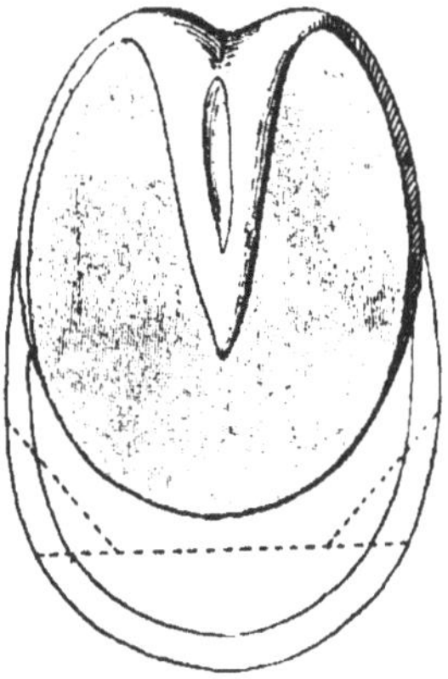

Fig. 207. — Opération de la fourbure chronique.

*Instruments.* — Scie, râpe; fer à siège couvert en pince, étampé en quartiers.

*Assujettissement.* — On opère sur le cheval debout, le pied maintenu sur un billot, un tord-nez appliqué à la lèvre supérieure s'il est nécessaire.

Technique. — Le pied a été exploré en pince et en mamelle, de façon à bien déterminer l'épaisseur du coin de corne à la région plantaire.

Pour en enlever la plus grande partie, appliquez la scie sur la face antérieure du sabot, dans la dépression que forme la muraille déviée en avant, à quelques centimètres de la couronne; disposez-la perpendiculairement à l'axe antéro-postérieur du pied, la lame inclinée au degré voulu pour donner à la surface de section l'obliquité de la pince d'un pied normal. Entamez la muraille; sciez-la ainsi que le coin jusqu'à la région plantaire.

Réséquez de même deux autres segments de corne, en appliquant la scie successivement sur la mamelle externe et la mamelle interne.

Avec la râpe, effacez les angles formés par les traits de scie et nivelez la corne de façon à donner au pied une forme régulière. — Faites parer les talons et appliquer le fer.

La corne kéraphylleuse qui forme l'enceinte de l'ongle dans la région opérée est peu résistante, très sujette à se fendiller. On la recouvrira d'un pansement au goudron ou à l'onguent de pied.

---

# TROISIÈME PARTIE

# OPÉRATIONS PRATIQUÉES SUR LES ANIMAUX DE L'ESPÈCE BOVINE

## I. — Saignées.

### A. — Saignée a la jugulaire.

La *veine jugulaire* superficielle du bœuf est volumineuse, mais il est parfois difficile d'en obtenir la distension en la comprimant : le sang s'écoule par la jugulaire accessoire, satellite de la carotide. Pour provoquer la stase dans la veine, appliquez sur la base de l'encolure une cordelette disposée en nœud coulant et dont l'extrémité est tirée par un aide. Pour empêcher l'anse de remonter le long de l'encolure, fixez à sa partie inférieure une autre corde qui, passée entre les membres antérieurs, est tirée par l'aide dans la même direction que la première.

*Assujettissement.* — Attachez l'animal à un poteau ou à un anneau. S'il se défend, immobilisez-le contre un mur au moyen d'une plate-longe. Faites couvrir l'œil du côté où vous opérez.

Technique. — La position de l'opérateur et le manuel sont les mêmes que pour la saignée à la jugulaire chez le cheval. La région préparée (on se borne à mouiller et à lisser les poils), prenez la flamme et sortez la tige qui porte la lame la plus large ; placez celle-ci dans l'axe du vaisseau, un peu au-dessus du milieu de l'encolure, et ouvrez-le en frappant un fort coup de bâtonnet. La blessure de la carotide n'est pas à craindre, en raison du volume de la veine.

Pour l'hémostase, faites cesser la compression du vaisseau, affrontez les lèvres de la plaie, traversez-les en leur milieu par une épingle et appliquez une ligature. Le thrombus qui se produit parfois disparaît sans intervention.

Comme chez le cheval, on peut aussi faire la saignée avec un *trocart* (V. p. 156).

### B. — Saignée a la mammaire.

*Assujettissement.* — Fixez l'animal comme pour la saignée à la jugulaire. Reunissez les membres postérieurs par une ligature en **8** appliquée au-dessus des jarrets, ou bien, avec la queue disposée ainsi qu'il a été dit *page* 32, immobilisez le membre postérieur du côté où vous opérez.

Technique. — Placez-vous comme pour la saignée à la sous-cutanée thoracique chez le cheval ; comprimez la veine en appliquant une corde qui enlace la partie antérieure de l'abdomen, ou avec la main armée de la flamme ; ouvrez-la en frappant sur la tige un coup de bâtonnet.

Faites l'hémostase comme pour la saignée à la jugulaire. Même lorsque le thrombus est volumineux, il se résorbe en général rapidement.

## II. — Sétons et trochisques.

Rarement utilisés chez les sujets de l'espèce bovine, les *sétons* sont appliqués suivant les règles indiquées pour le cheval. — On emploie de préférence les *trochisques*, dont les effets sont plus intenses.

*L'opération du trochisque* consiste à introduire dans le tissu conjonctif sous-cutané un agent irritant de nature végétale (racine d'ellébore, de vératre) ou minérale (acide arsénieux, sublimé corrosif). On la pratique généralement au fanon. — Coupez les poils au lieu d'élection, puis, avec le bistouri convexe, faites-y une étroite incision cutanée verticale. Engagez dans celle-ci la pointe des ciseaux courbes et décollez la peau au-dessous, de façon à creuser là un godet profond de quelques centimètres, ou procédez comme pour le séton à rouelle (V. p. 171). Introduisez ensuite dans le décollement le corps irritant dont vous avez fait choix.

### III. — Cautérisation.

Pour les animaux de l'espèce bovine, on n'use guère de la cautérisation. Les règles de celle-ci sont d'ailleurs à peu près les mêmes que pour le cheval. Plus épaisse, très vasculaire, la peau peut supporter plus longuement l'action du fer rouge sans danger de nécrose consécutive. Remarquons toutefois que, suivant les régions, l'épaisseur du derme varie dans la proportion de 1 à 4. A ce point de vue, les principales régions sur lesquelles on opère se rangent dans l'ordre suivant : *région inguinale; — face interne du jarret, canon, face postérieure du genou; — face externe du jarret, boulet, paturon, couronne; — front, dos, lombes; — articulation de la hanche, face antérieure du genou.*

*Instruments.* — Pour la cautérisation superficielle, servez-vous d'instruments dont la pointe est effilée ou la partie cultellaire mince, afin que le fer, qui doit pénétrer assez profondément, ne provoque pas de larges plaies. — Appliquez le feu pénétrant avec les mêmes cautères que pour le cheval.

*Assujettissement.* — Autant que possible, opérez sur l'animal debout, solidement fixé dans un travail, au joug ou contre un chariot. S'il est nécessaire de le coucher, faites-le tenir à la diète pendant douze heures, et, afin d'éviter la météorisation, assurez-vous qu'il a bien ruminé après son dernier repas.

Technique. — Pour les *cautérisations transcurrente* ou *en pointes superficielles*, procédez comme pour le cheval, en augmentant, pour chacun des degrés du feu, d'un tiers environ le nombre des applications du fer rouge, tout en tenant compte du degré d'épaisseur de la peau en la région sur laquelle vous opérez. Les signes des trois degrés de la cautérisation ainsi que les phénomènes consécutifs n'offrent rien de spécial.

Le feu *en pointes penétrantes* et la *cautérisation en aiguilles* donnent souvent d'excellents résultats chez le bœuf. On peut porter l'instrument de cinq à dix fois dans les pointes lorsque l'opération est faite pour des lésions tendineuses ou osseuses. Pour les synoviales, on ne donnera qu'un coup de cautère à chaque pointe, comme il a été dit pour le cheval.

Généralement on recouvre la région cautérisée d'une préparation vésicante (pommade stibiée ou au bichromate de potasse).

Les *soins consécutifs* sont semblables à ceux indiqués pour le cheval.

## Opérations spéciales.

### I. — Ablation des cornes.

*Indications.* — Direction vicieuse, excès de longueur ou fracture complète des cornes.

*Instruments.* — Scie, bistouri, ciseaux. — Objets de pansement.

*Assujettissement.* — Attachez l'animal à un arbre ou à un poteau avec une plate-longe.

Pratiquée seulement sur l'étui corné, l'opération est inoffensive. Quand elle porte sur l'os, elle exige quelques précautions. Il est

Fig. 208. — Pansement à la bande.

indiqué notamment de tenir plus basse que l'autre la corne sur laquelle on opère, de façon que la sciure et le sang ne pénètrent pas dans le sinus.

Technique. — Coupez la corne avec une scie bien tranchante enduite de vaseline simple ou boriquée. L'hémorragie tarie par des compresses chaudes, recouvrez le moignon d'ouate ou d'étoupe. — Si vous avez sectionné la corne au ras du crâne, appliquez un emplâtre adhésif (poix noire et térébenthine) arrondi et découpé sur les bords. — Si le moignon est saillant, fixez le pansement avec de la bande. L'un des chefs, passé sous la base de la corne opposée enveloppée au préalable d'étoupe, est maintenu près de la corne amputée en commençant un **8** de chiffre. L'autre est roulé en spire à tours imbriqués sur la compresse ; lorsque celle-ci est bien fixée, passez la bande trois ou quatre fois sous la base des cornes et sur la nuque (*fig.* 208), ensuite nouez les chefs.

S'il ne survient aucune complication, laissez le pansement à demeure huit à douze jours. Il suffit de le renouveler une fois pour que la cicatrisation soit complète.

## II. — Trépanation des sinus.

*Indications.* — Les mêmes que chez le cheval : sinusites d'origine traumatique, dentaire ou néoplasique.

On peut trépaner le *sinus frontal* en sa partie supérieure, à deux ou trois doigts de la base de la corne et à la même distance du relief occipital ; — en sa partie inférieure, un peu au-dessus d'une perpendiculaire abaissée du bord supérieur de l'orbite sur la ligne médiane, à peu près à égale distance de ces parties ou à 1-2 centimètres en dedans de la scissure orbitaire, qui loge une artère assez volumineuse. — On peut encore ouvrir le sinus du cornillon en trépanant la corne sur sa face antérieure, à deux travers de doigt de sa base.

On ouvre le sinus maxillaire immédiatement en avant de l'épine maxillaire chez les sujets adultes; à un ou deux travers de doigt plus haut chez les jeunes animaux.

Le manuel opératoire est le même que pour la trépanation des sinus chez le cheval (V. p. 199).

### III. — Trachéotomie.

Indiquée pour conjurer l'asphyxie dans les cas de dyspnée intense causée par une affection des voies respiratoires supérieures, on la pratique sur l'animal assujetti debout et comme il a été dit pour la *trachéotomie provisoire* du cheval.

### IV. — Cathétérisme de l'œsophage.

Les indications sont les mêmes que pour le cheval.

*Instruments.* — Cathéter ou poussoir et bâillon ou spéculum.

*Assujettissement.* — Opérez sur l'animal debout, la tête maintenue en extension modérée par un aide vigoureux. La langue tirée hors de la bouche et saisie par un second aide, appliquez le bâillon.

Technique. — Prenez la sonde ou le poussoir et procédez comme il a été indiqué pour le cheval. Le voile du palais est moins long que chez ce dernier, et le conduit œsophagien beaucoup plus large : le cathétérisme est toujours des plus facile.

### V. — Taxis et extraction des corps étrangers de l'œsophage.

*Indications.* — Corps étrangers arrêtés dans la partie cervicale de l'œsophage.

#### A. — Premier procédé.

*Assujettissement.* — Opérez sur l'animal debout. Faites tenir la tête relevée, bien étendue sur le cou.

Technique. — Pour ramener le corps étranger dans l'arrière-bouche, placez-vous près de la face gauche de l'encolure ; appliquez par-dessus celle-ci la main droite dans la gouttière jugulaire droite, la main gauche dans la gouttière opposée, au niveau de la première, les extrémités des doigts immédiatement au-dessous du corps étranger. Par des pressions effectuées de bas en haut sur celui-ci, faites-le remonter jusque dans le pharynx.

Fig. 209. — Spéculum pour le cathétérisme de l'œsophage chez le bœuf.

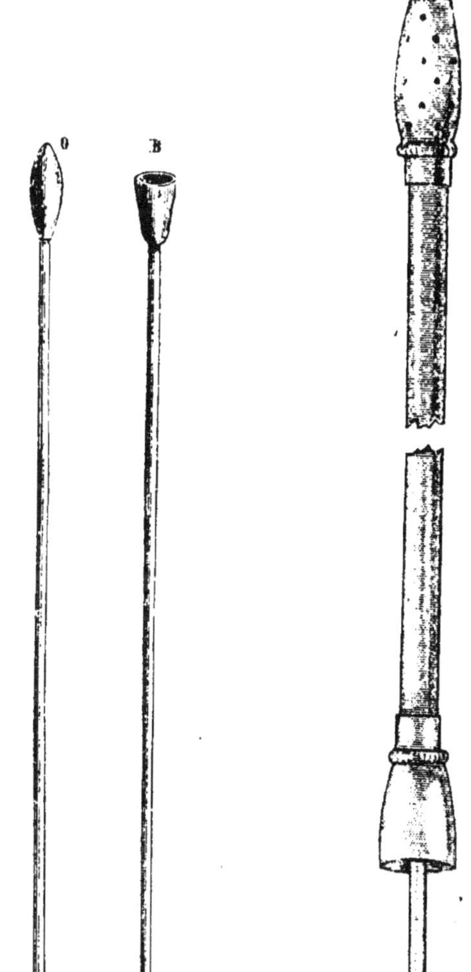


Fig. 210 et 211. — Poussoirs œsophagiens. (Peuch et Toussaint.)

Fig. 212. — Sonde œsophagienne.

Tandis qu'un aide l'y maintient en comprimant l'origine de l'œsophage, saisissez de la main gauche la mâchoire inférieure en arrière du col du maxillaire et entr'ouvrez la bouche de l'animal, ou appliquez un spéculum. Introduisez ensuite la main droite dans le pharynx et saisissez le corps poussé en avant par l'aide. Cette dernière manœuvre doit être exécutée rapidement, afin d'éviter l'asphyxie par occlusion de la glotte.

### B. — Deuxième procédé.

*Assujettissement.* — En position debout. Faites tenir la tête abaissée par deux aides ou attachez-la solidement, de sorte que le mufle soit à environ 40 centimètres du sol.

Technique. — Placé à gauche de l'encolure, passez le bras droit par-dessus celle-ci, appliquez les deux mains sur le bord trachélien du cou et les pouces dans les gouttières jugulaires, l'un à droite, l'autre à gauche : par des pressions en avant exercées sur le corps étranger, faites-le remonter jusque dans le pharynx. Là, il est arrêté par le voile du palais. Faites porter la tête dans l'extension et entr'ouvrir la bouche, tandis que vous exercez une pression en bas et en avant sur le corps étranger : la base de la langue est déprimée et le passage agrandi ; le corps est d'ordinaire facilement expulsé.

Si l'action des pouces est insuffisante, faites maintenir le corps étranger par un aide, et effectuez-en l'extraction avec la main portée dans le pharynx.

## VI. — Œsophagotomie.

*Indication.* — Corps étrangers de la partie cervicale de l'œsophage, lorsque le cathétérisme et le taxis sont insuffisants.

On pratique cette opération dans la gouttière jugulaire gauche, au niveau du corps étranger arrêté dans l'œsophage, l'animal assujetti de préférence en position debout.

Même manuel que pour le cheval (V. p. 245).

Afin de fermer plus complètement la plaie du conduit, on peut, vu l'ampleur de celui-ci, appliquer sur la muqueuse une suture de Jobert.

Quand le corps étranger est susceptible d'être coupé ou écrasé, au lieu de pratiquer l'œsophagotomie classique, on procédera comme il a été dit *page* 247.

Mêmes soins consécutifs qu'après l'œsophagotomie chez le cheval.

### VII. — Ponction du péricarde.

*Indications.* — Péricardite exsudative par corps étrangers.

*Instruments.* — Ciseaux, bistouri, aiguille creuse ou trocart. — Objets de pansement.

*Assujettissement.* — L'animal est opéré debout, la tête attachée ou tenue par un aide, les membres postérieurs immobilisés par une ligature en **8**, serrée au-dessus des jarrets.

Le péricarde peut être ponctionné, comme chez les autres animaux, avec l'aiguille ou un fin trocart implanté dans le cinquième ou le sixième espace intercostal ; mais il est préférable, ainsi que l'a préconisé Thomassen, d'opérer par la région paraxiphoïdienne, en se servant d'un trocart long de 25 à 30 centimètres et du calibre de ceux que l'on emploie pour la saignée à la jugulaire ou pour la ponction du cæcum chez le cheval.

Le lieu d'élection est l'interstice qui existe, de chaque côté de la ligne médiane, entre le col de l'appendice xiphoïde et la partie terminale du cercle de l'hypocondre.

Technique. — Opérez de préférence à gauche. La région préparée, faites-y d'avant en arrière, en la commençant à quelques travers de doigt du sommet de l'angle sterno-costal, une incision cutanée longue de 15 à 20 centimètres, légèrement oblique en dehors, menée à égale distance de la ligne médiane et de l'hypocondre. Détachez ensuite les muscles fixés sur l'appendice xiphoïde et découvrez largement le col de celui-ci.

Avec l'index droit, pénétrez dans l'espace médiastinal en dilacérant le tissu adipeux du coussinet péricardique. Lorsque l'épanchement est abondant, le doigt perçoit bientôt le péricarde distendu et les secousses produites par les systoles cardiaques.

Engagez le trocart le long du doigt, dirigez-le en avant, dans le plan médian, et, d'un coup brusque, faites-le pénétrer de quelques centimètres dans le péricarde. Retirez la tige et évacuez l'exsudat.

L'écoulement terminé, drainez la plaie par une mèche de gaze, puis appliquez un pansement maintenu par un bandage. Renouvelez le pansement tous les deux ou trois jours.

Cette opération ne saurait être curatrice de l'affection pour laquelle on la pratique. Elle a pour but seulement d'améliorer quelque peu l'état des malades et de les rendre dignes de l'abattoir.

### VIII. — Laparotomie.

*Indications.* — Intervention directe sur l'un des organes de la cavité abdominale ou exploration de ces organes. Plus particulièrement : invagination, volvulus; surcharge ou corps étranger du rumen; hernie pelvienne. — La castration par le flanc est abandonnée.

Le *lieu d'élection* est la partie supérieure du flanc. Sauf pour la gastrotomie, on opère généralement à droite. On peut assujettir le patient debout, mais la contention en position décubitale est préférable.

La préparation de l'animal, les règles de l'intervention et les soins consécutifs sont les mêmes que pour le cheval.

### IX. — Ponction du rumen.

*Indication.* — Pour donner issue aux gaz accumulés dans le rumen lors de tympanite à développement rapide ou de météorisation rebelle aux autres moyens.

*Remarques anatomiques.* — Le creux du flanc est limité, en avant, par la dernière côte, dont la direction est oblique en bas et en arrière; en haut, par les extrémités libres des apophyses transverses des vertèbres lombaires; en arrière et en bas, par la corde du flanc.

En cette région, on trouve sous la peau : 1° une couche de tissu conjonctif assez dense ; 2° la portion aponévrotique du grand oblique représentée par quelques lames fibreuses; 3° la partie charnue du petit oblique dont les faisceaux sont dirigés en bas et en avant ; 4° l'aponévrose du transverse de l'abdomen ; 5° la couche

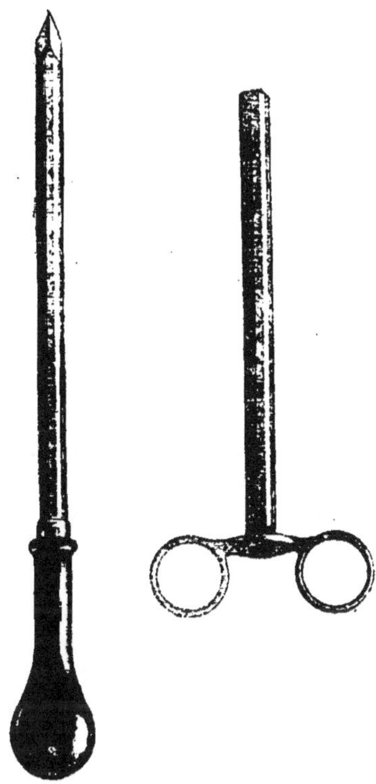

Fig. 213 et 214. — Trocart pour la ponction du rumen. Tige et canule.

conjonctive sous-péritonéale ; 6° le feuillet pariétal du péritoine. — La face externe du rumen est tapissée par le feuillet viscéral de la séreuse.

*Assujettissement.* — Faites tenir la tête de l'animal par un aide; entravez en 8 les membres postérieurs, ou immobilisez le gauche avec une plate-longe ou avec la queue (V. p. 32).

*Instruments.* — Ciseaux courbes, bistouri convexe, trocart. — Employez de préférence un trocart de petit calibre.

Technique. — La ponction du rumen doit être faite dans le flanc gauche, au centre du triangle formé par le relief des apophyses transverses lombaires, la dernière côte et la corde du flanc.

On peut introduire d'emblée le trocart au lieu d'élection, mais il est préférable d'opérer en deux temps. Faites d'abord à la peau, avec le bistouri convexe, une incision de 1 à 2 centimètres. La pointe du trocart engagée dans la plaie, tenez l'instrument de la main gauche, par la canule, dans une direction oblique en avant et un peu en dedans (vers le membre antérieur droit) ; d'un coup vigoureux porté avec la paume de l'autre main sur le sommet de la tige, faites pénétrer le trocart dans le rumen. Retirez la tige et fixez la canule par deux liens noués sur l'abdomen.

Le dégagement de gaz terminé, sortez la canule en exerçant sur elle une traction avec la main droite, tandis que les doigts gauches appliqués sur la peau empêchent le soulèvement des parois du flanc.

Selon l'étendue de la plaie cutanée, on en peut réunir les lèvres par un point de suture ou simplement les recouvrir d'un topique antiseptique adhésif. Cette plaie se cicatrise d'ordinaire rapidement et sans complications : on se borne à y faire des détersions antiseptiques.

Parfois la région opératoire devient le siège d'une infiltration gazeuse, ou d'une tuméfaction phlegmoneuse qui rétrocède habituellement par des affusions chaudes. Si elle s'abcède, on donnera issue au pus par une incision précoce. — La complication de péritonite est rare.

L'inflammation péritonéale circonscrite développée au voisinage de la ponction provoque généralement des adhérences définitives entre le rumen et la paroi abdominale.

## X. — Gastrotomie.

*Indications.* — Indigestion avec surcharge du rumen, pour extraire une partie de la masse alimentaire qui encombre celui-ci. Quelquefois pour extraire un corps étranger du rumen, du réseau ou de la dernière partie de l'œsophage.

*Instruments.* — Ciseaux courbes, bistouris, pinces ordinaire et hémostatiques, aiguille courbe. — Fils de chanvre ou de soie et compresses.

*Assujettissement.* — Comme pour la ponction du rumen.

Technique. — *Premier temps : Incision de la peau.* — Le lieu d'élection est la partie centrale du flanc gauche. La région préparée, faites, à deux travers de doigt de la quatrième apophyse transverse lombaire, une incision cutanée de 10 à 15 centimètres, verticale ou légèrement oblique en avant et en bas.

*Deuxième temps : Incision des couches sous-cutanées.* —

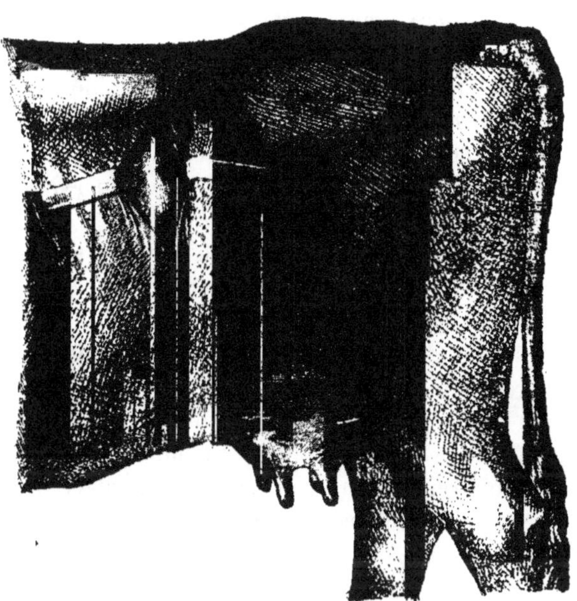

Fig. 215. — Laparotomie pour l'incision du rumen.

Divisez successivement les couches formées par le grand oblique, le petit oblique, le transverse de l'abdomen et le péritoine. Découvrez le rumen par l'application d'écarteurs qui entr'ouvrent la plaie.

*Troisième temps : Ouverture du rumen.* — On pourrait l'effectuer d'emblée en incisant au fond de la plaie les parois du réservoir; mais, pour éviter l'affaissement de celui-ci lorsque des gaz y sont accumulés en plus ou moins grande quantité, il est toujours préférable de réunir d'abord les parois du rumen aux parois du flanc, avec une aiguille très courbe et du fort fil de chanvre ou de soie. Appliquez deux points de suture au niveau des angles de l'incision, puis ponctionnez le rumen avec un trocart, afin d'empêcher la projection des matières alimentaires, qui souilleraient la plaie et pourraient infecter le péritoine. Avec le bistouri, incisez ensuite les parois du rumen dans le sens de la plaie du flanc, et fixez chacune des lèvres du réservoir aux plans musculo-cutanés correspondants par un ou deux points séparés.

*Quatrième temps : Évacuation des aliments.* — Les lèvres de la plaie recouvertes chacune d'un linge mouillé étalé, en dedans sur la muqueuse du rumen, en dehors sur la peau, procédez à l'extraction des matières soit avec la main, soit avec une cuillère ou de longues pinces. Sortez la moitié ou les deux tiers du contenu de la panse.

*Suture.* — Fermez la plaie du rumen par une suture séro-séreuse à points séparés distants d'environ 1 centimètre, ayant soin de passer les fils dans la séreuse et la musculeuse seulement, afin d'éviter leur infection et les accidents qui en pourraient résulter.

Le rumen libéré par l'ablation des fils qui le fixaient à la paroi abdominale, fermez la plaie du flanc en suturant la couche musculaire, puis la peau, après avoir placé un drain ou une mèche de gaze dans l'angle inférieur.

Très généralement les phénomènes consécutifs sont semblables à ceux qui suivent la simple laparotomie. Au bout de quelques jours, on retire le drain ou la gaze, et une fois par jour la plaie est détergée avec de l'eau bouillie ou une solution antiseptique, puis touchée à l'alcool. Des adhérences inflammatoires peuvent s'établir dans le flanc entre le rumen et la paroi abdominale, comme il a été dit à propos de la ponction de ce réservoir.

## XI. — Urétrotomie.

Chez le bœuf, selon le siège des calculs arrêtés dans le canal urinaire, on pratique l'*urétrotomie ischiale* ou l'*urétrotomie scrotale*.

*Instruments.* — Bistouri droit, sonde cannelée, cathéter ou pinces pour l'extraction des calculs. Aiguille et fil. -

### A. — Urétrotomie ischiale.

*Indications.* — Imminence de rupture de la vessie par rétention de l'urine lors d'obstruction de l'urètre en sa partie scrotale par un calcul; — engagement d'un calcul dans la partie intrapelvienne du conduit; — opérations intravésicales.

*Assujettissement.* — Fixez solidement la tête de l'opéré et entravez les membres postérieurs. Faites tenir la queue relevée sur la ligne médiane.

Technique. — Si l'urètre est distendu par l'urine dans sa partie ischiale, s'il y a des « bonds urétraux » (cas où le calcul est arrêté au niveau de l'S pénienne ou dans la partie scrotale du conduit), ouvrez-le comme chez le cheval, en un seul temps, par une ponction et un débridement vertical.

Si le canal est affaissé (cas où le calcul est arrêté dans la partie intrapelvienne), au niveau de la courbure ischiale incisez verticalement, couche par couche, les tissus qui recouvrent l'urètre; ponctionnez celui-ci et débridez-le, sur la sonde cannelée, dans le sens de la plaie. Sortez ensuite le calcul avec une pince, — ou refoulez-le dans la vessie, et, s'il est impossible de l'extraire, faites la *lithotritie* en procédant comme pour le cheval.

Les *phénomènes consécutifs* et les *soins* sont les mêmes que pour l'opération similaire chez le cheval.

### B. — Urétrotomie scrotale.

*Indication.* — Extraction d'un calcul arrêté au niveau de l'une des courbures de l'urètre ou dans sa partie inférieure.

*Assujettissement.* — Couchez l'animal sur le côté gauche. Découvrez la région scrotale en portant le membre postérieur droit sur l'épaule correspondante au moyen d'une plate-longe. — Si le réservoir urinaire était distendu, avant de coucher le patient il conviendrait d'évacuer l'urine par la ponction de l'urètre faite avec la flamme ou le trocart, au niveau de l'arcade ischiale. — Sur les animaux déprimés par la douleur, on peut opérer debout.

Technique. — Si vous faites l'*urétrotomie post-scrotale*, incisez la peau et les couches cellulo-fibreuses sous-cutanées à un travers de main en arrière des bourses et sur une longueur de 8 à 10 centimètres. Avec l'index recourbé en crochet, amenez la verge au dehors et explorez l'S pénienne. Le siège du calcul reconnu, incisez à son niveau la couche fibro-érectile et l'urètre, enlevez-le avec des pinces, et fermez le conduit par un point de suture.

Si vous pratiquez l'*uretrotomie antéscrotale*, effacez la double inflexion urétro-pénienne en exerçant sur l'extrémité de la verge une traction prolongée, tandis qu'un aide pousse en avant la saillie formée par la deuxième courbure. Cela fait, le calcul est perçu sur la partie du pénis qui dépasse le fourreau, ou sur celle qui est recouverte par celui-ci.

Dans le premier cas, ouvrez l'urètre par une étroite incision longitudinale faite au niveau du calcul et enlevez ce dernier avec une pince. On peut laisser ouvert le conduit, mais mieux vaut le fermer par un ou deux points de suture passés dans la couche fibro-érectile.

Dans l'autre cas, incisez d'abord le fourreau au niveau du calcul, amenez au dehors la partie correspondante du pénis, et achevez l'opération comme il vient d'être indiqué.

La cicatrisation de ces plaies a lieu d'ordinaire rapidement. En général les soins consécutifs se réduisent à de simples lavages avec de l'eau bouillie. S'il survient une forte tuméfaction accusant de l'infiltration urinaire, il faut inciser hâtivement avec le bistouri ou le cautère hastile, puis faire des détersions antiseptiques.

### XII. — Cathétérisme de l'urètre chez la vache.

*Instrument.* — Sonde en gomme ou en métal.
*Assujettissement.* — Comme pour l'ovariotomie.

Technique. — Malgré la valvule qui existe sur la paroi inférieure de l'urètre, près de son orifice, on peut réussir le cathétérisme en engageant la sonde le long de la paroi supérieure du conduit. Si l'instrument est arrêté par la valvule, il faut le retirer, abaisser celle-ci avec l'index de la main libre et introduire ensuite le cathéter.

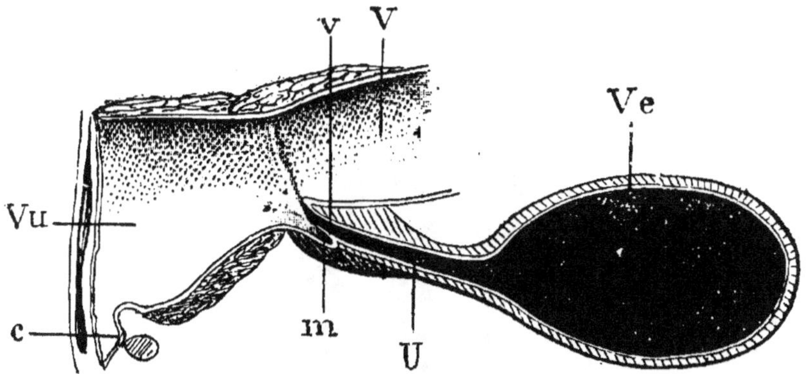


Fig. 216. — Coupe antéro-postérieure et médiane de la vessie, de l'urètre, du vagin et de la vulve chez la vache.

*Ve*, vessie ; *U*, urètre ; *v*, valvule de l'urètre ; *m*, méat ; *V*, vagin ; *Vu*, vulve *c*, clitoris.

L'écartement des lèvres de la vulve avec un spéculum ou des valves improvisées facilite l'opération.

## XIII. — Castration du taureau.

*Indications.* — Le plus souvent elle est pratiquée pour rendre les animaux plus dociles, plus aptes au travail, ou pour favoriser l'engraissement et améliorer la qualité de la viande. Les sujets qui doivent être utilisés comme bêtes de travail sont châtrés plus tardivement que ceux destinés à la consommation. L'opération est quelquefois faite dans un but thérapeutique, comme il a été dit pour le cheval.

### A. — Bistournage.

*Assujettissement.* — On pratique le bistournage sur le taureau contenu debout, la tête fixée haut à un anneau ou à un poteau, les membres postérieurs immobilisés par deux plates-longes serrées au-dessus des jarrets et fixées, en avant, sur les membres antérieurs au-dessus des genoux.

Technique. — *Premier temps : Assouplissement des bourses.* — Placé en arrière des jarrets, un genou fléchi, commencez par assouplir les bourses : abaissez les deux testicules dans celles-ci, puis remontez-les haut et brusquement vers l'anneau inguinal ; répétez ces manœuvres jusqu'à ce que les adhérences

Fig. 217. — Bistournage. — Assouplissement des bourses.

conjonctives des enveloppes soient rompues. — Effectuez les autres actes opératoires successivement sur chacune des glandes.

*Deuxième temps : Bascule du testicule.* — Le testicule droit refoulé vers l'aine, amenez le gauche au fond de sa bourse. Avec la main gauche, saisissez le cordon en sa partie inférieure, le pouce appliqué en dehors ou en arrière, les autres doigts en dedans ou en avant ; puis avec la main droite, agissant en sens inverse sur les enveloppes qu'elle tire en bas, et sur la partie postérieure du testicule qu'elle pousse en haut, faites basculer celui-ci de manière que son grand axe devienne parallèle au cordon.

*Troisième temps : Torsion du cordon.* — Par l'action des mains, la gauche appliquée sur le cordon et la droite sur le testicule, imprimez à celui-ci un mouvement de rotation

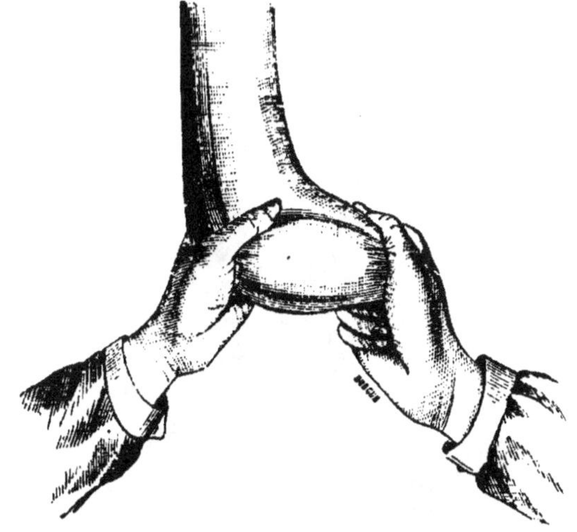

Fig. 218. — Position des mains pour faire basculer le testicule. (Peuch et Toussaint.)

autour du premier, en le portant d'abord en avant et en dedans, le cordon étant légèrement tiré en arrière et en dehors. Quand le testicule a fait un demi-tour, que le cordon est devenu postérieur, le rôle des mains change : tandis que le pouce droit appuie sur le cordon, le poussant à droite et en dedans, les doigts gauches amènent la glande en dehors, puis en arrière, aidés par le pouce droit qui peut abandonner le cordon après l'avoir refoulé en avant.

Faites exécuter au testicule, deux, trois ou quatre tours semblables. Le premier est souvent laborieux, mais les autres sont faciles.

Après avoir remonté la glande bistournée, descendez l'autre au fond de sa bourse, et répétez sur elle les mêmes manœuvres, avec cette différence que le rôle des mains est inverse.

*Quatrième temps : Ligature des bourses.* — Les deux

testicules refoulés aussi haut que possible, appliquez au-dessous d'eux, sur les bourses, une ligature assez serrée pour en éviter la descente, — ligature qui sera enlevée au bout de vingt-quatre à quarante-huit heures.

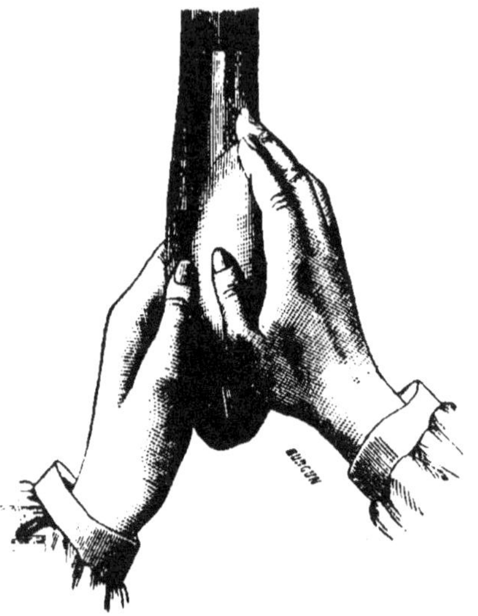

Fig. 219. — Position des mains pour faire la torsion. (Peuch et Toussaint.)

Dans la *castration par torsion endoscrotale et dilacération du cordon*, on procède d'abord comme pour le bistournage, mais au lieu de remonter le testicule vers le trajet inguinal, on le détache du cordon. La torsion effectuée, on saisit la glande des deux mains et, par une violente traction en bas, on rupture le cordon : le testicule tombe au fond de la bourse.

Maints opérateurs, pour convaincre des propriétaires sceptiques à l'endroit de la division complète du cordon, ont incisé les bourses et sorti les testicules détachés.

### B. — Castration par les casseaux.

On la pratique sur l'animal couché ou assujetti debout, les membres postérieurs entravés ou simplement réunis par une corde serrée au-dessus des jarrets.

On opère à testicules *couverts* ou *découverts*.

Le manuel opératoire est le même que pour le cheval. — On peut diviser les enveloppes superficielles (scrotum et dartos) sur la ligne médiane et sortir par l'incision les *testicules couverts*, ou, après avoir divisé les enveloppes profondes par deux autres incisions latérales, les *testicules découverts*. — On peut encore étreindre les cordons avec un seul casseau.

Dans un autre procédé, on applique transversalement et à quelques centimètres au-dessus des épididymes, sur les deux cordons recouverts de leurs enveloppes, un fort casseau à charnière dont les branches sont rapprochées au moyen d'une vis, et que l'on serre davantage les jours suivants s'il est nécessaire.

### C. — Castration par ligature au fil de fer.

#### I. — *Castration des jeunes.*

On opère sur l'animal assujetti debout.

*Instruments.* — Constricteur de Julié. Fil de fer recuit d'un millimètre et demi de diamètre. Pinces coupantes.

Technique. — On dispose en anse le fil de fer au sommet du constricteur comme il est dit à la page 281.

Placé en arrière du sujet, on engage dans cette anse le scrotum et les testicules, et à 3 centimètres au-dessus de ceux-ci on étreint les cordons recouverts de toutes les enveloppes. La torsion du lien effectuée comme il a été indiqué pour le cheval, on coupe les fils et l'on replie en bas les bouts tordus. On peut ensuite exciser les enveloppes et les cordons à 3-4 centimètres au-dessous du lien. Au bout de 5 ou 6 jours,

la partie située au-dessous du lien ou le moignon et la ligature tombent.

## II. — *Castration des adultes.*

Fig. 220. — Castration des jeunes. — Le lien est appliqué ; les cordons et les enveloppes sont sectionnés.

On opère généralement sur l'animal debout. Il est prudent de coucher les taureaux méchants.

*Instruments.* — Ceux qui viennent d'être indiqués et un trocart droit de moyen calibre.

Technique. — Placé en arrière du patient, on tire au fond des bourses les deux testicules et on les y maintient de la main gauche; avec le trocart tenu de la main droite, on traverse d'arrière en avant les enveloppes testiculaires entre les deux cordons, à 4-5 centimètres au-dessus des glandes. On retire la tige du trocart et l'on introduit dans la canule trois fils de fer longs de 60 centimètres. La main gauche en saisit l'extrémité antérieure et la droite retire la canule. Deux de ces fils vont servir successivement à la ligature des cordons; le troisième, que l'on incurve en bas, est un lien de réserve destiné à remplacer l'un des premiers, en cas de rupture, et que l'on retirera s'il est inutilisé (*fig.* 221 et 222).

On procède d'abord à l'étreinte de l'un des cordons et à la torsion du fil, en effectuant les mêmes manœuvres que pour le cheval. On passe ensuite à la ligature de l'autre. Enfin on peut exciser les enveloppes et les cordons comme il a été dit pour les jeunes sujets (*fig.* 223).

Les parties situées au-dessous des liens ou le moignon et les fils se détachent ordinairement le cinquième ou le sixième jour.

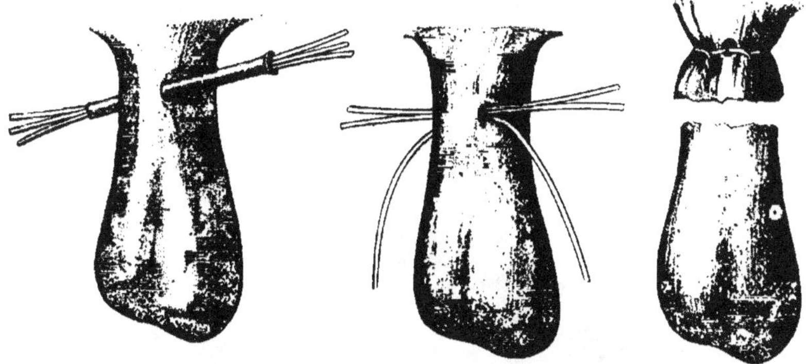

Fig. 221, 222, 223. — Castration des adultes.

Fig. 221. — Les fils sont passés dans la canule du trocart.

Fig. 222. — La canule est retirée et l'un des fils incurvé en bas.

Fig. 223. — Les deux liens sont appliqués et les cordons coupés.

D. — Castration par torsion. — Castration par cautérisation.

On opère de préférence sur l'animal assujetti en position décubitale. — On se sert des mêmes instruments et l'on procède de la même manière que pour les solipèdes.

Pour la *castration du taureau cryptorchide*, on peut opérer *par le flanc* ou *par la région inguinale* (procédé danois ou belge). (V. p. 296.)

## XIV. — Amputation du pénis.

*Indications.* — Gangrène ou cancer de la verge.

*Assujettissement.* — Le taureau est couché et assujetti comme il a été dit pour le cheval.

Très rarement pratiquée, cette opération doit être précédée de l'excision du fourreau ou de son incision sur la ligne médiane et dans toute sa longueur, puis de la réunion, par des points isolés, des téguments interne et externe de la plaie préputiale.

Les temps essentiels de l'ablation du pénis sont effectués selon les règles indiquées à propos de cette opération chez le cheval. Après avoir taillé en sifflet ou en **V** les tissus qui recouvrent l'urètre près de la ligne de section et découvert celui-ci sur une longueur suffisante, on en incise la paroi inférieure, puis on fait la suture urétro-pénienne.

### XV. — Castration de la vache.

*Remarques anatomiques.* — Chez la *vache*, l'utérus est moins long

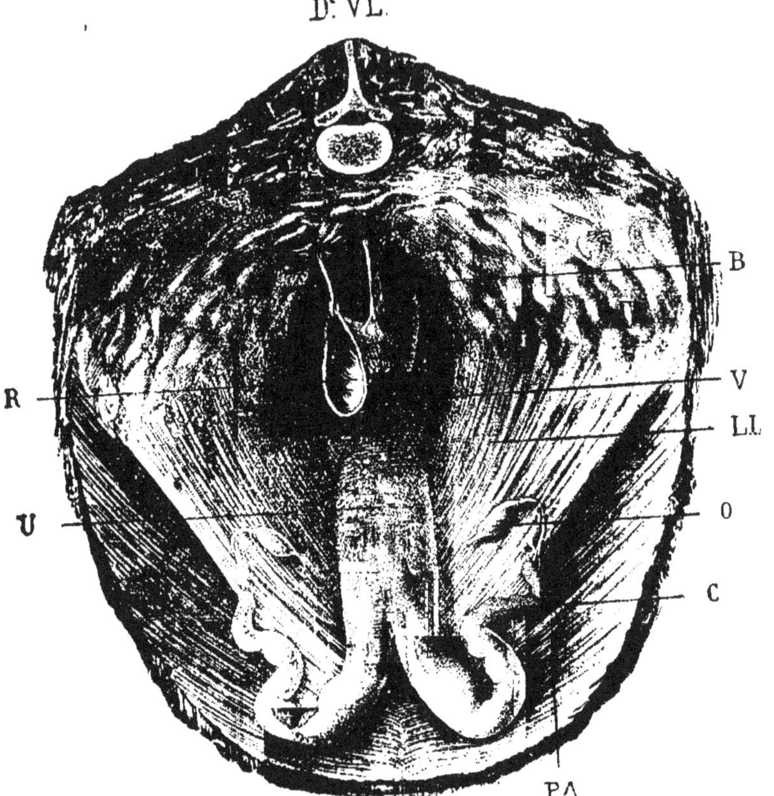


Fig. 224. — Coupe transversale verticale de la région abdominale postérieure, faite en avant de la dernière vertèbre lombaire, montrant la disposition de l'utérus vu par sa face supérieure, et l'insertion des ovaires sur les ligaments larges, chez la vache.

O, ovaire ; C, corne ; U, utérus ; LL, ligament large ; V, vagin ; — R, coupe du rectum ; B, bassin ; PA, paroi abdominale ; D•VL, dernière vertèbre lombaire.

et ne s'avance pas aussi loin dans la cavité abdominale que chez la jument. Le corps, peu volumineux, est légèrement déprimé d'un côté à l'autre ; les cornes sont grêles, effilées à leur extrémité. — Cet organe est incurvé dans le sens de sa longueur, mais sa concavité est inférieure et correspond à la paroi abdominale, au lieu d'être tournée vers la région lombaire comme chez la jument. Les ligaments larges se fixent sur le plan inférieur du corps et sur le bord concave des cornes, ce qui explique la légère torsion en dehors et en haut de la partie antérieure de ces dernières. — L'utérus peut se trouver en rapport avec le cul-de-sac gauche du rumen lorsque ce réservoir est rempli d'aliments, mais ordinairement il en est séparé par des anses intestinales.

Les *ovaires* sont situés à proximité du bassin, au voisinage du corps de l'utérus ou de la base des cornes et près de l'extrémité de celles-ci ; ils sont fixés à la face interne des ligaments larges par une lame séreuse doublée de faisceaux fibreux. Moins gros que ceux de la jument, ils ont habituellement les dimensions et la forme d'un haricot ou d'une amande. Parfois ils sont assez volumineux, irréguliers ou kystiques.

*Indications.* — Très généralement l'opération est pratiquée dans un but économique, pour prolonger la période de sécrétion mammaire, augmenter la quantité ainsi que la qualité du lait et favoriser l'engraissement. On la fait principalement sur des bêtes âgées de cinq à six ans, de un à trois mois après le dernier vêlage, au moment où la lactation est à son apogée et en dehors des périodes de « chaleurs ». On y a recours aussi dans un but thérapeutique pour combattre la nymphomanie ou enlever des ovaires néoplasiques. Elle est contre-indiquée pour les bêtes atteintes de métrite chronique, à cause du danger de péritonite consécutive.

La castration par le flanc ne se fait plus. On opère par la voie vaginale, suivant le procédé décrit par Charlier.

*Préparation de l'opérée.* — On doit châtrer la vache à jeun, dix à douze heures après son dernier repas ; parfois on la soumet à une demi-diète pendant un ou deux jours. — Avant de l'assujettir, on provoquera la défécation par un lavement et l'on videra la vessie.

*Assujettissement.* — Attachez solidement la tête et entravez les membres postérieurs ou fixez la bête dans le travail. Faites tenir la queue relevée sur la ligne médiane par un aide. — Désinfectez la zone génitale et le vagin comme il a été dit pour la jument.

A. — Castration avec l'écraseur.

*Instruments.* — Les mêmes que pour la jument. Le bistouri à lame cachée et l'écraseur suffisent dans tous les cas.

Technique. — *Premier temps : Ponction du vagin et agrandissement de l'ouverture.* — Faites la ponction au

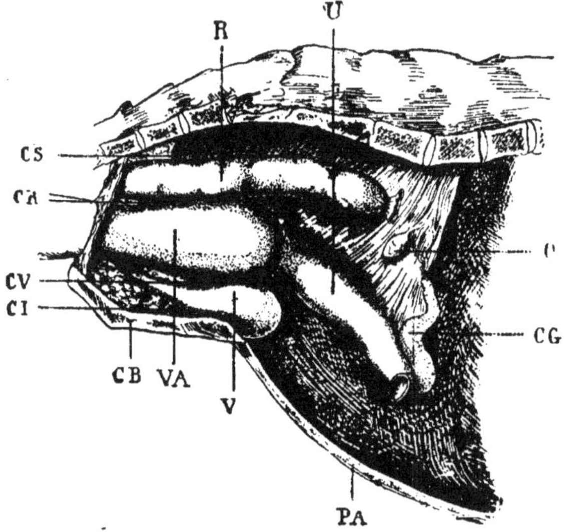


Fig. 225. — Coupe verticale antéro-postérieure de la région abdominale postérieure et du bassin, faite à droite de la ligne médiane, montrant les organes génito-urinaires de la vache.
Ovariectomie. — Premier temps : ponction du vagin.

O, ovaire; U, utérus; CG, corne gauche; VA, vagin; R, rectum; V, vessie; CR, cul-de-sac recto-vaginal; CV, cul-de-sac vésico-vaginal; CS, cul-de-sac supérieur; CI, cul-de-sac inférieur; — CB, coupe du bassin; PA, paroi abdominale.

même point et de la même manière que pour la jument, — au fond du vagin, un peu au-dessus du col, le bistouri tenu horizontalement. Agrandissez la plaie de façon à pouvoir y engager facilement deux doigts.

*Deuxième temps : Préhension et ablation de l'ovaire.* — Généralement les ovaires sont à proximité de l'ouverture faite au vagin, à côté du corps de l'utérus et sur le plan de celui-ci ; parfois ils sont situés un peu plus haut ou un peu plus bas. —

Pour les percevoir, introduisez l'index et le médius dans la cavité péritonéale, explorez la partie inférieure de la face interne des ligaments larges, au voisinage du corps de l'utérus.

Pour l'ovaire gauche, servez-vous de la main gauche. Saisissez-le entre l'index et le médius, et amenez-le dans le

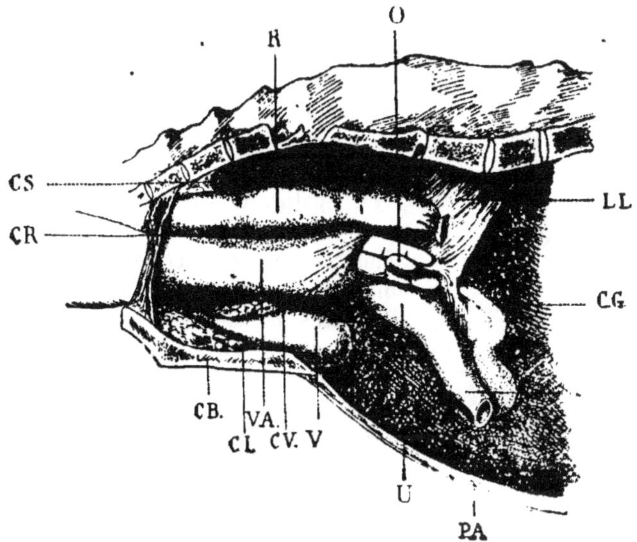


Fig. 226. — Ovariectomie. — Deuxième temps : préhension de la glande (ovaire gauche).

O, ovaire; U, utérus; VA, vagin; R, rectum; V, vessie.

vagin en retirant ces doigts. — Excisez-le avec l'écraseur manœuvré très lentement.

Même manuel pour l'ablation de la seconde glande — en vous servant de la main droite pour la saisir et l'amener dans le vagin.

Si les ovaires sont situés trop loin pour être atteints avec les doigts, agrandissez la plaie en déchirant les parois du vagin par la seule action de ceux-ci, jusqu'à ce que la main puisse pénétrer dans l'abdomen. Prenez l'un des ovaires, amenez-le dans le vagin et faites-en l'ablation. — Procédez de même pour l'autre. — Il est rare que l'on soit obligé d'introduire l'écraseur dans la cavité péritonéale.

### B. — Castration par la ligature. (Degive.)

Lorsque la castration est faite sur des vaches laitières dans le but de prolonger la durée de la période où la lactation est abondante, l'hémorragie qui accompagne parfois l'exérèse pratiquée avec l'écraseur est toujours préjudiciable, et, quel que soit le but de l'opération, cette hémorragie serait quelquefois mortelle, même en se servant d'un « écraseur perfectionné ».

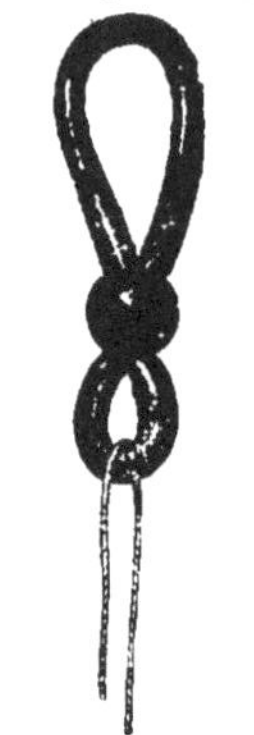

Fig. 227. — Anse élastique pour la castration de la vache.

La ligature élastique des ovaires a le grand avantage d'être absolument hémostatique. Dans ce procédé, l'écraseur est remplacé par une anse élastique garnie d'une perle (*fig.* 227), anse dans laquelle est passée une ficelle. En raison de l'étroitesse du conduit dont la perle est creusée, celle-ci ne peut ni glisser, ni être déplacée sur le fil de caoutchouc que si ce dernier est allongé et aminci par une forte traction ; elle reprend sa fixité dès qu'on cesse de tirer sur le fil.

Lien de caoutchouc, perle et ficelle doivent être rigoureusement aseptiques.

Technique. — Le *premier temps* — la ponction du vagin et l'élargissement de la plaie — est exécuté comme pour la castration avec l'écraseur.

*Deuxième temps : Application de la ligature.* — Cette application se fait avec les doigts sans le secours d'aucun instrument. En voici le manuel :

Engagez l'index et le médius gauches dans l'anse élastique distendue; introduisez-les dans la plaie vaginale ; saisissez l'ovaire gauche et amenez-le dans le vagin comme il a été dit plus haut. Une traction exercée sur la ficelle élargit l'anse élastique ; le pouce gauche y est engagé, puis, par un mouvement de sa phalangette, il la fait glisser en avant sur les deux autres doigts et la pousse sur le ligament ovarien. Saisissez alors la perle entre le pouce et l'index; ces doigts soutenant l'ovaire, tirez sur la ficelle avec la main droite : le fil élastique s'allonge et glisse dans la perle. Quand la striction est suffisante, cessez la traction : le fil reprend son volume primitif et la perle le maintient tendu.

Sortez la ficelle en tirant sur l'un de ses bouts, et laissez rentrer dans l'abdomen la glande ligaturée.

Opérez de même pour l'autre ovaire.

Quel que soit le procédé employé, les *soins consécutifs* sont semblables à ceux que comporte l'opération similaire chez la jument.

### XVI. — Réduction de l'utérus prolabé.

*Assujettissement.* — S'il est nécessaire d'annihiler les efforts expulsifs, administrez à la vache un demi-litre à un litre d'eau-de-vie. — Lorsque la bête peut être maintenue debout, faites un peu surélever le train de derrière. Un aide est placé à la tête; un autre tient la queue renversée sur la croupe. — Le plus souvent la patiente garde l'attitude décubitale. Placez-la sur le dos après avoir entravé séparément les membres antérieurs et ceux de derrière, puis élevez l'arrière-main en passant le lacs sur une poulie attachée au plafond.

Technique. — Nettoyée avec une solution antiseptique légère et tiède, la matrice est placée sur un drap humide dont les extrémités sont tenues par deux aides. Rentrez-la en commençant par la partie supérieure. Tandis que les aides la soulèvent, exercez avec les mains des pressions en avant, sur la partie de l'organe voisine de la vulve; refoulez-la peu à peu, et continuez ces manœuvres sur les parties qui arrivent successivement au niveau de la vulve. Lorsqu'il n'en reste plus qu'une petite portion, rentrez-la directement en la poussant avec le poing. Engagez le bras dans le vagin, puis dans la matrice; déplissez celle-ci, étalez-en les parois aussi complètement que possible.

Lorsque la masse utérine est très volumineuse, gorgée de sang, avant de la rentrer il est avantageux d'en réduire les dimensions en faisant refluer dans la circulation générale une partie du sang qu'elle contient. On obtient ce résultat par l'enveloppement et la compression de la masse, effectués de l'extrémité libre vers le pédicule avec un drap humide, des serviettes ou une bande de caoutchouc. (V. p. 66.)

Fig. 228. — Bandage de Delwart. (Saint-Cyr.)

Pour éviter le retour de l'accident, on peut appliquer un bandage *ad hoc* ou *suturer la vulve.*

I. *Bandage de Delwart.* — Il est formé de deux longes en corde réunies vers leur partie moyenne comme le montre la *figure* 228, ou par deux nœuds droits peu serrés et distants d'environ 10 centimètres, de façon à ménager une ouverture ovale qui embrasse les lèvres de la vulve.

Les chefs sont ramenés en avant, les supérieurs par la région lombaire, les inférieurs par la région mammaire ; tous sont arrêtés sur un collier placé à la base de l'encolure. Pour éviter les blessures du tégument, il est avantageux de garnir d'étoupe les deux cordes, surtout au niveau de la vulve.

II. *Bandage de la Maison rustique.* — Il se compose d'un collier à boucle et d'une corde longue de 8 à 10 mètres, du calibre de celle connue vulgairement sous le nom de *garrot* ou un peu plus forte. L'application en est simple. Le collier placé à l'origine de l'encolure, on plie la corde en deux par-

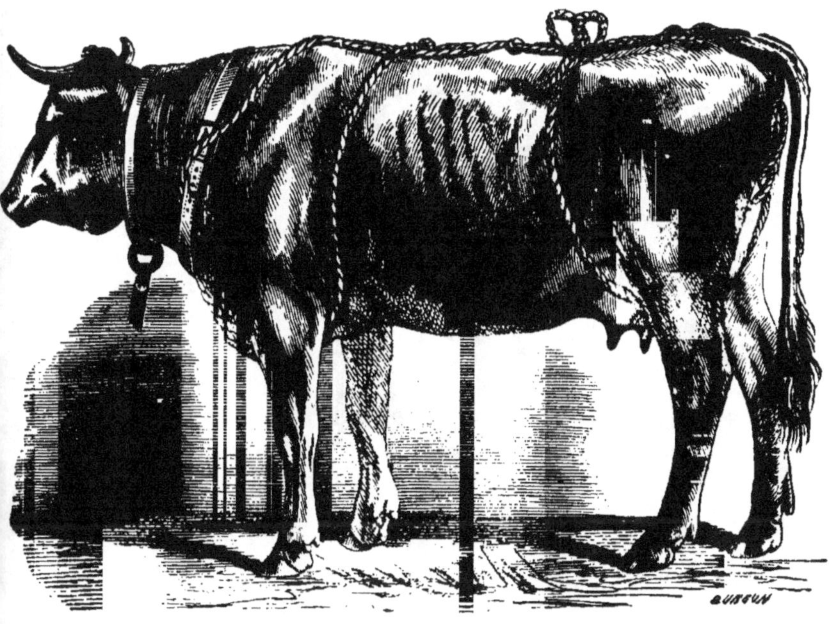

Fig. 229. — Bandage de la Maison rustique. (Saint-Cyr.)

ties égales et on la place à cheval sur la partie postérieure du garrot et les régions costales ; les chefs, dirigés sous les ars et entre-croisés au poitrail, suivent la partie antérieure des épaules en passant sur le collier, de dessous en dessus ; ensuite ils sont réunis à la partie supérieure de l'origine de l'encolure, par un nœud simple susceptible d'être serré ou relâché à volonté. A 25 ou 30 centimètres de ce nœud, on en fait un second plus solide, puis plusieurs autres selon la taille de la vache, tous à peu près à égale distance, jusqu'à la base de la queue ; on pratique un nœud simple au-dessus du tronçon, et un second au-dessous. De là, chaque partie de la corde est appliquée sur une lèvre de la vulve; on fait un nœud au niveau de la commissure inférieure ; enfin les chefs sont passés dans le pli de l'aine (entre le membre et le quartier correspondant de la mamelle), et de là sur le flanc, pour être fixés à

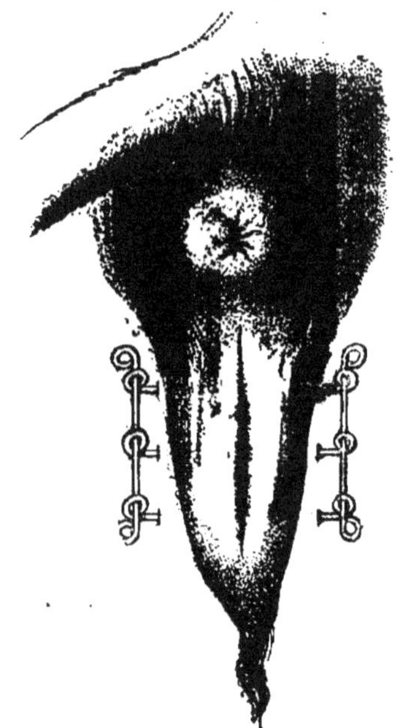

Fig. 230. — Suture métallique de la vulve.

l'un des nœuds de la région lombaire, par une boucle facile à défaire.

III. *Bandages de Lund et d'Arüch.* — La partie essentielle du bandage de Lund est une pièce métallique triangulaire confectionnée de façon à être pourvue d'un anneau à chacun de ses angles. Appliquée sur la vulve, la base en haut, elle y est maintenue par des cordes disposées comme dans le bandage de Delwart et attachées en avant, à un collier ou à un surfaix.

Dans le bandage d'Arüch, la pièce métallique, pourvue de trois anneaux, comme la précédente, est disposée en **V** et ses branches peuvent être rapprochées ou écartées, ce qui permet de l'appliquer plus efficacement sur des vulves de toutes dimensions.

On utilise nombre d'autres bandages plus ou moins perfectionnés, ne différant des précédents que par la disposition de la partie ou de la pièce appliquée sur la vulve.

*Suture vulvaire.* — Si vous voulez suturer la vulve, préparez cinq petites tiges métalliques (bouts de fil de fer) aiguës à une extrémité et dont l'autre est recourbée en anneau. Passez transversalement dans les lèvres de l'orifice, à égale distance l'un de l'autre, trois de ces fils ; puis, avec une pince, contournez en anneau leur extrémité pointue. Passez ensuite dans les anneaux qui se correspondent sur chacune des lèvres les deux autres tiges, et fixez-les en recourbant leur extrémité inférieure (*fig.* 230).

## XVII. — Ablation de l'utérus.

*Indication.* — Cas où la matrice a subi des altérations trop graves (perforation ou gangrène) pour que la réduction offre des chances de succès.

*Instruments et objets nécessaires.* — Bistouri convexe, lien de caoutchouc et ficelle.

*Assujettissement.* — On opère indifféremment sur la bête debout ou couchée.

Technique. — Si l'utérus n'est pas le siège de lésions septiques ou putrides qui contre-indiquent l'esmarchisation, on la pratiquera d'abord comme il a été dit *page* 66. On évite ainsi une abondante perte de sang.

Pour l'excision, le procédé de choix est la *ligature* du pédicule avec un fort lien de caoutchouc. Celui-ci sera appliqué, fortement tendu, à 7-8 centimètres en arrière du méat urinaire, et ses chefs arrêtés, comme d'habitude, par un fil solide serré sur leur entre-croisement. Il n'y a plus qu'à sectionner transversalement l'utérus à 8-10 centimètres au-dessous du lien.

Les jours suivants et jusqu'à section du pédicule par la ligature, on le détergera par des lavages antiseptiques.

## XVIII. — Cathétérisme et incision du trayon.

*Assujettissement.* — Debout, la tête tenue par un aide. Immo

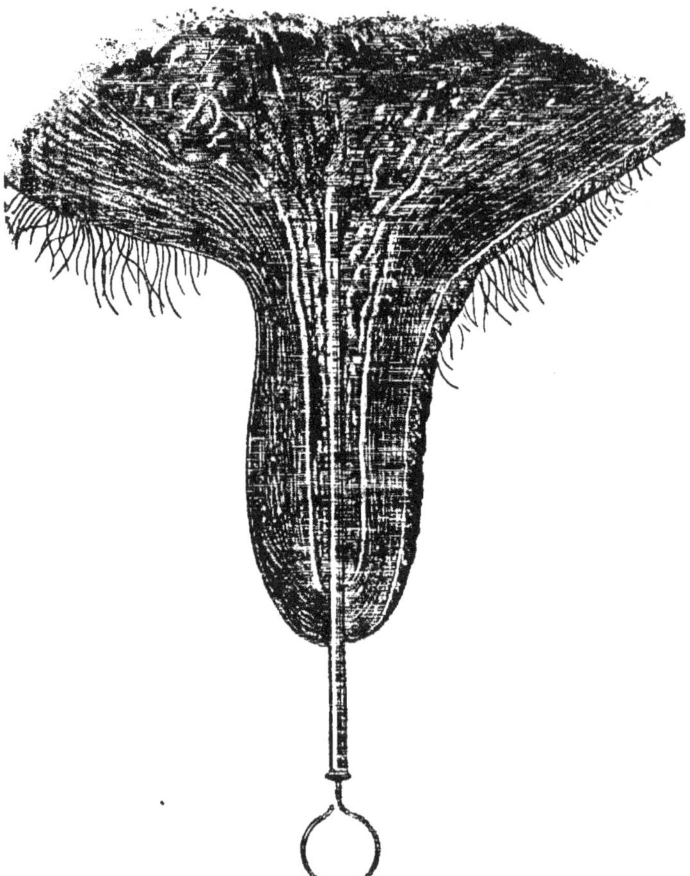

Fig. 231. — Cathétérisme du trayon.

bilisez le membre postérieur gauche avec la queue passée comme il a été dit *page* 32, ou en le réunissant à son congénère par une ligature en 8 appliquée au-dessus des jarrets. Vous pouvez aussi faire porter ce dernier en avant à l'aide d'une plate-longe.

Technique. — Effectuez ces interventions en prenant les précautions d'asepsie usuelles. Placez-vous au niveau du flanc gauche.

Pour le *cathétérisme*, servez-vous de la sonde spéciale à extrémité mousse. L'instrument stérilisé, tenez le trayon de la main gauche et introduisez la sonde dans l'orifice du conduit excréteur ; engagez-la graduellement jusqu'à une profondeur de 4 à 6 centimètres et retirez le mandrin. — La canule s'obstrue fréquemment par des grumeaux, ce qui oblige à réintroduire la tige.

Pour l'*incision du trayon*, employez de préférence le trayonotome de Guilbert, aseptisé par l'immersion dans l'eau bouillante. Le trayon tenu de la main gauche, engagez l'instrument dans le conduit jusqu'à ce que la base des lames arrive au niveau de son orifice, et retirez-le aussitôt.

### XIX. — Ablation de la mamelle.

*Indications.* — Mammites aiguës ou chroniques graves. Gangrène ou cancer de la glande.

On enlève rarement les deux masses mammaires. Presque toujours l'ablation porte sur deux quartiers latéraux seulement.

*Instruments.* — Ciseaux, bistouris, sonde cannelée, pinces ordinaire et hémostatiques. — Objets de pansement.

*Assujettissement.* — Couchez la vache sur le côté opposé aux quartiers affectés et faites porter avec une plate-longe le membre superficiel sur l'épaule correspondante. Placez-la en position dorsale si vous devez faire l'ablation totale.

Technique. — La région préparée, circonscrivez par une incision elliptique les trayons des deux quartiers à enlever. Commencez l'énucléation en disséquant la peau sur leur face externe. Séparez-les ensuite des quartiers sains en dilacérant le plan conjonctif intermammaire. Détachez d'arrière en avant leur couche profonde de la paroi abdominale. Arrivé sur le faisceau vasculaire qui pénètre dans la glande vers la limite de ses tiers postérieur et moyen, faites-en la ligature. Achevez l'énucléation et ligaturez la veine mammaire antérieure.

Si vous devez faire l'ablation des quatre glandes, circonscrivez les trayons par une large incision elliptique et, après dissection de la peau sur les côtés des quartiers, enlevez ceux-ci en procédant comme il vient d'être dit.

L'hémostase assurée par la torsion des petits vaisseaux qui saignent, détergez la plaie, tamponnez avec de la gaze et de la ouate, puis suturez la peau.

On enlève ce pansement au bout de deux ou trois jours et généralement on ne le renouvelle pas. Bien que large, la plaie se cicatrise d'ordinaire régulièrement et vite; il suffit de la déterger matin et soir avec un liquide antiseptique chaud.

### XX. — Section du long vaste luxé.

*Indication.* — Luxation de ce muscle en arrière du trochanter par suite de la déchirure de l'aponévrose du fascia lata au niveau de son insertion sur le bord antérieur du muscle.

*Instruments.* — Ciseaux, bistouri droit, sonde.

*Assujettissement.* — Selon le degré d'irritabilité de la bête, attachez celle-ci au travail, à la charrette, et appliquez une ligature en **8** au-dessus des jarrets ou opérez-la en position décubitale.

Technique. — Si l'animal est maigre, l'espèce de corde formée par le bord antérieur de l'ischio-tibial est saillante, facile à sentir. Sectionnez-la par le procédé sous-cutané. A 8-10 centimètres au-dessous du trochanter, implantez obliquement et à plat la lame du bistouri droit sous la saillie formée par le muscle, tournez-en le tranchant contre cette saillie et, en la retirant, divisez l'aponévrose et le bord antérieur du muscle. Si la régularité de la marche n'est pas rétablie, réintroduisez l'instrument et complétez la section. — Vous pouvez aussi opérer en vous servant des ténotomes : avec le droit, vous faites une incision verticale de quelques centimètres; avec le courbe, vous divisez l'aponévrose et la partie antérieure du muscle en procédant comme pour les ténotomies.

Dans les très rares cas où le sujet est gras, il est malaisé de se rendre compte de la situation des organes de la région ; on ne perçoit pas nettement la partie antérieure du muscle. Au même lieu d'élection, divisez la peau et le fascia lata sur

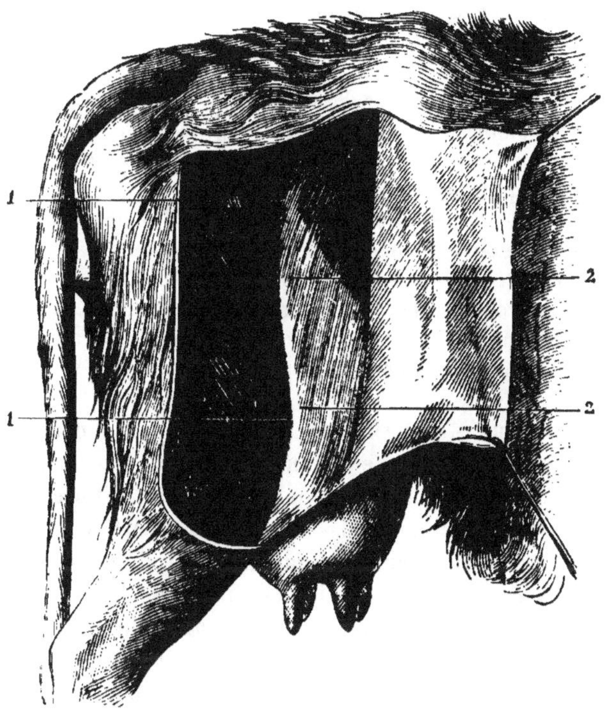


Fig. 232. — Fascia lata et long vaste, chez les bovidés.
1, bord antérieur de l'ischio-tibial externe ; 2, fascia lata. (Cruzel et Peuch.)

une longueur de 4 à 5 centimètres, engagez ensuite sous le muscle, en haut et en arrière, la sonde cannelée. Introduisez, en le guidant sur celle-ci, le bistouri à plat ou le ténotome courbe, puis placez-le de champ, de façon à diviser l'aponévrose et le muscle.

Parfois une hémorragie assez abondante se produit, qui exige le tamponnement de la plaie.

### XXI. — Ablation du doigt.

*Indications.* — Cas graves de furonculose interdigitée compliquée de nécrose de la deuxième ou de la troisième phalange. Inflammation suppurative de la première ou de la deuxième articulation phalangienne.

Elle peut se faire par désarticulation de la phalangette ou de la seconde phalange, ou par section de celle-ci. Pour les lésions localisées aux tissus sous-ongulés, on pratiquera la désarticulation de la phalangette ou de l'onglon.

*Instruments.* — Ciseaux, rénettes, feuilles de sauge, pince. — Fil de soie ou de chanvre et objets de pansement.

*Assujettissement.* — Couchez l'animal et fixez le membre en position convenable. Appliquez sur le canon une ligature hémostatique, puis préparez la région digitée par la section des poils, la désinfection des onglons et du tégument.

Technique. — Premier procédé. — A 2-3 centimètres du bourrelet, creusez une rainure sur le côté externe de l'onglon, et une autre en arrière. Au fond de ces rainures, incisez la corne et le tégument sous-jacent, puis désarticulez en sectionnant successivement le ligament latéral externe, le tendon extenseur, le ligament latéral interne, le perforant et le coussinet plantaire. Vous enlevez ainsi la phalange et l'os naviculaire. Mais généralement celui-ci peut être épargné, et il est avantageux de conserver le talon pour obtenir, avec la guérison plus rapide, un résultat plus complet. Aussi doit-on accorder la préférence au second procédé.

Deuxième procédé. — Faites sur la partie supérieure de la face externe de l'onglon un amincissement à pellicule, qui découvre l'articulation. La pulpe de l'index appliquée sur la corne amincie, il suffit de faire exécuter quelques mouvements à l'onglon pour percevoir l'interligne articulaire, situé à 2-3 centimètres au-dessous du bourrelet. Avec la feuille de sauge, faites-là une brève incision courbe à concavité supérieure, et ouvrez l'articulation. Engagez-y la pointe de l'instrument, la concavité de la lame tournée vers la couronne et son tranchant en avant. L'onglon porté dans une direction qui favorise les manœuvres, prolongez l'incision en avant, le long du bord de la phalangette, jusqu'au sommet de cet os : vous sectionnez ainsi la mince couche de corne conservée, le podophylle, le ligament latéral externe et la synoviale. Prolongez

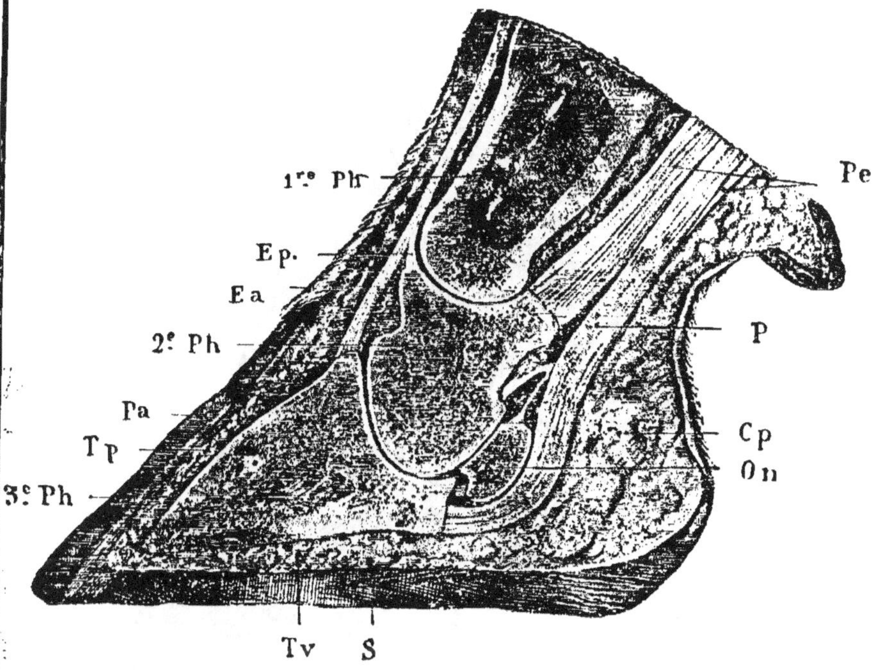


Fig. 233. — Coupe antéro-postérieure du doigt.

1re *Ph*, première phalange ; 2e *Ph*, deuxième phalange ; 3e *Ph*, troisième phalange ; *On*, os naviculaire ; *Ep*, tendon extenseur du pied ; *Ea*, tendon extenseur antérieur ; *Pe*, perforé ; P, perforant ; *Cp*, coussinet plantaire ; *Tp*, tissu podophylleux ; *Tv*, tissu elouté ; *Pa*, paroi ; S, sole.

de même l'incision en arrière et en haut, jusqu'à l'os naviculaire. Séparez celui-ci de la phalangette en implantant entre eux la feuille de sauge, et, par une incision rectiligne, détachez l'onglon en arrière. Divisez ensuite d'avant en arrière le tendon extenseur, le fort ligament latéral interne et la paroi correspondante de l'onglon. Enlevez les lambeaux de tissus mortifiés, s'il en reste, et avec la rénette ou la curette tranchante, ruginez la face inférieure de l'os coronaire.

Après ligature des vaisseaux qui peuvent être pincés, désinfectez la plaie et recouvrez-la d'un pansement antiseptique maintenu par une chaussure de toile ou de cuir.

Si vous pratiquez l'ablation du doigt par section de la se-

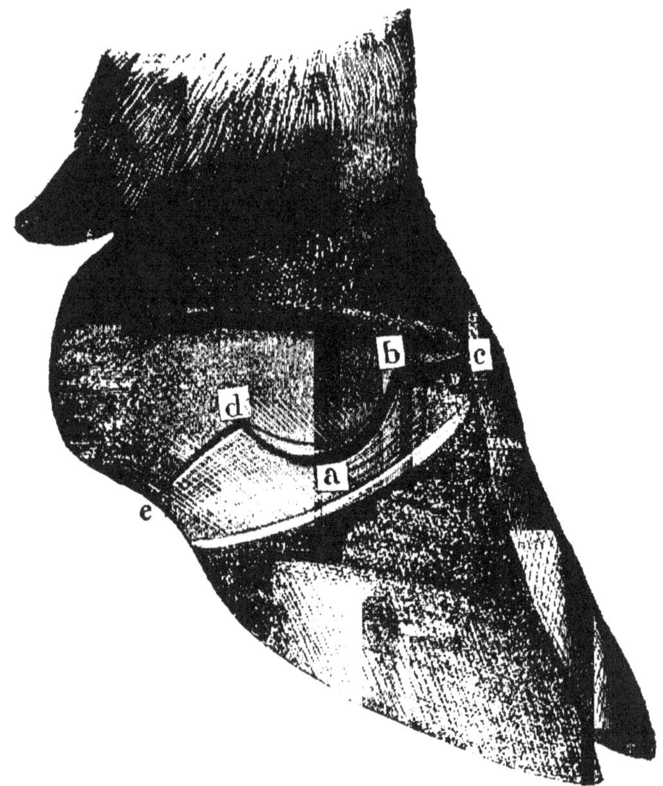


Fig. 234. — Désarticulation de la phalangette.
*abc*, incision antérieure ; *ade*, incision postérieure.

conde phalange, amincissez la corne comme le montre la *figure* 234, divisez les tissus sous-cornés sur la ligne *c d e*, puis l'os par un trait de scie.

On renouvelle le pansement tous les dix à quinze jours. En général, au bout de six semaines, la plaie est cicatrisée et le moignon déjà recouvert de corne. La marche est encore irrégulière, mais le plus souvent la claudication disparaît vers la fin du troisième mois.

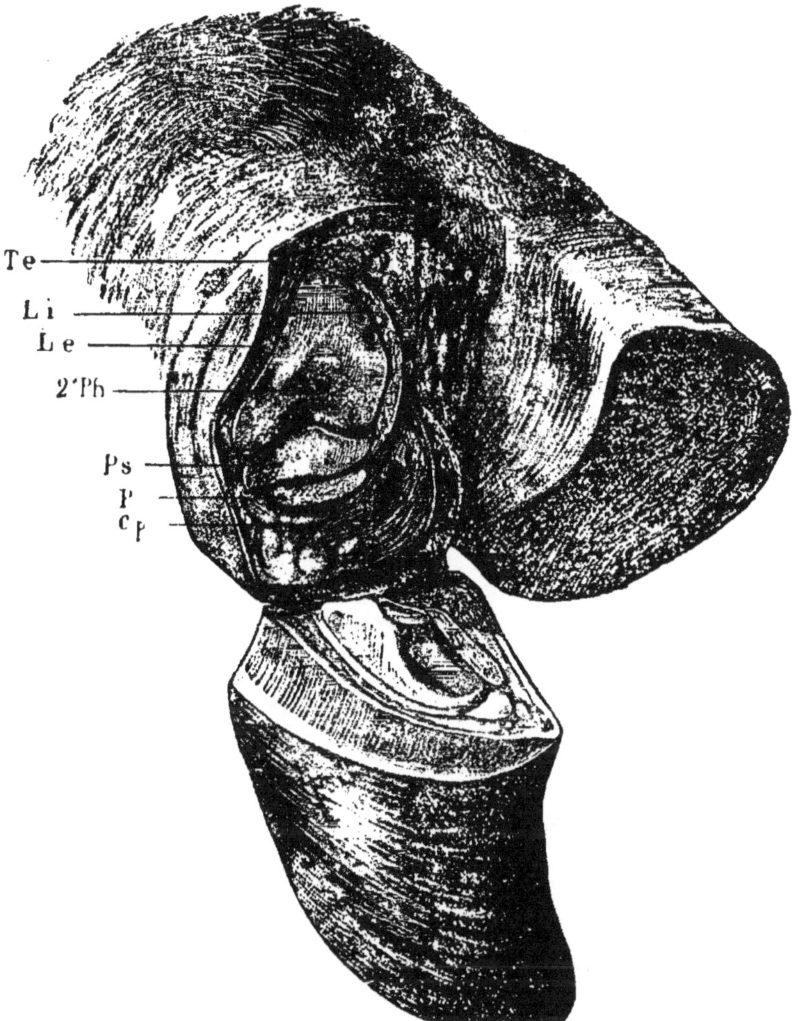


Fig. 235. — Désarticulation de la phalangette.

2e *Ph*, deuxième phalange ; *Ps*, petit sésamoïde ; *Le*, ligament externe ; *Li*, ligament interne ; *Te*, tendon de l'extenseur commun des doigts ; P, perforant ; *Cp*, coussinet plantaire.

Pour la désarticulation de la seconde phalange, amincissez

la partie supérieure de l'onglon, divisez transversalement au-dessous du bourrelet la corne et le podophylle ; puis, en avant du doigt et sur son axe, faites une incision qui dépasse un peu, en haut, la première articulation phalangienne ; disséquez la peau sur les faces antérieure et externe de la deuxième phalange, et détachez celle-ci de la première en coupant successivement le tendon de l'extenseur, le ligament latéral externe, les tendons fléchisseurs, la partie supérieure du coussinet plantaire et le ligament latéral interne.

Faites l'hémostase, suturez la peau, et pansez comme pour la désarticulation de la phalangette.

---

QUATRIÈME PARTIE

# OPÉRATIONS PRATIQUÉES SUR LES PETITS RUMINANTS ET LE PORC

## I. — Saignée.

Chez le MOUTON, on saigne à l'*angulaire* de l'œil, à la *sous-cutanée de l'avant-bras* ou à la *saphène*.

Pour saigner à l'*angulaire*, faites tenir la tête de l'animal,

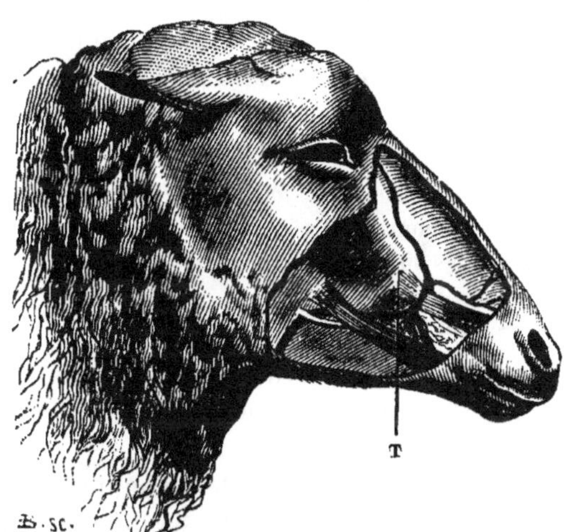


Fig. 236. — Veines angulaire et faciale. (Peuch et Toussaint.)
T, tubercule maxillaire.

comprimez la faciale en avant du tubercule maxillaire avec le pouce gauche et ouvrez la veine avec la lancette.

Si vous opérez à la *sous-cutanée de l'avant-bras*, provoquez la distension de cette veine et de la céphalique en comprimant celle-ci en avant du bras ou du coude. Avec le bistouri ou la lancette, ponctionnez la première à la partie supérieure de l'avant-bras.

Pour saigner à la *saphène*, il convient d'appliquer une ligature vers le milieu de la jambe : la veine devient très apparente sur la face externe de cette région. Ouvrez-la avec la lancette un peu au-dessus du jarret.

Chez le PORC, on saigne aux *veines auriculaires* ou à la *saphène*.

Si vous faites choix des *veines auriculaires*, qui occupent la face interne de la conque, renversez celle-ci sur la nuque, comprimez le vaisseau le plus volumineux et ouvrez-le avec la lancette. On peut ponctionner successivement plusieurs de ces veines.

Pour saigner à la *saphène*, appliquez, comme chez le mouton, une ligature sur la jambe ; la *veine saphène* devient d'ordinaire bien apparente à son passage sur la corde du jarret à 5-10 centimètres au-dessus du calcanéum. Ouvrez-la en ce point avec la lancette ou le bistouri droit.

### II. — Ponction du rumen et gastrotomie.

Pour la *ponction du rumen* et la *gastrotomie* chez les *Ovins* et les *Caprins*, on procédera comme il a été dit pour ces mêmes opérations pratiquées sur les sujets de l'espèce bovine. (V. p. 418.)

### III. — Hernie inguinale des porcelets.

Ainsi que chez les jeunes sujets des autres espèces, on traite cette hernie par la castration à cordon couvert, après torsion de celui-ci.

L'animal tenu en position dorsale, les membres postérieurs portés en avant ou écartés, incisez le scrotum et le dartos, énucléez la gaine vaginale aussi haut que possible et réduisez. Il est très rare que l'on soit obligé d'ouvrir le sac pour libérer l'intestin ectopié. Ce dernier rentré, tordez le cordon couvert jusqu'au niveau de l'anneau inguinal, liez-le près de celui-ci avec un fil de soie dont les chefs sont ensuite fixés sur les lèvres de l'anneau, et coupez-le à 1 centimètre au-dessous de la ligature. — Dans quelques cas, il est nécessaire d'occlure l'anneau par une suture.

Réunissez la peau sur un tampon de gaze.

### IV. — Ablation du rectum renversé.

Très rare chez les petits ruminants, cet accident est plus fréquent chez le porc.

Dans les cas où le prolapsus est incurable par les autres moyens, l'*ablation* peut être pratiquée ainsi qu'il a été dit pour la même opération chez le cheval. On réunit les surfaces de section des deux cylindres par une double suture (musculo-séreuse et muqueuse) ou par un seul rang de points séparés.

### V. — Urétrotomie.

Elle est quelquefois pratiquée chez le bélier pour procéder à l'extraction des calculs.

L'*urétrotomie scrotale*, la plus commune, sera faite de la même manière que chez le bœuf.

Pour l'*urétrotomie ischiale*, après avoir sorti et allongé le pénis de manière à effacer la double courbure de l'urètre, on introduira dans celui-ci une sonde métallique ou en caoutchouc durci, on la poussera jusqu'à la courbure ischiale, et l'on incisera les tissus couche par couche sur le relief que forme l'instrument.

### VI. — Castration du bélier et du porc.

Pour châtrer le BÉLIER, on a le choix entre le *bistournage*, la *ligature élastique*, le *fouettage* et la *torsion*. Les deux premiers procédés méritent la préférence.

Le *bistournage* est pratiqué selon le manuel décrit pour le taureau (V. p. 425), avec cette différence que l'animal, au lieu d'être assujetti debout, est tenu en position renversée, sur son séant, par un aide qui, relevant les membres antérieurs de chaque côté de la tête, appuie celle-ci contre sa poitrine. On fait écarter les membres postérieurs, et, placé en face du patient, un genou en terre, on peut manœuvrer à l'aise. — Au lieu d'appliquer une ligature, il est préférable de refouler haut, dans le tissu conjonctif du pli de l'aine, la glande bistournée, en évitant de la pousser dans le trajet inguinal.

Pour l'application de la *ligature élastique*, faites tenir l'animal dans la même position. Arrachez la laine sur la partie supérieure du scrotum, au point où doit être placé le fil. Un aide maintenant les testicules au fond des bourses, avec la collaboration d'un autre passez trois à cinq fois sur la partie inférieure du cordon, à quelques centimètres au-dessus des testicules, le lien de caoutchouc bien tendu, et arrêtez les chefs par un bout de fil serré sur leur entre-croisement. (V. p. 118.)

A défaut de fil élastique, on peut se servir de ficelle. On étreint les cordons par une double anse disposée en nœud de saignée : c'est le *fouettage*.

La ligature élastique est le procédé le plus simple pour les *agneaux*. On assujettit l'animal en position dorsale sur une table, les membres postérieurs maintenus en avant par un aide.

Pour le VERRAT, on emploie les *casseaux*, que l'on applique de préférence sur les cordons couverts, ou la *torsion limitée* effectuée avec les pinces sur les cordons découverts. — L'animal est couché sur le côté gauche et solidement assujetti ; le membre postérieur droit est porté sur l'épaule correspondante au moyen d'une corde. — Le manuel des deux procédés est le même que pour le cheval.

On châtre les *porcelets* par la torsion des cordons découverts. L'opéré est tenu couché sur le dos, comme il a été indiqué pour l'agneau. La région préparée, incisez le scrotum sur la ligne médiane et faites de chaque côté, sur la partie interne des enveloppes profondes, une incision qui donne issue aux deux testicules. Remontez les enveloppes et sectionnez la partie postérieure des cordons. Appliquez transversalement sur la portion vasculaire de ceux-ci, à 2-3 centimètres au-dessus des épididymes, une solide pince hémostatique à longs mors. Avec une autre pince fixée à 1 centimètre au-dessous de la première, tordez les deux cordons jusqu'à rupture.

Enduisez de vaseline boriquée les plaies scrotales ou suturez-les sur une mèche de gaze.

Pour la *castration du bélier et du porc cryptorchides*, on opère *par le flanc* en s'inspirant de la description donnée de cette opération chez le cheval. — Il suffit d'introduire deux doigts dans l'abdomen pour trouver et sortir le testicule.

### VII. — Castration de la truie.

*Indication.* — Dans un but économique, pour favoriser l'engraissement.

Chez la *truie*, les cornes sont longues, flexueuses, appendues à des ligaments larges très développés en hauteur. Les ovaires, petits et aplatis jusque vers la fin du deuxième mois, augmentent ensuite de dimensions, deviennent kystiques et atteignent le volume d'une grosse amande ou d'une noix. Ils sont fixés sur la face interne des ligaments larges, vers le bord antérieur de ceux-ci et près de l'extrémité des cornes.

*Instruments.* — Ciseaux, bistouri ou autre instrument tranchant et aiguille. — Fil de chanvre.

On châtre habituellement la truie vers l'âge de deux mois, parfois plus tard. Elle doit être préparée par une diète de douze à vingt-quatre heures. La castration peut se faire par le *flanc* ou par la *ligne blanche*.

a. *Par le flanc.* — C'est le procédé de choix. L'opérée est fixée en décubitus latéral droit ou gauche, la tête et les membres antérieurs tenus par un aide; un autre saisit les membres postérieurs et les porte légèrement en arrière. La région préparée (section des poils et désinfection du tégument), faites, très peu en avant et immédiatement au-dessous de l'angle externe de l'ilium, une incision cutanée verticale longue de 3 à 4 centimètres. D'un second coup de bistouri, divisez le tissu conjonctivo-adipeux sous-cutané. Avec l'index porté dans la plaie et disposé perpendiculairement, perforez par une brusque poussée la couche musculaire et le péritoine. Dirigez le doigt vers la voûte lombaire — la pulpe tournée vers la colonne vertébrale — et explorez cette région : vous percevrez bientôt un petit corps dur — l'ovaire du côté de l'incision, — ou un cordon sinueux et ferme — la corne. En retirant le doigt, sortez le bout de celle-ci avec la glande et enlevez cette dernière par arrachement ou par torsion. — Tirez la corne jusqu'à la bifurcation du corps utérin ; saisissez l'autre, en la déroulant, amenez le second ovaire et enlevez-le comme le premier. — Lavez les cornes avec de l'eau bouillie si elles ont été souillées, puis rentrez-les et fermez la plaie par un ou deux points de suture comprenant la peau et la couche musculaire sous-cutanée.

Les complications (hémorragie, abcès, hernie, péritonite) sont exceptionnelles.

b. *Par la ligne blanche*. — La bête est maintenue sur le dos, le train postérieur élevé. La région préparée, incisez la peau et la couche musculo-aponévrotique dans l'espace compris entre les trois dernières paires de mamelles, puis perforez le péritoine avec le doigt. Introduit dans le ventre, l'index droit perçoit facilement les cornes et les amène à l'extérieur. Enlevez les ovaires, rentrez les cornes et fermez la plaie par une solide suture. — Ce procédé est peu usité.

### VIII. — Réduction de l'utérus prolabé.

Chez la *brebis*, la *chèvre* et la *truie*, on réduira l'utérus prolabé en procédant comme pour la vache. (V. p. 437.) Après avoir rentré la matrice dans l'excavation pelvienne, on en étalera les parois en faisant dans les voies génitales une abondante injection d'eau boriquée tiède.

Dans les cas où l'ablation de l'utérus est jugée nécessaire, on la fera avec le bistouri, après application d'une ligature élastique sur le pédicule, à quelques centimètres en arrière du méat urinaire.

### IX. — Ablation de la mamelle.

Chez la BREBIS et la CHÈVRE, l'*ablation de la mamelle* est pratiquée de la même manière que chez la vache. Dans la grande majorité des cas, on n'enlève qu'une seule glande.

CINQUIÈME PARTIE

# OPÉRATIONS PRATIQUÉES SUR LE CHIEN

## I. — Saignée.

On peut saigner le chien à la *jugulaire*, à la *sous-cutanée de l'avant-bras* et à la *saphène externe.*

Pour la *saignée à la jugulaire*, muselez l'animal et faites-le tenir couché sur une table. Provoquez la distension de la veine par une ligature appliquée sur la base du cou, ou faites-la comprimer en ce point par un aide. Ouvrez-la avec la lancette. L'écoulement du sang s'arrête dès qu'on cesse la compression. Il suffit d'appliquer sur la plaie une couche de collodion.

Pour la *saignée à la sous-cutanée de l'avant-bras* et *à la saphène*, servez-vous également de la lancette.

Comprimez ces vaisseaux par l'application d'un lien au niveau du coude ou de la partie moyenne de la jambe, et ouvrez-les un peu au-dessous. La ligature enlevée, l'hémorragie s'arrête. Il n'y a qu'à recouvrir la plaie d'une couche de collodion. L'ouverture de ces veines ne donne d'ailleurs qu'une petite quantité de sang.

## II. — Cautérisation.

La cautérisation est rarement employée chez le chien. On y peut recourir cependant pour combattre diverses affections internes et les lésions osseuses, articulaires ou les paralysies.

Le patient doit être muselé et bien assujetti. — Pour les *feux en raies* et *en pointes superficielles*, on se servira de petits cautères, à bords minces ou à pointe fine. Quatre ou cinq applications légères du fer rouge suffisent. — Pratiquez la *cautérisation pénétrante* avec des instruments de petites dimensions et à pointe très fine. Pour les lésions articulaires en particulier, ne donnez qu'un rapide coup de cautère à chaque pointe.

Afin de soustraire la région cautérisée à l'action de la langue et des dents, il convient de la recouvrir d'un pansement ouaté ou de la protéger le mieux possible. Souvent on est obligé de faire usage de la muselière.

### III. — Sétons.

Le *séton à la nuque* est indiqué dans le traitement de maladies

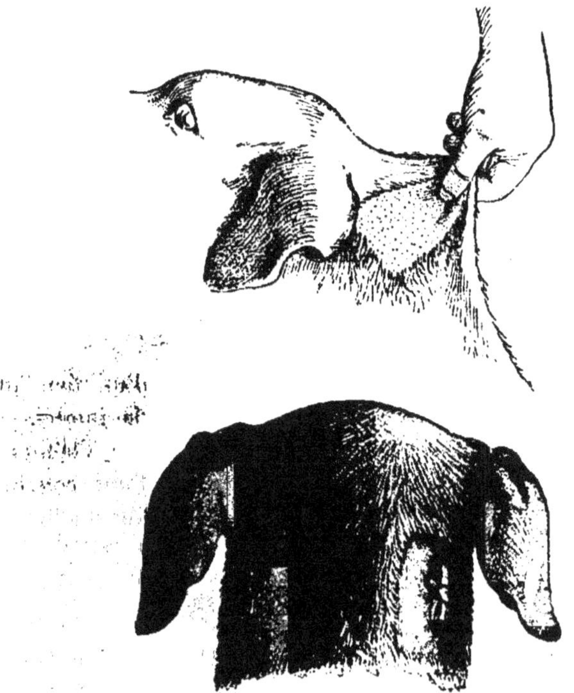

Fig. 237 et 238. — Séton au cou.

aiguës de l'encéphale, et le *séton à l'oreille* lorsque la conque est ulcérée à son bord libre (chancre auriculaire).

On passe le *séton à la nuque* avec l'aiguille à bourdonnet. La région préparée et le chien muselé s'il est nécessaire, soulevez la peau avec la main gauche : faites-y, sur la ligne médiane, un pli disposé dans le sens du cou (*fig.* 237). Avec l'aiguille, traversez la base de ce pli un peu en arrière des oreilles, et passez un bourdonnet en retirant l'instrument. Vous pouvez placer un second séton un peu en arrière du premier.

Pour *sétonner l'oreille*, servez-vous d'une forte aiguille

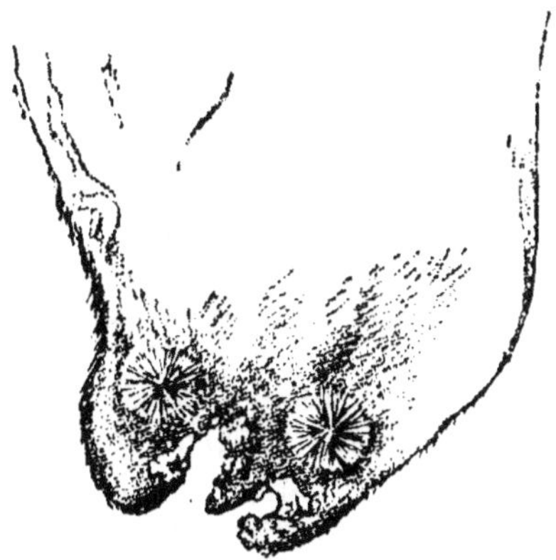

Fig. 239. — Sétons à l'oreille.

ordinaire dans le chas de laquelle est passée une mèche de chanvre. Traversez la conque près de son bord libre, à 1-2 centimètres de la base de l'ulcère, et, tirant sur l'aiguille, engagez la mèche de chanvre dans la perforation jusqu'à ce qu'elle y soit étroitement fixée. Coupez la mèche en dehors et en dedans de la conque, à 1 centimètre de celle-ci ; puis, avec la pulpe des doigts, étalez en rosette les deux bouts du séton.

Pour peu que l'ulcère auriculaire soit large ou profond, il convient de passer deux sétons (*fig.* 239).

Les sétons de la nuque seront nettoyés matin et soir, et l'on pourra faire dans le trajet des injections avec des liquides légèrement antiseptiques. — S'il est nécessaire, on consolidera quotidiennement ceux des oreilles, jusqu'à cicatrisation des ulcères.

## Opérations spéciales.

### I. — Trépanation des cavités nasales et des sinus frontaux.

Les *fosses nasales*, étroites, sont presque complètement remplies par les cornets. Pour chacune d'elles, la *paroi supéro-externe*, sur laquelle on peut avoir à pratiquer la trépanation, est formée par l'os nasal, le corps du maxillaire supérieur, les apophyses nasales du frontal et de l'intermaxillaire. — Le *cornet nasal supérieur*, situé sous l'os nasal, s'étend jusqu'au sinus frontal. Le *cornet nasal inférieur* est très développé. Les *cornets ethmoïdaux*, dont la disposition est fort compliquée, s'insinuent entre la base des précédents. — Le *conduit* ou *méat supérieur*, étroit, mène vers le sinus frontal. Le *conduit moyen*, également étroit, se termine en cul-de-sac. Le *conduit inférieur*, plus large, aboutit dans la cavité pharyngienne.

Entièrement creusés dans les os frontaux et séparés par une cloison médiane, les *sinus frontaux*, chez les chiens dolicocéphales, sont assez vastes, anfractueux, et communiquent largement avec les cavités nasales; chez les brachycéphales, ils sont fort réduits ou n'existent pas. Les *sinus maxillaires*, très exigus, n'offrent aucun intérêt au point de vue chirurgical.

Pour la *trépanation de la cavité nasale*, l'ouverture supérieure sera faite immédiatement en avant d'une perpendiculaire abaissée de l'angle interne de l'œil sur la ligne médiane et tout près de cette dernière. — Pour celle du *sinus frontal*, le lieu d'élection est à la base du triangle limité latéralement par les courbes frontales, un peu en arrière d'une perpendiculaire tirée de l'apophyse zygomatique sur le plan médian et près de celui-ci.

*Indications*. — Tumeurs bénignes développées dans ces cavités ou présence de Linguatules.

Mêmes *instruments* que pour les opérations similaires dans les autres espèces. Trépan à petite couronne, rénette à gorge étroite et curette.

Le sujet sera placé en position sterno-abdominale, sur une table, la tête en position déclive. On peut se borner à le museler, mais il convient toujours d'user de la cocaïne, et souvent on devra recourir à l'anesthésie générale.

Technique. — Chez les chiens de grande taille, après avoir découvert la surface osseuse, ouvrez la cavité nasale ou le sinus frontal avec le trépan et la pince coupante, en vous inspirant du manuel décrit pour le cheval ; chez les sujets des petites races, pratiquez la brèche osseuse en vous servant d'un ostéotome à lame étroite et courbe, brèche qui sera élargie au moyen de la pince susdite. Souvent, d'ailleurs, dans le cas de néoplasme, la paroi est soulevée et amincie ou perforée.

Faites l'ablation des tumeurs avec la rénette à gorge étroite ou la curette. Souvent l'hémorragie est abondante et oblige à des applications répétées du fer rouge. Terminez en réunissant simplement la peau par des points séparés, ou en tamponnant la cavité avec de la gaze, qui sera fixée s'il y a lieu, en la traversant par quelques-uns des fils de suture.

On enlève ce pansement au bout de vingt-quatre à quarante-huit heures. Les soins ultérieurs consistent en des détersions de la cavité nasale avec de l'eau bouillie tiède, simple ou boriquée.

Les Linguatules ne pénètrent que très exceptionnellement dans les sinus frontaux ; elles se fixent d'ordinaire vers le fond des méats moyen ou inférieur ; il est difficile de les atteindre autrement que par des injections, à moins d'endommager gravement les cornets.

## II. — Opération de l'entropion.

*Instruments.* — Pince ordinaire ou à mors fenêtrés, ciseaux courbes, aiguille courbe. — Fils de chanvre ou de soie.

*Assujettissement.* — Muselez le chien et faites-le tenir sur une table, la tête étroitement immobilisée.

Technique. — Sur chacune des paupières déviées, excisez un lambeau de peau de largeur proportionnée au degré de l'entropion, ayant soin de laisser entre la plaie et le bord libre de la paupière une bande cutanée d'environ un demi-centimètre. Pour cela, après avoir coupé les poils et désinfecté la peau, saisissez avec la pince le tégument de la paupière, de façon à former un pli parallèle à son bord libre (*fig.* 240), et coupez ce pli à sa base avec les ciseaux courbes.

Lorsque l'angle palpébral externe participe à la déviation, vous pouvez pratiquer, à 1 centimètre environ de la commissure, une troisième excision de largeur et de forme variables

Fig. 240. — Opération de l'entropion. Pincement du lambeau cutané à exciser.

selon les cas, ou diviser la commissure d'un coup de ciseaux, les paupières étant bien écartées, puis appliquer un ou deux points à la soie fine sur chacune des lèvres de l'incision.

Si vous voulez réunir les bords des plaies par des points séparés, servez-vous d'une fine aiguille courbe manœuvrée avec une pince, et passez les différents fils en traversant d'abord la lèvre la plus rapprochée de l'œil.

La suture n'est pas nécessaire, et les soins consécutifs se réduisent à deux ou trois lotions quotidiennes avec la solution chaude de borate de soude à 2 p. 100.

## III. — Opération de l'ectropion.

*Instruments.* — Pince, bistouris, aiguille fine. — Fil de chanvre ou de soie.

*Assujettissement.* — Comme pour l'opération de l'entropion.

Technique. — On ne pratique guère l'opération que pour remédier à l'éversion de l'une des paupières, produite par la rétraction cicatricielle.

Délimitez par deux incisions en **V** le tissu de cicatrice et

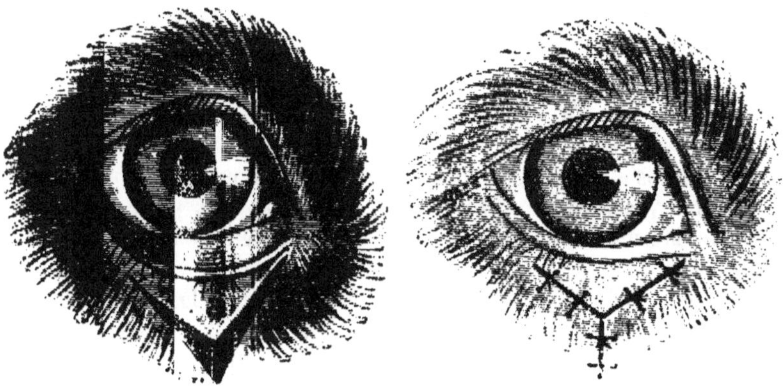

Fig. 241 et 242. — Opération de l'ectropion.

faites-en l'excision. Mobilisez ensuite le lambeau cutané triangulaire *a*, en le disséquant avec précaution ; décollez aussi un peu les deux lèvres opposées. Redressez la paupière en remontant le lambeau *a*, et réunissez les lèvres des incisions, par une suture en **Y** (*fig.* 242).

Mêmes soins consécutifs que pour l'opération de l'*entropion.*

## IV. — Ablation de la glande de Harder.

Elle est pratiquée surtout dans les cas d'hypertrophie de cet organe, quelquefois pour exciser une tumeur.

*Contention.* — Après anesthésie locale à la cocaïne, le chien, muselé, est couché sur le côté opposé à l'œil malade, la tête solidement fixée.

*Instruments.* — Pince à dents de souris, ciseaux courbes.

Technique. — L'œil préparé par une irrigation à l'eau boratée ou boriquée tiède, avec la pince à dents de souris tenue de la main gauche et tandis qu'un aide tire la paupière inférieure en bas, saisissez la glande, soulevez-la, et faites-en l'excision avec les ciseaux courbes.

L'hémorragie, peu abondante, est arrêtée par une légère compression ou par des lotions chaudes avec la solution boratée.

### V. — Opération de la cataracte.

L'asepsie de l'œil, des instruments et des mains est indispensable. Anesthésié au chloroforme, le patient est placé en position sterno-abdominale sur une table, la tête soutenue par un aide.

Les principaux procédés opératoires sont : 1° le *déplacement* ; 2° la *discision* ; 3° l'*extraction*.

#### A. — Déplacement.

*Instruments.* — Aiguille à cataracte, écarteurs à main.

Provoquez la dilatation de la pupille par l'instillation de quelques gouttes d'une solution d'atropine à 1 p. 100, et fixez l'œil avec une pince.

Le *déplacement* comprend l'*abaissement* et la *réclinaison*.

Technique. — Pour l'*abaissement*, tenez l'aiguille en plume à écrire dans une direction légèrement oblique en haut et un peu en arrière, la pointe horizontale, la convexité tournée en haut. Implantez-la dans la sclérotique à 4-5 millimètres de la cornée, un peu au-dessous du diamètre transverse de l'œil, et faites-la pénétrer en avant ou en arrière du cristallin. Une fois introduite toute la partie courbe de l'aiguille, portez-en l'extrémité vers la partie supérieure du cristallin, en remontant en arrière ou en avant de celui-ci (*fig.* 243).

Appliquez la concavité de l'aiguille sur le sommet de la lentille, puis, par un mouvement de bascule, abaissez celle-ci de champ, enfoncez-la en bas et en arrière, au-dessous de l'axe visuel et dans le corps vitré. Maintenez-la quelques instants pour l'empêcher de remonter, et sortez l'aiguille après l'avoir

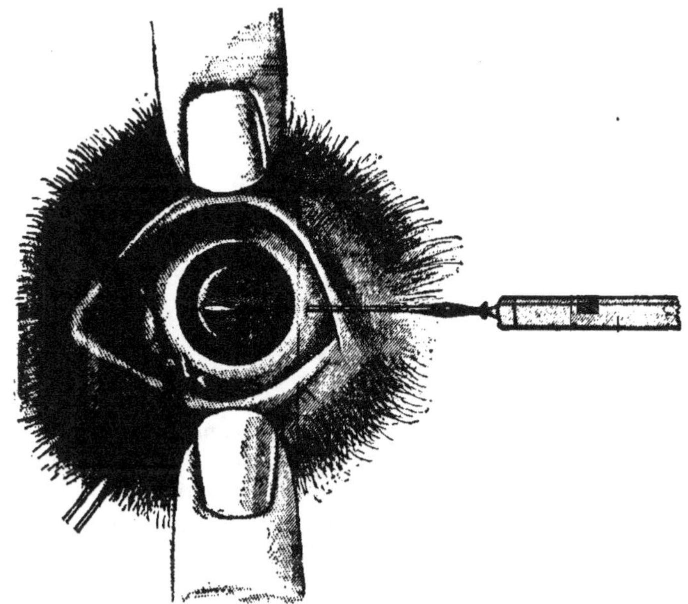

Fig. 243. — Opération de la cataracte par abaissement ou par réclinaison.

ramenée en position horizontale. — Quand l'opération a été bien exécutée, la face antérieure du cristallin est devenue inférieure (*fig.* 244).

Pour la *réclinaison*, introduisez l'aiguille dans l'œil et portez-la au sommet du cristallin, comme il vient d'être indiqué pour l'abaissement. Au lieu de déplacer la lentille directement en bas, faites-la basculer en arrière dans le corps vitré ; couchez-la sur le plancher de l'œil, de manière que sa face antérieure devienne supérieure (*fig.* 245).

Quand le cristallin est abaissé ou récliné enveloppé de sa capsule, il tend à remonter et résiste longtemps à la résorption.

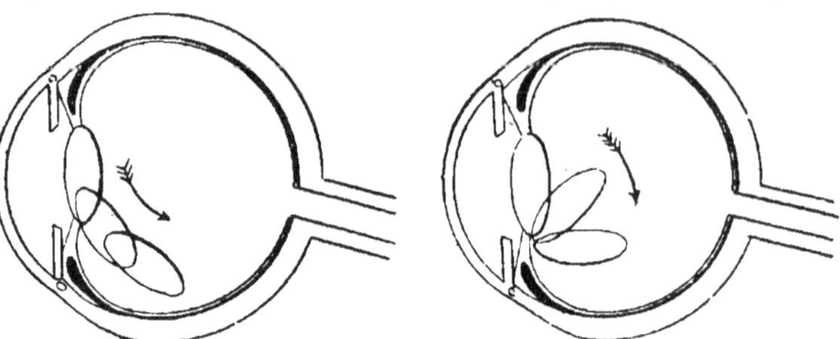

Fig. 244. — Abaissement du cristallin.

Fig. 245. — Réclinaison.

Aussi, bien que la capsule puisse se rupturer sous la pression de l'aiguille, a-t-on conseillé de la diviser avec celle-ci, en bas ou en arrière, là où le cristallin doit s'échapper.

### B. — Discision.

Applicable à toutes les cataractes des jeunes animaux et aux cataractes molles des sujets adultes ou âgés, la discision consiste à faire à la cristalloïde antérieure une solution de continuité permettant l'imbibition du cristallin par l'humeur aqueuse et sa résorption ultérieure.

Le sujet et l'œil sont préparés comme pour le déplacement. Quelques gouttes de la solution d'atropine provoquent la mydriase ; une instillation de cocaïne insensibilise la cornée.

*Instruments.* — Blépharostat ou écarteurs à main, pince à fixer, aiguille à arrêt.

Technique. — Immobilisez les paupières et fixez l'œil avec la pince. — L'aiguille à discision tenue en plume à écrire, perforez la cornée dans sa moitié supérieure, à quelques millimètres de son bord. Dirigez la pointe vers la partie supérieure de la pupille et faites à la cristalloïde antérieure une incision simple ou une double incision en croix, mesurant environ les deux tiers de son diamètre ; évitez de pénétrer dans la substance du cristallin et de déterminer une subluxation.

Afin de ne pas agrandir la plaie cornéenne, retirez l'aiguille dans la direction qu'elle avait au moment de son introduction. — Il est parfois nécessaire de pratiquer plusieurs séances de discision à quelques semaines d'intervalle.

Après l'opération par abaissement, réclinaison ou discision, le plus souvent on laisse l'œil sans pansement. Les jours suivants, on instille quelques gouttes d'une solution d'atropine.

### C. — Extraction.

Dans ce procédé, on donne issue au cristallin à la faveur d'une incision de la cornée.

*Instruments.* — Blépharostat, pince fixatrice, couteau de de Graefe, kystitome et curette. — Objets de pansement.

A l'*extraction linéaire*, applicable seulement aux cataractes molles, on préférera la *discision*.

L'*extraction à grand lambeau* est indiquée pour les cataractes

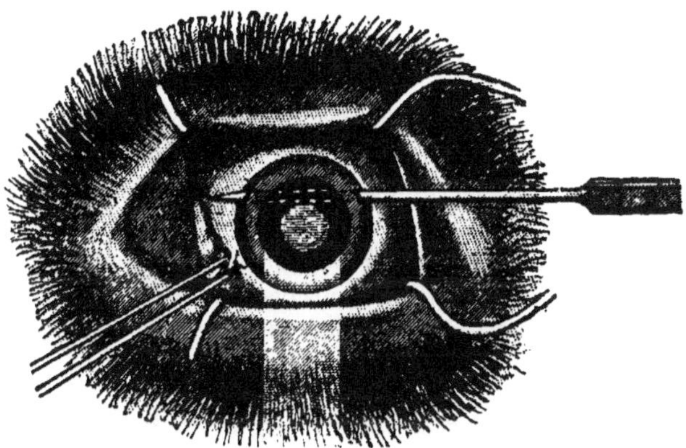

Fig. 246. — Opération de la cataracte par extraction. Incision de la cornée.

dures, séniles, dans lesquelles le noyau du cristallin ne peut sortir que par une large plaie cornéenne.

L'incision de la cornée et la formation du lambeau sont d'une exécution assez délicate. Avec le couteau de de Graefe, tranchant tourné en haut, ponctionnez la vitre un peu au-dessus de l'extrémité externe du diamètre transversal de l'œil. Poussez la lame dans la chambre antérieure, parallèlement à l'iris, pour faire sortir la pointe en un point diamétralement opposé à l'orifice d'entrée (*fig.* 246), et sectionnez tout le lambeau supérieur de la cornée par des mouvements de scie imprimés au couteau. L'humeur aqueuse s'écoule et parfois l'iris s'engage dans la plaie.

A la faveur de celle-ci, introduisez le kystitome dans la

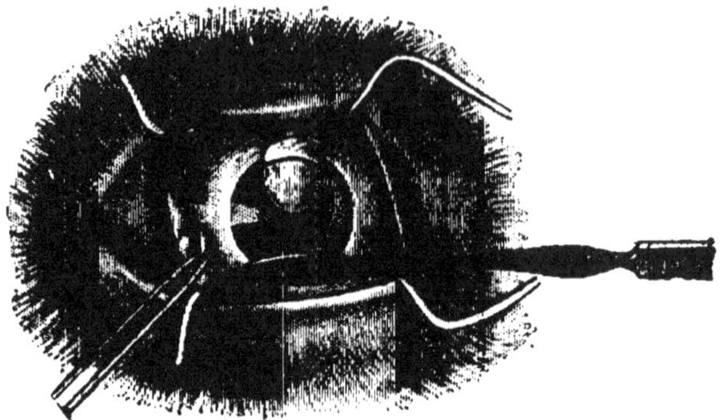

Fig. 247. — Opération de la cataracte. — Sortie du cristallin.

chambre antérieure, sans blesser l'iris, et divisez la cristalloïde.

Avec le dos de la curette, exercez ensuite une légère pression sur la partie inférieure de la cornée ; le cristallin s'engage entre les bords de l'incision kératique (*fig.* 247); on l'enlève avec l'aiguille ou la curette. Parfois l'iris en coiffe le bord supérieur et s'oppose à sa sortie ; il faut alors pratiquer l'iridectomie.

Appliquez sur l'œil un pansement occlusif aseptique. Souvent la plaie cornéenne est fermée au bout de quarante-huit heures.

### VI. — Extirpation de l'œil.

*Indications.* — Les mêmes que chez le cheval.

*Instruments.* — Bistouri droit et boutonné, petits ciseaux droits et courbes, pinces. — Objets de pansement.

*Assujettissement.* — Couchez le patient et anesthésiez-le au chloroforme, ou faites autour du globe oculaire, sous la conjonctive, quatre injections d'une solution de cocaïne à 1 p. 100.

Technique. — Incisez la conjonctive circulairement à quelque distance de la cornée. Au niveau de l'angle interne de l'œil, divisez-la en dedans ou en dehors du corps clignotant. Avec un bistouri boutonné ou des ciseaux courbes, détachez ensuite le globe oculaire et ses muscles en procédant comme il a été dit pour le cheval.

Tamponnez la cavité avec de la gaze; réunissez les paupières par un ou deux points de suture et appliquez un bandage.

Au bout de vingt-quatre heures, on enlève la suture et le pansement, puis la plaie est détergée avec de l'eau boriquée chaude et protégée par un bandage. Mêmes soins tous les jours jusqu'à cicatrisation de la plaie orbitaire.

### VII. — Œsophagotomie.

*Indication.* — Corps étranger de l'œsophage.

*Instruments.* — Ciseaux, bistouris, pinces ordinaire et hémostatiques, aiguille. — Fil de chanvre ou de soie et drain.

*Assujettissement.* — Muselez le patient. Couchez-le à droite sur la table et faites-le tenir par des aides.

Technique. — Coupez les poils et rasez la peau au niveau de la saillie formée par le corps étranger. Avec le bistouri convexe, divisez successivement, dans le sens du conduit, la peau et les couches sous-cutanées qui recouvrent celui-ci, prenant les précautions nécessaires pour éviter de blesser la jugulaire et la carotide.

L'œsophage découvert sur une suffisante étendue, faites-y une incision longitudinale de quelques centimètres; saisissez le corps étranger avec une pince et sortez-le.

Réunissez par des points isolés les bords de la plaie œsophagienne.

Suturez la peau sur un drain fixé dans l'angle inférieur de l'incision cutanée.

Pendant une semaine, l'opéré sera nourri d'aliments liquides (lait, préparations lactées, bouillon de viande).

Les suites sont des plus simples. Parfois il persiste une fistule qui s'oblitère généralement dans le courant du deuxième mois.

### VIII. — Thoracentèse.

Mêmes *indications* que chez le cheval.

*Instruments*. — Ciseaux, rasoir, trocart capillaire ou aiguille creuse aseptiques. — Pour cette intervention et les deux suivantes, opérez aseptiquement.

Immobilisez le chien debout. Si l'épanchement est abondant, gardez-vous de provoquer des mouvements de défense ou une vive agitation : l'asphyxie est à craindre.

Technique. — Coupez les poils, rasez et désinfectez la peau sur la partie inférieure de la région thoracique droite ou gauche, en arrière du coude (de la cinquième à la neuvième côte). Enfoncez le trocart ou l'aiguille dans la partie déclive du thorax, au niveau du sixième ou du septième espace intercostal. Évacuez lentement l'exsudat collecté dans la plèvre. Si des grumeaux obstruent la canule, repoussez-les avec la tige du trocart.

Retirez la canule ou l'aiguille et recouvrez la piqûre d'une couche de collodion.

Pansement ouaté.

### IX. — Ponction du péricarde.

Mêmes *indications* que chez le cheval.

*Instruments* et *assujettissement*. — Comme pour la thoracentèse.

Technique. — La région préparée, faites la ponction au niveau de la partie inférieure de la zone de matité, dans un espace intercostal. Si vous vous servez du trocart, implantez-le par un double mouvement de pression et de rotation, en évitant de le pousser trop loin. — Si vous employez l'aspirateur, celui-ci préparé et le vide fait dans le corps de pompe, passez ce dernier à un aide, introduisez la pointe de l'aiguille sous la peau, à la partie inférieure de la zone mate ; ouvrez le robinet correspondant et poussez l'aiguille doucement jusqu'à ce que le liquide jaillisse dans l'instrument. Ainsi la pénétration de la pointe dans le péricarde est réduite au minimum, et les blessures du cœur, d'ailleurs toujours plus ou moins rapetissé et refoulé en haut, ne sont pas à craindre.

Fig. 248. — Pansement pour les plaies de poitrine.

L'évacuation terminée, retirez l'aiguille ou la canule et pansez comme pour la thoracentèse.

## X. — Paracentèse.

Mêmes *indications* que chez le cheval.

*Instruments* et *assujettissement*. — Comme pour la thoracentèse.

Technique. — Rasez et désinfectez la peau sur la région abdominale inférieure (ligne médiane ou partie déclive de l'un des flancs).

Implantez le trocart ou l'aiguille un peu en arrière de l'ombilic, sur la ligne blanche ou à son voisinage. Évacuez lentement le liquide.

L'instrument retiré, recouvrez la plaie de collodion et appliquez un pansement ouaté.

## XI. — Opérations pratiquées pour les hernies. Kélotomies.

*Instruments.* — Ciseaux, rasoir, bistouris, sonde cannelée, aiguille. — Fils de soie et crin de Florence. Objets de pansement.

La cure opératoire exige une correcte asepsie. La région sera recouverte d'une toile fenêtrée.

### A. — Hernie inguinale.

#### a. — *Chez le chien.*

Quelquefois observée chez les jeunes chiens, la hernie inguinale a peu de tendance à disparaître spontanément. Presque toujours elle nécessite une intervention chirurgicale. — Le sujet sera assoupi au chloroforme et convenablement fixé.

Technique. — Après avoir préparé la région comme il convient, incisez le scrotum et le dartos, énucléez haut la gaine vaginale et réduisez. Tordez le cordon couvert jusqu'à l'orifice de la gaine, ligaturez-le aussi haut que possible avec un fil de soie dont les chefs sont ensuite passés dans les lèvres de l'anneau inguinal, puis croisés et noués. Coupez le cordon un peu au-dessous du lien. Si l'anneau est très large, fermez-le par deux ou trois points de suture.

Réunissez les lèvres scroto-dartoïques en plaçant une mèche de gaze à l'angle déclive de la plaie.

Pansement ouaté.

Le lendemain ou le deuxième jour, on change le pansement. La mèche de gaze est enlevée et la plaie, après détersion à l'eau bouillie, est touchée à l'alcool ou saupoudrée d'acide borique. — Ce pansement est renouvelé quotidiennement ou tous les deux jours, jusqu'à cicatrisation de la plaie.

#### b. — *Chez la chienne.*

Fréquente chez la chienne, la hernie inguinale peut acquérir d'assez grandes dimensions. Le sac contient le plus souvent une partie de l'épiploon ou l'une des cornes de l'utérus, quelquefois l'intestin ou la vessie. Elle est particulièrement grave quand, la chienne étant fécondée, un ou plusieurs fœtus se développent dans la corne ectopiée.

Assujettissez la chienne en position dorsale. A moins de contre-indication, il est toujours avantageux de recourir à l'anesthésie générale.

Technique. — La zone opératoire préparée, incisez largement la peau ainsi que les lamelles conjonctives sous-cutanées suivant le grand axe de la tumeur, et énucléez le sac jusqu'à l'anneau inguinal ou aussi haut que possible.

Réduisez; tordez le sac; liez-le avec un fil de soie au niveau de l'anneau inguinal et coupez-le à un demi-centimètre de ce dernier.

Quand la réduction ne peut être obtenue complète, incisez le fond du sac et libérez l'organe qui lui adhère. Si l'étroitesse de l'ouverture herniaire ne permet pas de réduire, élargissez-la par une incision sur la sonde cannelée.

Fermez l'orifice herniaire par deux ou trois points séparés. Suturez la peau sur une mèche de gaze après en avoir excisé un lambeau de chaque côté, et appliquez un pansement ouaté.

Dans le cas où le sac contient l'une des cornes avec un ou plusieurs fœtus, il faut l'ouvrir largement, puis exciser la corne après avoir appliqué une double ligature sur sa base et sur son extrémité ou sur le pédicule ovarien, lier ou tordre les vaisseaux qui saignent, cautériser ou purifier le moignon, le rentrer dans le ventre, et terminer comme il vient d'être dit. (V. *Hystérectomie.*)

Mêmes soins que pour l'opération similaire chez le chien.

### B. — Hernie ombilicale. — Hernie ventrale.

Assez commune chez les jeunes animaux, la *hernie ombilicale* diminue graduellement dans nombre de cas après le sevrage et finit par disparaître.

L'opération ne doit être faite que si la tumeur est stationnaire depuis plusieurs mois ou si elle augmente de volume. Le patient sera simplement assujetti en position dorsale ou anesthésié au préalable.

Technique. — La région ombilicale et ses environs préparés, incisez la peau suivant le grand axe de la tumeur ; énucléez le sac, rentrez les organes qu'il contient, ligaturez-le au niveau de l'anneau ombilical et amputez près du lien. — Parfois on doit libérer les organes contenus dans le sac. — Le moignon refoulé, avivez les bords de l'anneau et fermez ce dernier par deux ou trois points séparés. Faites ensuite sur la peau, de chaque côté, une excision plus ou moins large, suturez et appliquez un pansement ouaté. — Chez quelques sujets, l'orifice ombilical est très exigu, presque fermé : la tumeur est constituée par une sorte de kyste contenant un îlot d'épiploon dégénéré.

Même assujettissement et même préparation pour la *hernie ventrale*. Ici le sac fait généralement défaut. — Incisez la peau et la couche conjonctivo-fibreuse sous-cutanée (pseudo-sac); rentrez dans l'abdomen les organes ectopiés ; avivez les bords de l'ouverture herniaire et fermez celle-ci par des points isolés à la soie. Suturez la peau en fixant un lambeau de gaze dans l'angle déclive de la plaie.

Pansement ouaté.

### C. — Hernie périnéale.

Située à la partie supérieure du périnée, entre l'anus dévié, la base de la queue et la pointe de la fesse, cette hernie est ordinairement formée soit par la vessie renversée, refoulée le long du rectum, soit par ce dernier, coudé et ectasié. Elle est assez commune chez les vieux chiens atteints d'hypertrophie de la prostate. — La tumeur peut contenir une anse d'intestin, une partie de l'épiploon ou de la matrice chez la chienne.

L'intervention de choix comporte : 1° la *kélotomie périnéale* ; 2° la fixation, à la paroi abdominale, de l'organe ectopié — vessie ou rectum — (*cystopexie* ou *colopexie*).

*Assujettissement*. — Anesthésiez le patient et faites-le tenir d'abord en position sterno-abdominale, le train de derrière surélevé pour pratiquer la kélotomie, puis en position dorsale, comme pour la cœliotomie.

Technique. — *Kélotomie périnéale.* — La région préparée, faites sur la tumeur une incision cutanée verticale en procédant avec précaution, afin de ménager la paroi du sac. L'énucléation de celui-ci est toujours délicate et parfois impossible. Dans les cas où vous avez pu la faire, incisez verticalement le fond du sac ; libérez l'organe déplacé s'il a contracté des adhérences anormales ; réduisez ; puis liez le sac loin en avant après l'avoir traversé avec un fil double, et excisez la partie située en arrière des ligatures ; — ou bien, après avoir réduit, réséquez le sac et réunissez-en les lèvres par des points au catgut ou à la soie. — Enlevez de chaque côté un lambeau de peau et suturez celle-ci à la soie ou au crin de Florence. — Recouvrez la couture de collodion iodoformé. — Lorsqu'il n'existe qu'un pseudo-sac dont l'énucléation est impossible, disséquez au niveau du col ou un peu en arrière les lèvres péritonéales épaissies, et procédez comme il vient d'être dit.

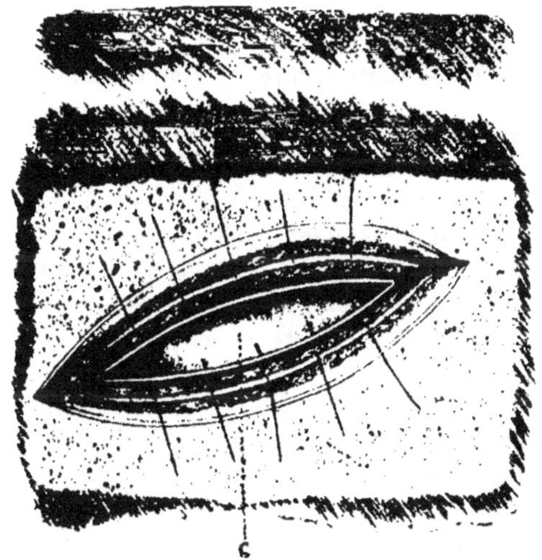


Fig. 249. — Colopexie.

Pour la seconde opération, pratiquez d'abord soit la laparotomie si vous devez faire la *colopexie*, soit la cœliotomie sur la ligne blanche (chienne) ou sur le côté du fourreau lorsque c'est la vessie qu'il faut immobiliser. — Amenez au niveau de l'incision la partie de l'organe qui doit être fixée à la paroi abdominale ; avec l'extrémité du bistouri, grattez légèrement sa surface, ainsi que la couche péritonéale des lèvres de la plaie ; puis, vous servant d'une fine aiguille et de soie (n$^{os}$ 0-1), réunissez ces surfaces en même temps que les bords de la plaie, par une suture à points séparés, musculo-séreux pour l'organe comme pour la paroi abdominale (*fig.* 249). Suturez la peau par des points à la soie ou au crin de Florence, et recouvrez la couture de collodion iodoformé.

Pansement ouaté recouvrant les deux plaies.

Au lieu de commencer l'intervention par la kélotomie, on peut faire d'abord la colopexie ou la cystopexie.

Il convient de satisfaire à l'indication causale : remédier à la constipation ; combattre l'hypertrophie de la prostate par la médication iodurée ou la castration.

Mêmes soins consécutifs que pour la *Cœliotomie.*

### XII. — Cœliotomie. — Laparotomie.

*Indications.* — Elle est l'opération préliminaire de l'entérotomie et des diverses autres interventions intra-abdominales.

Sauf les cas où l'on doit intervenir sur-le-champ, préparez le sujet par un régime diététique (alimentation lactée), — et par l'antisepsie intestinale (calomel à la dose de 1 à 3 centigrammes par jour) si l'opération doit porter sur l'estomac ou l'intestin.

L'opération exige une rigoureuse asepsie de la région, des instruments et des mains.

*Instruments.* — Ciseaux, rasoir, bistouris, pinces simple et hémostatiques, sonde cannelée et fines aiguilles courbes. — Fils de soie, de catgut et crin de Florence. Compresses, liquides stérilisés et objets de pansement.

*Assujettissement.* — Anesthésiez l'animal et faites-le tenir en position dorsale. — Recouvrez l'abdomen d'une compresse fenêtrée.

Technique. — *Premier temps : Incision.* — Sur la ligne blanche — ou à côté du fourreau s'il s'agit d'un mâle, et dans une étendue variable selon le but poursuivi, divisez successivement la peau et les couches sous-jacentes, jusqu'au péritoine. Arrêtez l'hémorragie par le tamponnement ou la forcipressure. Ponctionnez la séreuse, engagez sous elle, dans toute la longueur de la plaie, la sonde cannelée, et incisez-la, de dedans en dehors, avec le bistouri glissé sur la sonde.

*Deuxième temps : Manœuvres intra-abdominales.* — Effectuez ces manœuvres aussi rapidement que possible et évitez d'infecter le péritoine. — Si la séreuse a été souillée, faites-en la toilette par le lavage avec une solution chaude (35-40°) de sel marin à 7-8 p. 1000, ou par l'essuyage avec des compresses stérilisées trempées dans cette solution.

*Troisième temps : Suture.* — Réunissez les bords du péritoine et de la couche musculaire par des points séparés avec de la soie fine ou du catgut. — Faites ensuite la suture de la peau avec de la soie plus forte ou du crin de Florence. Asséchez la couture et recouvrez-la de collodion iodoformé.

Pansement ouaté.

On change le pansement le lendemain ou le jour suivant. La plaie se cicatrise d'ordinaire par réunion adhésive. Il n'y a, en renouvelant le pansement, qu'à la toucher avec de l'alcool ou à la recouvrir d'une poudre antiseptique (iodoforme, salol, acide borique).

Le malade sera tenu au repos complet. Les premiers jours, on le nourrira de lait, de préparations lactées et d'un peu de viande.

Pour la *laparotomie*, le patient assujetti sur le côté, l'incision est faite en un point variable du flanc, en général dans le sens des fibres du petit oblique. Les autres temps comportent les mêmes règles que la *Cœliotomie.*

## XIII. — Gastrotomie.

*Indication.* — Extraction des corps étrangers de l'estomac ou de la partie inférieure de l'œsophage.

Mêmes *instruments*, même *assujettissement* et mêmes *précautions aseptiques* que pour l'opération précédente.

Technique. — *Premier temps : Incision de la paroi abdo-*

*minale.* — Faites l'incision sur la ligne blanche, de l'appendice xiphoïde à l'ombilic, en procédant comme il vient d'être dit pour la cœliotomie.

*Deuxième temps : Ouverture de l'estomac et extraction du corps étranger.* — Le champ opératoire cerné par des compresses, avec les doigts aseptiques ou en vous aidant d'une pince à griffes, amenez l'estomac au dehors et fixez-le en passant deux fils dans la séreuse et la musculeuse, près des extrémités de l'incision qui va être pratiquée. Faites cette incision parallèle à la grande courbure et au niveau de celle-ci ou sur la partie inférieure de l'une des faces du viscère, en une région où n'apparaissent pas de vaisseaux importants. Les lèvres de la plaie gastrique pincées et écartées, engagez l'index dans l'estomac, et la situation du corps étranger reconnue, procédez à son extraction.

Avec de longues pinces à forcipressure engagées dans le cardia, on peut saisir et extraire un corps étranger arrêté dans la partie inférieure de l'œsophage.

*Suture.* — Dans toute l'étendue des lèvres de l'incision stomacale, décollez la muqueuse de la musculeuse sur une largeur de quelques millimètres et suturez la première membrane par des points séparés au catgut (suture muco-muqueuse par inflexion). Appliquez un deuxième rang de sutures sur la musculeuse et la séreuse (suture musculo-musculeuse). On peut aussi faire une suture de Lembert à deux étages. (V. p. 270.)

Lavez avec la solution salée chaude les parties souillées du péritoine, libérez l'estomac et achevez l'intervention comme pour la *Cœliotomie.*

L'opéré doit être tenu au repos aussi complet que possible. Les deux ou trois premiers jours, on le soutiendra par un peu d'eau bouillie, de lait, de thé léger, dont la quantité sera ensuite graduellement augmentée. On ne lui donnera d'aliments solides que vers le huitième ou le dixième jour.

Mêmes soins locaux que pour la *Cœliotomie.*

## XIV. — Entérotomie.

Elle est pratiquée surtout pour extraire les corps étrangers de l'intestin.

*Instruments, assujettissement* et *soins préopératoires.* — Les mêmes que pour les interventions précédentes.

Technique. — Le ventre ouvert, amenez au dehors la partie de l'intestin dans laquelle est arrêté le corps étranger et étalez-la sur une compresse aseptique. En amont et en aval de celui-ci, fermez provisoirement l'intestin avec deux pinces hémostatiques dont les mors sont recouverts de caoutchouc, ou avec des épingles de sûreté garnies d'ouate. — L'anse obstruée entourée de compresses, incisez-la longitudinalement dans l'étendue voulue, sur son bord convexe, et enlevez le corps étranger. — Nettoyez la plaie intestinale et fermez-la par une suture appropriée. (V. p. 268.)

Mêmes soins généraux et locaux qu'après la *Cœliotomie.*

## XV. — Entérectomie.

*Indications.* — Blessure grave, gangrène partielle ou néoplasme de l'intestin.

*Instruments* et *assujettissement.* — Comme pour la *Cœliotomie.* — Taillez dans une pomme de terre, un navet ou une carotte deux cônes creux à parois assez résistantes, du diamètre de l'intestin, et immergez-les dans une solution de sublimé à 1 p. 1000.

Technique. — Mêmes temps préliminaires que pour l'entérotomie. L'anse intestinale à exciser étalée sur un linge aseptique et entourée de compresses, appliquez, en amont et en aval, des pinces qui ferment provisoirement le conduit. (V. *Entérotomie.*) Ligaturez les branches de l'artère mésentérique qui irrigue cette anse, puis sectionnez celle-ci en travers, aux deux points limitant la partie à réséquer

Désinfectez l'intérieur des deux bouts à réunir. Faites-les maintenir juxtaposés et suturez-les par des points séro-séreux.

L'affrontement et la suture des bouts de l'intestin sont

facilités par l'emploi des cônes creux susmentionnés. Passez dans la paroi de chacun de ceux-ci, parallèlement à son axe et en des points opposés, deux fils arrêtés par un nœud sur la petite extrémité. Chaque cône ainsi préparé est introduit dans l'un des bouts de l'intestin; passez alors successivement les deux fils à travers les tuniques de l'intestin à environ 3 millimètres du bord, l'un au point d'attache du mésentère, l'autre au point opposé. Tandis qu'un aide affronte les bouts, nouez les fils qui se correspondent et coupez les chefs près du nœud. — Faites ensuite une série de points séro-séreux, en commençant près du mésentère.

L'intestin suturé, nettoyez-le avec la solution chlorurée sodique chaude, rentrez-le et fermez le ventre.

Pansement ouaté.

Mêmes soins généraux et locaux qu'après la *Gastrotomie*.

### XVI. — Ablation du rectum prolabé.

Le *prolapsus rectal* est assez fréquent chez les jeunes chiens atteints d'entéro-proctite avec ténesme.

Dans les cas où la réduction et la suture anale « en bourse » sont insuffisantes, il est indiqué de pratiquer la *Colopexie*, — la fixation de la dernière partie du côlon à la paroi abdominale.

Après avoir effectué la *laparotomie*, réduisez le prolapsus et suturez le côlon à la face interne du flanc, sur les lèvres mêmes de l'incision, par quatre ou cinq points isolés à la soie fine (nos 0-1) ou par un surjet, en procédant comme il a été dit à propos de la *hernie périnéale*. (V. p. 475.)

On ne recourra à l'*ablation* que dans les cas où le rectum est gangrené, et dans ceux où la réduction est impossible.

Les règles de l'intervention opératoire sont les mêmes que pour les sujets des autres espèces. (V. p. 267 et 453.) On coud les surfaces de section des deux cylindres par un seul rang de points séparés ou par une double suture (musculo-séreuse et muqueuse).

## XVII. — Cathétérisme de l'urètre.

*Indications.* — Les mêmes que pour les sujets des autres espèces. Parfois la sonde ne peut franchir la rainure pénienne rétrécie par des ostéophytes.

*Instrument.* — Sonde en gomme longue de 30 à 35 centimètres et d'un calibre de 2 à 3 millimètres. Elle sera stérilisée et enduite d'un corps gras aseptique (huile bouillie).

*Assujettissement.* — Faites maintenir l'animal couché en position dorsale sur une table, les membres postérieurs écartés.

Technique. — Placé à droite du patient, faites sortir le

Fig. 250. — Cathétérisme de l'urètre.

pénis et maintenez-le découvert en exerçant sur sa base et sur le bord du fourreau une légère pression avec la main gauche. Introduisez la sonde dans l'urètre et faites-l'y progresser lentement. Il est rarement difficile de lui faire franchir l'arcade ischiale et de pénétrer dans la vessie.

## XVIII. — Urétrotomie.

Chez le chien, les calculs qui s'engagent dans l'urètre venant d'ordinaire s'arrêter sur la base de l'os pénien, c'est l'*urétrotomie antéscrotale* que l'on pratique généralement.

*Instruments.* — Ciseaux, rasoir, cathéter, bistouri, pince.

*Assujettissement.* — Faites tenir le patient couché sur le côté droit, le membre postérieur gauche relevé, ou sur le dos, les membres postérieurs portés en avant.

Technique. — Introduisez une sonde dans l'urètre et poussez-la jusqu'au point obturé. La région préscrotale rasée et désinfectée, faites-y, au niveau de ce point et sur la ligne médiane, une incision de 2 à 3 centimètres. Divisez successivement la peau et les tissus sous-jacents, jusqu'à la paroi urétrale. Incisez cette paroi et sortez le calcul avec la pointe du bistouri ou une petite pince.

Pas de suture ni de pansement.

La plaie donne issue à de l'urine et persiste parfois plusieurs semaines à l'état fistuleux, mais elle finit par se fermer. Pour soustraire la peau des régions voisines à l'action irritante de l'urine, on peut la recouvrir une ou deux fois par jour de glycérine ou de vaseline boriquée.

## XIX. — Cystotomie antépubienne.

*Instruments* et *assujettissement.* — Les mêmes que pour la *Cœliotomie.* — La vessie sera vidée par le cathétérisme et lavée par une injection d'eau boriquée tiède. — Anesthésie générale et asepsie du champ opératoire. On recouvrira celui-ci d'une toile fenêtrée.

Technique. — Incisez la paroi abdominale sur une longueur de 5 à 8 centimètres, à côté du fourreau et parallèlement à la ligne blanche (chez le mâle) ou sur cette ligne même (chez la femelle) ; commencez l'incision au niveau de l'ombilic et prolongez-la en arrière jusqu'auprès du pubis.

L'hémorragie arrêtée et le péritoine ouvert, amenez la vessie au dehors et maintenez-la immobile avec une compresse stérilisée. — Faites sur son fond ou sa paroi supérieure et dans le sens de sa longueur une incision de 1 à 3 centimètres ; saisissez le calcul avec une pince et sortez-le.

Lavez la vessie avec la solution boriquée, puis fermez la plaie par une suture séro-séreuse.

Touchez la couture avec la solution phéniquée forte ou l'alcool à 60°, puis rentrez la vessie.

Terminez comme pour la *Cœliotomie*.

Mêmes soins généraux et locaux qu'après cette dernière opération. Les premiers jours, on ne donnera que de l'eau de boisson alcalinisée, du lait et des préparations lactées.

## XX. — Castration du chien.

*Indications.* — Affections du testicule, du cordon et de la prostate. Hernie inguinale. — Quelquefois pratiquée comme opération de convenance.

*Instruments.* — Ciseaux, rasoir, bistouri, aiguille. — Fil de soie, objets de pansement.

*Assujettissement.* — Comme pour l'urétrotomie.

Technique. — La région préparée, incisez toutes les enveloppes sur le grand axe de l'un des testicules et remontez-les haut sur le cordon. Sectionnez la partie postérieure de celui-ci ; liez la partie vasculaire avec un fil de soie et coupez-la un peu au-dessous, ou — moyen préférable — opérez par torsion en vous servant de deux pinces hémostatiques.

Mêmes manœuvres pour l'autre glande.

Irriguez à l'eau bouillie chaude les plaies scrotales et saupoudrez-les d'acide borique, ou réunissez-en les bords par un point de suture.

Vous pouvez aussi diviser le scrotum et le dartos sur la ligne médiane, puis faire successivement l'incision des enveloppes profondes sur la face interne de chaque testicule.

Pansement ouaté.

On pourrait supprimer celui-ci dès le lendemain, mais il vaut mieux le renouveler toutes les vingt-quatre heures ou chaque deux jours, jusqu'à cicatrisation des plaies.

### XXI. — Amputation du pénis.

*Indications.* — Gangrène ou cancer de la verge.

*Assujettissement.* — Anesthésié au chloroforme, l'animal est couché sur le côté gauche, le membre postérieur droit porté dans l'abduction.

*Instruments.* — Ciseaux, bistouris, pinces ordinaire, à forcipressure et à mors coupants. — Aiguille et fil. Objets de pansement.

Technique. — On pratique d'abord l'incision du fourreau sur la ligne médiane et dans toute sa longueur, puis l'excision de chacune de ces parties et la suture des téguments dans toute l'étendue de la plaie préputiale, sauf en arrière où parfois les tissus qui recouvrent l'urètre doivent être divisés ou excisés.

La partie antérieure de la verge ou toute sa portion libre et l'os pénien enlevés, on taille en Λ les tissus qui recouvrent le bout de la partie conservée de l'urètre, on fait l'hémostase par l'application de pinces ou de ligatures s'il y a lieu, ensuite on divise simplement la paroi inférieure du conduit sur une longueur de 6 à 8 millimètres, ou l'on suture les bords de l'incision avec les lèvres correspondantes de la plaie cutanée.

Pansement ouaté.

### XXII. — Castration de la chienne.

Cette opération est quelquefois demandée pour éviter les inconvénients des chaleurs et de la gestation.

Les ovaires, du volume d'un pois à celui d'un gros haricot et souvent enveloppés de tissu adipeux, sont situés immédiatement en arrière des reins, dans un repli des ligaments larges.

La castration peut être faite *par le flanc* ou *par la ligne blanche*. La chienne doit être préparée par une abstinence de vingt-quatre heures et anesthésiée.

*Instruments.* — Ciseaux, rasoir, bistouri, pince, aiguille. — Soie aseptique et objets de pansement.

Technique. — a) *Par le flanc.* — Faites tenir la chienne en position latérale sur une table. Rasez et désinfectez la peau du flanc. En cette région, tout près de la dernière côte, faites parallèlement à celle-ci une incision cutanée de 4 à 5 centimètres; divisez ensuite le tissu conjonctivo-adipeux sous-jacent. Avec l'index porté dans la plaie et disposé perpendiculairement, perforez par une brusque poussée la couche musculaire et le péritoine.

Portez l'index vers la voûte lombaire et prenez le rein pour repère : en arrière de cet organe, vous percevrez l'ovaire. Amenez-le au dehors en exerçant sur lui une traction avec le doigt, et enlevez-le par torsion ou par excision après ligature du pédicule. — Fermez la plaie par une suture cutanée.

Procédez de la même manière du côté opposé pour enlever le second ovaire.

On peut aussi sortir celui-ci par la première incision, en exerçant sur lui une traction directe ou en déroulant successivement les deux cornes.

Pansement ouaté.

b) *Par la ligne blanche.* — La chienne placée en position dorsale et la région préparée, faites la laparotomie sur la ligne blanche, en arrière de l'ombilic.

L'index introduit dans le péritoine perçoit facilement le corps de la matrice; en suivant l'une des cornes, il arrive à l'ovaire, qui est enlevé par torsion ou par section du pédicule après ligature. — Mêmes manœuvres pour l'autre glande.

Réunissez par une double suture les bords de la plaie abdominale et appliquez un pansement ouaté.

Mêmes soins consécutifs que pour la *Cœliotomie.*

## XXIII. — Hystéropexie.

*Indication.* — La *fixation de l'utérus à la paroi abdominale* est indiquée dans le cas de *renversement chronique du vagin*, lorsque les moyens usuels ont échoué.

Récent, le renversement du vagin guérit le plus souvent par la réduction et le tamponnement du conduit avec de la gaze ou de la ouate. Lorsque l'affection est rebelle, on a le choix entre l'*ablation* de la partie prolabée du vagin, par l'application d'une ligature élastique qui doit laisser libre le canal de l'urètre, et l'*hystéropexie*.

*Instruments et objets.* — Comme pour la *Cœliotomie*. Fines aiguilles courbes et fil de soie.

Technique. — Effectuez le *premier temps* en ouvrant le ventre sur la ligne médiane, immédiatement en avant du pubis, par une incision longue de 5 à 8 centimètres.

*Deuxième temps : Fixation de l'utérus.* — Le vagin

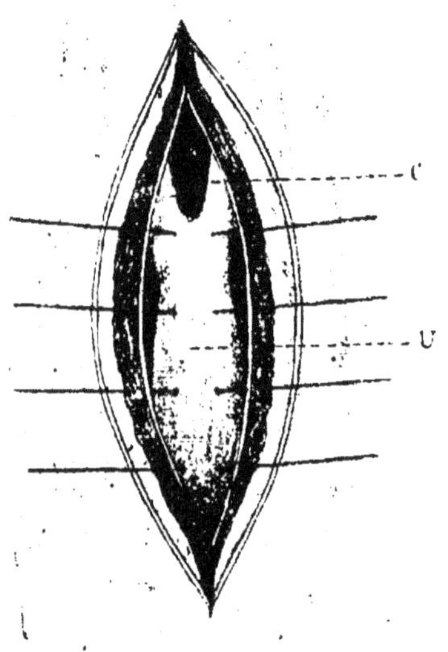


Fig. 251. — Hystéropexie.
*u*, utérus ; *c*, cornes.

refoulé dans le bassin par un aide et l'utérus tiré en avant, de façon à remettre le premier dans sa position normale, passez successivement dans les couches musculo-séreuse des lèvres de la plaie et du corps de la matrice trois ou quatre fils de soie (*fig*. 251). Croisez et nouez les chefs de chacun de ces fils, puis coupez-les près du nœud : l'utérus est ainsi fixé à la couche péritonéale de la paroi abdominale. On favorise l'adhésion de l'utérus à celle-ci, en grattant légèrement avec la pointe du bistouri, avant de passer les fils, les surfaces péritonéales qui doivent être affrontées.

Au lieu de passer les fils dans la paroi du corps de l'utérus, on peut fixer chacune des cornes sur la face profonde de la lèvre correspondante de la plaie par deux points musculo-séreux, ensuite suturer les couches profondes des deux lèvres de la plaie abdominale.

*Troisième temps : Suture de la peau.* — Réunissez les lèvres cutanées de la plaie par des points séparés; recouvrez la couture d'une couche de collodion et appliquez un pansement ouaté.

Mêmes *soins* qu'après la *Cœliotomie*.

## XXIV. — Hystérotomie. — Hystérectomie.

Ces opérations sont une dernière ressource dans les parturitions dystociques, lorsque les fœtus ne peuvent être expulsés ni extraits par les voies naturelles.

*L'assujettissement*, les *instruments*, la *préparation de l'opérée* et *de la région* sont les mêmes que pour la *Cœliotomie*. (V. p. 476.)

### I. — Hystérotomie.

Elle consiste en l'incision de l'utérus mis à nu par la laparotomie et en l'extraction des fœtus par l'ouverture ainsi pratiquée.

Technique. — Faites l'incision des parois abdominales sur la ligne médiane comme il a été dit à l'article *Cœliotomie*.

Sortez la corne gravide ou — quand les deux cornes contiennent des fœtus — celle qui se présente à la plaie, et étalez-la sur un linge aseptique. — Au niveau de la saillie formée par le fœtus, incisez longitudinalement les couches séreuse et musculeuse de la corne, suivant une ligne où ne passe aucun vaisseau volumineux. Arrivé sur la muqueuse, faites-y une étroite ponction et divisez-la de dedans en dehors sur la sonde cannelée.

Sortez le fœtus avec une pince ou par des pressions exercées sur la corne, de chaque côté de l'incision. Pincez ensuite les enveloppes, détachez-les par de légères tractions et amenez-les au dehors. — Si la corne contient plusieurs fœtus, poussez-les successivement avec les doigts vers l'incision et faites-les sortir. Pour l'extraction des enveloppes, servez-vous de pinces hémostatiques à longs mors.

Employez la solution salée chaude (7-8 p. 1000) pour la toilette de la corne et des parties voisines qui ont pu être souillées. Fermez la plaie utérine par une suture séro-séreuse simple ou double.

Même intervention sur la seconde corne si elle contient un ou plusieurs fœtus.

Les cornes rentrées, réunissez les bords de l'incision abdominale comme il a été dit à propos de la *Cœliotomie*.

### II. — Hystérectomie.

L'*hystérectomie* est le plus souvent *partielle*, nécessitée par une hernie inguinale dont le sac contient une corne utérine gravide. (V. p. 472.) Quelquefois *totale*, portant sur les deux cornes et complétée par l'ablation des ovaires, elle est faite dans les mêmes circonstances que l'hystérotomie. On la préfère généralement à celle-ci.

Technique. — Le ventre ouvert par une incision médiane et les cornes étalées sur un linge aseptique, appliquez une première ligature sur la partie antérieure du corps de l'utérus, puis deux autres sur les pédicules ovariens, sur la partie antérieure de chacun des ligaments larges. Détachez ensuite les ovaires et les cornes en sectionnant ces ligaments d'avant en arrière, ayant soin de pincer, à mesure que vous les coupez, les divisions des artères utéro-ovarienne et utérine; enfin tranchez l'utérus immédiatement en avant de la première ligature.

Le moignon soigneusement désinfecté et suturé en l'invaginant, enlevez les pinces hémostatiques après ligature des vaisseaux, et terminez comme pour l'hystérotomie.

Au lieu de suturer le moignon en l'invaginant, on peut le fixer dans la plaie pariétale en passant à travers les lèvres de celle-ci, de dedans en dehors, les chefs de la ligature, qui sont ensuite croisés et noués, formant ainsi le premier point de la suture de la paroi abdominale. Le moignon se mortifie et ne tarde pas à s'éliminer.

Mêmes soins généraux et locaux qu'après la *Cœliotomie*.

### XXV. — Section du tendon commun aux muscles rotuliens.

*Indication.* — Luxation récidivante de la rotule.

*Instrument.* — Ténotome droit.

*Assujettissement.* — Muselez le sujet et faites-le tenir debout ou couché.

Technique. — La région préparée, la rotule ramenée et maintenue sur la trochlée fémorale avec le pouce et l'index appliqués sur la jointure au niveau des ligaments tibio-rotuliens, ponctionnez la peau immédiatement au-dessus de cet os avec le ténotome droit et engagez-le à plat sous le tendon. Tournez le tranchant contre celui-ci et coupez-le sans diviser la peau.

Déposez sur la plaie une couche de collodion. Inutile d'appliquer un pansement.

### XXVI. — Section des tendons des fléchisseurs du métacarpe.

*Indication.* — Rétraction de ces tendons.

*Instrument.* — Ténotome droit. — Éclisses et objets de pansement.

*Assujettissement.* — Comme pour l'opération précédente.

ue. — La rétraction n'existe le plus souvent qu'à un membre. La surface opératoire préparée, ponctionnez la peau un peu au-dessus du genou, immédiatement en avant des tendons, avec la pointe du ténotome droit; engagez la lame à plat sous ces derniers, puis, dirigeant contre eux le tranchant de l'instrument, coupez-les sans diviser la peau. En quelques cas, on doit couper aussi le tendon du perforé. — Si l'arqûre existe aux deux membres, procédez de la même manière pour le second.

Maintenez en bonne direction l'avant-bras et le métacarpe par un pansement à éclisses recouvrant toute l'extrémité et laissé à demeure une semaine.

### XXVII. — Amputation. — Désarticulation.

*Indications.* — Ecrasement, gangrène ou tumeurs malignes des extrémités.

*Instruments.* — Ciseaux, bistouri, pinces ordinaire et hémostatiques, scie. — Fil de catgut et de soie. Objets de pansement.

*Assujettissement.* — Couchez le patient sur une table et anesthésiez-le.

Préparez la région par la section des poils, le rasement et la désinfection de la peau. — Appliquez un lien hémostatique sur l'une des sections supérieures du membre.

Coupez le tégument et les parties molles sous-jacentes avec le bistouri, de manière à conserver une manchette de peau ou des lambeaux permettant de recouvrir l'extrémité osseuse.

Vous pouvez faire l'*amputation* par la *méthode circulaire* ou par la *méthode à deux lambeaux*. — Si vous faites choix de la première, divisez la peau par une incision circulaire pratiquée un peu au-dessous du point où l'os doit être coupé ; une légère traction exercée par un aide sur le lambeau supérieur et vers la racine du membre dégage l'aponévrose ; s'il est nécessaire, pour favoriser la rétraction du tégument, dégagez-le du fascia aponévrotique avec la pointe du bistouri. — A 2-3 centimètres du point où a été faite l'incision cutanée et au ras du tégument rétracté, sectionnez circulairement l'aponévrose et les tissus sous-jacents, jusqu'à l'os. Pincez les artères et les grosses veines ; liez-les au catgut ou à la soie. Les parties molles légèrement relevées par un aide au moyen d'une compresse appliquée sur la surface de section, divisez l'os avec la scie (*fig.* 252).

Dans l'autre méthode, faites deux lambeaux latéraux ou l'un antérieur et l'autre postérieur, portant sur la peau et les muscles ; ces lambeaux relevés, sciez l'os au niveau de leur base. Ou encore, taillez deux lambeaux cutanés, renversez-les, et, comme dans le premier procédé, coupez circulairement les muscles, puis sciez l'os (*fig.* 253).

Pour l'amputation aux régions dont le squelette est formé par deux os (avant-bras, jambe), avant de couper ceux-ci, sectionnez les parties molles intermédiaires.

Le lien hémostatique enlevé, irriguez la plaie avec de l'eau bouillie ou un liquide antiseptique faible. Saupoudrez-la d'acide borique ou d'iodoforme ; rabattez la manchette ou les

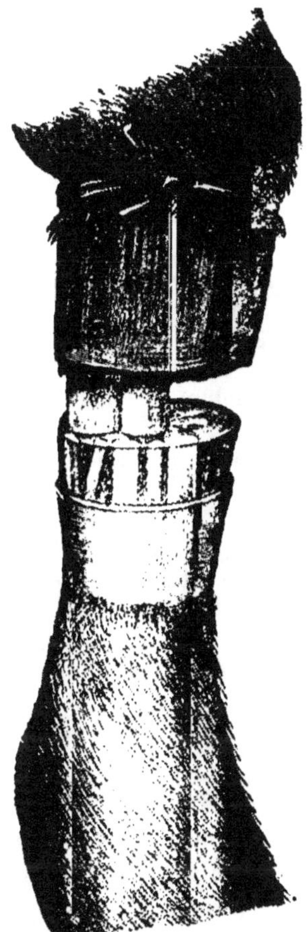

Fig. 252. — Amputation circulaire.

Fig. 253. — Amputation à deux lambeaux.

lambeaux, et suturez sur un drain ou une étroite mèche de gaze. Appliquez un pansement ouaté.

Pour la *désarticulation*, coupez la peau circulairement ou taillez-y deux lambeaux. Divisez sur la ligne de la jointure les parties molles qui la recouvrent ; puis, l'article mis dans l'attitude favorable, sectionnez successivement les divers ligaments entre leurs points d'attache, soit sur l'interligne, soit à côté.

Quand l'ablation est limitée à l'un des doigts, vous pouvez

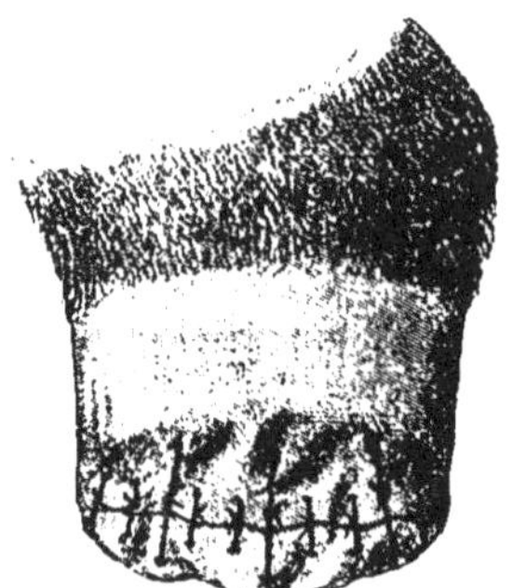

Fig. 254. — Moignon suturé.

aussi faire la désarticulation ou l'amputation. En ce dernier cas, divisez l'os avec un sécateur.

Selon que l'état général du sujet est plus ou moins satisfaisant, on renouvelle le pansement à des intervalles variables. Au bout de quelques jours, on supprime la mèche ou le drain, et la plaie est pansée à l'alcool, puis saupoudrée d'acide borique ou d'iodoforme.

* * *

Pour les animaux de l'ESPÈCE FÉLINE, on n'a guère à pratiquer que la *castration*. On y procède comme il a été dit pour le chien et la chienne. — La chatte, anesthésiée au chloroforme, sera opérée en ouvrant l'abdomen sur la ligne blanche, et le chat, solidement assujetti, par la torsion.

* * *

La *castration* du LAPIN sera faite par section des cordons découverts, ou mieux par torsion, en procédant comme il a été indiqué pour le chien. — L'animal est assujetti en position dorsale sur une table, ou maintenu entre les genoux d'un aide, la tête en bas, le ventre en avant, et les pattes de derrière écartées.

SIXIÈME PARTIE

# OPÉRATIONS PRATIQUÉES SUR LES OISEAUX

## I. — Saignée.

La *saignée* est quelquefois indiquée chez les oiseaux pour combattre la congestion cérébrale ou l'apoplexie. On ne la fait que chez

Fig. 255. — Saignée et éjointage.
*v*, veine humérale; *e*, ligne de section de l'aile dans l'éjointage.

les sujets des grandes espèces. Dans les petites, on la remplace par un bain de pattes très chaud.

La saignée à la *jugulaire* n'est pas d'exécution facile. C'est la veine de l'aile — la *veine humérale* — que l'on ouvre. Ce vaisseau est très apparent sur la face inférieure de l'aile, vers la base de laquelle il disparaît dans les muscles de l'épaule. On la ponctionnera de préférence au niveau de l'articulation huméro-radiale ou sur la partie inférieure du bras.

Technique. — L'oiseau maintenu debout sur le bord d'une table ou assujetti en position dorsale, étendez l'aile où vous voulez opérer et faites-la tenir en cette position par un aide. Avec un doigt de la main gauche ou par l'application d'un lien, comprimez la veine à la base du bras, et ouvrez-la avec la pointe d'une lancette ou d'un bistouri, en faisant un léger débridement dans la direction du vaisseau.

Après avoir extrait 20 à 30 gouttes de sang chez les oiseaux de la taille du perroquet, et de 5 à 10 grammes chez les sujets des grandes espèces, fermez la plaie cutanée par un point de suture, en vous servant d'une aiguille fine.

## II. — Incision du jabot.

Indiquée dans les cas de corps étrangers du jabot, ainsi que dans l'indigestion par surcharge quand les moyens médicaux et le massage ont échoué.

Technique. — Après avoir arraché les plumes sur la face antérieure du jabot, avec un bistouri ou tout autre instrument tranchant divisez verticalement la peau et la paroi du réservoir, sur une longueur suffisante pour extraire le corps étranger ou les matières qui y sont accumulées.

Le jabot vidé, on suture généralement les lèvres mucocutanées par un surjet, en se servant d'une fine aiguille et d'un fil ciré. Il est préférable de réunir la muqueuse par une série de points isolés, en procédant comme il est dit à propos des *Sutures intestinales*, puis de fermer la plaie cutanée par un surjet au fil de chanvre.

## III. — Castration. Chaponnage.

On pratique la castration des oiseaux mâles et surtout des coqs — le *chaponnage* — pour favoriser l'engraissement et augmenter la qualité, la finesse de la chair.

Chez les oiseaux, les testicules, de forme ovoïde, de teinte blanchâtre et peu consistants, sont situés sous la colonne vertébrale, en avant des reins, au niveau de la partie supérieure des dernières côtes. — Leur volume est considérable à l'époque du rut. Très rapprochés l'un de l'autre, ils sont fixés à la voûte lombaire par leurs vaisseaux propres et maintenus par une mince membrane péritonéale.

Les coqs doivent être châtrés jeunes — du troisième au quatrième mois. L'opération peut être exécutée de deux manières : — par le *procédé ancien* ou par le *procédé américain*.

### A. — Procédé ancien.

Il consiste à enlever les deux testicules à la faveur d'une incision de la partie inférieure du flanc droit.

*Instruments.* — Bistouri, sonde, aiguille et fil.

*Assujettissement.* — L'oiseau est tenu sur le dos, la cuisse droite portée en arrière et en dehors pour découvrir le flanc correspondant.

Technique. — Les plumes arrachées sur tout le flanc droit et la peau désinfectée, on fait à la partie inférieure de cette région une incision de 3 centimètres portant sur la peau, les muscles abdominaux, très minces en ce point, et le péritoine.

L'index droit engagé dans la plaie et dirigé vers la partie supérieure des dernières côtes, en le glissant au-dessus de la masse intestinale, perçoit facilement les testicules. Avec la phalangette ou l'ongle du doigt à demi fléchi, on rompt les fragiles adhérences péritonéales et vasculaires du testicule droit, lequel est amené au niveau de la plaie et sorti par le doigt disposé en crochet. — On procède de même pour l'autre glande. — Il arrive que l'un des testicules, les deux quelquefois, échappent au doigt, s'écrasent ou se perdent au milieu des circonvolutions intestinales. C'est un accident sans influence sur le résultat de l'opération.

On ferme la plaie par un surjet cutané. La cicatrisation est rapide.

B. — Procédé américain.

*Instruments.* — Bistouri, écarteur, pince à torsion.

*Assujettissement.* — L'oiseau est tenu couché sur l'une des faces

Fig. 256. — Chaponnage. Incision intercostale. L'écarteur est placé.

latérales du corps, les pattes tirées en arrière. Pour découvrir le flanc, on soulève l'aile et on la renverse en avant.

Technique. — Les plumes arrachées sur cette région ainsi que sur les dernières côtes, et la peau préparée par un savonnage à l'eau tiède, avec la pointe du bistouri droit faites, dans la partie inférieure du dernier espace intercostal, une incision de 3 centimètres aboutissant sur la dernière fausse côte, que vous coupez.

Placez ensuite dans la plaie un petit dilatateur qui en écarte les lèvres et laisse voir, appendu à la région lombaire, le testicule du côté correspondant.

Engagez dans l'abdomen une pince spéciale à mors fenêtrés entre lesquels vous saisissez le testicule avec précaution, sans trop le comprimer; détachez-le par torsion lente et enlevez-le en retirant la pince.

Dès que le dilatateur est ôté, les deux côtes écartées se rapprochent et ferment presque complètement la plaie. — Il convient néanmoins de réunir la peau par un ou deux points isolés.

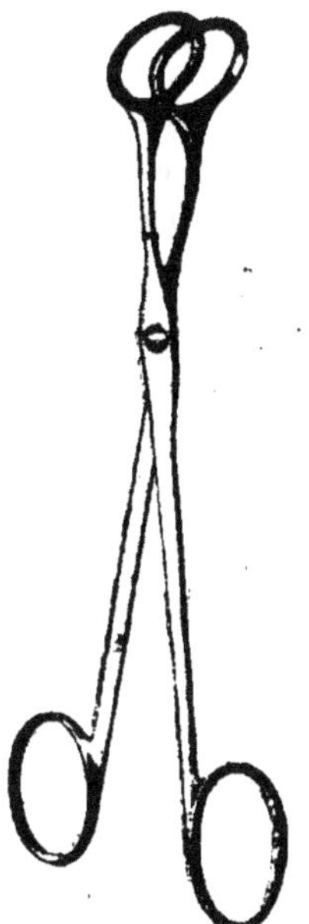

Fig. 25'. — Pince à mors fenêtrés.

L'oiseau retourné, on procède de la même manière dans l'autre flanc pour enlever le second testicule.

De même qu'avec le procédé ancien, il arrive que le testicule s'écrase lorsqu'on le pince ou pendant la torsion.

Rarement pratiquée dans le passé, l'ovariotomie ne se fait plus. Le séjour prolongé dans un local chaud, où ne pénètre pas la lumière, et une alimentation appropriée (grains cuits, pommes de terre; patées composées de riz cuit, de farine de maïs et d'orge ou de farine de sarrasin et de lait) suffisent à la production des poulardes.

## IV. — Éjointage.

Pratiqué sur les oiseaux de volière ou de parquet (canards, cygnes, faisans...), l'éjointage est une opération qui consiste à raccourcir l'une des ailes, dans le but de rompre l'équilibre des forces résultant de la mise en jeu de ces organes et d'empêcher l'oiseau de s'envoler. Si le sujet éjointé essaie de prendre son vol, il bascule et tombe sur le côté mutilé. — L'opération peut être faite à tous les âges. Comme les adultes et les vieux, les jeunes la supportent bien.

La partie de l'aile où l'opération est habituellement pratiquée a pour base les deux métacarpiens, libres en leur partie moyenne,

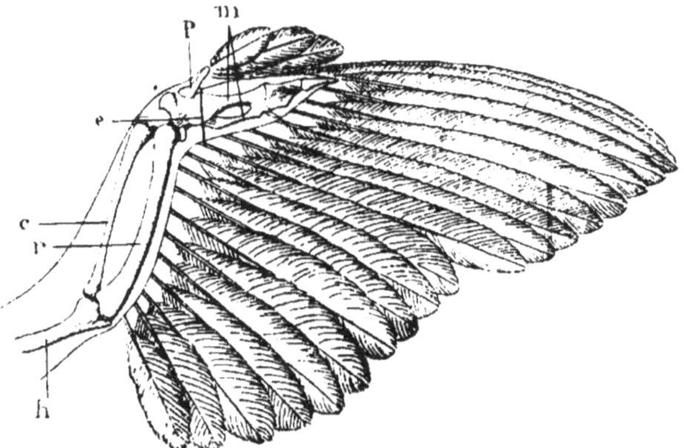


Fig. 258. — Éjointage. Squelette de l'aile.

*h*, humérus; *r*,*c*, radius et cubitus; *m*, métacarpe; *p*, pouce; *e*, ligne de section du métacarpe dans l'éjointage.

soudés à leurs extrémités, dont l'interne est articulée avec le radius, le cubitus, les deux os carpiens, et l'externe en avant avec le pouce, en arrière avec la première phalange du grand doigt, laquelle supporte la seconde phalange ou os du bout de l'aile (*fig*. 258).

Les plumes du vol sont distinguées en *rémiges primaires* — les plus fortes — fixées sur le grand doigt, le métacarpe et le carpe; en *rémiges secondaires*, supportées par l'avant-bras, et en *rémiges bâtardes*, insérées sur le pouce.

Par l'éjointage, on peut supprimer la presque totalité des rémiges primaires. Il suffit d'exciser la partie de l'aile qui supporte les huit ou dix premières.

*Assujettissement*. — Faites tenir l'oiseau debout ou couché sur une table, l'aile à raccourcir tendue par un aide.

*Instruments*. — Pince coupante, ciseaux à lames solides ou bistouri.

Technique. — Le procédé généralement usité, parce qu'il est simple et expéditif, consiste à sectionner le métacarpe à 1 centimètre et demi de la jointure carpienne ou à 1 centimètre de la base du pouce.

Pour cela, engagez l'une des lames des ciseaux ou du sécateur sous les rémiges bâtardes, et réséquez d'un coup le bout de l'aile, en coupant les deux métacarpiens perpendiculairement à leur grand axe, ainsi que la base des plumes prises entre les lames ou les mors de l'instrument. — L'hémorragie est peu abondante. La cautérisation de la plaie n'est pas nécessaire.

Dans un autre procédé, on désarticule la jointure carpo-métacarpienne, après incision circulaire du tégument soit au niveau même de la jointure, soit à 1 centimètre plus bas, — ce qui permet de conserver une manchette de peau, que l'on suture habituellement.

On peut aussi provoquer la mortification et la chute du bout de l'aile en appliquant une ligature élastique sur l'articulation métacarpo-phalangienne.

---

# ADDENDUM

### Sérothérapie antitétanique.

Si le sérum antitoxique employé dans le traitement du tétanos ne peut donner que des résultats médiocres, utilisé à titre préventif chez les animaux, en particulier chez les Equidés, il les préserve de cette infection. Les statistiques publiées depuis quinze ans et qui portent aujourd'hui sur un ensemble de plus de 17000 cas, témoignent de son efficacité absolue quand on le fait intervenir à temps (Nocard, Vaillard et Vallée, Labat, Dieudonné...).

Son usage ne saurait être étendu à toutes les plaies opératoires et à toutes les blessures exposées ; mais — surtout dans les localités où le tétanos est fréquent et lorsque son éclosion est favorisée par les conditions cosmiques (temps froid ou très chaud), — il est indiqué d'y recourir pour les opérations qui s'en accompagnent le plus souvent (castration, kélotomies, amputation de la queue et ablations diverses) ainsi que pour les plaies accidentelles complexes, profondes ou anfractueuses (traumas souillés de terre ou de fumier, plaies des zones ano-périnéale, génitale, ombilicale, et des extrémités, clou de rue et autres blessures graves du pied).

Pour mettre l'opéré ou le blessé à l'abri de tout risque, une règle essentielle est à observer. L'action préventive du sérum est en en effet subordonnée principalement au temps écoulé entre le moment de l'infection et celui de l'intervention. Elle est assurée quand cette dernière est pratiquée immédiatement après la production du trauma ou dans les premières heures qui suivent; elle est moins certaine lorsque le sérum est injecté au bout de 24-48 heures, et les insuccès sont d'autant plus à redouter que l'intervention est plus tardive. En général, une seule injection suffit, mais l'immunité conférée s'atténue graduellement à partir du quinzième jour et s'éteint au bout de cinq à six semaines, d'où la nécessité, pour les plaies suppurantes de longue durée, de répéter l'emploi du sérum à des intervalles de quinze à vingt jours si l'on veut une complète sécurité.

Le sérum antitétanique liquide, livré en flacons de 10-20 centimètres cubes, est le plus usité. Tenu à l'abri de la chaleur et de la lumière, il conserve ses propriétés pendant environ deux ans. On l'injecte dans le tissu conjonctif sous-cutané (faces latérales de l'encolure, poitrail, région des extenseurs de l'avant-bras), à la dose de 10 centimètres cubes chez les grands animaux, de 3 à 5 centimètres cubes chez les sujets des petites espèces. — Le sérum desséché, qui a l'avantage de conserver indéfiniment son activité, est renfermé dans des tubes dont le contenu équivaut à 10 centimètres cubes de sérum liquide. On le dissout dans un peu d'eau bouillie et on l'injecte comme le premier. — L'emploi du sérum sec saupoudré sur la plaie est une mesure insuffisante.

# TABLE ALPHABÉTIQUE DES MATIÈRES

7589-09. — Corbeil. Imprimerie Crété.

CORBEIL. — Imprimerie CRÉTÉ.

www.ingramcontent.com/pod-product-compliance
Lightning Source LLC
LaVergne TN
LVHW010121230826
846091LV00001BA/109

* 9 7 8 2 3 2 9 3 4 9 0 0 8 *